"十二五"职业教育国家规划教材
经全国职业教育教材审定委员会审定

计算机网络基础

（第3版）

谭炜 王勇 ◎ 主编
周然灿 顾晓姝 郑湘辉 ◎ 副主编

人民邮电出版社
北京

图书在版编目（CIP）数据

计算机网络基础 / 谭炜，王勇主编. -- 3版. -- 北京 : 人民邮电出版社，2015.10（2023.7重印）
“十二五”职业教育国家规划教材
ISBN 978-7-115-39156-8

Ⅰ. ①计… Ⅱ. ①谭… ②王… Ⅲ. ①计算机网络－高等职业教育－教材 Ⅳ. ①TP393

中国版本图书馆CIP数据核字(2015)第209341号

内 容 提 要

本书以计算机网络的组建为主线，重点介绍计算机网络的基础知识和组网方法。全书共由10个项目组成，全面系统地介绍了数据通信基础知识、网络体系结构、TCP/IP等协议的结构及功能、网络硬件等组建计算机网络的基础理论知识，还介绍了简单计算机网络的规划与布线施工、Windows Server 2012网络操作系统的安装与设置、局域网的组建、Web站点的设置、FTP站点的设置等操作性较强的内容，在书的最后详细介绍了网络安全与管理、网络维护技巧和常用的维护软件以及校园、网吧和企业内部网络的组网实例等。

本书适合作为职业院校“计算机网络基础”课程的教材，也可以作为计算机网络设计爱好者的入门读物和参考书。

◆ 主　　编　谭　炜　王　勇
副 主 编　周然灿　顾晓姝　郑湘辉
责任编辑　曾　斌
执行编辑　王　平
责任印制　杨林杰

◆ 人民邮电出版社出版发行　北京市丰台区成寿寺路 11 号
邮编　100164　电子邮件　315@ptpress.com.cn
网址　http://www.ptpress.com.cn
固安县铭成印刷有限公司印刷

◆ 开本：787×1092　1/16
印张：17.5　2015 年 10 月第 3 版
字数：435 千字　2023 年 7 月河北第 19 次印刷

定价：39.80 元

读者服务热线：(010)81055256　印装质量热线：(010)81055316
反盗版热线：(010)81055315
广告经营许可证：京东市监广登字20170147号

第3版 前 言 PREFACE

随着信息技术的发展，计算机网络的应用逐步普及，遍布社会生活的各个角落，在诸如学校、企业、银行、政府以及娱乐场所，计算机网络成为信息交流不可缺少的平台。

计算机网络能够提供高效、快捷、安全的信息交流，使用者能够利用这个平台方便地进行批量数据传输、资源共享、即时通信等。计算机网络协议特别是局域网协议标准IEEE 802 以及其他各种标准的定义日渐成熟，为计算机网络的建设提供了强大的技术支持，加之相应的硬件设备也日臻完善，使得计算机网络成为信息技术应用的主要特征。

本书根据教育部最新专业教学标准要求编写，邀请行业、企业专家和一线课程负责人一起，从人才培养目标、专业方案等方面做好顶层设计，明确专业课程标准，强化专业技能培养，安排教材内容；根据岗位技能要求，引入了企业真实案例，力求达到“十二五”职业教育国家规划教材的要求，提高职业院校专业技能课的教学质量。

教学方法

书中每个项目都包含一个相对独立的教学主题和重点，并通过多个“任务”来具体阐释，而每一个任务又通过若干个典型操作来具体细化。每一个“项目”中包含以下经过特殊设计的结构要素。

- **学习目标**：介绍项目教学要达到的主要技能目标。
- **基础知识**：介绍操作过程中涉及的知识点和术语。
- **操作步骤**：详细介绍案例的操作过程，并及时提醒学生应注意的问题。
- **知识链接**：对操作过程中要用到知识进行总结和细化，使学生在学习和操作过程中能知其然，并知其所以然。
- **视野拓展**：介绍与内容相关的课外知识或历史事件。
- **实训**：为学生准备几个可以在课堂上即时练习的项目，以巩固所学的基本知识。
- **小结**：在每个项目的最后，对项目所涉及的基本知识点进行简要总结。
- **习题**：在每个项目的最后都准备了一组习题，用以检验学生的学习效果。

对于本课程，建议总的课时数为 72 课时，教师可根据实际需要进行调整。教师一般可用 46 课时来讲解教材上的内容，再配以 26 课时的实训时间，即可较好地完成教学任务。

教学内容

本书共 10 个项目，主要内容如下。

- **项目一**：认识计算机网络。介绍计算机网络在现代社会的应用及其发展历史，简单介绍数据通信的有关知识。
- **项目二**：认识计算机网络体系结构。介绍构成网络的几个重要协议，讲述 IP 地址的概念及其设置方法。
- **项目三**：认识计算机网络硬件。介绍构成计算机网络必备的几种硬件及其使用方法。
- **项目四**：计算机网络规划与布线施工。介绍计算机网络的规划方法，详细讲述网络布线施工的过程、制作网线等内容。

- **项目五**：安装和设置网络操作系统。介绍 Windows Server 2012 操作系统的安装、网络设置，以及本地安全设置等。
- **项目六**：组建局域网。以家庭局域网和宿舍局域网为例，重点介绍对等局域网络的组建方法，还介绍无线局域网的有关知识。
- **项目七**：网络基本应用。介绍 Web 站点及 FTP 站点的设置、虚拟专网的组建等网络基本应用。
- **项目八**：网络安全及管理。介绍网络安全知识及网络管理软件的使用。
- **项目九**：网络的维护与使用技巧。介绍网络维护及故障排除方法，并分别讲述了注册表、网络维护软件、任务管理器以及常用的网络命令。
- **项目十**：组建计算机网络实例。结合实例介绍校园网、网吧网络和企业内部网络的组网过程。

教学资源

为方便教师教学，本书配备了内容丰富的教学资源包，包括 PPT 电子教案、习题答案、教学大纲和 2 套模拟试题及答案。任课老师可登录人民邮电出版社教学服务与资源网（www.ptpedu.com.cn）免费下载使用。

本书由谭炜、王勇任主编，周然灿、顾晓姝和郑湘辉任副主编。由于编者水平有限，书中难免存在疏漏之处，敬请广大读者指正。

编者

2015 年 3 月

目 录 CONTENTS

项目一 认识计算机网络 1

项目二 认识计算机网络体系结构 17

项目三 认识计算机网络硬件 53

项目四 计算机网络规划与布线施工 77

项目五 安装和设置网络操作系统 105

项目六 组建局域网 127

项目七 网络基本应用 155

项目八 网络安全及管理 181

项目九 网络的维护与使用技巧 211

项目十 组建计算机网络实例 245

PART 1

项目一 认识计算机网络

本项目主要通过发送电子邮件、利用即时通信软件等操作来认识什么是计算机网络。通过本项目的学习，读者可以了解计算机网络在计算机应用中的重要作用，还能够初步了解计算机网络的功能、总体构成等知识，为学习本书后续内容打下基础。

知识技能目标

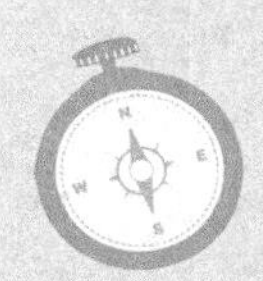

- 了解计算机网络的含义及其功能。
- 通过发送电子邮件理解网络中信息的传递过程。
- 通过 QQ 会话了解通过网络实现即时通信的基本方法。
- 了解数据通信的基本知识。

任务一 认识计算机网络

当今时代，计算机网络为我们的生活注入了丰富的色彩。通过网络，可以进行文字、语音或视频聊天，可以查看新闻，在线看电影、玩游戏，也可以查询资料、在线学习等。对于企业用户，可以通过网络宣传产品，直接进行网上交易等。总的来说，计算机网络不但为我们提供了新的生活方式，还提供了资源共享和数据传输的平台。

图 1-1 所示为通过网络进行的远程监控，图 1-2 所示为通过 Internet 连接的网络电话。

图1-1 网络远程监控

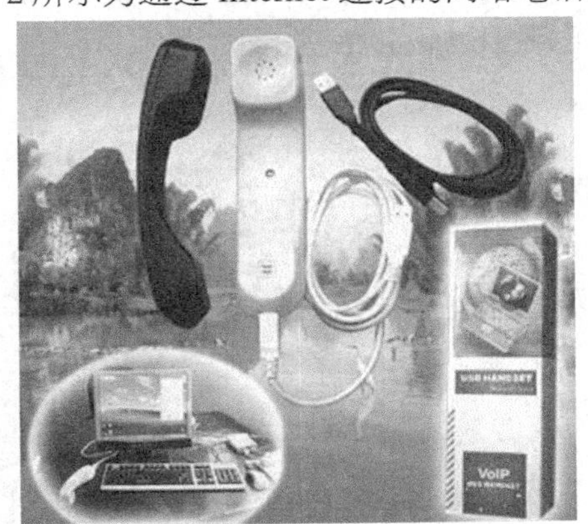

图1-2 网络电话

1. 计算机网络的功能

计算机网络是将地理位置不同，具有独立功能的多台计算机及其外部设备，通过通信线路连接起来，在网络操作系统、网络管理软件及网络通信协议的管理和协调下，实现资源共享和信息传递的计算机系统。计算机网络的功能如图 1-3 所示。

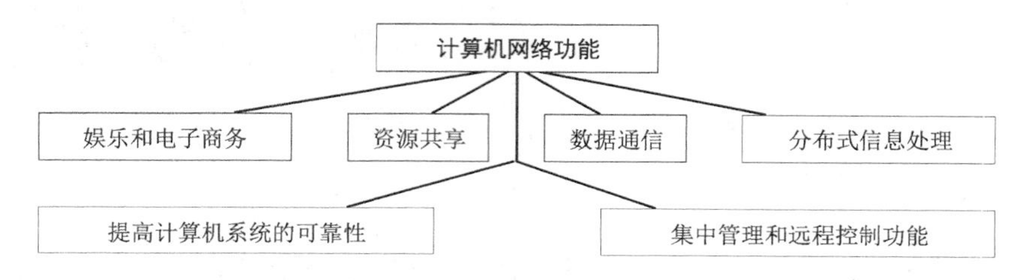

图1-3 计算机网络的功能

计算机网络的常用功能如下。

（1） 硬件资源共享。可以在全网范围内提供对处理资源、存储资源、输入/输出资源等昂贵设备的共享，使用户节省投资，也便于集中管理和均衡分担负荷。

（2） 软件资源共享。允许互联网上的用户远程访问各类大型数据库，可以得到网络文件传送服务、远地进程管理服务和远程文件访问服务，从而避免软件研制上的重复劳动以及数据资源的重复存储，也便于集中管理。

（3） 用户间信息交换。计算机网络为分布在各地的用户提供了强有力的通信手段。用户可以通过计算机网络传送电子邮件、发布新闻消息和进行电子商务活动。

2. 计算机网络的用途

计算机网络的用途主要有以下几方面。

（1） 信息浏览。WWW（World Wide Web，万维网）是 Internet 最基本的应用方式，用户只需要用鼠标进行简单操作，就可以坐在家中浏览网上丰富多彩的多媒体信息，知晓天下大事。

（2） 电子邮件。E-mail 是计算机技术与通信技术相结合的产物，主要用于计算机用户之间快速传递信息。国内免费的电子邮箱主要有网易的 163 邮箱、搜狐的 Sohu 邮箱、腾讯的 QQ 邮箱等，各公司也可以设立自己的邮箱服务器，提供给会员使用。

（3） 在线查询。利用丰富的网络资源，可以方便地查找到任何需要的信息，如图 1-4 所示为利用百度搜索引擎，以“从五四广场到栈桥”为关键字查找到的在青岛市区内从五四广场通往栈桥的公交路线图。

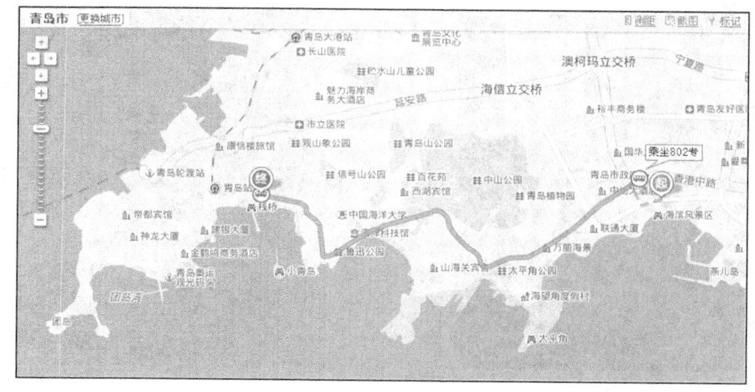

图1-4 电子地图搜索

（4） 聊天交友。利用 QQ、微信、微博、Facebook 等软件可以进行在线聊天，拉近了生活中人与人之间的距离，随着手持设备的发展，手机、平板电脑更加速了聊天软件的发展。

除了常规的应用之外，还可以利用计算机网络进行一些特定的查询，如利用搜索引擎查询某地的天气情况，查找 IP 地址，查询手机号码归属地，使用在线电子地图查看地形等。图 1-5 所示为利用 Google Earth 软件搜索到的青岛市崂山风景区的实景卫星照片。

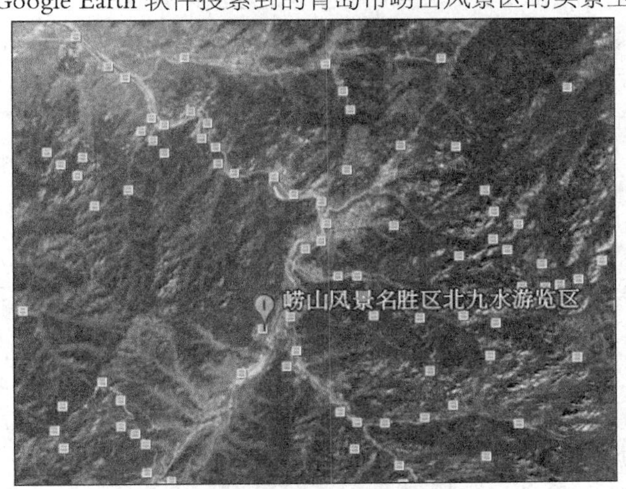

图1-5 实景卫星照片

3. 计算机网络的类型

虽然网络类型的划分标准各种各样，但是以地理范围划分是一种大家都认可的通用网络划分标准。按这种标准可以把各种网络类型划分为局域网、城域网、广域网和互联网 4 种。

（1） 局域网（Local Area Network，LAN）。局域网就是在局部地区范围内的网络，所覆盖的地区范围较小，是最常见、应用最广的一种网络。随着整个计算机网络技术的发展和提高，局域网得到了充分的应用和普及，几乎每个单位都有自己的局域网，甚至有的家庭和宿舍中都有自己的小型局域网。

局域网在计算机数量配置上没有太多的限制，少的可以只有两台，多的可达几百台。一般来说在企业局域网中，工作站的数量在几十到两百台次左右。在网络所涉及的地理距离上一般来说可以是几米～10km 范围内。

局域网一般位于一个建筑物或一个单位内，不存在寻径问题，不包括网络层的应用。局域网的连接范围窄，用户数少，但其配置容易，连接速率高。

（2） 城域网（Metropolitan Area Network，MAN）。城域网是指在一个城市，但不在同一地理小区范围内的计算机互联网。MAN 与 LAN 相比扩展的距离更长，连接距离可达 10～100km，连接的计算机数量更多，在地理范围上可以认为是 LAN 的延伸。

一个 MAN 通常连接着多个 LAN，如连接政府机构的 LAN、医院的 LAN、电信的 LAN、公司企业的 LAN 等。由于光纤连接的引入，使 MAN 与中高速的 LAN 互连成为可能。

（3） 广域网（Wide Area Network，WAN）。广域网也称为远程网，所覆盖的范围比城域网更广，一般是在不同城市之间的 LAN 或者 MAN 互连，地理范围可从几百千米至几千千米。

因为广域网传输距离较远，信息衰减比较严重，所以这种网络一般是租用专线，通过 IMP（接口信息处理）协议和线路连接起来，构成网状结构。广域网因为所连接的用户多，总出口带宽有限，所以用户的终端连接速率一般较低。

（4） 互联网（Internet）。在网络应用迅猛发展的今天，互联网已成为我们每天都要打交道的一种网络，无论从地理范围还是从网络规模来讲，互联网都是最大的一种网络。从地理范围来说，互联网可以是全球计算机的互连，这种网络的最大特点就是不定性，整个网络的计算机每时每刻都在不断地变化。当计算机连在互联网上的时候，这台计算机可以算是互联网的一部分，但一旦它断开与互联网的连接时，这台计算机就不属于互联网了。

互联网信息量大、传播广，无论读者身处何地，都可以享受到互联网带来的便捷。因为这种网络的复杂性，所以这种网络实现的技术也非常复杂。

视野拓展

视野拓展 1——无线网

随着笔记本电脑和智能手机、平板电脑等移动设备的日益普及和发展，人们经常要在路途中接听电话、发送传真和电子邮件，阅读网上信息、登录到远程机器等。由于在汽车或飞机上是不可能通过有线介质与网络相连接，这时候可以选择使用无线网。

与有线网相比，无线网特别是无线局域网有很多优点，如易于安装和使用。但无线局域网也有许多不足之处，如它的数据传输率一般比较低，远低于有线局域网。另外，无线局域网的误码率也比较高，而且站点之间相互干扰比较严重。

视野拓展

视野拓展 2——Internet

对 Internet 这个词相信大家并不陌生，但是，Internet 究竟是个什么样的组成结构，相信还是有不少同学感到比较迷惑。下面就概括地介绍一下 Internet 是如何建立起来的。

Internet 是指全球网，即全球各个国家通过线路连接起来的计算机网络，也可以说是世界上最大的网络。这么庞大的一个网络是如何连接起来的呢？

首先，在一个城市内各个地方的小网络都连到主干线上，如企业、学校、政府机关等的网络，如图 1-6 所示。

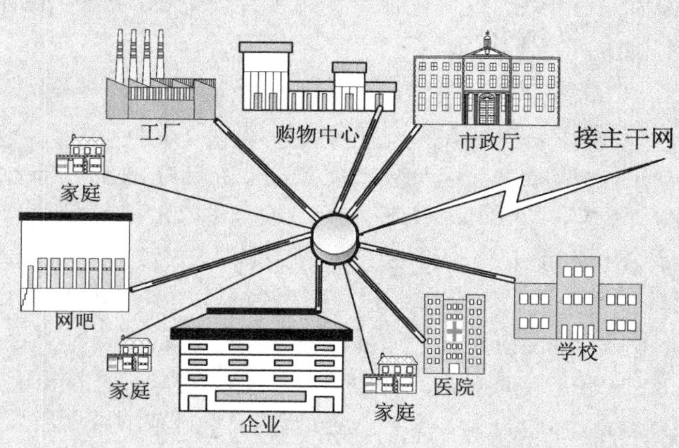

图1-6 城市内部网络互连

其次，各城市之间又由主干线连接起来。现在的主干线大都使用光缆连接，各城市之间通过各种形式将光缆连接起来，如图 1-7 所示。

最后，一个国家的网络通过网络接口接到其他国家，这样，全球性的 Internet 就建成了，如图 1-8 所示。

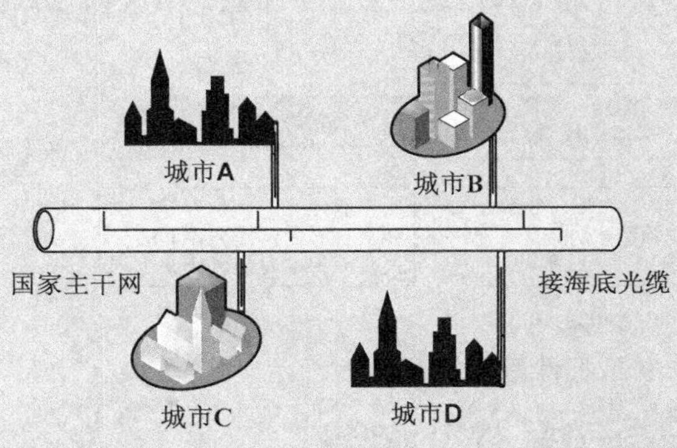

城市A
城市B
国家主干网
接海底光缆
城市C
城市D

图1-7 城市间网络连接

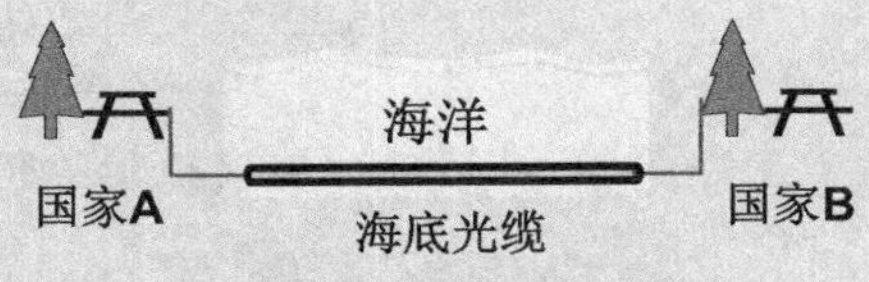

海洋
国家A
海底光缆
国家B

图1-8 国家间网络互连

Internet 就是这样一级一级级连构成的。当然了，它的构成还远不是这么简单，这里面除了网络线路、连接设备和计算机外，还有许多软件在支持着网络的运行。在以后的学习中会陆续介绍。

任务二 使用计算机网络

计算机网络是计算机硬件技术发展到一定阶段后的产物，图 1-9 所示为计算机在最近几十年间的发展对比。

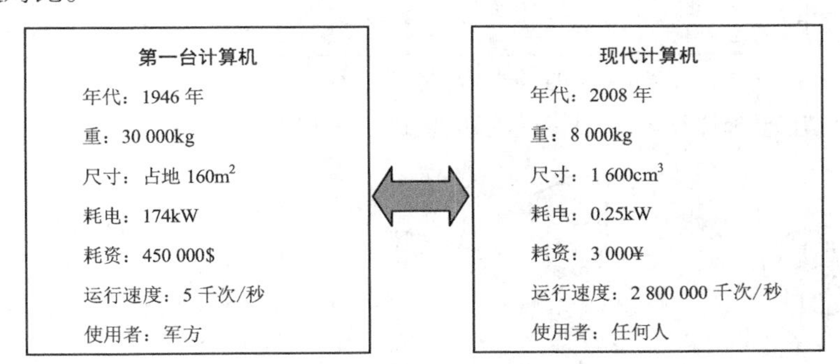

图1-9 计算机硬件技术的发展

世界上第一台计算机如图 1-10 所示，当前的一台普通笔记本电脑如图 1-11 所示。

图1-10 第一台计算机

图1-11 一台普通笔记本电脑

（一）使用电子邮箱发送电子邮件

由于计算机硬件和网络技术的飞速发展，使得电子邮箱这一方便的工具能够逐渐取代常规信件而登上了信息交流的舞台。图 1-12 所示为电子邮箱的发展简况。

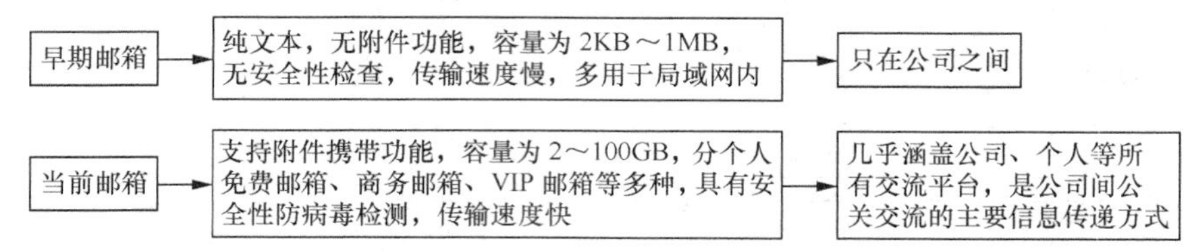

图1-12　电子邮箱的发展简况

下面通过一个模拟情景来说明普通邮件与电子邮件发送原理的对比。

话说唐僧师徒 4 人一路西去，在路上用数码相机拍了不少照片，这日路过女儿国，又拍了些风景照片，唐僧命八戒和悟空将这些照片寄给远在西安的唐太宗观赏，两人答应一声分别去完成任务，八戒去了邮局，悟空去了网吧，第二天唐太宗发来短信说收到悟空的邮件了。

八戒和悟空发送信件的途径对比如图 1-13 所示。

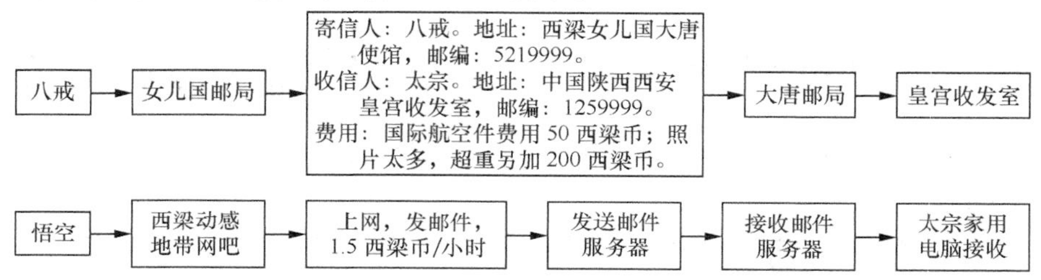

图1-13　普通信件与电子邮件的发送途径对比

悟空发送的电子邮件在网络中传送的路线如图 1-14 所示。

图1-14　电子邮件传输路线

【例 1-1】 使用电子邮箱发送电子邮件。

【操作步骤】

STEP 1　申请邮箱。

如果读者还没有自己的邮箱，可以登录 www.163.com 网站申请免费邮箱账号，目前 163 网站提供“@163.com”和“@126.com”两种邮箱，容量无限。具体申请操作请见网站介绍。本操作使用邮箱账号为“ysjofn@126.com”作为操作邮箱。

STEP 2　登录信箱。

登录 www.126.com 网站，打开邮箱，界面左侧一栏文件夹选项分别为【收件箱】、【草稿箱】、【已发送】等选项，单击其中任意一个选项，则在右侧会显示出相应文件夹中所包含的内容。图 1-15 所示为【收件箱】中的邮件，其中有大量邮件还没有阅读。

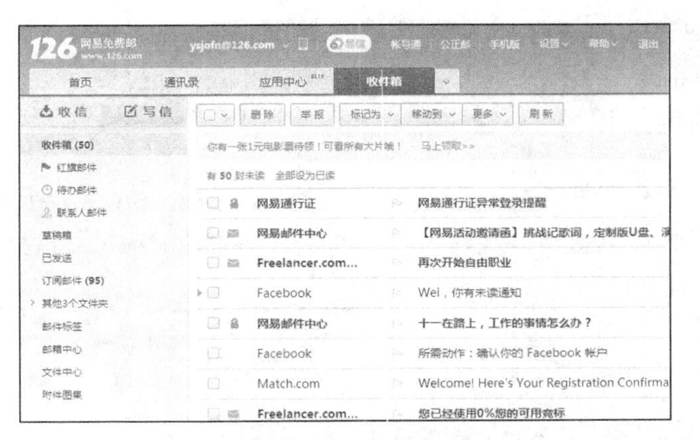

图1-15 电子邮箱界面

STEP 3 发送普通信件。

（1） 写信。单击 写信 按钮，则右侧一栏将显示写信界面。其中【收件人】一栏填写要发送的邮箱账号，【主题】栏中填写本邮件要表达的主题，目的是要让收件人明白信件的主要内容。本操作收件人填写“197484221@qq.com”，主题为“活动安排”，邮件内容为活动的内容和时间，如图1-16所示。

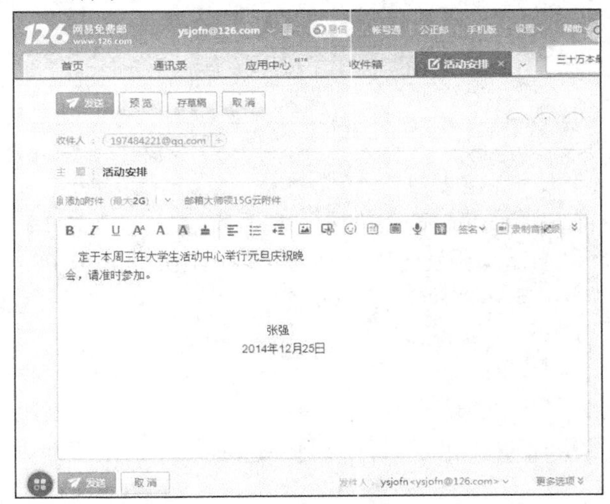

图1-16 写信界面

（2） 发送邮件。邮件编辑好后，单击 发送 按钮。如果邮件发送成功，则在右侧会显示如图1-17所示界面。

图1-17 邮件发送成功

STEP 4 发送带有附件的电子邮件。

电子邮件的另一重要应用是它可以携带附件发送给对方。很多场合下，我们无法用文本来表达所要描述的意思，这时可以在邮件里添加附件，如给对方发送表格、合同单、说明书、论文、照片等。

（1） 进入如图 1-16 所示界面，单击 添加附件 链接，打开【选择文件】对话框，如图 1-18 所示。

（2） 本操作选择 D 盘下名为“人员名单”的 excel 文档，单击 打开(O) 按钮添加文件。

（3） 附件添加成功后，将显示如图 1-19 所示界面。此时如果想添加多个附件，可重复上述操作添加其他文件。

图1-18 【选择文件】对话框

图1-19 添加附件成功

许多商业邮箱允许的附件大小都有限制，采用上述方法发送的附件容量最大为 50M。如果要发送大文件，可以单击超大附件链接。另外，附件只能是单一文件，而不能同时添加整个文件夹，如果要发送文件夹中的所有文件，需要将文件夹压缩成压缩包发送。

（4） 发送邮件时设置电子邮箱的发送选项。

单击邮箱右下角的 更多选项 按钮可以打开更多选项菜单。在邮件设置一些特殊的邮件选项，如图 1-20 所示。

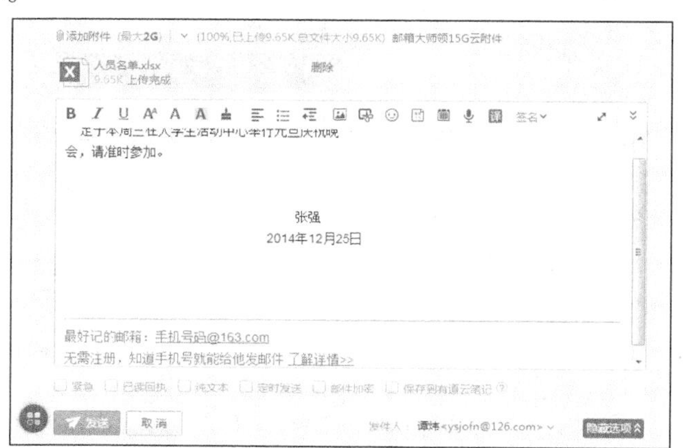

图1-20 选择发送选项

- 选中【紧急】复选框，则在对方接收到的邮件中会有醒目提示，一般为叹号。
- 选中【已读回执】复选框，在对方收到邮件时会提示对方回复给发信方一个已读通知，证明该信件已经安全抵达。
- 【定时发信】用于指定在某个时间再发送该邮件，该功能可以帮助用户在无法上网的情况下由邮箱服务商定时发送邮件。

STEP 5 接收邮件。

（1） 接收邮件时可以在收件箱看到如图 1-21 所示界面，其中叹号表示紧急。

图1-21 紧急邮件

（2） 若在图 1-20 中选中【已读回执】复选框，则阅读邮件时会弹出如图 1-22 所示的对话框，单击 发送 按钮，则会自动给发信人的邮箱回复一封邮件已收到的信息，表明信件安全到达；单击 不发送 按钮则不执行此操作。

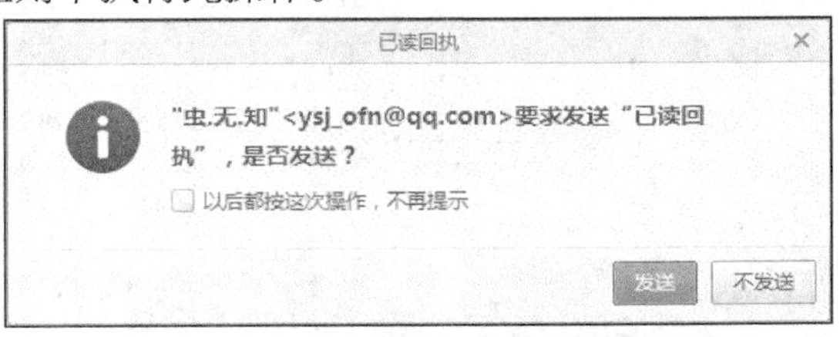

图1-22 确认已读回执

（二） 使用即时通信软件 QQ

网络的发展促成了信息交流方式的千变万化，也诞生了很多即时通信软件，如 MSN、网易泡泡、腾讯 QQ 等。本操作以通信软件 QQ 为例，帮助读者进一步了解计算机网络所蕴含的丰富内容。

1. 什么叫即时通信

即时通信（Instant Messaging，IM）是一个终端服务，允许两人或多人使用网络即时传递文字信息、档案、语音与视频交流。它是一个终端连往一个即时通信网络的服务，不同于 E-mail 的地方在于它的交流是即时的。

2. 即时通信软件的发展

1996 年 11 月，首个被广泛使用的即时通信软件 ICQ 诞生。4 名以色列青年于 1996 年 7 月成立了 Mirabilis 公司，并在 11 月份发布了最初的 ICQ 版本，在 6 个月内有 85 万用户注册使用。不久，腾讯公司推出的腾讯 QQ 也迅速成为中国最流行的即时消息软件。

3. 即时通信软件的功能

近年来，许多即时通信服务开始提供视频会议的功能，网络电话（VoIP）与网络会议服务开始整合为兼有影像会议与即时信息的功能。于是，这些媒体之间的区分变得越来越模糊。

4. 即时通信软件的类别

在网络上比较流行的即时通信服务软件有 AOL Instant Messenger、Yahoo! Messenger、NET Messenger Service、Jabber、ICQ、QQ 等。

5. 即时通信软件 QQ 与计算机网络的发展

QQ 软件随着网络的不断发展而不断更新换代，QQ 版本功能的变化如图 1-23 所示。

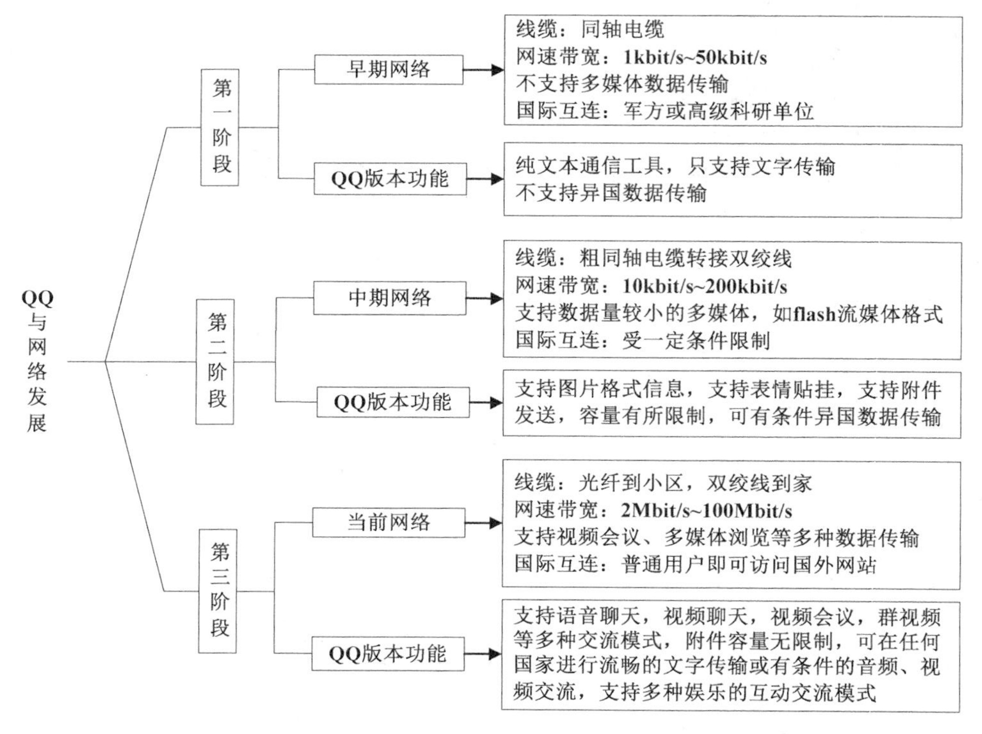

图1-23 QQ 版本功能的变化

【例 1-2】 综合使用 QQ。

QQ 软件最初的模式比较简单，只具有文字即时发送功能。随着计算机技术的发展和网络性能的提高，网络的传输带宽不断加大，加之腾讯公司不断对该软件进行改进，其功能大大拓展，QQ 软件已经成为即时通信中的佼佼者。

【操作步骤】

STEP 1 申请 QQ 账号并登录。

STEP 2 使用 QQ 发送附件。

（1） 进入与好友的聊天界面，单击顶部工具列表中的按钮，弹出【打开】对话框，如图 1-24 所示。

（2） 选择 D 盘根目录下名为“我的照片”的图片文件，单击打开(O)按钮，文件就可以发送到对方的聊天界面上了，等待对方接收，如图 1-25 所示。

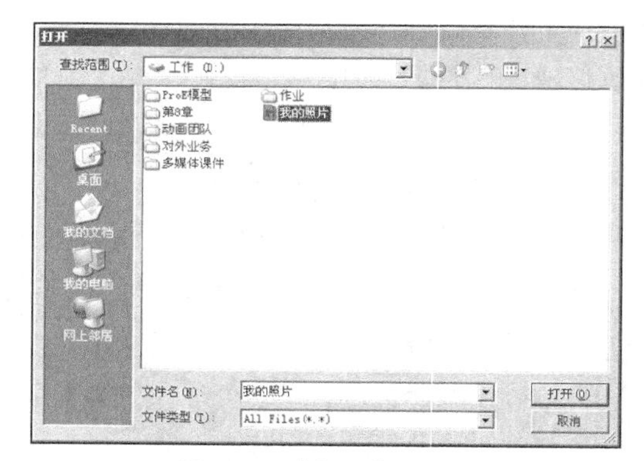

图1-24 【打开】对话框

（3） 接收方显示的界面如图 1-26 所示，若选择【接收】选项，则附件存储到 QQ 软件安装目录中的“MyRecvFiles”文件夹中；若选择【另存为】选项，则可以手动选择保存路径，单击保存(S)按钮，则文件会保存到当前路径下；若选择【谢绝】选项，则拒绝接收该文件。

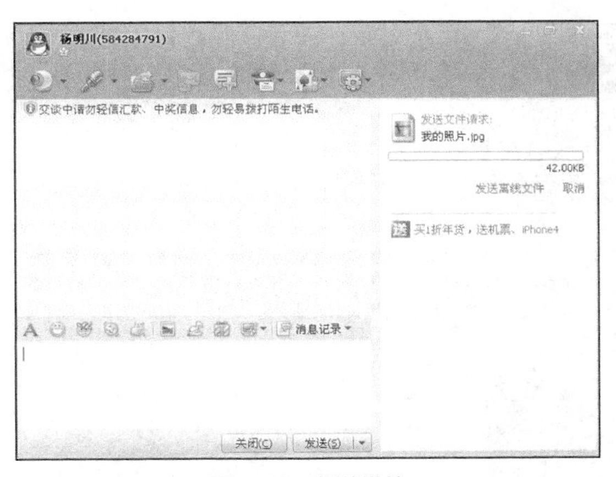

图1-25 发送附件

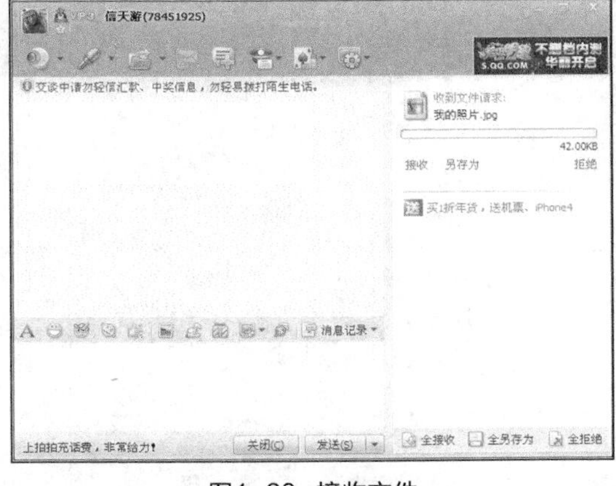

图1-26 接收文件

STEP 3 使用 QQ 执行远程协助。

远程协助是 QQ 非常有个性色彩的一项功能，也是应急之下寻求帮助的非常有效的手段，它可以使帮助者和求助者之间进行远程实时互动，完成遥控式的协助操作。

（1） 打开与好友的聊天界面，单击界面顶部工具栏最右端的（应用）按钮，在弹出的菜单中单击远程协助按钮，如图 1-27 所示。对方会收到远程协助请求，如图 1-28 所示。

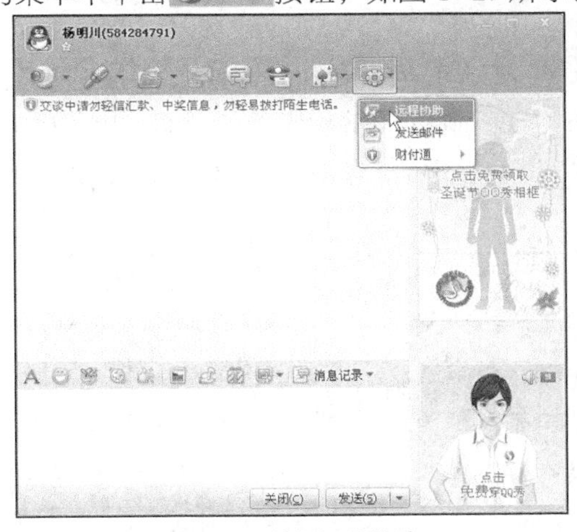

图1-27 选择远程协助

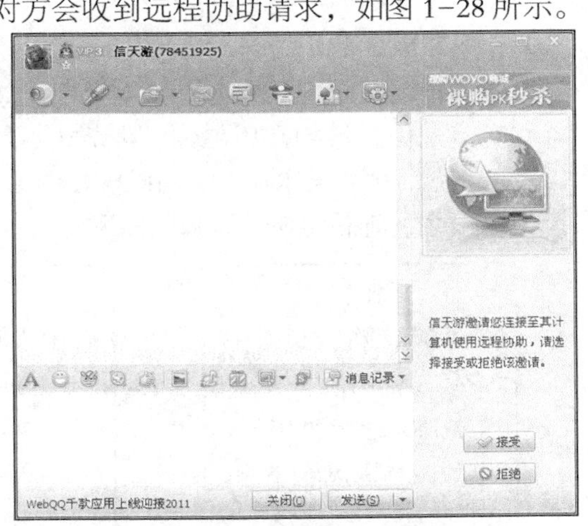

图1-28 收到远程协助请求

（2） 被请求者单击接受按钮，则会发送确认信息给请求者，如图 1-29 所示，请求者单击确定按钮。

（3） 请求者再在如图 1-30 所示界面中单击申请受控按钮，这样对方就可以通过远程协助方式来控制你的计算机了。如图 1-31 所示。右下方就是托管界面，被请求者可以在该界面中控制请求者计算机中的任何操作，如查找文件，进行操作设置等。

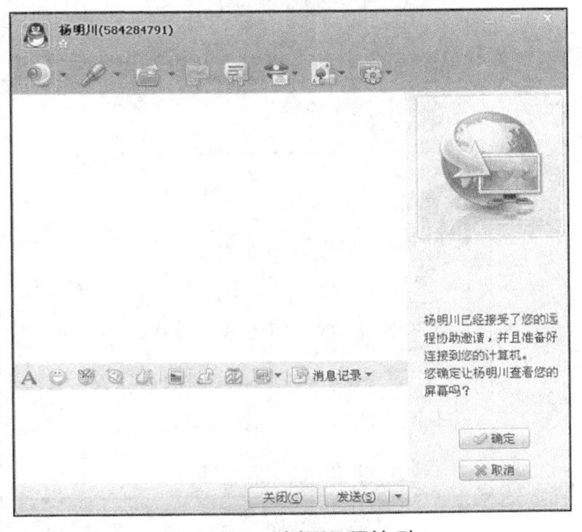

图1-29 选择远程协助

图1-30　收到远程协助请求

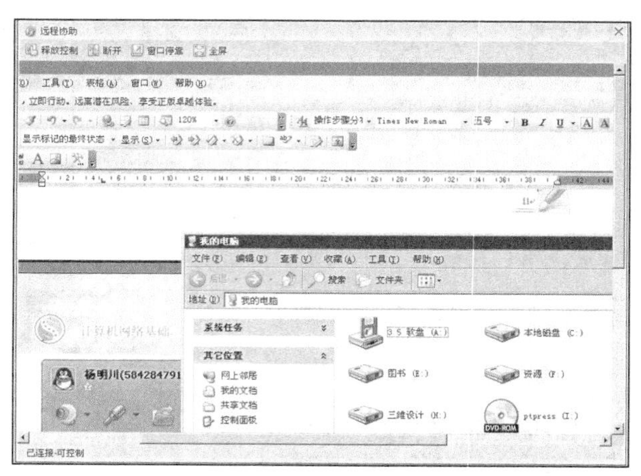

图1-31　建立远程协助链接

任务三　数据通信基础

本任务首先介绍数据通信领域中的一些基本概念，以便为后续内容的学习打下基础。

1. 数据概念

首先来看数据、信息、比特和字节的概念，它们既有联系又有区别，如图 1-32 所示。比特和字节是信息量的常用单位，字节也可简写为 B，此外，常用的单位还有 KB、MB、GB、TB 等，1 024B=1KB、1 024KB=1MB、1 024MB=1GB、1 024GB=1TB。这些名词是学习计算机网络之前需要知道的基础知识。

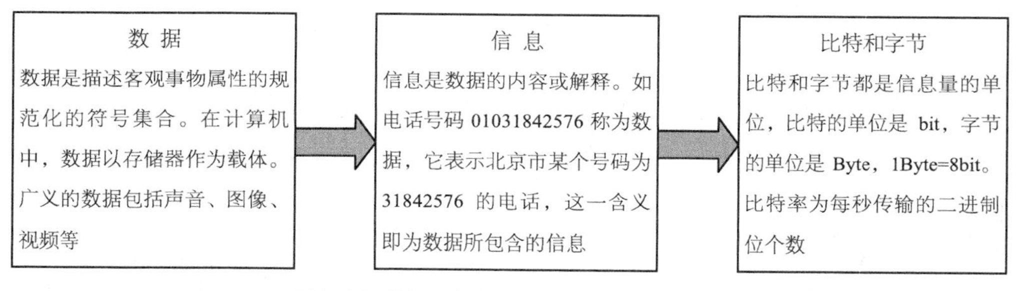

图1-32　数据、信息、比特和字节概念

在数据通信中，信号是数据的表现形式，包括模拟信号和数字信号，其定义及表现形式如图 1-33 和图 1-34 所示。

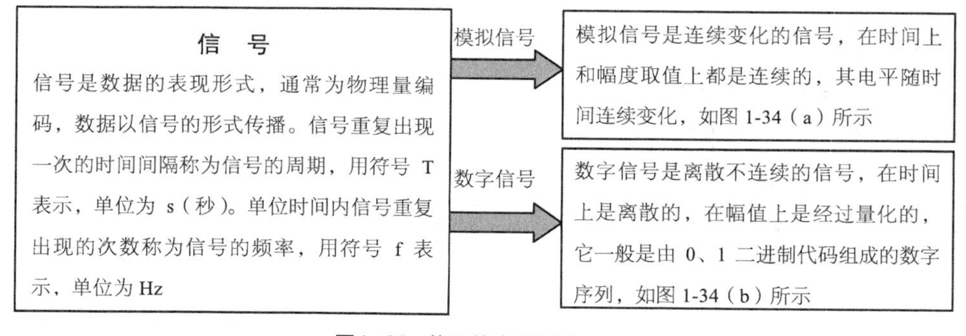

图1-33　信号的表现形式

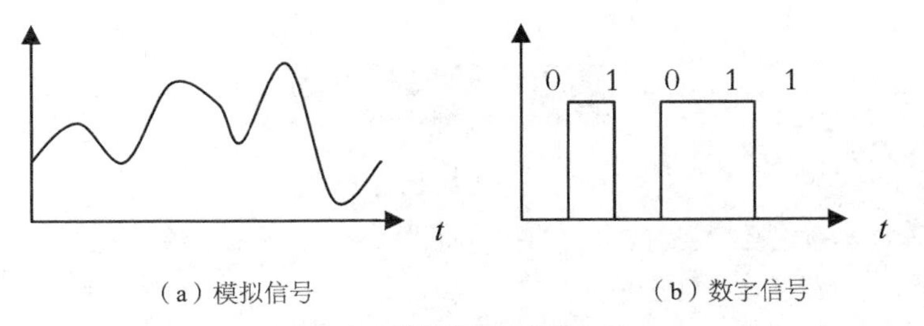

（a）模拟信号　　（b）数字信号

图1-34 模拟信号和数字信号

2. 信号传输

数据通信中几种主要的数据传输技术现介绍如下。

（1） 串行传输与并行传输。

串行传输每次由源到目的传输的数据只有 1 位，如图 1-35（a）所示。由于线路成本等方面的因素，远距离通信一般采用串行通信技术。

并行传输主要用于局域网通信等距离比较近的情况，至少有 8 位数据同时传输，如图 1-35（b）所示。计算机内部的数据多是并行传输，如用于连接磁盘的扁平电缆一次就可以传输 8 位或 16 位数据，外部的并行端口及其连线都利用并行传输。

发送端 —— 01010001 ——→ 接收端

（a）串行传输

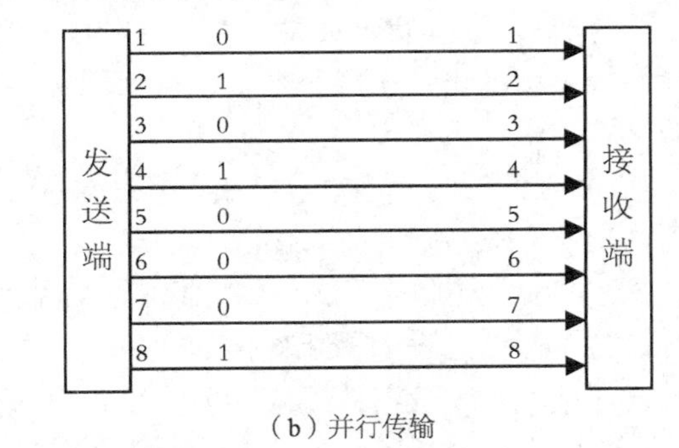

（b）并行传输

图1-35 串行传输与并行传输

（2） 信道的种类。

根据信号在信道上的传输方向与时间关系，信道可以分为 3 种：单工、半双工和全双工。

- 单工信道传输的数据只能在一个方向上流动，发送端使用发送设备，接收端使用接收设备，如图 1-36（a）所示。无线电广播和电视广播都属于单工信道。
- 半双工信道传输的数据在某一时刻向一个方向传输，在需要的时候，又可以向另外一个方向传输，它实质上是可切换方向的单工通信，如图 1-36（b）所示。半双工信道适合会话式通信。
- 全双工信道允许数据在两个方向上同时传输，它在能力上相当于两个单工通信方式的结合，如图 1-36（c）所示。在全双工通信中，通信双方的设备既要充当发送设备，又要充当接收设备。

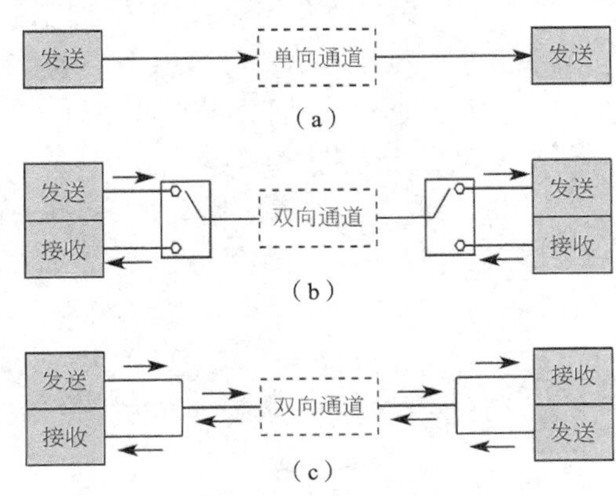

图1-36 单工、半双工、双工通信

视野拓展

第四代移动通信技术

4G是第四代移动通信及其技术的简称，如图1-37所示，是集3G与WLAN于一体并能够传输高质量视频图像以及图像传输质量与高清晰度电视不相上下的技术产品。4G系统能够以100Mbit/s的速度下载，比拨号上网快2000倍，上传的速度也能达到20Mbit/s，并能够满足几乎所有用户对于无线服务的要求。而在用户最为关注的价格方面，4G与固定宽带网络在价格方面不相上下，而且计费方式更加灵活机动，用户完全可以根据自身的需求确定所需的服务。此外，4G可以在DSL和有线电视调制解调器没有覆盖的地方部署，然后再扩展到整个地区。很明显，4G有着不可比拟的优越性。

1. 4G通信的特点

（1）高速率。对于大范围高速移动用户(250km/h)，数据速率为2MB/s；对于中速移动用户(60km/h)，数据速率为20MB/s；对于低速移动用户(室内或步行者)，数据速率为100MB/s。

（2）以数字宽带技术为主。在4G移动通信系统中，信号以毫米波为主要传输波段，蜂窝小区也会相应小很多，很大程度上提高用户容量，但同时也会引起系列技术上的难题。

（3）良好的兼容性。4G移动通信系统实现全球统一的标准，让所有移动通信运营商的用户享受共同的4G服务，真正实现一部手机在全球的任何地点都能进行通信。

（4）较强的灵活性。4G移动通信系统采用智能技术使其能自适应地进行资源分配，能对通信过程中不断变化的业务流大小进行相应处理而满足通信要求，采用智能信号处理技术对信道条件不同的各种复杂环境进行信号的正常发送与接收，有很强的智能性、适应性和灵活性。

（5）多类型用户共存。4G移动通信系统能根据动态的网络和变化的信道条件进行自适应处理，使低速与高速的用户以及各种各样的用户设备能够共存与互通，从而满足系统多类型用户的需求。

（6）多种业务的融合。4G移动通信系统支持更丰富的移动业务，包括高清晰度图像业务、会议电视、虚拟现实业务等，使用户在任何地方都可以获得任何所需的信息服务。将个人通信、信息系统、广播和娱乐等行业结合成一个整体，更加安全、方便地向用户提供更广泛的服务与应用。

（7）先进的技术应用。4G移动通信系统以几项突破性技术为基础，如OFDM多址接入方式、智能天线和空时编码技术、无线链路增强技术、软件无线电技术、高效的调制解调技术、高性能的收发信机和多用户检测技术等。

（8）高度自组织、自适应的网络。4G移动通信系统是一个完全自治、自适应的网络，拥有对结构的自我管理能力，以满足用户在业务和容量方面不断变化的需求。

2. 4G手机产品

从外观上看，4G手机真机外观与常见的智能手机无异，如图1-38所示。它们主要特点在于屏幕大、分辨率高、内存大、主频高、处理器运算快、摄像头高清。4G手机都内嵌了 TD-LTE 模块，这也是我国自主研发 4G 技术的硬件核心。选择网络时，屏幕信号显示 4G’即代表已连接 4G 网络。4G 能兼容现有 2G、3G、4G 网络，“多模多频”成为了 4G 手机的标配。

移动的 TD-LTE 4G 手机最高下载速度超过 80Mbit/s，达到主流 3G 网络网速的 10 多倍，以下载电影为例，一部 700MB 的高清电影，用 4G 网络下载，最快 1 分多钟就可以完成。使用时用户延时小于 0.05s，仅为 3G 的 1/4。即便在每小时数百千米的高速行驶状态下，移动 4G 仍然能提供服务。3G 的核心应用为手机宽带上网，视频通话，手机电视，手机音乐，手机购物，无线搜索与手机网游等等流媒体应用；4G 将提供更加高性能的手机汇流媒体内容，并通过 ID 应用程序成为个人身份鉴定设备。

图1-37 4G 标志

图1-38 带 4G 通信的手机产品

实训一 给自己发送一封邮件

本实训要求根据任务二介绍的内容，练习发送电子邮件，读者可以将邮件发送到自己的邮箱里。

【操作步骤】

STEP 1 登录自己的邮箱（如果没有邮箱，可申请一个）。

STEP 2 按照操作一中的介绍，给自己发送邮件，分别设置不同的发送选项。

STEP 3 等待片刻，观察收件箱里有没有新邮件，收到后打开观察收信的格式。

实训二 使用 QQ 进行附件发送和远程协助

本实训要求根据任务三介绍的内容，练习使用 QQ 进行附件发送、远程协助等操作。

【操作步骤】

STEP 1 登录 QQ。

STEP 2 同学之间进行附件发送操作，注意附件的保存位置。

STEP 3 同学之间执行远程协助操作。

STEP 4 相互讨论，确认 QQ 还有哪些值得学习的功能。

实训三　使用搜索引擎搜索信息

本实训要求根据任务一介绍的内容，练习使用搜索引擎搜索信息。

【操作步骤】

STEP 1　登录 www.baidu.com 网站。

STEP 2　输入“巴西世界杯”关键字。

STEP 3　搜索与“巴西世界杯”相关的新闻。

STEP 4　相互讨论与计算机网络之间的相关问题。

小结

本项目介绍了计算机网络的基本概况。网络是为了实现信息交换和资源共享，利用通信线路和通信设备，将分布在不同地理位置上的具有独立工作能力的计算机互相连接起来，按照网络协议进行数据交换的计算机系统。

21 世纪已进入计算机网络时代。计算机网络极大普及，成为计算机行业的一部分，计算机应用已进入更高层次。新一代的计算机已将网络接口集成到主板上，网络功能已嵌入到操作系统之中。随着通信和计算机技术紧密结合和同步发展，我国计算机网络技术发展也逐步步入崭新时代。

习题

一、填空题

1. 计算机网络的常用功能有__________、__________、__________等。
2. 计算机网络的常见类型包括________、________、________和________。
3. 与有线网相比，无线网的数据传输率一般相对较________________。
4. 在数据通信中，信号是______的表现形式，包括________和________。
5. “3G”是________________的简称。

二、简答题

1. 简要说明计算机网络的功能和应用。
2. 简要说明数据通信的基本方式。
3. 结合实际情况，讨论你身边都有哪些计算机网络，对你的生活都有哪些影响。
4. 使用 QQ 进行文件传送和远程协助。
5. 给一位同学发送一封邮件，并使用已读回执设置，询问接收者是否成功收到邮件。

PART 2

项目二 认识计算机网络体系结构

要想在两台计算机之间进行通信，这两台计算机必须采用相同的信息交换规则。在计算机网络中用于规定信息的格式以及如何发送和接收信息的一套规则称为网络协议（network protocol）或通信协议（communication protocol）。

本项目首先介绍计算机网络体系结构的基本概念，接着介绍 ISO 开放系统互连参考模型的 7 层协议，并详细介绍目前网络协议中应用最广泛的 TCP/IP 参考模型，最后介绍其他常用的网络通信协议和 TCP/IP 的安装配置过程。

知识技能目标

- 明确网络体系结构和网络协议的概念。
- 理解 OSI 参考模型的结构。
- 理解 TCP/IP 参考模型的结构。
- 掌握 IP 地址的分类原则。
- 掌握 IP 地址设置方法。
- 掌握 ping 命令的用法。

任务一 认识体系结构和网络协议

计算机网络是由若干台计算机和终端通过通信线路连接起来，彼此进行通信，达到共享资源目的的系统。该系统由多种不同类型（如大型计算机、台式计算机、笔记本电脑等）、不同型号的计算机和终端组成，结构复杂。

（一） 认识网络体系结构

网络的体系结构是为不同的计算机之间互连和互操作提供相应的规范和标准；对计算机网络及其各个组成部分的功能特性做出精确的定义。

1. 网络层次模型

计算机网络系统是一个十分复杂的系统。将一个复杂系统分解为若干个容易处理的子系统，然后“分而治之”，这种结构化设计方法是工程设计中常见的手段。

图 2-1 所示的网络层次模型具有以下特点。

（1） 第 n 层是第 n-1 层的用户。

（2） 第 n 层又是第 n+1 层的服务提供者。

（3） 第 n+1 层虽然只直接使用了第 n 层提供的服务，实际上它通过第 n 层还间接地使用了第 n-1 层以及以下所有各层的服务。

2. 网络层次结构

计算机网络的层次结构一般以垂直分层模型来表示，如图 2-2 所示。

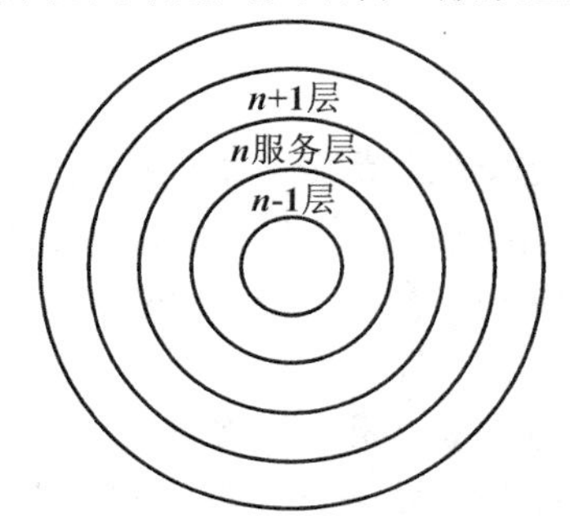

图2-1 网络层次模型

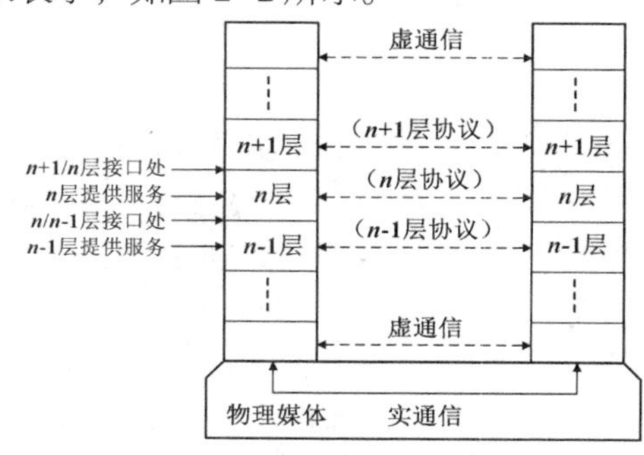

图2-2 网络层次结构

（1） 网络层次结构的特点。

- 除了在物理媒体上进行的是实通信之外，其余各对等实体间进行的都是虚通信。
- 对等层的虚通信必须遵循该层的协议。
- 第 n 层的虚通信是通过第 n/n-1 层间接口处第 n-1 层提供的服务以及第 n-1 层的通信（通常也是虚通信）来实现的。

（2） 层次结构划分的原则。

- 每层的功能明确，并且相互独立。当某一层的具体实现方法更新时，只要保持上、下层的接口不变，便不会对邻居产生影响。
- 层间接口必须清晰，跨越接口的信息量应尽可能少。
- 层数应适中。若层数太少，则造成每一层的协议太复杂；若层数太多，则体系结构过于复杂，使描述和实现各层功能变得困难。

（3） 网络的体系结构的特点。

- 以功能作为划分层次的基础。
- 第 n 层的实体在实现自身定义的功能时，只能使用第 n-1 层提供的服务。
- 第 n 层在向第 n+1 层提供服务时，此服务不仅包含第 n 层本身的功能，还包含由下层服务提供的功能。
- 仅在相邻层间有接口，且所提供服务的具体实现细节对上一层完全屏蔽。

知识提示

接口是同一系统内相邻层之间交换信息的连接点。同一个系统的相邻层之间存在着明确规定的接口，低层向高层通过接口提供服务，只要接口不变，各层就是相互独立的。

3. 网络体系结构

网络体系就是为了完成计算机间的通信合作，把每个计算机互连的功能划分成定义明确的层次，规定了同层次进程通信的协议及相邻层之间的接口及服务。

计算机网络体系结构是指计算机之间相互通信的层次，以及各层中的协议和层次之间接口的集合，表明了计算机网络各个组成部分的功能特性，以及它们之间是如何配合、组织，如何相互联系、制约，从而构成一个计算机网络系统的。

我们既可以从数据处理的观点来看待网络体系结构，也可以从载体通信的观点来观察网络体系结构。前者类似于从上到下的过程调用，各个组成部分之间通过接口相互作用；后者涉及两个通信方之间的交互作用。

（二） 认识网络协议

在一个计算机网络通信系统中，除要求系统中的计算机、终端及网络用户能彼此连接和交换数据外，系统之间还应相互配合，两个系统的用户要共同遵守相同的规则，这样它们才能相互理解所传输信息的含义，并能为完成同一任务而合作。

1. 网络协议的概念

若想在两个系统之间进行通信，要求两个系统都必须具有相同的层次功能。通信是在系统间的对应层（同等的层）之间进行的。

一个功能完善的计算机网络是一个复杂的结构，网络上的多个节点间不断地交换着数据信息和控制信息，在交换信息时，网络中的每个节点都必须遵守一些事先约定好的共同的规则。为网络数据交换而制定的规则、约定和标准统称为网络协议。

2. 网络协议的基本要素

网络协议包括 3 个基本要素，如图 2-3 所示，各要素的功能如下。

- 语法：表明用户数据与控制信息的结构和格式。
- 语义：表明需要发出何种控制信息，以及完成的动作与做出的响应。
- 时序：对事件实现顺序的说明。

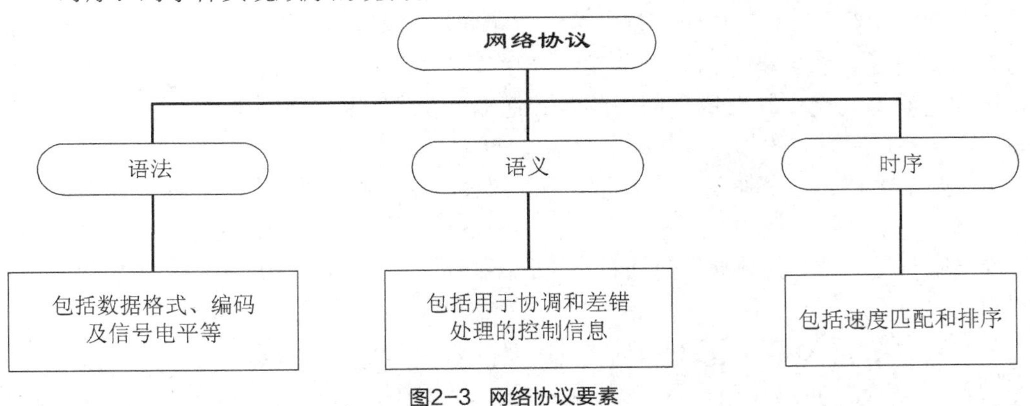

图2-3 网络协议要素

（三） 认识网络协议分层

为了减少网络设计的复杂性，绝大多数网络采用分层设计方法。分层设计方法就是按照信息的流动过程将网络的整体功能分解为一个个的功能层，不同机器上的同等功能层之间采用相同的协议，同一机器上的相邻功能层之间通过接口进行信息传递。

1. 邮政通信系统

为了便于理解协议分层的原理，下面以邮政通信系统为例进行说明。

人们平常写信时都有个约定，这就是信件的格式和内容。

（1） 写信时必须采用双方都懂的语言文字和文体，开头是对方称谓，最后是落款等。这样，对方收到信后，才可以看懂信中的内容，知道是谁写的，什么时候写的。当然，还可以有其他的一些特殊约定，如书信的编号、间谍的密写等。

（2） 信写好之后，必须将信封装并交由邮局寄发，这样寄信人和邮局之间也要有约定，这就是规定信封的写法并贴上邮票。在中国寄信必须先写收信人地址、姓名，然后才写寄信人的地址和姓名。邮局收到信后，首先进行信件的分拣和分类，然后交付有关运输部门进行运输，如航空信交民航，平信交铁路或公路运输部门等。

（3） 邮局和运输部门也有约定，如到站地点、时间、包裹形式等。信件运送到目的地后进行相反的过程，最终将信件送到收信人手中，收信人依照约定的格式才能读懂信件。如图2-4所示，在整个过程中，主要涉及3个子系统：用户子系统、邮政子系统和运输子系统。

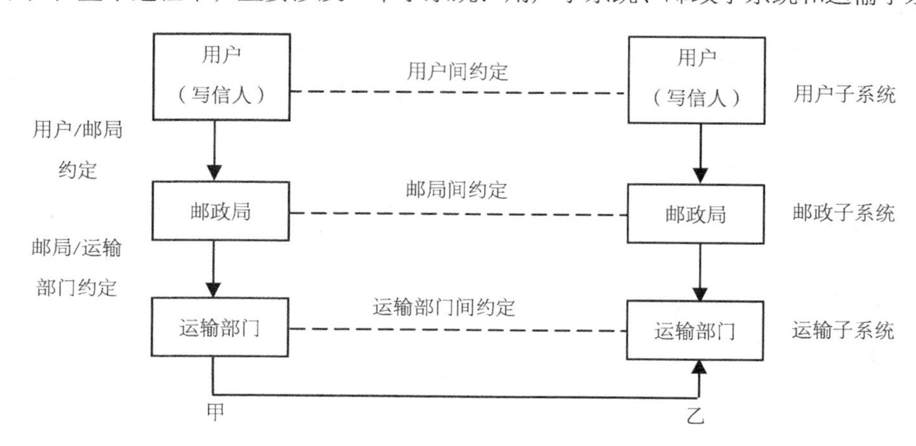

图2-4 邮政系统分层模型

从上例可以看出，各种约定都是为了将信件从一个源点送到某一个目的点这个目标而设计的。这就是说，它们是因信息的流动而产生的。可以将这些约定分为同等机构间的约定（如用户之间的约定、邮政局之间的约定和运输部门之间的约定）以及不同机构间的约定（如用户与邮政局之间的约定、邮政局与运输部门之间的约定）。

虽然两个用户、两个邮政局、两个运输部门分处甲、乙两地，但它们都分别对应同等机构，同属一个子系统；而同处一地的不同机构则不在一个子系统内，而且它们之间的关系是服务与被服务的关系。很显然，这两种约定是不同的，前者为部门内部的约定，而后者是不同部门之间的约定。

在计算机网络环境中，两台计算机之间进行通信的过程与邮政通信的过程十分相似。用户进程对应于用户，计算机中进行通信的进程（也可以是专门的通信处理机）对应于邮局，通信设施对应于运输部门。

2. 计算机网络中的分层结构

人们往往按功能将计算机网络划分为多个不同的功能层。网络中同等层之间的通信规则就是该层使用的协议，如有关第 N 层的通信规则的集合，就是第 N 层的协议。而同一计算机的不同功能层之间的通信规则称为接口（interface），在第 N 层和第（N+1）层之间的接口称为 N/ (N+1) 层接口。

协议层次化不同于程序设计中模块化的概念。在程序设计中，各模块可以相互独立、任意拼装或者并行，而协议的层次则一定有上下之分，它是依数据流的流动而产生的。组成不同计算机同等层的实体称为对等进程（peer process）。对等进程不一定非是相同的程序，但其功能必须完全一致，且采用相同的协议。计算机网络中的分层结构如图 2-5 所示。

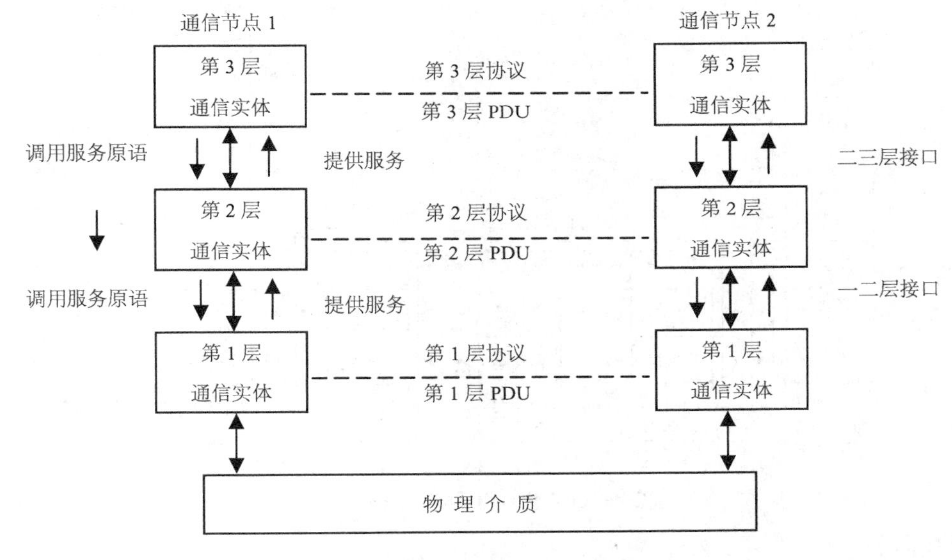

图2-5　计算机网络中的分层结构

协议是不同机器同等层之间的通信约定，而接口是同一机器相邻层之间的通信约定。不同的网络，分层数量、各层的名称和功能以及协议都各不相同。然而，在所有的网络中，每一层的目的都是向它的上一层提供一定的服务。

任务二　认识 OSI 参考模型

在确定计算机网络体系结构时，各个生产厂商结合自己计算机硬件、软件和通信设备的配套情况，纷纷提出了不同的方案。1978 年，国际标准化组织（ISO）设立了一个分委员会，专门研究计算机网络通信的体系结构，提出了开放系统互连（Open System Interconnection，OSI）参考模型。

（一）认识 OSI 参考模型的层次结构

OSI 参考模型将整个网络的通信功能划分成 7 个层次，每层各自完成一定的功能。由低层至高层分别称为物理层、数据链路层、网络层、传输层、会话层、表示层和应用层，如图 2-6 所示。OSI 参考模型划分层次的原则如下。

- 网络中各节点都具有相同的层次。
- 不同节点的同等层具有相同的功能。
- 同一节点内相邻层之间通过接口通信。
- 每一层可以使用下层提供的服务，并向其上层提供服务。
- 不同节点的同等层通过协议来实现对等层之间的通信。

在 OSI 参考模型中，低 3 层通常称为通信子网，高 4 层通常称为资源子网。

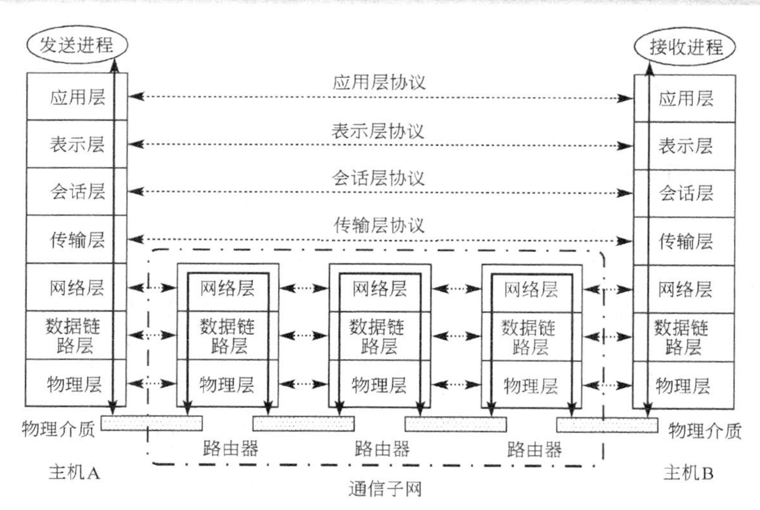

图2-6 OSI 参考模型层次结构

1. 物理层

物理层负责最后将信息编码成电流脉冲或其他信号用于网上传输。它由计算机和网络介质之间的实际界面组成，可定义电气信号、符号、线的状态和时钟要求、数据编码和数据传输用的连接器。

物理层涉及的问题比较多，包括通信在线路上传输的原始信号强度（如多大的电压代表“1”或“0”，以及当发送端发出“1”时，在接收端如何识别出是“1”或“0”等），一个比特持续多少微秒，传输是否为双向，最初的连接如何建立，完成通信后连接如何终止，连接电缆的插头有多少根引脚以及各引脚如何连接等。

集线器是工作在物理层的典型设备。

2. 数据链路层

数据链路层提供物理链路上可靠的数据传输，负责在两个相邻节点间的线路上无差错地传送以帧（frame）为单位的数据。不同的数据链路层定义了不同的网络和协议特征，其中包括物理编址、网络拓扑结构、错误校验、帧序列以及流控。

和物理层相似，数据链路层负责建立、维持和释放数据链路的连接。发送方把输入数据分装在数据帧（data frame）里，按顺序传送各帧，并处理接收方回送的确认帧（acknowledgement frame）。若接收方检测到所传数据中有差错，就要通知发送方重发这一帧，直到这一帧正确无误地到达接收方为止。

3. 网络层

网络层提供两个终端系统之间的连接和路径选择，负责在源和终点之间建立连接，一般包括网络寻径，还可能包括流量控制、错误检查等。

网络层关系到子网的运行控制，其中的一个关键问题是确定分组（packet）从源端到目的端如何选择路由。路由既可以选用网络中固定的静态路由表，也可以在每一次会话开始时决定，还可以根据当前网络的负载状况，高度灵活地为每一个分组决定路由。

4. 传输层

传输层负责两端节点之间的可靠网络通信，向高层提供可靠的端到端的网络数据流服务。传输层的功能一般包括流量控制、多路传输、虚电路管理及差错校验和恢复。

信息的传送单位是数据报（datagram）。传输层从会话层接收数据，并且在必要时把它分成较小的分组传递给网络层，同时确保到达对方的各段信息正确无误，高效率地完成传输。

5. 会话层

会话层建立、管理和终止应用程序会话并管理表示层实体之间的数据交换。通信会话包括发生在不同网络应用层之间的服务请求和服务应答，这些请求与应答通过会话层的协议实现。会话层允许不同机器上的用户建立会话关系，允许进行类似传输层的普通数据的传输，在两个互相通信的应用进程之间，建立、组织和协调其交互（interaction）。

6. 表示层

表示层主要解决用户信息的语法表示问题，提供多种功能用于应用层数据编码和转化，以确保一个系统应用层发送的信息可以被另一个系统应用层识别。

表示层将要交换的数据从适合于某一用户的抽象语法，变换为适合于 OSI 系统内部使用的传送语法。此层保证某系统应用层发出的信息能被另一系统的应用层读懂。表示层与程序使用的数据结构有关，从而作为应用层处理数据传输句法，如信息的编码、加密、解密等。

7. 应用层

应用层是最接近终端用户的 OSI 层，这就意味着 OSI 应用层与用户之间是通过应用软件直接相互作用的。应用层包含大量人们普遍需要的协议。通过定义一个抽象的网络虚拟终端，编辑程序和其他所有的程序都面向该虚拟终端。

应用层为处于 OSI 模型之外的应用程序（如电子邮件、文件传输和终端仿真）提供服务。应用层识别并确认通信合作伙伴的有效性（和连接它们所需要的资源），以及同步合作的应用程序，并建立关于差错恢复和数据完整性控制步骤的协议。

应用层并非由计算机上运行的实际应用软件组成，而是由向应用程序提供访问网络资源的应用程序接口（Application Program Interface，API）组成。

（二） 理解 QQ 传输信息过程

使用 QQ 聊天工具时，信息是如何在网络上传送的呢？有人可能会说，经过互联网的连接，信息就从这台计算机传到那台计算机上了。其实，在网络中一条 QQ 信息的传送是需要很多技术来支持的，其中一个必不可少的技术就是要通过 OSI 参考模型的引领。下面通过案例详细介绍信息的传输过程。

【例 2-1】 理解 QQ 传输信息过程。

【操作步骤】

STEP 1 启动 QQ 软件。

STEP 2 发送数据。

（1） 信息的编辑和发送。QQ 信息的编辑和发送，如图 2-7 所示。

当编辑好一条信息如“你好”后，单击 发送(S) 按钮，这样一条信息就可以通过网络传输出去了。

然而，在真正的信息发送中，计算机并不是把“你好”这两个字原样发出去，而是把信息转换成二进制的形式，信息“你好”在计算机里被转换成二进制编码“11010110111101111100011011010101”。

（2） 建立链接。当计算机把“你好”转换成二进制编码之后，就可以进行传输了。首先，必须和对方的计算机建立连接，同时使双方的信息都能够相互识别，就是要为不同计算机间提供公共语言，这两个任务是由 OSI 参考模型中的表示层和会话层完成的，会话层负责通信链路连接，表示层则负责双方能够顺利通信，如图 2-8 所示。

图2-7 QQ 信息的编辑和发送

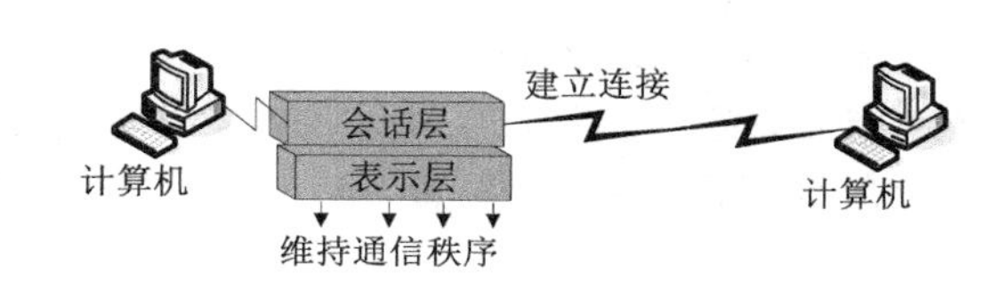

图2-8 会话层和表示层的功能

（3） 信息容错。不管发送什么信息，在传输时都要检测传输线路的容错性。这一过程由 OSI 参考模型的传输层完成，如图 2-9 所示。

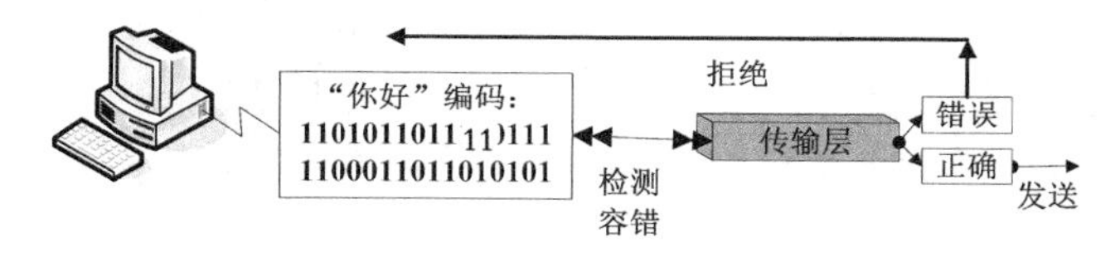

图2-9 传输层功能

（4） 路径选择。当传输线路容错检测完毕后，就可以发送信息了，然而这样一条信息该往哪儿发送呢？在网络上传输，每一条信息都是有地址的，就像我们寄信一样，寻找地址的工作就由 OSI 参考模型的第 3 层——网络层来完成，如图 2-10 所示。

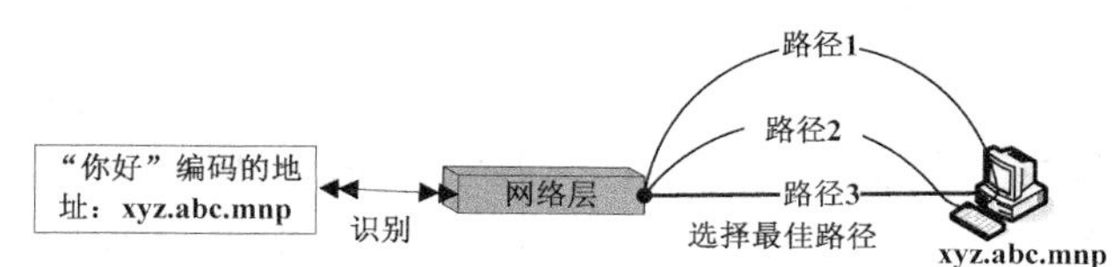

图2-10 网络层功能

（5） 数据纠错与建立链接。要发送的信息地址找到后，就要进行数据的纠错，如果发现信息有错误，则通知上层重新整理发送，如果信息无误，则进行物理链路的链接。这一功能主要由 OSI 模型的第 2 层——数据链路层来完成，如图 2-11 所示。

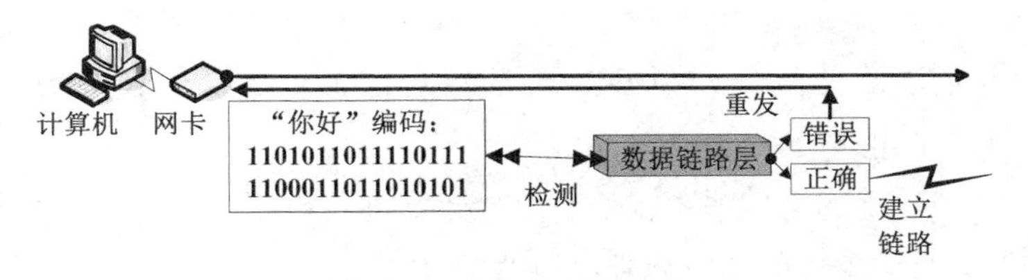

图2-11 数据链路层功能

（6） 数据发送。信息地址被确认之后，就要进行信息编码的传输了。这里要说明的问题是，计算机要连到 Internet 上，就需要网卡、网线、集线器等设备，这些设备也不是随便插在计算机上就可以使用，而是要遵循国际上的统一标准，即 OSI 参考模型中的物理层标准。这种标准使世界上所有的计算机都可以兼容以上那些设备，从而信息可以在全球范围内顺利地相互传送，如图 2-12 所示。

图2-12 物理层功能

如果线路不出故障，即通信线路畅通，信息就顺利地传到用户想传送到的计算机上了。

STEP 3 数据的接收。

（1） 接收数据。对于接收方的计算机来说，首先，信息由网线传送到网卡上，执行接收过程。

（2） 数据检测。当数据被接收时，会进行数据检测，如果发现数据有误，则发出通知，要求对方重新发送；若信息正确，则接收信息（如"你好"），然后拆除链路。这一工作由接收方计算机的数据链路层完成，如图 2-13 所示。

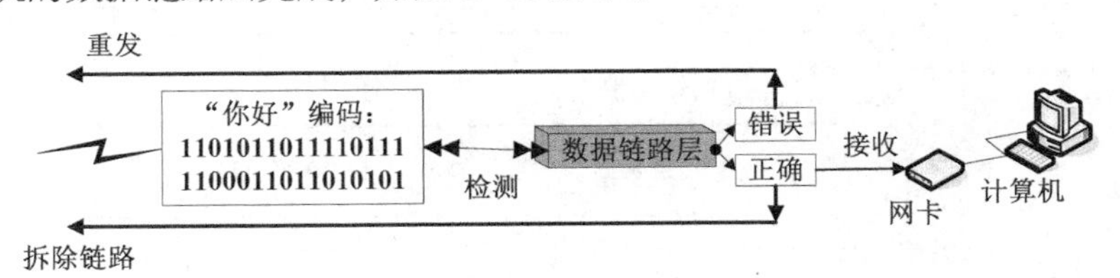

图2-13 接收方数据链路层功能

（3） 信息确认与会话结束。当信息被接收到计算机后，由高层进行数据确认，然后发送收到确认，结束会话。这一过程是由接收方计算机的传输层和会话层完成的，如图 2-14 所示。

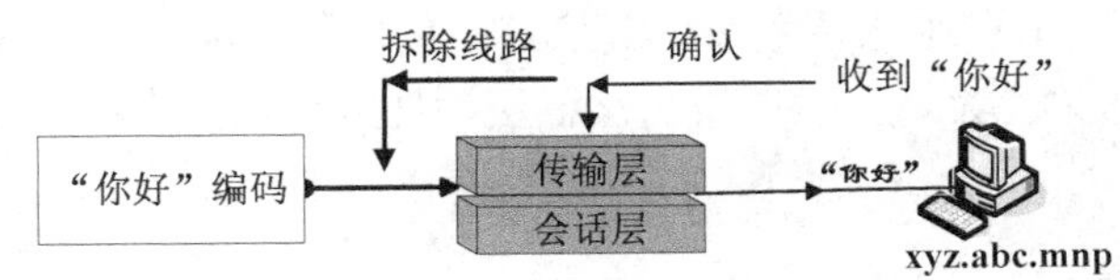

图2-14 接收方传输层、会话层功能

（4） 发送完毕，编码转化。至此，通过 QQ 聊天工具发送的"你好"两个字发送完毕，只不过发到目的计算机上的仍然是二进制编码，由接收方的计算机转换成"你好"二字，然后显示在屏幕上。如果对方再发回一条信息，则又会重新建立一条链路，道理和前面讲述的完全一样。

以上只是传送一条信息的基本线路，实际上这样的传输还需要许多协议或标准的支持，如传输层和会话层的功能是在表示层的监督下进行的，而 QQ 软件本身的运行则是在应用层的基础上顺利运行起来的。

问题思考

（1）在网络传输中，任何两台计算机间的数据交换都要用到 OSI 参考模型的所有 7 个层次才能顺利进行通信吗？

（2）可以给自己发送 QQ 信息吗？为什么？

任务三　认识 TCP/IP 参考模型

TCP/IP 参考模型是计算机网络的始祖 ARPANET 和其后继的 Internet 使用的参考模型。几乎所有的工作站和运行 Windows 操作系统的计算机都采用 TCP/IP，并将 TCP/IP 融于 UNIX 操作系统结构之中。在个人计算机及大型机上也有相应的 TCP/IP 网络及网关软件，从而使众多异型机互连成为可能，TCP/IP 也就成为最成功的网络体系结构和协议规程。

（一）认识 TCP/IP 的体系结构

TCP/IP 不是一个简单的协议，而是一组小的、专业化协议，包括 TCP/IP、UDP、ARP、ICMP 以及其他的一些子协议。大部分网络管理员将整组协议称为 TCP/IP。

TCP/IP 最大的优势之一是其可路由性，也就意味着它可以携带被路由器解释的网络编址信息。TCP/IP 还具有灵活性，可在多个网络操作系统或网络介质的联合系统中运行。然而，由于它的灵活性，TCP/IP 需要更多的配置。TCP/IP 的体系结构如图 2-15 所示。

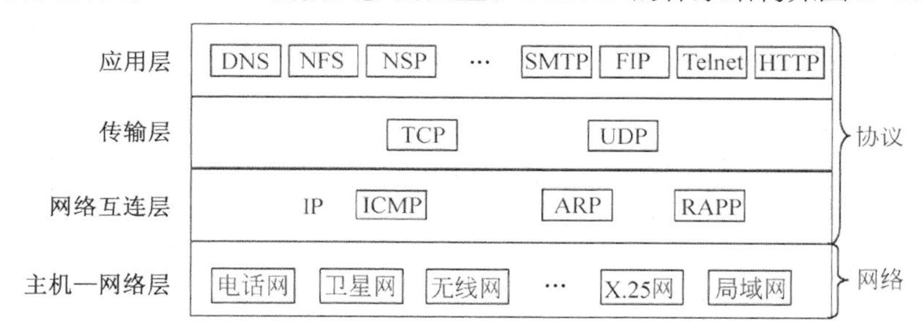

图2-15　TCP/IP 参考模型

TCP/IP 是一个 4 层模型，主要内容如下。

1.　主机一网络层

主机一网络层是 TCP/IP 参考模型的最低层，负责接收从 IP 层交来的 IP 数据报并将 IP 数据报通过低层物理网络发送出去，或者从低层物理网络上接收物理帧，抽出 IP 数据报，交给 IP 层。

2.　网络互连层

网络互连层的主要功能是负责相邻节点之间的数据传送。它的主要功能包括以下 3 个方面。

（1）　处理来自传输层的分组发送请求。将分组装入 IP 数据报，填充报头，选择去往目的节点的路径，然后将数据报发往适当的网络接口。

（2） 处理输入数据报。首先检查数据报的合法性，然后进行路由选择。假如该数据报已到达目的节点（本机），则去掉报头，将 IP 报文的数据部分交给相应的传输层协议；假如该数据报尚未到达目的节点，则转发该数据报。

（3） 处理 ICMP 报文。即处理网络的路由选择、流量控制、拥塞控制等问题。TCP/IP 网络互连层在功能上非常类似于 OSI 参考模型中的网络层。

3. 传输层

TCP/IP 参考模型中传输层的作用与 OSI 参考模型中传输层的作用是一样的，即在源节点和目的节点的两个进程实体之间提供可靠的端到端数据传输。为保证数据传输的可靠性，传输层协议规定接收端必须发回确认，并且假定分组丢失，必须重新发送。

传输层还要解决不同应用程序的标识问题，因为在一般的通用计算机中，常常是多个应用程序同时访问互联网。为区别各个应用程序，传输层在每一个分组中增加识别信源和信宿应用程序的标记。另外，传输层的每一个分组均附带校验码，以便接收节点检查接收到的分组的正确性。

TCP/IP 参考模型提供了两个传输层协议，即传输控制协议和用户数据报协议。

（1） 传输控制协议（TCP）。TCP 是一个可靠的面向连接的传输层协议，它将某节点的数据以字节流形式无差错投递到互联网的任何一台机器上。发送方的 TCP 将用户交来的字节流划分成独立的报文并交给互联网层进行发送，而接收方的 TCP 将接收的报文重新装配交给接收用户。TCP 同时处理有关流量控制的问题，以防止快速的发送方淹没慢速的接收方。

（2） 用户数据报协议（UDP）。UDP 是一个不可靠的、无连接的传输层协议，UDP 将可靠性问题交给应用程序解决。UDP 主要面向请求/应答式的交易型应用，一次交易往往只有一来一回两次报文交换，假如为此而建立连接和撤销连接，开销是相当大的，这种情况下使用 UDP 就非常有效。另外，UDP 也应用于那些对可靠性要求不高，但要求网络的延迟较小的场合，如语音和视频数据的传送。

4. 应用层

传输层的上一层是应用层，应用层包括所有的高层协议。早期的应用层有远程登录协议（Telnet）、文件传输协议（File Transfer Protocol，FTP）和简单邮件传输协议（Simple Mail Transfer Protocol，SMTP）等。

（1） Telnet：允许用户登录到远程系统并访问远程系统的资源，而且像远程计算机的本地用户一样访问远程系统。

（2） FTP：提供在两台计算机之间进行有效的数据传送的手段。

（3） SMTP：最初只是文件传输的一种类型，后来慢慢发展成为一种特定的应用协议。

知识提示

最近几年出现了一些新的应用层协议，如用于将网络中主机的名字地址映射成网络地址的域名服务（Domain Name Service，DNS），用于传输网络新闻的网络新闻传输协议（Network News Transfer Protocol，NNTP），用于从 WWW 上读取页面信息的超文本传输协议（Hyper Text Transfer Protocol，HTTP）。

（二） 认识 IP

网际协议（IP）属于 TCP/IP 参考模型的网络互连层，提供关于数据应如何传输以及传输到何处的信息。IP 是一种使 TCP/IP 可用于网络连接的子协议，即 TCP/IP 可跨越多个局域网段或通过路由器跨越多种类型的网络。

1. IP 的功能

IP 的功能是在一个个 IP 模块间传送数据报。网络中每个计算机和网关上都有 IP 模块。数据报在一个个模块间通过路由处理网络地址传送到目的地址，因此，搜寻网络地址是 IP 十分重要的功能。

此外，由于各个网络上的数据报大小可能不同，所以数据报的分段也是 IP 不可或缺的功能，否则对于一些网络带宽较窄的网络，大的数据报就无法正确传输了。

（1） IP 与 IP 层服务。

IP 主要负责为计算机之间传输的数据报寻址，并管理这些数据报的分片过程。该协议对投递的数据报格式有规范、精确的定义。与此同时，IP 还负责数据报的路由，决定数据报发送到哪里，以及在路由出现问题时更换路由。总的来说，运行 IP 的网络层可以为其高层用户提供 3 种服务，如图 2-16 所示。

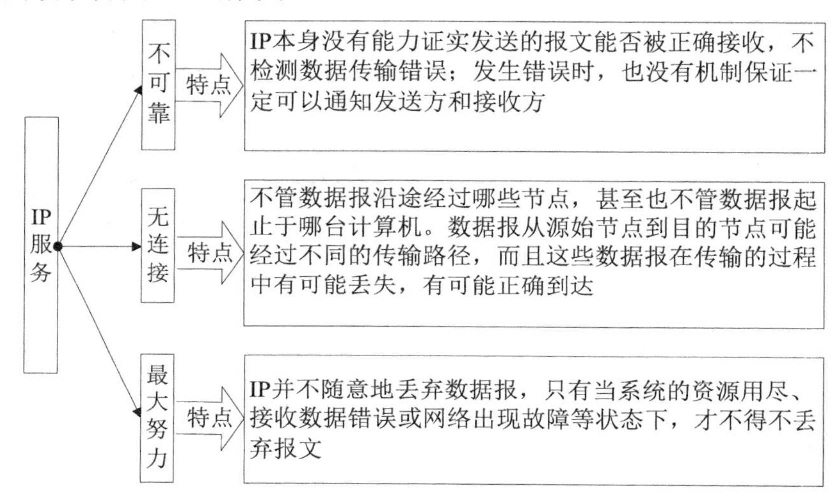

图2-16 IP 层提供的服务

IP 是 Internet 中的通信规则，连入 Internet 中的每台计算机与路由器都必须遵守。

- 发送数据的主机需要按 IP 装载数据。
- 路由器需要按 IP 转发数据包。
- 接收数据的主机需要按 IP 拆卸数据。
- IP 数据包携带着地址信息从发送数据的主机出发，在沿途各个路由器的转发下，到达目的主机。

（2） IP 地址。

打电话时，如何顺利接通要拨打的用户而不会找错对象？

在介绍 IP 地址之前，首先看一看大家都非常熟悉的电话网。每部连入电话网的电话机都有一个由电信公司分配的电话号码，我们只要知道某台电话机的电话号码，便可以拨通该电话。如果被呼叫的话机与发起呼叫的话机位于同一个国家（或地区）的不同城市，要在电话号码前加上被叫话机所在城市的区号，如果被呼叫的话机与发起呼叫的话机位于不同的国家（或地区），要在电话号码前加上被叫话机所在国家（或地区）的代码和城市的区号。

（3） IP地址的概念。

连入 Internet 中的计算机与连入电话网的电话机非常相似，计算机的每个连接也有一个由授权单位分配的号码，称之为 IP 地址。IP 主要解决地址的问题，而名字和地址进行解析的工作由其上层协议——TCP 完成。IP 模块将地址和本地网络地址加以映射（就像写信一样，IP 只负责把收信人、发信人的地址写上，把信投进信箱就可以不管了），而将本地网络地址和路由进行映射则是低层协议（如路由协议）的任务，所以说 IP 是一个无连接的服务。

（4） IP地址的组成。

IP 地址由 32 位二进制数值组成（4 字节），但为了方便用户的理解和记忆，通常采用点分十进制标记法，即将 4 字节的二进制数值转换成 4 个十进制数值，每个数值小于等于255，数值中间用"."隔开，表示成 w.x.y.z 的形式，如图 2-17 所示。

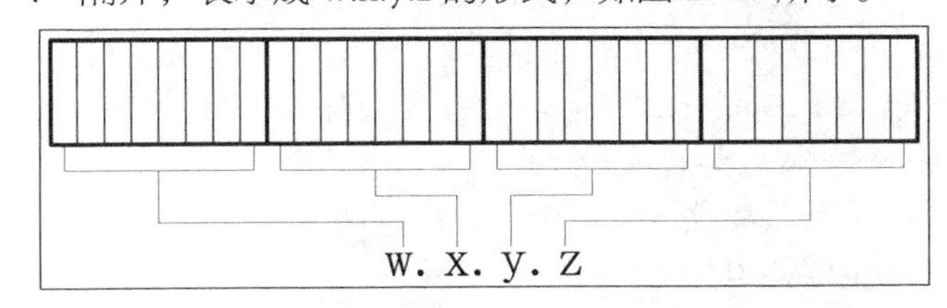

图2-17 IP 地址的点分十进制标记法

例如，二进制 IP 地址表示如下：

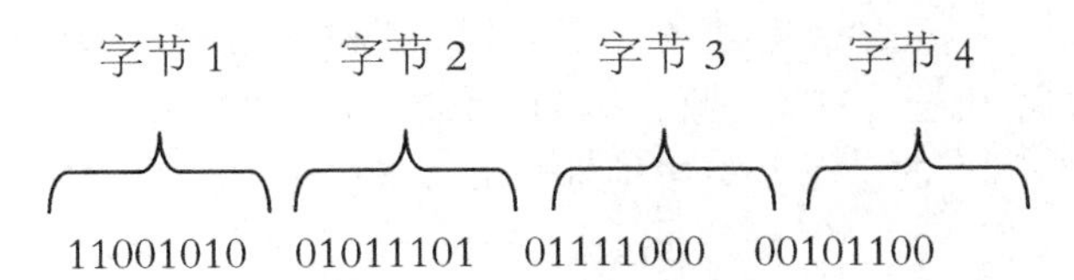

用点分十进制表示法表示如下：

202.93.120.44

202.93.120.44 为一个 C 类 IP 地址，前 3 个字节为网络号，通常记为 202.93.120.0，而后 1 个字节为主机号 44。

（5） IP地址的用途。

根据 IP 地址，网络可以判定是否通过某个路由器将数据传递出去。通过分析要传递数据的目的 IP 地址，如果其网络地址与当前所在的网络相同，那么，该数据就可以直接传递，无须经过路由器。相反，如果其网络地址与当前所在的网络不同，那么，该数据就必须传递给一个路由器，经路由器中转到达目的网络。负责中转数据的路由器必须根据数据中的目的 IP 地址决定如何将数据转发出去。

Internet 中的每台主机至少有一个 IP 地址，而且这个 IP 地址必须是全网唯一的。在 Internet 中允许一台主机有两个或多个 IP 地址。如果一台主机有两个或多个 IP 地址，则该主机属于两个或多个逻辑网络。

（6） IP地址的分类。

按照 IP 规定，Internet 上的地址共有 A、B、C、D、E 共 5 类。

① A 类 IP 地址的主要特点如下。

- A 类 IP 地址用前面 8 位来标识网络号，其中规定最前面 1 位为“0”。
- 24 位标识主机地址，即 A 类地址的第 1 段取值（也即网络号）可以是“00000001～01111111”的任意数字，转换为十进制后即为 1～128 的数。
- 主机号没有硬性规定，所以它的 IP 地址范围为“1.0.0.0～128.255.255.255”。
- 因为 A 类地址中 10.0.0.0～10.255.255.254 和 127.0.0.0～127.255.255.254 这两段地址有专门用途，所以全世界总共只有 126 个可能的 A 类网络。
- 每个 A 类网络最多可以连接 16 777 214 台计算机，这类地址数是最少的，但这类网络所允许连接的计算机是最多的。
- A 类地址提供给大型政府网络使用。

② B 类 IP 地址的主要特点如下。

- B 类 IP 地址用前面 16 位来标识网络号，其中最前面两位规定为“10”。
- 16 位标识主机号，也就是说 B 类地址的第 1 段取值为“10000000～10111111”，转换成十进制后即为 128～191，第 1 段和第 2 段合在一起表示网络地址，它的地址范围为“128.0.0.0～191.255.255.255”。全世界大约有 16 000 个 B 类网络，每个 B 类网络最多可以连接 65 534 台计算机。
- B 类地址适用于中等规模的网络，其中 172.16.0.0～172.31.255.254 地址段有专门用途。

③ C 类 IP 地址的主要特点如下。

- C 类 IP 地址用前面 24 位来标识网络号，其中最前面 3 位规定为“110”。
- 8 位标识主机号，这样 C 类地址的第 1 段取值为“11000000～11011111”，转换成十进制后即为 192～223。第 1 段、第 2 段、第 3 段合在一起表示网络号，最后一段标识网络上的主机号，它的地址范围为“192.0.0.0～223.255.255.255”。
- C 类地址是所有的地址类型中地址数最多的，但这类网络所允许连接的计算机是最少的。
- C 类地址适用于校园网等小型网络，每个 C 类网络最多可以有 254 台计算机。
- C 类地址可分配给任何有需要的人，其中 192.168.0.0～192.168.255.255 为企业局域网专用地址段。

④ D 类 IP 地址的主要特点如下。

- D 类 IP 地址用于多重广播组，一个多重广播组可能包括 1 台或更多主机，或根本没有。
- D 类地址的最高位为 1110，第 1 段 8 位为“11100000～11101111”，转换成十进制即为 224～239，它的地址范围为“224.0.1.1～239.255.255.255”。
- 在多重广播操作中没有网络或主机位，数据包将传送到网络中选定的主机子集中，只有注册了多重广播地址的主机才能接收到数据包。
- Microsoft 支持 D 类地址，用于应用程序将多重广播数据发送到网络间的主机上，包括 WINS 和 Microsoft NetShow。

⑤ E 类 IP 地址的主要特点如下。

- E 类 IP 地址是一个通常不用的实验性地址，保留作为以后使用。
- E 类地址的最高位为 11110，第 1 段 8 位为“11110000～11110111”，转换成十进制即为 240～247。

● IP 中对首段为 248～254 的地址段暂无规定。

以上各类 IP 地址的结构如图 2-18 所示。

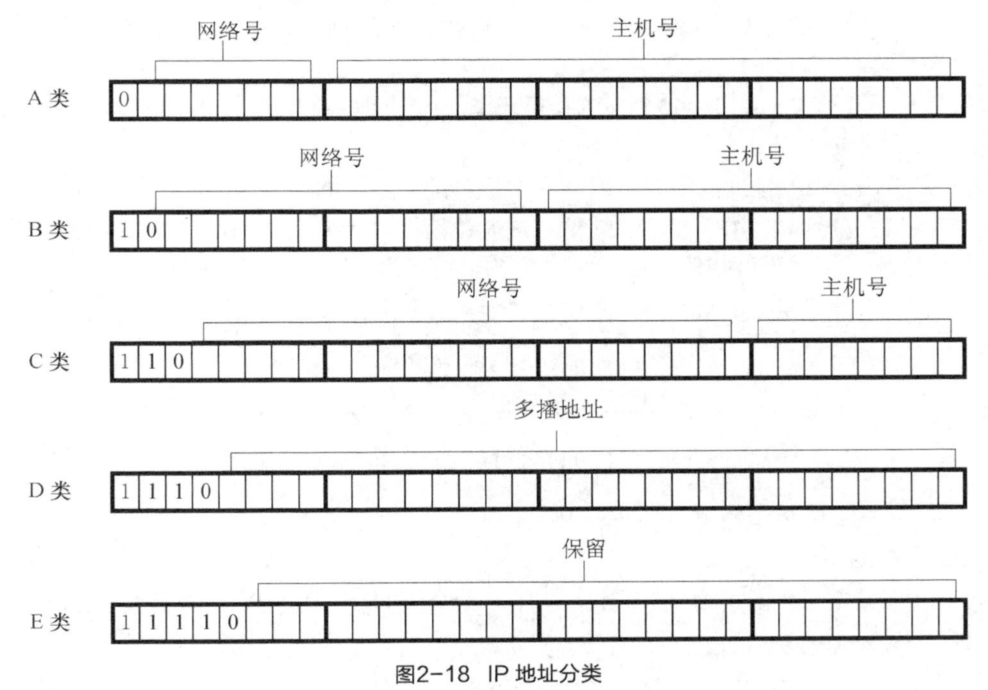

图2-18 IP 地址分类

还有一类以“127”开头的 IP 地址属于保留使用地址，只能在本地计算机上用于测试使用。这类 IP 地址不能作为计算机的 IP 地址用，不能在网络上用来标识计算机的位置，更不能通过在浏览器或者其他搜索位置输入以 127 开头的 IP 地址来搜索想要查找的计算机。

2. 子网地址和掩码

在 Internet 中，A 类、B 类和 C 类 IP 地址经常被使用，经过网络号和主机号的层次划分后，能适应不同的网络规模。使用 A 类 IP 地址的网络可以容纳超过 1 600 万台主机，而使用 C 类 IP 地址的网络最多仅可以容纳 256 台主机。

表 2-1 所示为 IP 地址的类别和对应的网络规模。

表 2-1 IP 地址的类别与规模

网络地址长度	最大的主机数目	适用的网络规模
1 字节	16 387 064	大型网络
2 字节	64 516	中型网络
3 字节	254	小型网络

（1） 子网地址。

随着计算机的发展和网络技术的进步，个人计算机应用迅速普及，小型网络（特别是小型局域网络）越来越多，这些网络中的计算机少则两三台，多则也不过上百台。对于这样一些小规模网络，即使使用一个仅可容纳 254 台主机的 C 类网络号仍然是一种浪费。

在实际应用中，需要对 IP 地址中的主机号部分进行再次划分，将其划分成子网号和主机号两部分，如可以对网络号 168.113.0.0 进行再次划分，使其第 3 个字节代表子网号，其余部分为主机号。

例如，对于 IP 地址为 168.113.81.1 的主机来说，它的网络号为 168.113.81.0，主机号为 1。

（2） 子网掩码。

再次划分后的 IP 地址的网络号部分和主机号部分用子网掩码来区分，子网掩码也为 32 位二进制数值，分别对应 IP 地址的 32 位二进制数值。对于 IP 地址中的网络号部分在子网掩码中用“1”表示，对于 IP 地址中的主机号部分在子网掩码中用“0”表示。

例如，对于网络号 168.113.81.0 的 IP 地址，其子网掩码如下：

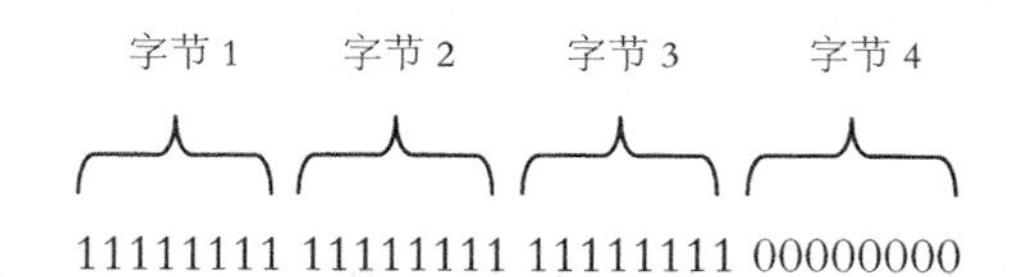

用十进制表示法表示成 255.255.255.0。

3. IP 数据报

需要进行传输的数据在 IP 层首先需要加上 IP 头信息，封装成 IP 数据报。IP 数据报的具体格式如图 2-19 所示。

0	4	8	16	19 … 31
版本	报头长度	服务类型	总长度	
标识			标志	片偏移
生存周期		协议	头部校验和	
源IP地址				
目的IP地址				
选项 + 填充				
数据				
……				

图2-19 IP 数据报格式

IP 数据报的格式可以分为报头区和数据区两大部分，其中数据区包括高层需要传输的数据，报头区是为了正确传输高层数据而增加的控制信息。

（1） 版本与协议类型。

在 IP 报头中，版本域表示该数据报对应的 IP 版本号。不同的 IP 版本，规定的数据报格式稍有不同，目前的 IP 版本号为“4”。协议域表示数据报的数据区中数据的高级协议类型（如 TCP），指明数据区数据的格式。

（2） 长度。

报头中有两个表示长度的域，一个为报头长度，另一个为总长度。报头长度以 32 位字节为单位，指出该报头的长度。在没有选项和填充的情况下，该值为“5”。总长度以 8 位字节为单位，指示整个 IP 数据报的长度，其中包含头部长度和数据区长度。

（3） 服务类型。

服务类型域规定对本数据报的处理方式。例如，发送端可以利用该域要求中途转发该数据报的路由器使用低延迟、高吞吐率或高可靠性的线路发送。

（4） 报文的分片和重组控制。

由于利用 IP 进行互连的各个物理网络所能处理的最大报文长度有可能不同，所以 IP 报文在传输和投递的过程中有可能被分片。IP 数据报使用标示、标志和片偏移 3 个域对分片进行控制，分片后的报文将在目的主机进行重组。由于分片后的报文独立地选择路径传送，因此，报文在投递途中将不会（也不可能）重组。

（5） 生存周期。

IP 数据报的路由选择具有独立性，因此，从源主机到目的主机的传输延迟也具有随机性。如果路由表发生错误，数据报有可能进入一条循环路径，无休止地在网络中流动。利用 IP 报头中的生存周期域，可以控制这一情况的发生。在网络中，“生存周期”域随时间而递减，在该域为“0”时，报文将被删除，避免死循环的发生。

（6） 头部校验和。

头部校验和用于保证 IP 头数据的完整性。

（7） 地址。

在 IP 数据报头中，源 IP 地址和目的 IP 地址分别表示本 IP 数据报发送者和接收者的地址。在整个数据报传输过程中，无论经过什么路由，无论如何分片，此两域均保持不变。

（8） 数据报选项和填充。

IP 选项主要用于控制和测试两大目的。作为选项，IP 选项域是任选的，但作为 IP 的组成部分，在所有 IP 的实现中，选项处理都不可或缺。在使用选项的过程中，有可能造成数据报的头部不是 32 位整数倍的情况，如果这种情况发生，就需要使用填充域凑齐。

4. 路由器和路由选择

路由器是计算机网络中的重要设备。

（1） 路由器的用途。

路由器在 Internet 中起着重要的作用，它连接两个或多个物理网络，负责将从一个网络接收来的 IP 数据报，经过路由选择，转发到一个合适的网络中。

在 Internet 中，需要进行路由选择的设备一般采用表驱动的路由选择算法。每台需要路由选择的设备保存有一张 IP 选路表，当需要传送 IP 数据报时，它就查询该表，决定把数据报发往何处。

（2） 路由表。

一个路由表通常包含许多（N，R）对序偶，其中 N 指目的网络的 IP 地址，R 是到网络 N 路径上的“下一个”路由器的 IP 地址。因此，在路由器 R 中的路由表仅仅指定了从 R 到目的网络路径上的一步，而路由器并不知道到目的地的完整路径。注意，为了减小路由设备中路由表的长度，提高路由算法的效率，路由表中的 N 常常使用目的网络的网络地址，而不是目的主机地址（尽管可以将目的主机地址存入路由表中）。

图 2-20 所示为一个简单的网络互连图与其路由器 R 的路由表。

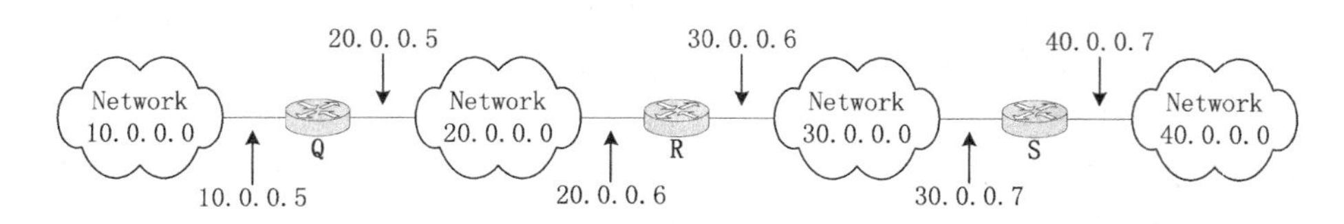

要到达的网络	下一路由器
20.0.0.0	直接投递
30.0.0.0	直接投递
10.0.0.0	20.0.0.5
40.0.0.0	30.0.0.7

图2-20 网络互连图与其路由器 R 的路由表

（3） 路由选择。

在图 2-20 中，网络 20.0.0.0 和网络 30.0.0.0 都与路由器 R 直接相连，路由器 R 收到一 IP 数据报，如果其目的 IP 地址的网络号为 20.0.0.0 或 30.0.0.0，那么 R 就可以将该报文直接传送给目的主机。如果接收报文的目的地网络号为 10.0.0.0，那么 R 就需要将该报文传送给与其直接相连的另一路由器 Q，由路由器 Q 再次投递该报文。同理，如果接收报文的目的地网络号为 40.0.0.0，那么 R 就需要将报文传送给路由器 S。

知识提示

路由表可以包含到某一网络的路由和到某一特定的主机路由，还可以包含一个非常特殊的路由，即默认路由。如果路由表中没有包含到某一特定网络或特定主机的路由，在使用默认路由的情况下，路由选择例程就可以将数据报发送到这个默认路由上。

一个基本的路由选择算法如图 2-21 所示。

```
RouteDatagram（Datagram，RoutingTable）          //Datagram：数据报
                                                    //RoutingTable：路由表
{
从 Datagram 中提取目的 IP 地址 D，计算网络前缀 N；
If N 与路由器直接连接的网络地址匹配
Then 在该网络上直接投递（封装、物理地址绑定、发送等）
ElseIf RoutingTable 中包含到 D 的路由
Then 将 Datagram 发送到 RoutingTable 中指定的下一站
ElseIf RoutingTable 中包含到 N 的路由
Then 将 Datagram 发送到 RoutingTable 中指定的下一站
ElseIf RoutingTable 中包含默认路由
Then 将 Datagram 发送到 RoutingTable 中指定的默认路由器
Else 路由选择错误；
}
```

图2-21 基本的路由选择算法

5. IP 数据报的传输

在 Internet 中，IP 数据报根据其目的地的不同，经过的路径和投递次数也不同。

图 2-22 所示为一个源主机 A（10.0.0.1）发送一 IP 数据报给目的主机 B（40.0.0.1）的过程。

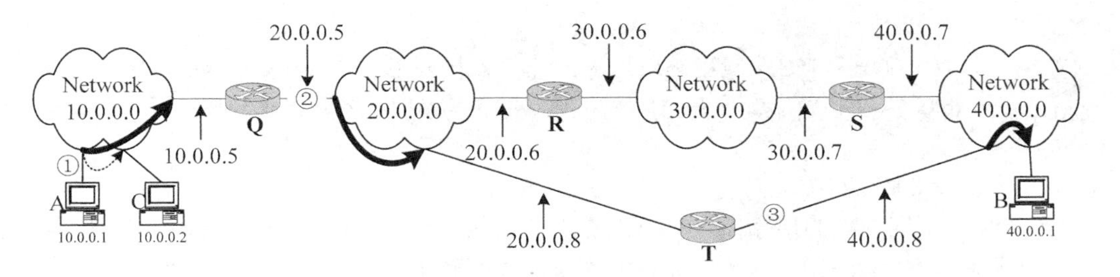

图2-22　IP 数据报传输

从主机 A 发送一数据报至主机 B 大致需要如下几步。

（1）　主机 A 形成原始数据并按照 IP 在 IP 层封装成 IP 数据报。

（2）　根据主机 B 的 IP 地址判断 B 是否与自己在同一网络中。如果 A 和 B 在同一网络，则 A 直接将报文投递给 B；如果 A 和 B 不在同一网络，则需要经过某一路由器再次投递。显然，图 2-22 中 A 和 B 不在同一网络中，因此，A 将 IP 数据报投递给路由器 Q。

（3）　路由器 Q 接收该数据报，并判断 B 是否与自己同属一网络。如果 Q 和 B 在同一网络，则 Q 直接将报文投递给 B。如果 Q 和 B 不在同一网络，则需要经过下一路由器再次投递。因为 Q 和 B 不在同一网络中，因此，Q 必须将 IP 数据报投递给另一路由器。从图 2-22 中可以看到，路由器 Q 通过 20.0.0.0 网络与路由器 R 和 T 相连。至于 Q 将数据报传送给哪个路由器，要看 Q 的路由表中到目的网络 40.0.0.0 一项的下一跳指向哪个路由器。假定 Q 的路由表将到 40.0.0.0 网络的下一跳指向路由器 T，则 Q 就将数据报传送给 T。

（4）　最后，路由器 T 接收该报文，由于 T 的另一端与 B 在同一网络中，T 直接将数据报传送给目的主机 B。

源主机在发出数据包时只需指明第 1 个路由器，而后数据包在 Internet 中如何传输以及沿着哪一条路径传输，源主机则不必关心。由于独立对待每一个 IP 数据报，源主机两次发往同一目的主机的数据可能会因为中途路由器路由选择的不同而沿着不同的路径到达目的主机。

（三）　认识 TCP

在 TCP/IP 中，传输控制协议和用户数据报协议运行于传输层，它利用 IP 层提供的服务，提供端到端的可靠的（TCP）和不可靠的（UDP）服务。

1.　TCP 服务

TCP 提供一种面向连接的、可靠的字节流服务。

面向连接意味着两个使用 TCP 的应用（通常是一个客户和一个服务器）在彼此交换数据之前必须先建立一个 TCP 连接。这一过程与打电话很相似，先拨号振铃，等待对方摘机说“喂”，然后才说明是谁。

（1）　TCP 的用途。

TCP 是非常重要的一个协议，在将数据从一端发送到另一端时，运行于传输层的 TCP 能够为应用层提供一个可靠的（保证传输的数据不重复、不丢失）、面向连接的、全双工的数据流传输服务。TCP 允许运行于不同主机上的两个应用程序建立连接，在两个方向上同时发送和接收数据，任务完成后关闭连接。

每一个 TCP 连接都以可靠的建立连接开始，以友好的拆除连接结束，在拆除连接开始之前，保证所有的数据都已成功投递。

（2） TCP 的特点。

TCP 是一个端到端的传输协议，可以提供一条从一台主机的一个应用程序到远程主机的另一个应用程序的直接连接。TCP 建立的连接常常叫做虚拟连接，其下层互联网系统并不对该连接提供硬件或软件支持，这条连接是由运行于两台主机上相互交换信息的两个 TCP 软件模块虚拟建立起来的。

（3） TCP 的工作过程。

TCP 使用 IP 传递信息。每一个 TCP 信息被封装在一个 IP 数据报中并通过互联网传送。当数据报到达目的主机时，IP 将先前封装的 TCP 信息再送交给 TCP。

尽管 TCP 使用 IP 传送其信息，但是 IP 并不解释或读取其信息。TCP 将 IP 看成一个连接两个终端主机的报文投递通信系统，IP 将 TCP 信息看成它要传送的数据。

图 2-23 所示为两个主机通过互联网连接的例子，从中可以看出 TCP 软件和 IP 软件之间的关系。TCP 软件位于虚拟连接两端的主机上，中间路由器并不具有该软件。从 TCP 的观点上看，整个互联网是一个大的通信系统，它负责接收和投递 TCP 信息，但是它并不修改或解释该信息内容。

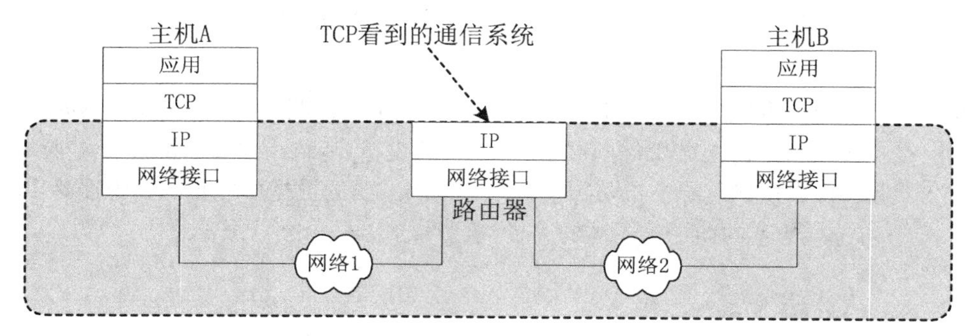

图2-23 主机通过互联网连接示意图

2. TCP 流量控制和阻塞机制

TCP 工作时，必须解决好流量控制和阻塞两个基本问题。

（1） TCP 流量控制。

TCP 采用活动窗口机制进行流量控制。建立一个连接时，每端都为该连接分配一块接收缓冲区，数据到达时先放到缓冲区中，然后在适当的时候由 TCP 实体交给应用程序处理。由于每个连接的接收缓冲区大小是固定的，如发送方发送过快时，就会导致缓存区溢出造成数据丢失，因此，接收方必须随时通知发送方缓冲区的剩余空间，以便发送方调整流量。

接收方将缓冲区的剩余空间大小告知发送方，发送方每次发送的数据量不能超过缓冲区剩余空间大小对应的字节数。当该值为 0 时，发送方必须停止发送。

为了避免发送太短的数据段，TCP 可以不马上发送应用程序的输出，而是收集够一定数量的数据后再发送，比如当收集的数据可以构成一个最大长度的段或达到接收窗口一半大小时再发送，这样可以大大减少额外开销。

（2） 阻塞机制。

过多的数据经过网络时会导致网络阻塞，Internet 也不例外。阻塞发生时会引起发送方超时，虽然超时也有可能是由数据传输出错引起的，但在当前的网络环境中，由于传输介质的可靠性越来越高，数据传输出错的可能性越来越小，因此，导致超时的绝大多数原因都是网络阻塞，TCP 实体就是根据超时来判断是否发生了网络阻塞。

考虑到网络的处理能力，仅有一个接收窗口是不够的，发送方还必须维持一个阻塞窗口，发送窗口必须是接收窗口和阻塞窗口中较小的那一个。和接收窗口一样，阻塞窗口也是动态可变的。连接建立时，阻塞窗口被初始化成该连接支持的最大长度，然后 TCP 实体发送一个最大长度的段；如果这个段没有超时，则将阻塞窗口调整成两个最大段长度，然后发送两个最大长度的段；每当发送出去的段都及时得到应答，就将该窗口的大小加倍，直至最终达到接收窗口的大小或发生超时，这种算法称为慢开始。

采用以上的流量控制和阻塞控制机制后，发送方可以随时根据接收方的处理能力和网络的处理能力来选择一个最合适的发送速率，从而充分有效地利用网络资源。

3. TCP 数据报

TCP 段的头结构如图 2-24 所示，它由固定头和选项头（如果有的话）组成。

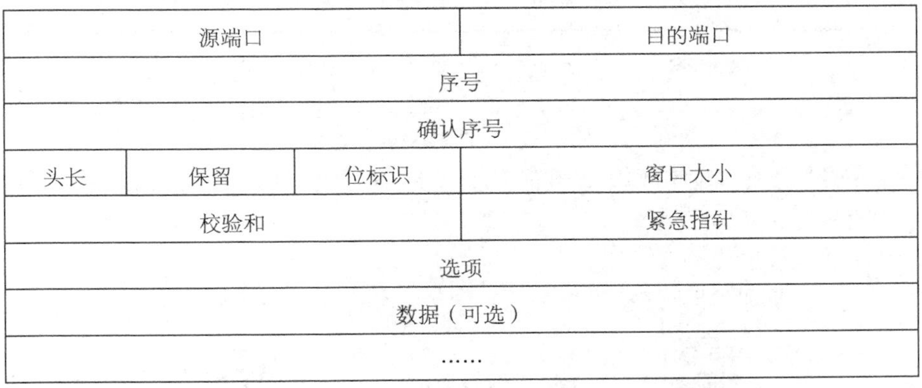

<table>
<tr><td colspan="3">源端口</td><td>目的端口</td></tr>
<tr><td colspan="4">序号</td></tr>
<tr><td colspan="4">确认序号</td></tr>
<tr><td>头长</td><td>保留</td><td>位标识</td><td>窗口大小</td></tr>
<tr><td colspan="3">校验和</td><td>紧急指针</td></tr>
<tr><td colspan="4">选项</td></tr>
<tr><td colspan="4">数据（可选）</td></tr>
<tr><td colspan="4">……</td></tr>
</table>

图2-24 TCP 数据报结构

下面简要介绍数据报各个组成部分的含义和用途。

- 源端口和目的端口：分别与源 IP 地址和目的 IP 地址一起标识 TCP 连接的两个端点。
- 序号：TCP 段中第一个字节的序号。
- 确认序号：准备接收的下一个字节序号。
- 头长：包括固定头和选项头。
- 保留：保留为今后使用，目前置为 0。
- 位标识：包括紧急比特 URG 和确认比特 ACK 等一组位标识，用于识别当前信息传递的状态。
- 窗口大小：TCP 使用可变长度的滑动窗口进行流量控制，窗口大小表明发送方可以发送的字节数（从确认序号开始）。该域为 0 表示要求发送方停止发送，过后可以用一个该域不为 0 的段恢复发送。

- 校验和：对 TCP 头、数据及伪头结构进行校验。
- 紧急指针：指出紧急数据的位置（距当前序号的偏移值）。
- 选项：选项可用来提供一些额外的功能，其中最重要的一个选项是允许主机说明自己可以接受的最大 TCP 载荷。

4. TCP 建立连接

TCP 总是用来发送大批量的数据，通信双方建立 TCP 连接是通过“三方握手”过程实现的。

（1） “三方握手”原理。

“三方握手”是指在每次发送数据前，通信的双方先进行协商使数据段的发送和接收能够同步进行，并建立虚连接。为了提供可靠的传送，TCP 在发送新的数据之前，以特定的顺序对数据包编号，并要求这些包传达到目标主机后回复一确认消息。当应用程序在收到数据后要做出确认时也要用到 TCP。

例如，A、B 两个主机要建立连接，如图 2-25 所示。

方向	消息	含义	握手
1 A→B	SYN	我的序号是X	
2 A←B	ACK	知道了，你的序号是X	
3 A←B	SYN	我的序号是Y	
4 A→B	ACK	知道了，你的序号是Y	

图2-25 TCP 三方握手机制

其中，序号用于跟踪通信顺序，确保多个包传输时无数据丢失。通信双方在建立连接时必须互相交换各自的初始序号。

（2） TCP 连接过程。

TCP 通过 3 次握手/建立连接序号来达到同步，如图 2-26 所示。

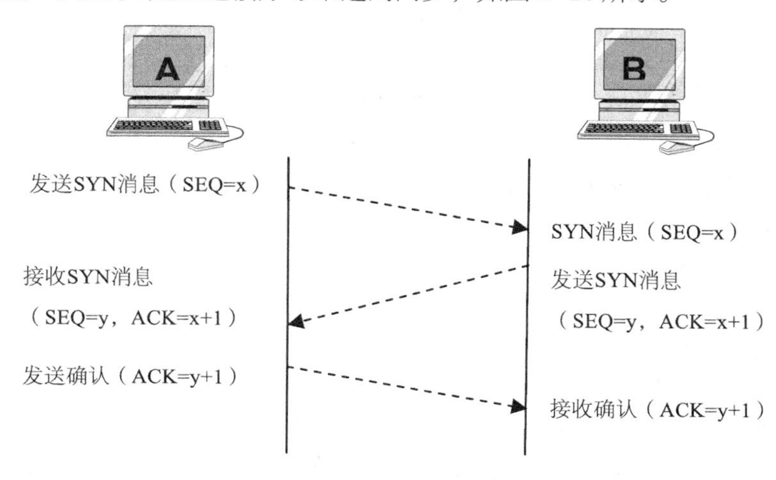

图2-26 TCP 连接示意图

（四） 认识UDP

UDP 主要用来支持那些需要在计算机之间传输数据的网络应用，包括网络视频会议系统在内的众多的客户/服务器模式的网络应用都需要使用UDP。

1. UDP的用途

与 TCP 一样，UDP 直接位于 IP（网际协议）的顶层。根据 OSI（开放系统互连）参考模型，UDP和TCP都属于传输层协议。

UDP 的主要作用是将网络数据流量压缩成数据报的形式。一个典型的数据报就是一个二进制数据的传输单位。每一个数据报的前 8 个字节用来包含报头信息，剩余字节则用来包含具体的传输数据。

与TCP不同的是，UDP通过使用IP在机器之间传送报文，提供了不可靠的无连接的传输服务。在传输过程，UDP 报文有可能会出现丢失、重复、乱序等现象。一个使用 UDP 的应用程序要承担可靠性方面的全部工作。

2. UDP的特点

UDP具有以下特点。

- UDP是一个无连接协议，传输数据之前源端和终端不建立连接。在发送端，UDP传送数据的速度仅受应用程序生成数据的速度、计算机的能力和传输带宽的限制；在接收端，UDP把每个消息段放在队列中，应用程序每次从队列中读一个消息段。
- 由于传输数据不建立连接，因此也就不需要维护连接状态，包括收发状态等，因此一台服务机可同时向多个客户机传输相同的消息。
- UDP信息包的标题短，只占8字节，相对于TCP的20字节信息包的额外开销很小。
- 吞吐量不受拥挤控制算法的调节，只受应用软件生成数据的速率、传输带宽、源端和终端主机性能的限制。

3. UDP的应用

虽然 UDP 是一个不可靠的协议，但它是分发信息的一个理想协议。例如，在屏幕上报告股票市场的市况、在屏幕上显示航空信息等。

UDP 广泛用在多媒体应用中，如 Progressive Networks 公司开发的 RealAudio 软件，可以在 Internet 上把预先录制的或者现场直播的音乐实时传送给客户机，该软件使用的RealAudio audio-on-demand protocol 协议就是运行在 UDP 之上的协议，大多数 Internet 电话软件产品也都运行在UDP之上。

4. UDP数据的报文格式

UDP数据的报文格式如图 2-27 所示。

16位源端口号	16位目的端口号
16位UDP长度	16位UDP校验和
数据	

图2-27 UDP数据报结构

不论 TCP 还是 UDP 都提供了对给定的主机上的多个目标进行区分的能力。端口就是 TCP 和 UDP 为了识别一个主机上的多个目标而设计的。TCP 和 UDP 分别拥有自己的端口号，它们可以共存于一台主机，但互不干扰。表 2-2 和表 2-3 分别为重要的 TCP 端口号和标准的 UDP 端口号。用户在利用 TCP 或 UDP 编写自己的应用程序时，应避免使用这些端口号，因为它们已被重要的应用程序和服务占用。

表 2-2　重要的 TCP 端口号

TCP 端口号	关键字	描述
20	FTP-DATA	文件传输协议数据
21	FTP	文件传输协议控制
23	TELENET	远程登录协议
25	SMTP	简单邮件传输协议
53	DOMAIN	域名服务器
80	HTTP	超文本传输协议
110	POP3	邮局协议
119	NNTP	新闻传送协议

表 2-3　标准的 UDP 端口号

UDP 端口号	关键字	描述
53	DOMAIN	域名服务器
67	BOOTPS	引导协议服务器
68	BOOTPC	引导协议客户机
69	TFTP	简单文件传送
161	SNMP	简单网络管理协议
162	SNMP-TRAP	简单网络管理协议陷阱

（五） 认识其他 TCP/IP

下面简要介绍一些其他常用的 TCP/IP，包括 Internet 报文控制协议、地址解析协议和反向地址解析协议。

1. Internet 报文控制协议

在网络传输过程中，可能会发生许多突发事件并导致数据传输失败。

（1） Internet 报文控制协议的功能。

位于网络层的 IP 是一个无连接的协议，它不会处理网络层传输中的故障，而位于网络层的报文控制协议（Internet Control Message Protocol，ICMP）却恰好弥补了 IP 的缺陷，它使用 IP 进行信息传递，向数据包中的源端节点提供发生在网络层的错误信息反馈。

（2） Internet 报文控制协议的结构。

Internet 报文控制协议的报头长 8 字节，报头结构如图 2-28 所示。

比特 0　　　　　　　　7	8　　　　　　　　15	16　　　　　　比特 31
类型（8 位）	代码（8 位）	检验和（8 位）
标识符		序号
数据		

图2-28 ICMP 报头结构

ICMP 提供的诊断报文类型如表 2-4 所示。

表 2-4 ICMP 提供的诊断报文

类型	描述
0	回应应答（ping 应答，与类型 8 的 ping 请求一起使用）
3	目的不可达
4	源消亡
5	重定向
8	回应请求（ping 请求，与类型 8 的 ping 应答一起使用）
9	路由器公告（与类型 10 一起使用）
10	路由器请求（与类型 9 一起使用）
11	超时
12	参数问题
13	时标请求（与类型 14 一起使用）
14	时标应答（与类型 13 一起使用）
15	信息请求（与类型 16 一起使用）
16	信息应答（与类型 15 一起使用）
17	地址掩码请求（与类型 18 一起使用）
18	地址掩码应答（与类型 17 一起使用）

（3） Internet 报文控制协议报文类型。

ICMP 提供多种类型的消息为源端节点提供网络层的故障信息反馈，它的报文类型可以归纳为以下 5 个大类。

- 诊断报文（类型 8，代码 0；类型 0，代码 0）。
- 目的不可达报文（类型 3，代码 0～15）。
- 重定向报文（类型 5，代码 0～4）。

- 超时报文（类型 11，代码 0～1）。
- 信息报文（类型 12～18）。

（4） Internet 报文控制协议常用操作。

要对网络中的 ICMP 报文的类型和代码进行查看，需要对 ICMP 报文进行解码，解码可借助网络检测分析软件实现。使用 ICMP 的常见操作如下。

- 目的不可达：如果第 3 层设备不能再向前转发某个 IP 数据段，它就会使用 ICMP 来传送一个信息返回给发送端以通告这一情况。
- 缓冲区满：如果第 3 层设备用于接收输入数据的内存缓冲区满时，它就会使用 ICMP 向外源端发送该状态信息。
- 跳：每个 IP 数据报被分配的一个允许被路由转换个数的数值，称为跳。
- ping（Internet 探测）：使用 ICMP 回应信息在互连网络上检查计算机物理连接的连通。
- Tracert 或 Trace-route：Tracert 或 Trace-route 通过使用 ICMP 的超时机制，从而发现一个数据包在穿越互连网络时所经历的路径。

2. 地址解析协议

地址解析协议（ARP）是一个互联网层协议，它获取主机或节点的 MAC（Media Access Control，介质访问控制）地址（物理地址）并创建一个本地数据库以将 MAC 地址映射到主机 IP（逻辑）地址上。

（1） MAC 地址。

在局域网中，网络中实际传输的是“帧”，帧里面包含目标主机的 MAC 地址。在以太网中，一个主机要与另一个主机进行直接通信，必须要知道目标主机的 MAC 地址。

MAC 地址是烧录在网卡里的，地址一共是 48 位，以用“:”点开的 6 个十六进制数表示，具有全球唯一性。

（2） 地址解析。

地址解析就是主机在发送帧前将目标 IP 地址转换成目标 MAC 地址的过程。ARP 的基本功能就是通过目标设备的 IP 地址，查询目标设备的 MAC 地址，以保证通信的顺利进行。

在每台安装有 TCP/IP 的计算机里都有一个 ARP 缓存表，表中的 IP 地址与 MAC 地址是一一对应的，如表 2-5 所示。

表 2-5 ARP 缓存表

IP 地址	MAC 地址
192.168.1.1	00-aa-00-62-c6-09
192.168.1.2	00-aa-00-62-c5-03
192.168.1.3	03-aa-01-75-c3-06
…	…

（3） 地址解析协议的工作原理。

ARP 的工作原理如图 2-29 所示。

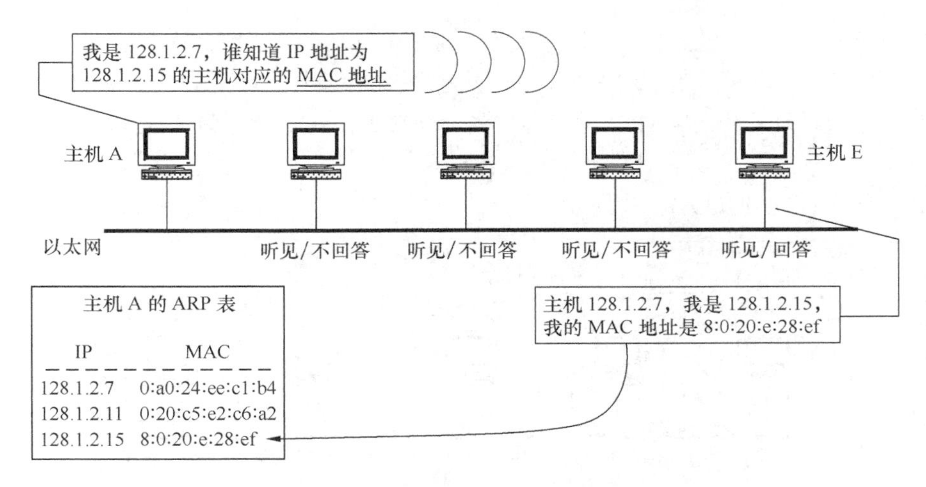

图2-29 ARP 的工作原理

下面以主机 A（128.1.2.7）向主机 E（128.1.2.15）发送数据为例来说明 ARP 的工作原理。

- 发送数据时，主机 A 在 ARP 缓存表中寻找是否有目标 IP 地址。如果找到了，获得目标 MAC 地址，直接把目标 MAC 地址写入帧里面发送就可以了。
- 如果在 ARP 缓存表中没有找到相对应的 IP 地址，主机 A 就会在网络上发送一个广播，向同一网段内的所有主机发出这样的询问："我是 128.1.2.7，谁知道 IP 地址为 128.1.2.15 的主机对应的 MAC 地址？"。
- 网络上其他主机并不响应 ARP 询问，只有主机 E 接收到这个帧时，才向主机 A 做出这样的回应："主机 128.1.2.7，我是 128.1.2.15，我的 MAC 地址是 8:0:20:e:28:ef!"。
- 这样，主机 A 就知道了主机 E 的 MAC 地址，它就可以向主机 E 发送信息了。同时它还更新了自己的 ARP 缓存表，下次再向主机 E 发送信息时，直接从 ARP 缓存表里查找就可以。

ARP 缓存表可以查看、添加和修改。在 Windows 操作系统的命令提示符下，输入"arp –a"就可以查看 ARP 缓存表中的内容了，如图 2-30 所示。此外，用"arp –d"命令可以删除 ARP 表中某一行的内容；用"arp –s"命令可以手动在 ARP 表中指定 IP 地址与 MAC 地址的对应。

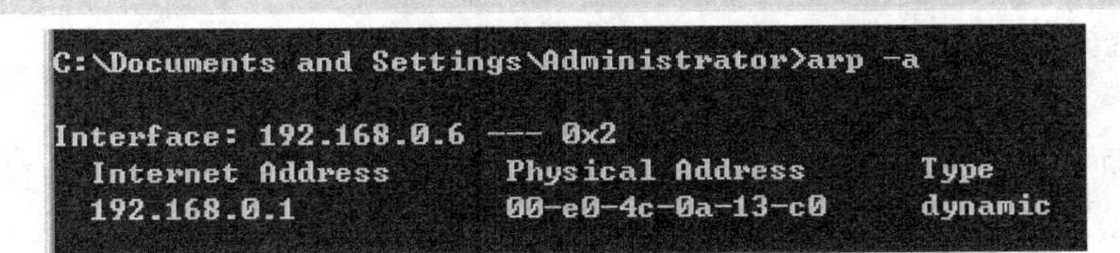

图2-30 查看 ARP 缓存表

3. 反向地址解析协议

网络上的主机在启动时无法知道它们的协议地址，为了使用高层通信协议（如 IP），必须用某种方法获得协议地址。这个协议的反过程是反向地址解析协议（RARP）。

RARP 的基本思想是：无盘工作站启动时，首先从其接口卡中读取系统的硬件地址，然后发送 RARP 请求报文，其中的目标 MAC 地址字段中放入本系统的 MAC 地址，RARP 请求报文同样封装在一个广播帧中。网络中有一个 RARP 服务器，它将网上所有的 MAC 地址–IP 地址都保存在一个磁盘文件中，每当收到一个 RARP 请求，服务器就检索该磁盘文件，找到匹配的 IP 地址，然后用一个 RARP 应答报文返回无盘工作站。RARP 应答报文通常封装在一个单地址帧中。RARP 服务器中的 MAC 地址–IP 地址映射关系必须由系统管理员提供。

RARP 的工作原理如图 2–31 所示。

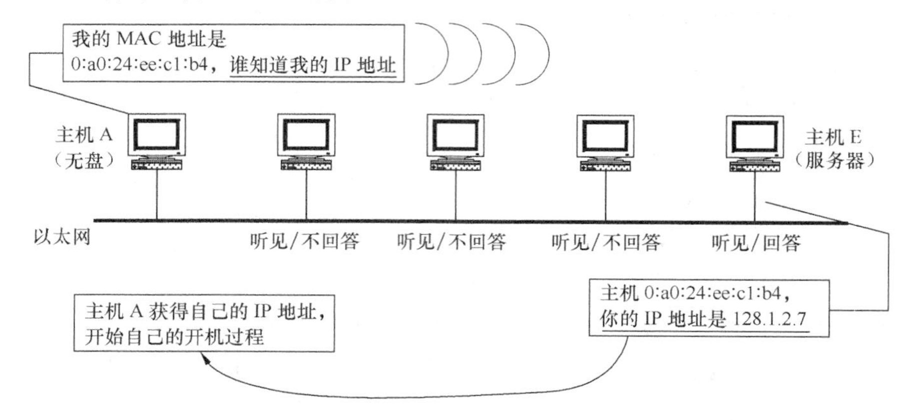

图2–31 RARP 的工作原理

（六） OSI 和 TCP/IP 参考模型的比较

OSI 与 TCP/IP 参考模型是为了完成相同任务的两个协议体系结构，二者既有联系又有区别，下面从分层结构、标准的特色、连接服务、传输服务和应用范围 5 个方面来加以对比。

1. 分层结构

OSI 与 TCP/IP 参考模型都采用了分层结构，都是基于独立的“协议栈”的概念。OSI 有 7 层，而 TCP/IP 只有 4 层，即 TCP/IP 没有表示层和会话层，并且把数据链路层和物理层合并为网络接口层。不过，二者的分层之间有一定的对应关系，如图 2–32 所示。

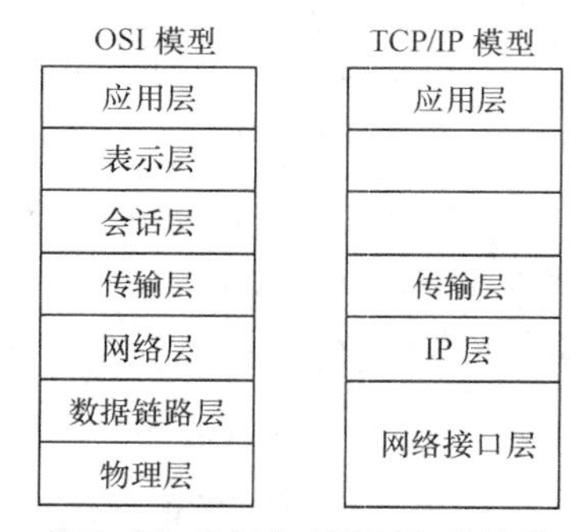

图2–32 OSI 与 TCP/IP 的关系

2. 标准的特色

OSI 的标准最早是由 ISO 和 CCITT（ITU 的前身）制定的，有浓厚的通信背景，因此也打上了深厚的通信系统的特色，如对服务质量（QoS）、差错率的保证，只考虑了面向连接的服务，并且是先定义一套功能完整的构架，再根据该构架来发展相应的协议与系统。

TCP/IP 产生于对 Internet 网络的研究与实践中，是应实际需求而产生的，再由 IAB、IETF 等组织标准化，而并不是之前定义一个严谨的框架。而且 TCP/IP 最早是在 UNIX 系统中实现的，考虑了计算机网络的特点，比较适合计算机实现和使用。

3. 连接服务

OSI 的网络层基本与 TCP/IP 的网络接口层对应，二者的功能基本相似，但是寻址方式有较大的区别。

OSI 的地址空间为不固定的可变长，由选定的地址命名方式决定，最长可达 160 字节，可以容纳非常大的网络，因而具有较大的成长空间。根据 OSI 的规定，网络上每个系统至多可以有 256 个通信地址。

TCP/IP 网络的地址空间为固定的 4 字节（在目前常用的 IPv4 中是这样，在 IPv6 中将扩展到 16 字节）。网络上的每一个系统至少有一个唯一的地址与之对应。

4. 传输服务

OSI 与 TCP/IP 的传输层都对不同的业务采取不同的传输策略。OSI 定义了 5 个不同层次的服务：TP1，TP2，TP3，TP4，TP5。TCP/IP 定义了 TCP 和 UPD 两种协议，分别具有面向连接和面向无连接的特点。

5. 应用范围

OSI 由于体系比较复杂，而且设计先于实现，有许多设计过于理想，不太方便计算机软件实现，因而完全实现 OSI 的系统并不多，应用的范围有限。而 TCP/IP 最早在计算机系统中实现，在 UNIX、Windows 平台中都有稳定的实现，并且提供了简单方便的应用编程接口（API），可以在其上开发出丰富的应用程序，因此得到了广泛的应用。TCP/IP 虽然受到了不少非议，但它已成为当前网络互连事实上的国际标准和工业标准。

任务四 配置测试 TCP/IP

本任务主要介绍如何安装并配置 TCP/IP，IP 地址的基本概念等。

（一） 安装 TCP/IP

【例 2-2】 安装 TCP/IP。

STEP 1 在老师指导下，填写表 2-6 中的内容，完成准备工作。

表 2-6 TCP/IP 参数设置

项目	内容
网络中有无 DHCP 服务器	
网络中可用的 DNS 服务器的 IP 地址	
本地默认网关的 IP 地址	
已分配的本机 IP 地址	
已分配的本机子网掩码	

STEP 2 删除本机中已安装的 TCP/IP。

（1） 首先，用鼠标右键单击桌面右下角的网络图标，弹出快捷菜单如图 2-33 所示。

（2） 在弹出的快捷菜单中选择【打开网络和共享中心】命令，打开【网络和共享中心】窗口，如图 2-34 所示。

（3） 用鼠标单击“本地连接”图标，在弹出的快捷菜单中选择【属性】命令，弹出【本地连接 属性】对话框，如图 2-35 所示。

图2-33 网上邻居快捷菜单

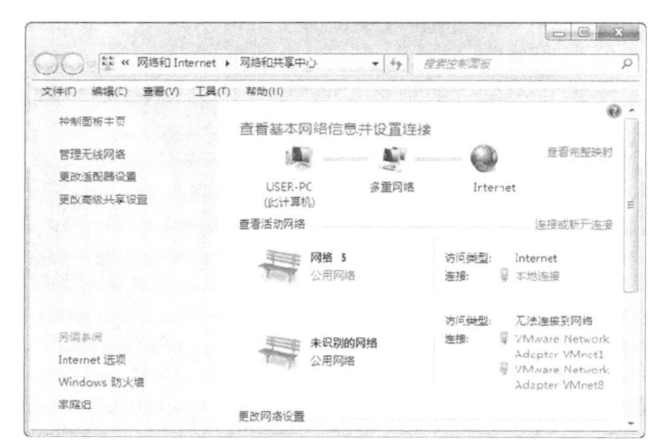

图2-34 【网络和共享中心】窗口

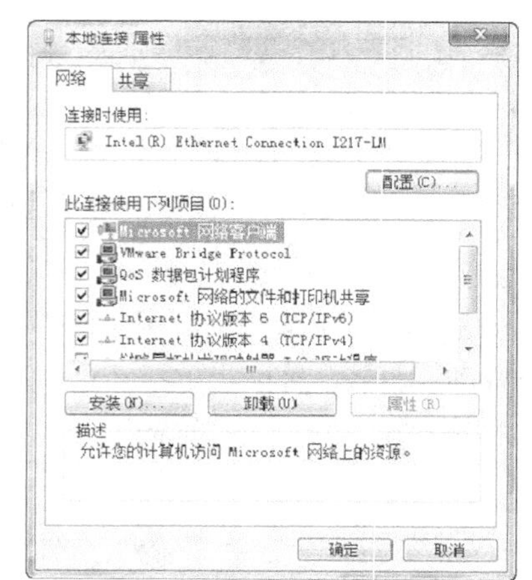

图2-35 【本地连接 属性】对话框

（4） 选中如图 2-35 中所示的【Internet 协议（TCP/IP）】复选框，再单击 卸载(U) 按钮，等待卸载完成。

STEP 3 安装 TCP/IP。

（1） 参照“卸载 TCP/IP”的步骤，进入图 2-35 所示的对话框，单击对话框中的 安装(N)... 按钮，在弹出的【选择网络功能类型】对话框中选择【协议】选项，如图 2-36 所示。

（2） 单击 添加(A)... 按钮，在弹出的【选择网络协议】对话框中，选择【Reliable Multicast Protocol】选项，如图 2-37 所示。

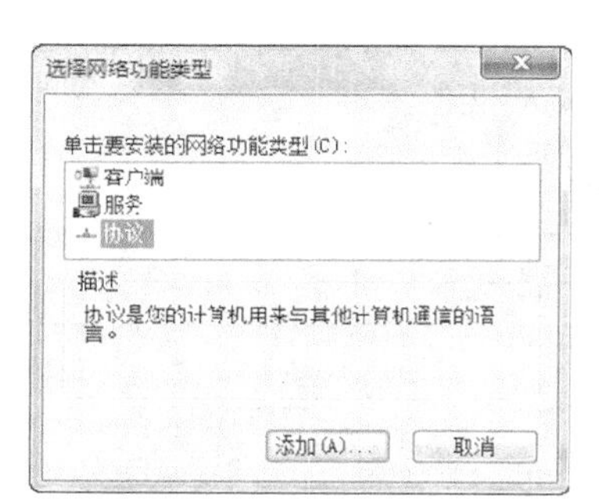

图2-36 【选择网络功能类型】对话框

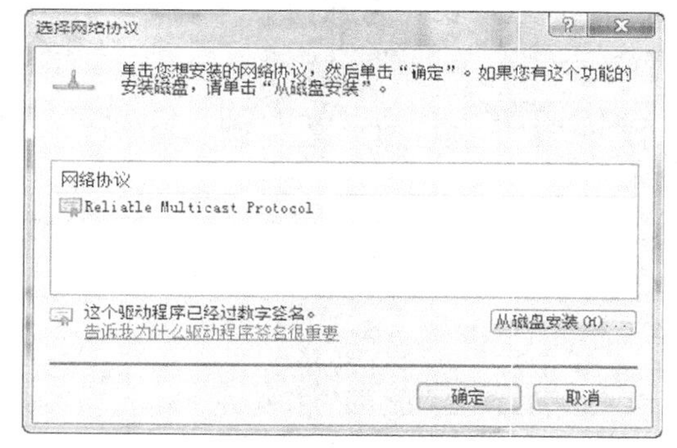

图2-37 【选择网络协议】对话框

（3） 单击 确定 按钮，系统开始复制所需文件，正式安装 TCP/IP。

（二） 配置 IP 地址

Internet 上的主机与网络上的每个接口都必须有一个唯一的 IP 地址，任何两个不同的接口，它们的 IP 地址是不同的。如果某台主机或路由器同 Internet 有多个接口，它们可拥有多个 IP 地址，每个接口对应一个 IP 地址。

IP 地址共有 5 类，即 A 类、B 类、C 类、D 类、E 类。每个地址的高几位为类型标志（A 类最高位是一个 0 位，B 类是 10，C 类是 110，D 类是 1110，E 类是 11110）。地址的其余位分为网络标识和主机标识两部分。网络标识用于标识唯一一个网络，而主机标识说明主机在网络中的编号，全 0 和全 1 的标识具有特殊的含义。IP 地址的二进制格式如图 2-38 所示。

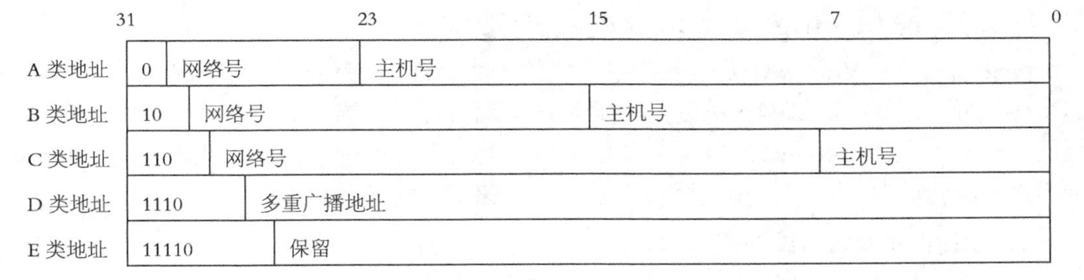

图2-38 IP 地址的二进制格式

为了保证 IP 地址的唯一性，专门设立了一个权威机构 InterNIC（Interneter Network Information Center）负责 IP 地址的管理。任何一个网络要接入 Internet，必须向 InterNIC 申请一个网络 IP 地址，InterNIC 只分配 IP 地址中的网络标识，主机标识由各个网络的管理员负责分配。

在实际应用中，仅靠网络标识来划分网络会有许多问题，比如 A 类地址和 B 类地址都允许网络中包含大量的机器，但实际上不可能把这么多机器都连接到一个单一的网络中，这会给网络寻址和管理带来很大困难。解决这个问题需要在网络中引入子网。

TCP/IP 要求网络中每台计算机都拥有自己的 IP 地址，对于对等网，由于没有服务器对网络中的计算机自动分配 IP 地址，所以需要手工配置 IP 地址。

【例 2-3】 配置 IP 地址。

STEP 1 参照本任务（一）中所讲述的方法，进入图 2-35 所示的【本地连接 属性】对话框，选中【Internet 协议（TCP/IP）】复选框，然后单击 属性(R) 按钮，弹出【Internet 协议（TCP/IP）属性】对话框。

STEP 2 此时，如果网络中存在 DHCP 服务器，可以使用自动获得 IP 地址，即在【常规】选项卡中选中【自动获得 IP 地址】单选按钮，同时选中【自动获得 DNS 服务器地址】单选按钮，如图 2-39 所示。

STEP 3 如果网络中不存在 DHCP 服务器，则选中【使用下面的 IP 地址】单选按钮，对 IP 地址和子网掩码进行设置，同时设置【首选 DNS 服务器】的地址，如图 2-40 所示。

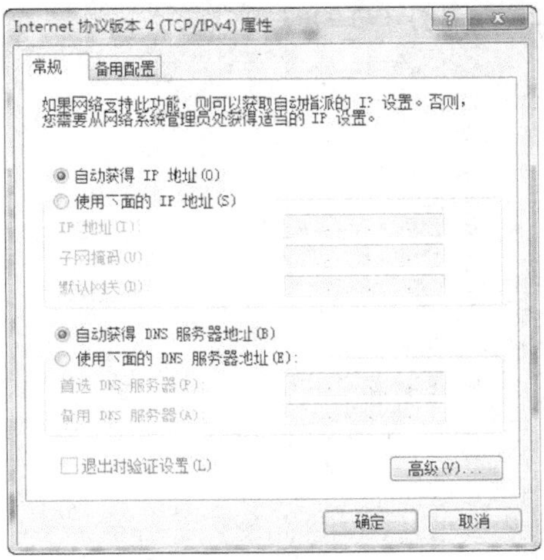

图2-39 自动获得 IP 地址

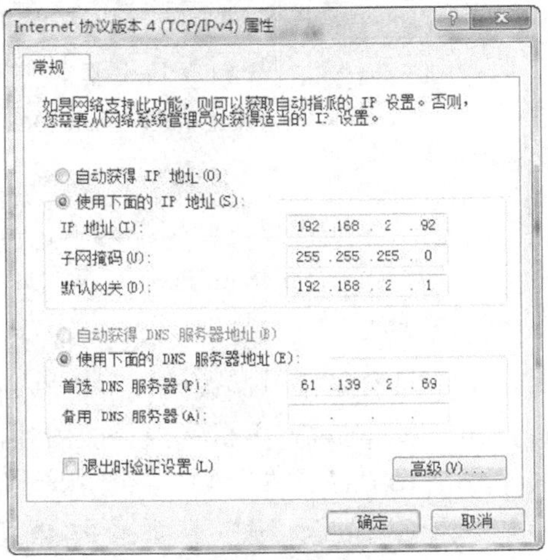

图2-40 手工配置 IP 地址

（三） 使用 ping 命令检查网络连接

ping 命令是 Windows 操作系统中集成的一个专用于 TCP/IP 的探测工具。凡是应用 TCP/IP 的局域网或广域网，不管是内部只管理几台计算机的家庭、办公室局域网，还是校园网、企业网甚至 Internet，当客户端与客户端之间无法正常进行访问或者网络工作出现各种不稳定的情况时，建议先试试用 ping 这个命令来确认并排除问题。

1. ping 命令的语法格式

ping 命令的具体语法格式如下。

```
ping目的地址 [参数 1][参数 2]…
```

其中，目的地址指被测试计算机的 IP 地址或域名，其主要参数有【a】、【n】、【l】、【t】，具体说明如下。

- a：解析主机地址。
- n：数据，发出的测试包的个数，默认值为 4。
- l：数值，所发送缓冲区的大小。
- t：继续执行 ping 命令，直到用户按 Ctrl+C 组合键终止。

有关 ping 的其他参数，可通过在 MS-DOS 提示符下运行“ping”或“ping- ？”命令来查看。

2. ping 命令的应用技巧

用 ping 工具检查网络服务器和任意一台客户端上 TCP/IP 的工作情况时，只要在网络中其他任何一台计算机上 ping 该计算机的 IP 地址即可。例如，要检查网络文件服务器 192.192.225.225 HPQW 上的 TCP/IP 工作是否正常，只要在【开始】/【运行】子菜单中键入“ping 192.192.225.225”就可以了。如果 HPQW 的 TCP/IP 工作正常，即会以 DOS 屏幕方式显示如图 2-41 所示的信息。

```
Pinging 192.192.225.225 with 32 bytes of data:
Reply from 192.192.225.225:bytes=32 time=1ms TTL=128
Reply from 192.192.225.225:bytes=32 time<1ms TTL=128
Reply from 192.192.225.225:bytes=32 time<1ms TTL=128
Reply from 192.192.225.225:bytes=32 time<1ms TTL=128
Ping statistice for 192.192.225.225:
Packets:Sent=4,Received =4,Lost =0(0% loss)
Approximate round trip times in milli-seconds:
Minimum=0ms,Maximum=1ms,Average=0ms
```

图2-41 ping 命令成功返回的信息

以上返回了 4 个测试数据包，其中 bytes=32 表示测试中发送的数据包大小是 32 字节，time<1ms 表示与对方主机往返一次所用的时间小于 1ms，TTL=128 表示当前测试使用的 TTL（Time to Live）值为 128（系统默认值）。

如果网络有问题，则返回如图 2-42 所示的响应失败信息。

```
Pinging 192.192.225.225 with 32 bytes of data
Request timed out.
Request timed out.
Request timed out.
Request timed out.
Ping statistice for 192.192.225.225:
Packets:Sent=4,Received =0,Lost=4(100% loss),
Approximate round trip times in milli-seconds
Minimum=0ms,Maximum=0ms,Average=0ms
```

图2-42 ping 命令失败返回的信息

出现此种情况时，就要仔细分析一下网络故障出现的原因和可能有问题的网上节点了，建议从以下几个方面来着手排查。

- 检查被测试计算机是否已安装了 TCP/IP。
- 检查被测试计算机的网卡安装是否正确且是否已经连通。
- 检查被测试计算机的 TCP/IP 是否与网卡有效地绑定（可通过选择【开始】/【设置】/【控制面板】/【网络】命令来查看）。
- 检查 Windows NT 服务器的网络服务功能是否已启动（可通过选择【开始】/【设置】/【控制面板】/【服务】命令来查看）。

【例 2-4】 使用 ping 命令。

【操作步骤】

STEP 1 选择【开始】/【运行】命令，在弹出的对话框中输入“cmd”，打开 Windows 系统命令提示符窗口，退回到 C 盘根目录（连续输入“cd..”，按 Enter 键），如图 2-43 所示。

STEP 2 ping 127.0.0.1：命令被送到本地计算机的 IP 软件，如果 ping 不通，就表示 TCP/IP 的安装或运行存在某些最基本的问题，需要重新安装 TCP/IP。ping 效果如图 2-44 所示。

图2-43 命令提示符窗口

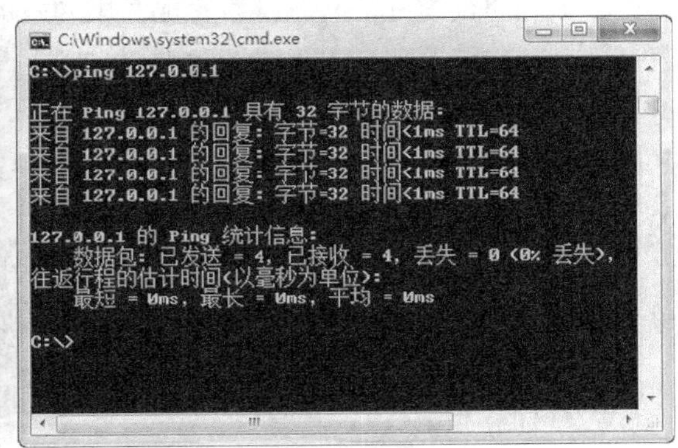

图2-44 ping 本地 IP 软件

STEP 3 ping 局域网内的 IP：该命令经过网卡及网络电缆到达其他计算机，再返回（本例 ping 192.168.2.95，本地主机 IP：192.168.2.92）。但如果收到 0 个回送应答，表示子网掩码不正确、网卡配置错误或电缆系统有问题，如图 2-45 所示。

STEP 4 ping 网址：ping www.baidu.com，对这个域名执行 ping 命令，如果出现故障，则表示 DNS 服务器的 IP 地址配置不正确或 DNS 服务器有故障。此外，也可以利用该命令实现域名对 IP 地址的转换功能，如图 2-46 所示。

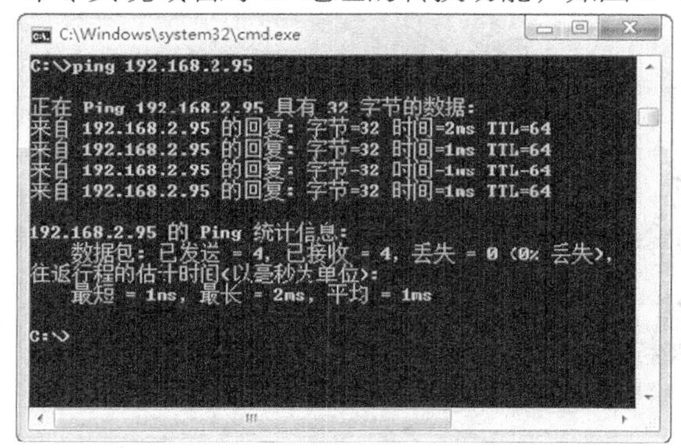

图2-45 ping 本机 IP 地址

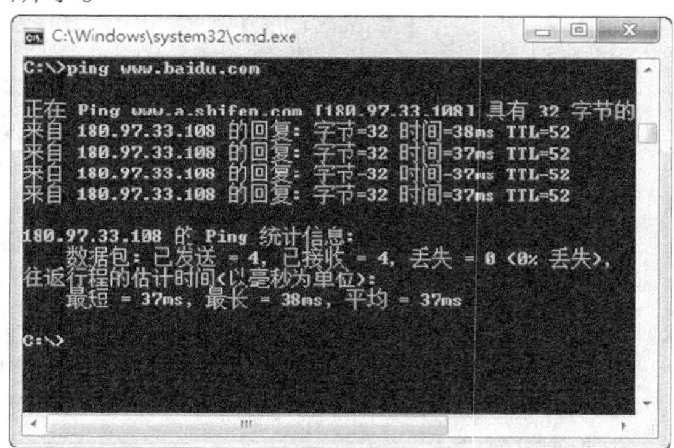

图2-46 ping 网址

实训 IP 子网划分

本实训来介绍 IP 子网划分的方法。

【基础知识】

随着科技的发展，网络技术发展日新月异，基于安全考虑，同时也是网络管理的需要，通常要对网络本身的 IP 地址资源进行合理分配，将内部网络划分为多个子网，这样可以阻止或延缓黑客对整个网络的入侵。

1. 划分子网的意义

（1） 通过划分子网可以减少广播通信量。因为子网是通过路由器彼此连接的，而多数路由器都不传播广播信息，节省了带宽。

（2） 通过划分子网可以将不同位置的计算机组成单独的子网，便于网络管理。

（3） 通过划分子网可以隔离网络中的不安全因素。

（4） 通过划分子网可以有效地使用网络地址，减少被浪费的地址。

（5） 通过增加路由器、划分子网可以扩展网络，以连接更多的计算机。

2. 确定子网掩码

划分子网需要子网掩码，通过子网掩码来识别相应的网络地址和子网地址。因此，子网划分实际上是子网掩码的设计过程。

（1） 子网掩码的用途。子网掩码主要用于区分 IP 地址中网络 ID 和主机 ID。通过子网掩码屏蔽 IP 地址的一部分，从中分离出网络 ID 和主机 ID。

（2） 子网掩码的组成。子网掩码由 4 个十进制数组成，中间用“.”隔开。

3. 划分步骤

（1） 将要划分子网的数目转换为 2 的 m 次方，比如子网的数目为 8，则为 2^3，m=3。

（2） 将确定的幂“m”按高序占用主机地址 m 位后转换为十进制，如 m=3 时，则为 11100000，转换为十进制则为 224，如果处于 C 类网，则子网掩码为 255.255.255.224。

4. 计算公式

子网个数与占用主机位数关系符合以下公式：

$$2^M=N$$

其中，M表示占用主机地址的位数；N表示划分子网的个数。

5. 举例

假设一个 C 类网络分为 4 个子网，其网络地址为 192.9.200.0，则该类网内的主机 IP 就是 192.9.200.1～192.9.200.254，将其划分为 4 个子网，可以得出其幂是 2（即 $2^2=4$），则占用主机地址的高序位为 11000000，转换为十进制为 192。

这样，该子网掩码是 255.255.255.192，4 个子网的 IP 地址范围如下：

192.9.200.1～192.9.200.62

192.9.200.65～192.9.200.126

192.9.200.129～192.9.200.190

192.9.200.193～192.9.200.254

【实训要求】

给定一个 C 类网络，网络地址是 202.112.10.0，将其进一步划分为 5 个子网，由于互联网中心分配的 C 类网络地址是 202.112.10.0，如果使用默认的子网掩码 255.255.255.0，只有一个网络地址和 254 台主机（主机 IP 地址范围是 202.112.10.1～202.112.10.254），不满足 5 个子网的需求。

【操作步骤】

STEP 1 确定各子网地址。

STEP 2 因为每个子网都需要一个网络地址。对于 C 类地址而言，首先确定要从 8 位主机位中借用多少位作为子网地址才能满足要求。由下面的计算公式可得：

$2^2=4<5<8=2^3$，（其中，2^2从主机位中选择 2 位，2^3从主机位中选择 3 位）

要满足划分 5 个子网的需要，应该从主机位中借用 3 位，得到 6 个可用的子网地址。

STEP 3 计算出表 2-7 中对应子网中的 IP 主机地址范围和每个子网包含的主机数。

表 2-7 IP 子网划分表

子网地址		IP 主机地址范围	主机数
202.112.10.00100000	202.112.10.32		
202.112.10.01000000	202.112.10.64		
202.112.10.01100000	202.112.10.96		
202.112.10.10000000	202.112.10.128		
202.112.10.10100000	202.112.10.160		
202.112.10.11000000	202.112.10.192		
子网掩码			

STEP 4 检查剩余的主机位数能否满足每个子网中主机台数的要求。

因为子网地址从主机位上借走了 3 位，故还剩 5 位可以用作主机地址。$2^5=32$，即每个子网所能容纳的主机数是 32−2=30。

STEP 5 确定子网掩码。

把标准子网掩码 255.255.255.0 转换成二进制 11111111.11111111.11111111.00000000 后，将从主机位借来的 3 位变成 1，余下的 5 位仍为 0。则子网掩码为 11111111.11111111.11111111.11100000，即 255.255.255.224。

STEP 6 将每个子网能够容纳的主机 IP 地址范围填写在表 2-7 对应的栏目中。

STEP 7 将每个子网能够容纳的主机数填写在表 2-7 对应的栏目中，将子网掩码填写在表 2-7 对应的栏目中。

小结

本项目系统学习了计算机网络这门学科的核心部分——计算机网络体系结构。

首先从计算机网络设计要解决的问题出发，介绍了网络体系结构、网络协议和协议分层的概念。然后引出了在计算机网络界流行的两种参考模型：OSI 7 层体系结构和 TCP/IP 4 层体系结构。OSI 7 层体系结构是由国际标准化组织（International Organization for Standardization，ISO）所推荐的标准，但在实际应用中一般都采用 TCP/IP 的体系结构，因为 TCP/IP 结构更为简单易用，成为了事实上的工业标准。

然后详细讲解了 TCP/IP 体系结构的知识，包括 TCP/IP 结构的分层标准以及 TCP/IP 体系结构中的关键协议 IP、TCP 和 UDP，接下来简要介绍了 TCP/IP 中涉及的其他几个重要的协议。讲解了在真实的环境中，如何安装 TCP/IP。

通过本项目的学习，同学们应该在脑海里建立起计算机网络的结构和实现模型，为后续的深入学习打下坚实的基础。

习题

一、填空题

1. 网络协议的 3 个基本要素分别是________、________和________。
2. OSI 参考模型一共有________层，_______层负责在源和终点之间建立连接。
3. TCP/IP 是一个_______层模型，提供了_______个传输层协议。
4. IP 的功能是在一个个 IP 模块间传送_______。
5. TCP 是一个_______到_______的传输协议。

二、简答题

1. 网络层次结构的特点及其优点是什么？
2. ISO/OSI 参考模型包括哪些层？简要说明各层的功能。
3. TCP/IP 包括哪些层？简要说明各层的功能。
4. TCP/IP 协议族包括哪些主要协议？简要说明这些协议的功能。
5. 简述 TCP 的连接过程。
6. UDP 和 TCP 的主要区别是什么？
7. A、B、C 类 IP 地址的特征各是什么？

PART 3

项目三 认识计算机网络硬件

网络硬件设备是组建计算机网络的基础，选择符合要求的硬件设备才能组成畅通的网络，并且能够充分发挥网络的性能。本项目主要介绍看得见、摸得到的网络硬件，重点介绍服务器和工作站的结构，网卡的功能、用途和安装方法，传输设备中的交换机和集线器的功能、用途及两者的区别，路由器的应用与简单配置以及其他相关的网络硬件等。

知识技能目标

- 了解服务器和工作站的区别和用途。
- 掌握网卡的分类和安装方法。
- 明确双绞线的结构和用途。
- 了解光纤和同轴电缆的用途。
- 明确交换机和集线器的区别。
- 了解路由器的简单配置。
- 了解中继器和网桥的用途。

任务一　认识服务器和工作站

服务器是网络中最重要的硬件设备之一，是组建网络所必需的基本配置。网络如果没有服务器，就像人没有大脑一样，既不能接收信息，也不能发送信息，要组建一个计算机网络，至少需要一台服务器。工作站是网络的终端，也是组成网络的基本部件。服务器和工作站两者缺一不可。

1. 网络服务器

服务器（server）就是为网络上的用户提供服务的节点，在服务器上装有网络操作系统和网络驱动器；使用这个服务器则成为该服务器的客户（clients）或用户。

图 3-1 所示为某类型服务器的实物图，图 3-2 所示为服务器的内部结构图。

一般来讲，任何一台计算机都可以作为服务器。服务器内部结构也和普通计算机差不多，也有 CPU、主板控制芯片、内存条、硬盘、PCI 插槽等；但与普通计算机相比，服务器的各种性能指标要高得多。

图3-1 服务器的外形

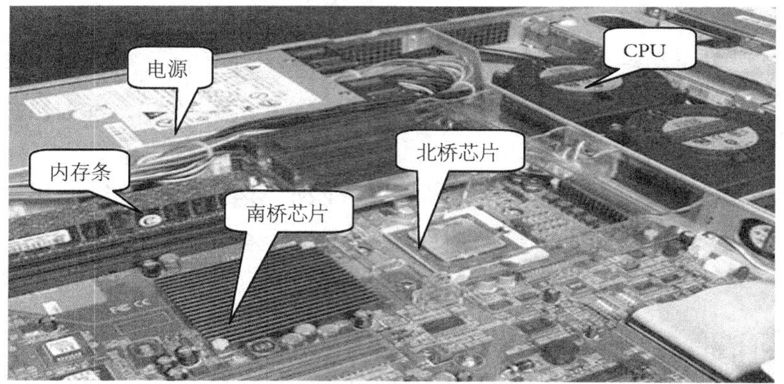

图3-2 服务器的内部结构

服务器内部的重要部件如下。

- CPU：CPU 是主板上最重要的部件，一般的服务器主板都具有多 CPU 插槽，可以安装多个 CPU，并多为双核或四核。
- 北桥芯片：主要控制和配合 CPU 工作。
- 南桥芯片：控制主板上的各个接口、插槽及其外围芯片的工作。
- 内存条：内存条是服务器工作性能好坏的重要部件，一般的主板会提供 6～24 个插槽。
- 电源：主板的供电设备，要求输出电压稳定、噪声小、功率大等。

购买服务器时，只要能满足使用要求，尽量选用性价比较高的产品。现在市场上的产品内存容量在几 T 到数十 T 不等；处理器主频一般为 2GHz～5GHz；CPU 数量为 2～32 个不等。数字越大，性能越好，价格也越高。图 3-3 所示为服务器性能指标要求。

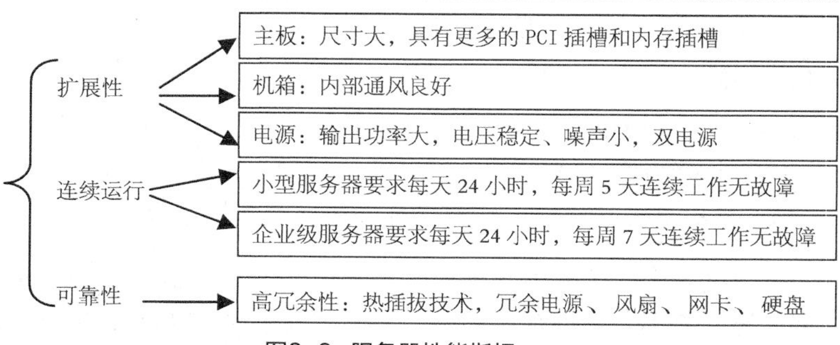

图3-3 服务器性能指标

2.　网络工作站

工作站（也称客户机）是用户使用的普通计算机，可根据具体情况对计算机进行配置。

服务器和工作站的主要差别，表现在硬件和软件两个方面。在硬件方面，服务器要比工作站配置更好、性能更优良；在软件方面，服务器安装的是专用的服务器网络操作系统，而工作站安装的是普通的操作系统。

表 3–1 所示为服务器和工作站的性能对比。

表 3–1　服务器和工作站的性能对比

部件名称	服务器配置	工作站配置
CPU	服务器专用，2～8 路对称多处理器系统，一般 2 个以上（内置双核或四核）	单 CPU 系统（或内置双核）
内存	4～12 个插槽，SDRAM 或 DDR 内存条	SDRAM 或 DDR 内存条，一般为 128MB～1GB
硬盘	采用 SCSI 接口，可热插拔，可安装 2～12 块硬盘	IDE 接口，一般为一块硬盘，40GB～200GB
显卡	无需强大功能，一般显存 8MB～64MB 即可	要求较高，显存为 32MB～512MB 或更高
显示器	14 英寸即可，无性能要求	17～21 英寸纯平或液晶显示器
声卡	一般不需要（一般应用集成声卡即可）	独立高效声卡或集成声卡
网卡	应为 10/100Mbit/s 或 1000Mbit/s 服务器专用卡	通常为 10/100Mbit/s 自适应网卡或集成网卡
插槽	具有多种扩展插槽，一般 4～12 个 PCI 插槽和 2 个 ISA 插槽	一般 4～6 个 PCI 插槽和 1 个 AGP 插槽
电源	两个以上可热插拔、功率 300W 以上的电源	一个电源，一般为 250W 或 300W
操作系统	服务器专用，一般为 Windows Server 2000/2003	Windows XP/Vista/7 等

下面以网吧服务器和计算机设置为例，进一步说明网络服务器和工作站的概念。网吧里经常能够看到客户区的计算机，而服务器和其他交换设备则一般不易被察觉到，这是因为服务器和交换设备比较贵重，为避免和用户接触，一般都安置在单独房间里或者安放在比较偏僻的地方。图 3–4 所示为网吧的设备安放结构图。

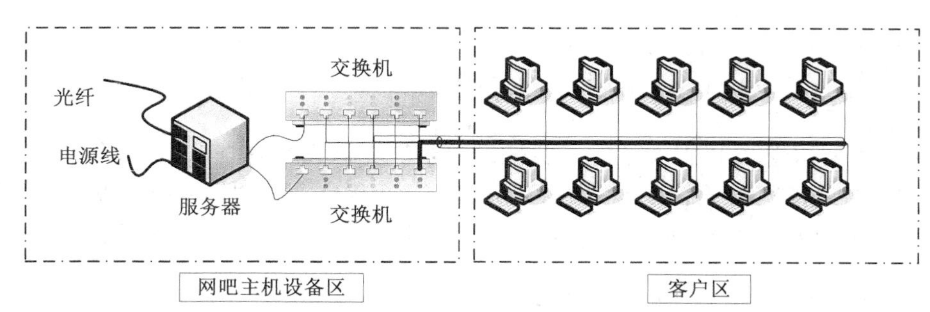

图3-4 网吧设备安放结构

例如，小型企业服务器或者网吧服务器，可以选择 2GB 内存，3 000MHz 左右 CPU 主频、2 片 CPU，价格 20 000 元左右。若要网络扩充，则可根据需要进行升级，添加 CPU 和内存条数量。

任务二　认识传输介质

在当前的网络架设中，传输介质主要有双绞线、同轴电缆和光纤。以太网大部分使用双绞线，令牌环网络主要采用同轴电缆和光纤，高速宽带网络主要使用光纤。

（一） 认识双绞线

双绞线已成为目前网络组网中使用最广泛的传输介质，占据了较大的市场份额。

1. 双绞线的结构

双绞线是局域网最基本的传输介质，由不同颜色的 4 对 8 芯线组成，每两条按一定规则缠绕在一起，成为一个线对，如图 3-5 所示。

图3-5 双绞线

2. 双绞线的分类

双绞线的分类有两种。

（1） 按照线缆是否屏蔽分类。

按照线缆是否屏蔽分为屏蔽双绞线（STP）和非屏蔽双绞线（UTP）两种，屏蔽双绞线在电磁屏蔽性能方面比非屏蔽双绞线要好些，但价格略高。

① 屏蔽双绞线。屏蔽双绞线又分为两类，即 STP 和 FTP。STP 是指每条线都有各自屏蔽层的屏蔽双绞线，而 FTP 则是采用整体屏蔽的屏蔽双绞线。图 3-6 所示为屏蔽双绞线的截面结构图。

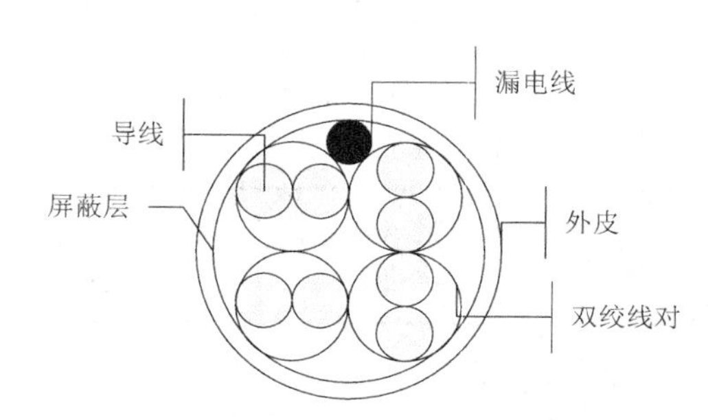

图3-6 屏蔽双绞线截面结构图

屏蔽双绞线在数据传输时可以减少电磁干扰，因此其工作稳定性好，通常用于很多线路装在一个较小空间内或附近有其他用电设备的环境。

② 非屏蔽双绞线。由于价格原因（除非有特殊需要），通常在综合布线系统中只采用非屏蔽双绞线。图 3–7 中列出了非屏蔽双绞线的优点。

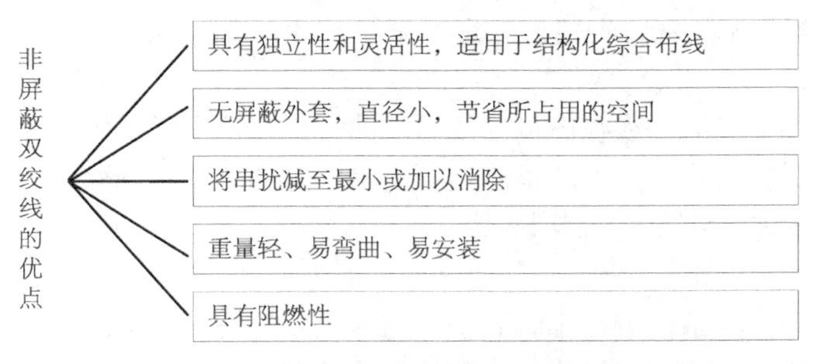

图3–7 非屏蔽双绞线优点释义图

（2） 按照电气特性分类。

按照电气特性可将双绞线分为 3 类、4 类、5 类、超 5 类、6 类、7 类双绞线等类型，数字越大技术越先进、带宽越宽、价格也越高。

目前在局域网中常用的是 5 类、超 5 类或者 6 类非屏蔽双绞线。

① 5 类非屏蔽双绞线。这类双绞线由 4 对相互扭绞的线对组成，8 根线的外面有保护层包裹着，如图 3–8 所示。

- 橙色、白橙色线对为 1、2 线对。
- 绿色、白绿色线对为 6、3 线对。
- 蓝色、白蓝色线对为 4、5 线对。
- 棕色、白棕色线对为 8、7 线对。

4 对线对通常只使用两对（1、2 线对接收数据，3、6 线对发送数据），另外两对通常不使用。

图3–8 5 类非屏蔽双绞线结构图

② 6 类、7 类双绞线。由于这类双绞线是新型的网线类型，且价格昂贵，因此较少在综合布线工程中采用。

3. 分辨双绞线的优劣

双绞线质量的优劣是决定局域网带宽的关键因素之一，劣质双绞线对网络的信息传输无疑将起到很大的制约作用。下面将分别介绍几种比较有效的识别劣质双绞线的方法。

（1） 确认 5 类双绞线的线对数。

快速以太网中存在着 3 个标准：100Base–TX、100Base–T2 和 100Base–T4。其中 100Base–T4 标准要求全部使用 4 对线进行信号传输，另外两个标准只要求使用两对线。在购买 100Mbit/s 网络中使用的双绞线时，不要为图一点小便宜而使用只有两个线对的双绞线。

（2） 查看电缆表面的说明信息。

在双绞线电缆的外皮上应该印有像“AMP SYSTEMS CABLE…24AWG…CAT5”的字样，如图 3–9 所示，表示该双绞线是 AMP 公司（最具声誉的双绞线品牌公司）的 5 类双绞线，其中 24AWG 表示为局域网中所使用的双绞线，CAT5 表示为 5 类。

图3–9 双绞线标识

还有一种 NORDX/CDT 公司的 IBDN 标准 5 类网线，上面的字样就是“IBDN PLUS NORDX/CDX…24AWG…CATEGORY 5”，这里的“CATEGORY 5”也表示 5 类线。

（3） 气味辨别。

正品双绞线应当无任何异味，而劣质双绞线则有一种塑料味道。点燃双绞线的外皮，正品线采用聚乙烯，应当基本无味，而劣质线采用聚氯乙烯，则味道刺鼻。

（4） 手感度。

正品手感舒适，外皮光滑，线缆还可以随意弯曲，以方便布线。为了使双绞线在移动中不至于断线，除外皮保护层外，内部的铜芯还要具有一定的韧性。同时，为便于接头的制作和连接可靠，铜芯既不能太软，也不能太硬。

（5） 导线颜色。

与橙色线缠绕在一起的是白橙色相间的线，与绿色线缠绕在一起的是白绿色相间的线，与蓝色线缠绕在一起的是白蓝色相间的线，与棕色线缠绕在一起的则是白棕色相间的线。注意，这些颜色绝对不是后来用染料染上去的，而是使用相应的塑料制成的。

（6） 是否具有阻燃性。

双绞线最外面的一层包皮除应具有很好的抗拉特性外，还应具有阻燃性。可以用火烧一下测试：如果是正品，胶皮会受热松软，不会起火，如图 3-10 所示。如果是伪劣产品，则容易点燃，如图 3-11 所示。

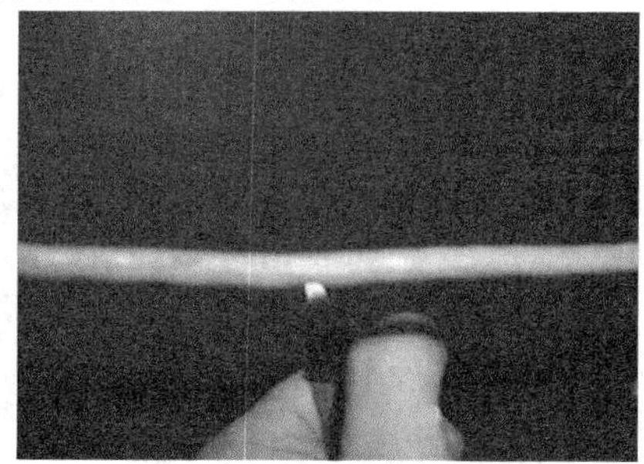

图3-10 正品双绞线

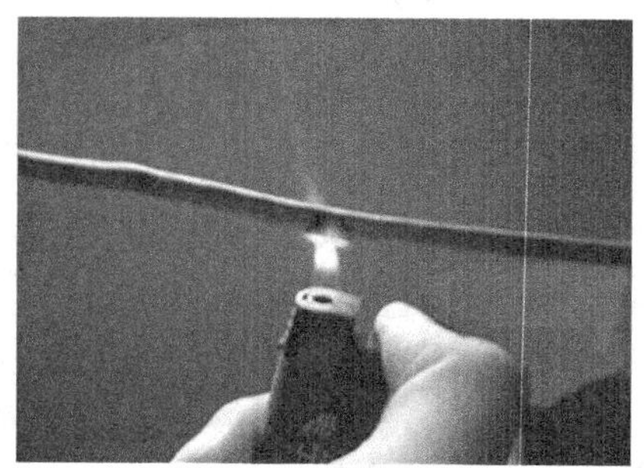

图3-11 劣质双绞线

4. 选购双绞线

双绞线作为一种价格低廉、性能优良的传输介质，不仅可以传输数据，还可以传输语音和多媒体信息。目前的超 5 类和 6 类非屏蔽双绞线可以提供 155Mbit/s 带宽，并具有升级到千兆带宽的潜力，是水平布线时的首要选择，其选购要点如表 3-2 所示。

表 3-2 双绞线的选购要点

项目	要点
包装	包装完整、避免购买包装粗糙的产品
标识	线体上应印有厂商、线长、产品规格等标识
绞合密度	优先选用绞合密度高的双绞线
韧性	优质产品能自由弯曲，铜芯软硬适中
阻燃性	优质产品具有阻燃性

5. 选购水晶头

双绞线是通过水晶头（又称 RJ-45 接口）与网卡和路由器上的端口相连的。

水晶头前端有 8 个凹槽，简称 8P（Position，位置），每个凹槽内都有金属片，简称 8C（Contact，触点）。双绞线中共有 8 跟芯线，在与水晶头的 8C 相接时，其排列顺序应与水晶头的脚位相对应。将水晶头带有金属片的一面朝上，从左至右的脚位依次为 1～8，如图 3-12 所示。

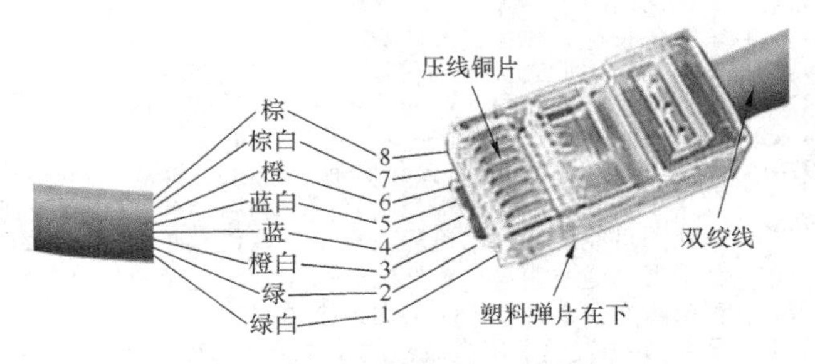

图3-12 水晶头与网线的连接

知识提示 水晶头的 8 个脚位在实际工作中只用到 4 个，也就是双绞线的 8 根芯线只用到 4 根。其中，1 和 2 必须是一对，用于发送数据；3 和 6 必须是一对，用于接收数据。其余的芯线在连接时虽然也插入水晶头中，但并没有使用。

水晶头虽小，但是一定不能忽视其在网络中的重要性，许多网络故障都是由于水晶头质量不好造成的。选购时不能贪图便宜，其选购要点如表 3-3 所示。

表 3-3 水晶头的选购要点

项目	要点
标识	名牌产品在塑料弹片上都有厂商的标识（如 AMP 等）
透明度	优质产品透明度较好，晶莹透亮
可塑性	用线钳压制时，容易成型，不易发生脆裂
弹片弹性	优质产品用手指拨动弹片时会听到清脆的声音，将弹片弯曲 90° 都不会断裂，且能恢复原状。将做好的水晶头插入极限设备或网卡时会听到清脆的“咔”的响声

（二） 认识光纤

光纤是一种对光进行传输的介质，它具有重量轻、频带宽、不耗电、抗干扰能力强、传输距离远等特点，在目前通信市场得到广泛应用。

1. 光纤的发展

光纤技术至今已有 100 多年历史了，其发展大致可分为如下 4 个阶段。

- 第 1 阶段（1880—1966 年）：技术探索时期。
- 第 2 阶段（1966—1976 年）：从基础研究到商业应用的开发时期。
- 第 3 阶段（1976—1988 年）：以提高传输速率、增加传输距离为研究目标和大力推广应用的发展时期。
- 第 4 阶段（1988 年至今）：以超大容量超长距离为目标，全面深入开展新技术研究的时期。

各阶段具体的标志性事件如图 3-13 所示。

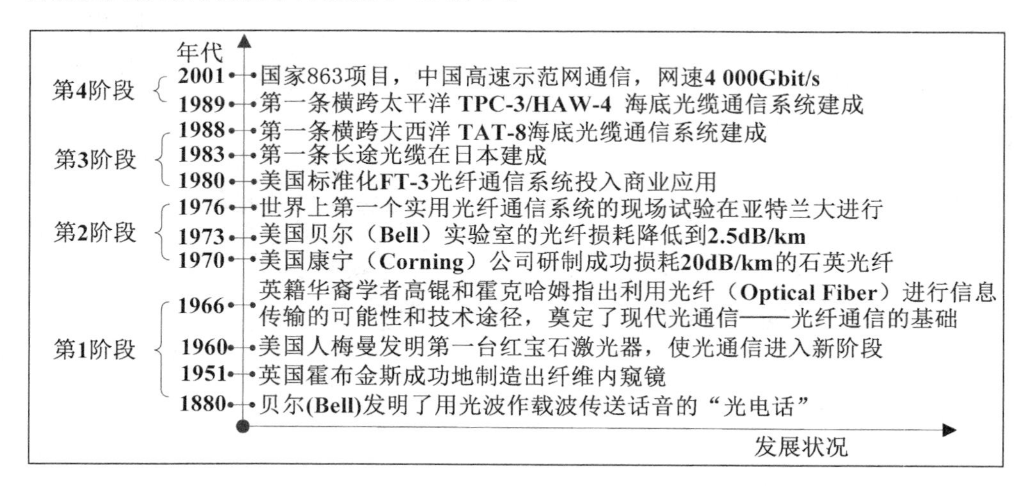

图3-13　光纤发展概况

光纤一般为圆柱状，是由纤芯、包层、涂覆层组成。图 3-14 所示为光纤内部结构图。

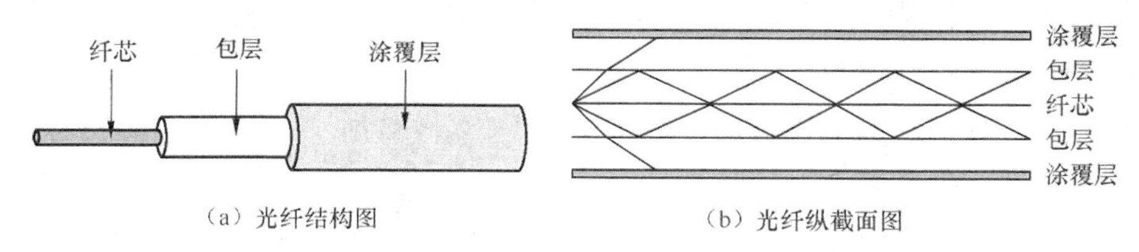

图3-14　光纤内部结构

缆芯是最内层部分，它由一根或多根非常细的由玻璃或塑料制成的光纤构成。每一根缆芯都有各自的涂层，最外层是保护层，由分层的塑料和其附属材料制成，用它来防止潮气、擦伤、压伤和其他外界带来的危害，如图 3-15 所示。

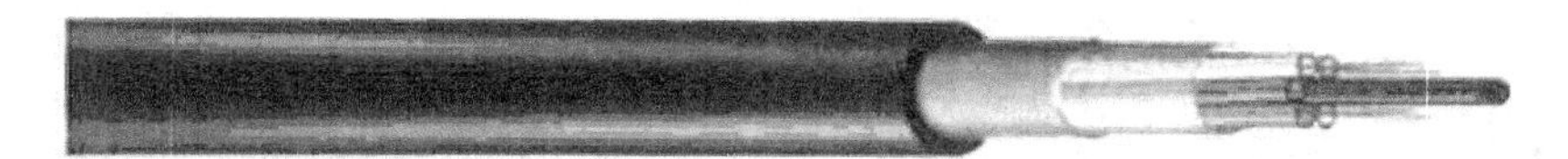

图3-15　光缆实物图

2.　光纤的分类

光纤主要分为两种类型，即单模光纤（Single Mode Fiber，SMF）和多模光纤（Multi Mode Fiber，MMF）。1 000Mbit/s 单模光纤的传输距离为 550m～100km，常用于远程网络或建筑物间的连接和通信中的长距离主干线路。1 000Mbit/s 多模光纤的传输距离为 220～550m，常用于中、短距离的数据传输网络和局域网络。

3.　光纤的优缺点

光纤有许多独有的优点，但由于它材质为玻璃纤维的原因，给应用也带来了不少困难。图 3-16 所示为光纤的优缺点示意图。

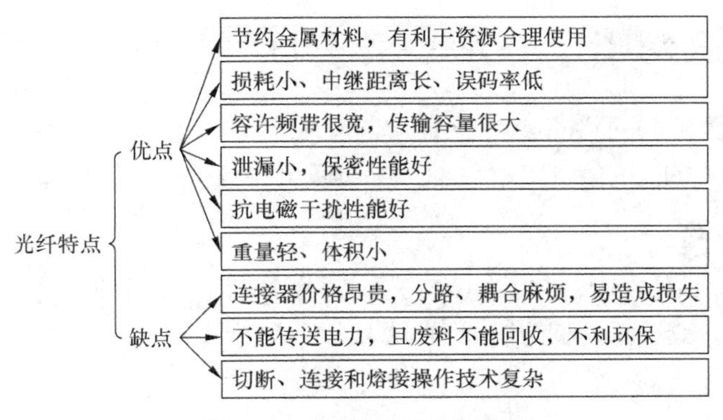

图3-16 光纤的优缺点示意图

（三） 认识同轴电缆

同轴电缆是由一根空心的外圆柱导体（铜网）和一根位于中心轴线的内导线（电缆铜芯）组成，内导线与外圆柱导体以及外圆柱导体与外界之间都由绝缘体隔开，如图 3-17 所示。

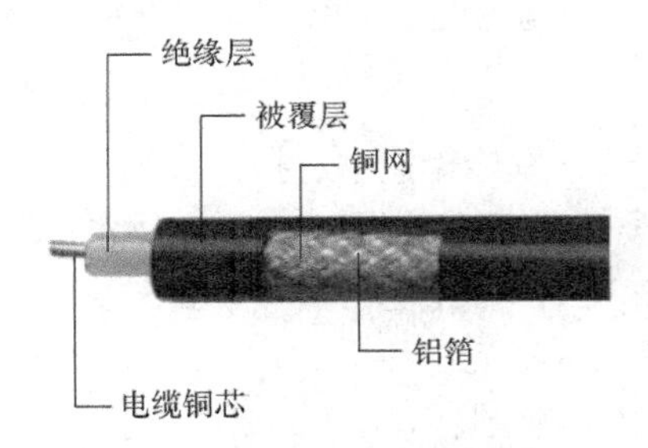

图3-17 同轴电缆的结构

同轴电缆的抗干扰能力强，数据传输稳定，价格便宜，常用作闭路电视线。

根据直径的不同，同轴电缆可以分为粗缆和细缆两种类型，二者的对比如表 3-4 所示。

表 3-4 同轴电缆的分类

类型	特点
粗缆	① 适合于大型局域网的网络干线 ② 布线距离长，可靠性高 ③ 安装和维护较困难，造价较高
细缆	① 电子特性精确，符合 IEEE 标准 ② 易于安装，造价低 ③ 日常维护不方便 ④ 一个用户出故障会影响其他用户的使用 ⑤ 适合于组建局域网时的布线

任务三　认识网卡

网卡是连接计算机和网络的硬件设备。实际上，网卡就像邮局，主要负责将信息打包，按照地址发送出去；同时也负责接收包裹，解包后再将信件分别发给相应的收信人。

（一）网卡简介

网卡（Network Interface Card，NICN）又叫网络接口卡，也叫网络适配器，主要用于服务器与网络的连接，是计算机和传输介质（即网线）的接口。

1. 网卡的功能

网卡整理计算机上要向网络发送的数据，将其分解为适当大小的数据包，然后将其向网络发送。网卡的基本功能有以下几种。

（1） 准备数据。网卡将较高层数据放置在以太网帧内，接收数据的网卡一方从帧中取出数据并将其传到上一层。

（2） 传送数据。网卡以脉冲方式通过电缆传送信号。

（3） 控制数据流量。网卡根据需要控制数据流量，并负责检查数据碰撞。

2. 网卡的分类

网卡有不同的分类方法，通常按传输速率、接口类型、总线插口等进行分类。

（1） 按照传输速率分类，可分为 10Mbit/s、100Mbit/s、10/100Mbit/s 自适应以及 1Gbit/s 网卡。图 3-18 所示为两种不同类型的网卡实物图。

连网方式如果是高速宽带网或者光纤接入，应考虑 1Gbit/s 网卡或者光纤接口网卡。图 3-19 所示为两种 1Gbit/s 网卡的实物图。

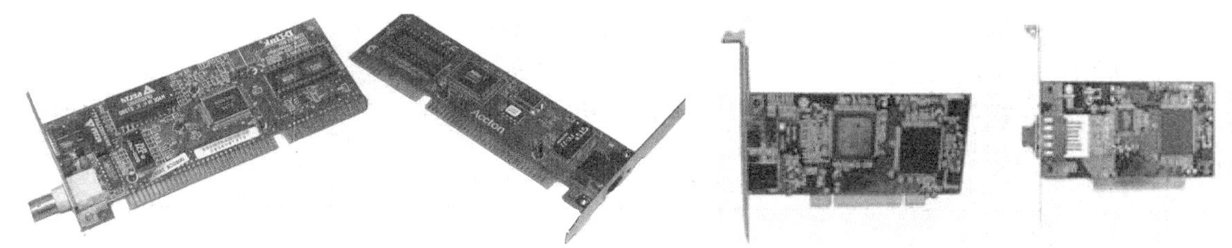

图3-18　网卡　　　　图3-19　1Gbit/s 网卡

（2） 按照接口类型分类，可分为 RJ45 接口（俗称方口）、BNC 细缆接口（俗称圆口）、AUI 粗缆口和光纤接口 4 类以及综合了前 3 种插口类型于一身的 TP 口（BNC+AUI）、IPC 口（RJ45+BNC）、Combo 口（RJ45+AUI+BNC）等。图 3-20 所示为各种网卡接口实物图。

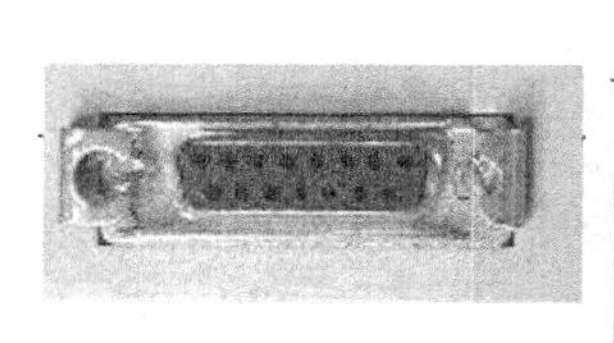

AUI 接口

BNC 接口

RJ45 接口

二合一接口

图3-20　各类网卡接口

知识提示

连网的传输线如果是细同轴电缆，要选用 BNC 接口类型的网卡；以粗同轴电缆为传输线的选用 AUI 接口的网卡；以双绞线为传输线的选用 RJ45 接口类型的网卡。

（3） 按照总线插口类型分类，可分为 PCI 总线网卡、ISA 总线网卡、USB 总线网卡及服务器 PCI-X 总线网卡。PCI 总线网卡是现在市场上的主流，如图 3-21 所示。

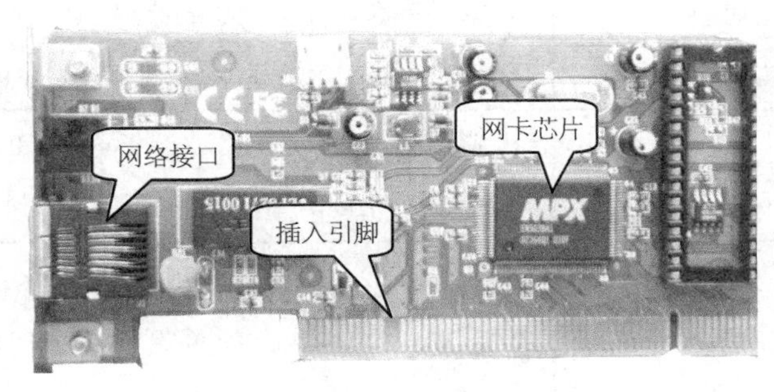

图3-21 PCI 总线网卡

USB 总线的网卡一般是外置式的，具有热插拔和不占用计算机扩展槽的优点，安装更为方便。这类网卡主要是为了满足没有内置网卡的笔记本电脑用户。目前常用的是 USB 2.0 标准的网卡，传输速率可以高达 480Mbit/s，如图 3-22 所示。

知识提示

服务器上经常采用的是 PCI-X 类型网卡，它比 PCI 接口具有更快的数据传输速度。图 3-23 所示为 PCI-X 插口 4 接口输出的服务器专用网卡。

图3-22 USB 总线网卡

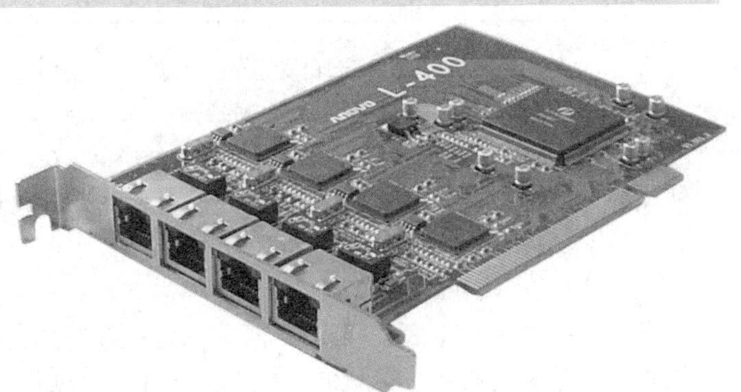

图3-23 PCI-X 总线 4 接口网卡

网卡除了上述分类外，还有几种分类方法，如图 3-24 所示。

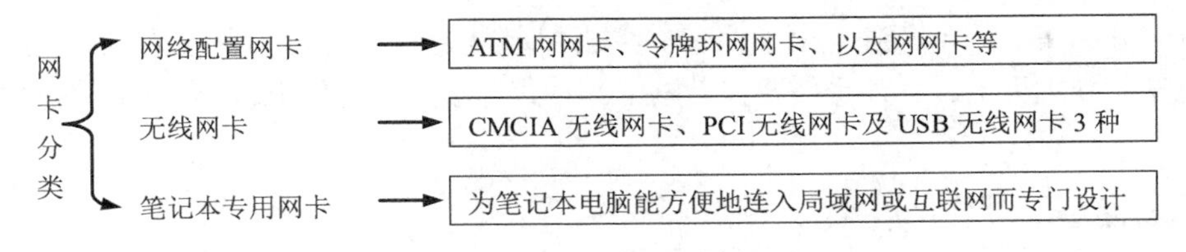

图3-24 其他几种网卡分类方法

3. 网卡的选购

选购网卡时，主要从网卡的接口类型、总线类型、传输速度等方面综合考虑，以适应所组建的网络，其选购要点如表 3-5 所示。

表 3-5 网卡的选购要点

性能指标	要点
传输速度	① 网卡的速度直接决定了网络中计算机接收和发送数据的快慢程度 ② 10Mbit/s 网卡价格虽低，但是仅能满足普通小型共享式局域网传输数据的需要 ③ 如果传输频带较宽的信号或处于交换式局域网中，应使用 100Mbit/s 网卡 ④ 考虑网络的可扩展性，可以使用 10/100Mbit/s 网卡
总线类型	① 使用台式机接入网络时，推荐使用 PCI 或 USB 接口网卡 ② 使用笔记本电脑接入网络时，推荐使用 PCMCIA 接口或 USB 接口网卡
接口	① 若接入无线网络，则使用无线接口类型的网卡 ② 若接入双绞线网线的网络，则使用 RJ-45 接口类型的网卡 ③ 若接入同轴电缆的网络，则使用 BNC 接口类型的网卡
无线网卡支持的网络标准	① 支持 802.11b 标准的网卡最高速率为 11Mbit/s ② 支持 802.11g 标准的网卡最高速率为 54Mbit/s，并且还能兼容 802.11b 标准 ③ 若用户移动办公频繁，还可以选用支持 GPRS 或 CDMA1×无线标准网卡
其他因素	网卡价格、驱动程序所支持的操作系统、交换机路由器的传输速率等因素

一般插入引脚都是镀银或镀金的，所以又叫作“金手指”。通常情况下，新产品引脚光亮，无摩擦痕迹。如果购买时发现有摩擦痕迹，则说明是以旧翻新的产品，千万不要购买。另外，如果网卡使用时间过长，可以将其拔下，用干净柔软的布轻擦，除去氧化物，以保证信号传输无干扰。

（二） 安装网卡

网卡的安装过程主要分两步操作，一是网卡硬件的安装，二是网卡软件的安装。硬件安装指将网卡顺利地装到计算机的主板上，软件安装则是将网卡安装到主板上后，通过计算机安装网卡的驱动程序。

【例 3-1】 安装网卡。

网卡分为集成网卡和独立网卡两种。集成网卡集成在主板上，不需要单独安装；独立网卡需要安装到主板上，另外也需要安装网卡驱动程序。下面介绍 PCI 网卡的安装过程。

【操作步骤】

STEP 1 识别网卡。

查看自己的计算机网卡接口是哪种类型。

STEP 2 安插网卡。

（1） 将网卡从包装盒中取出，准备安装，网卡实物图如图 3-25 所示。

（2） 关闭计算机电源，卸下机箱盖，找到一个空闲的 PCI 插槽，将网卡插入插槽中，如图 3-26 所示。

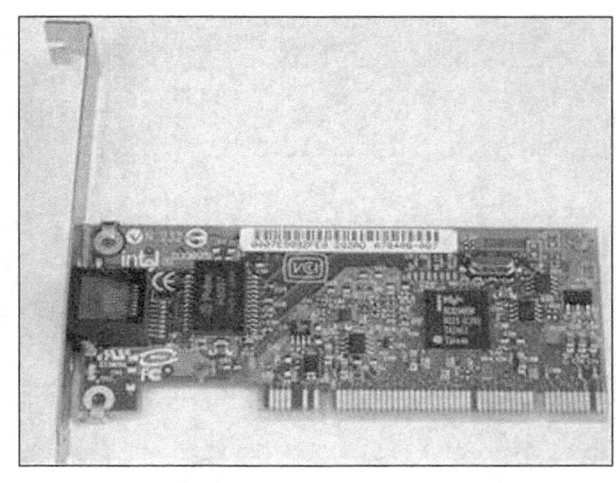

图3-25　网卡实物图

图3-26　网卡安装

（3）　用螺丝刀拧好螺丝，固定好网卡，如图 3-27 所示。

（4）　装好机箱盖，查看机箱后部的网卡接口，在 RJ45 接口上接上网线，如图 3-28 所示。

图3-27　固定网卡

图3-28　接上网线

知识提示

安装网卡时，要注意插入引脚时用力要适度，不要使劲向下压，以免造成主板损坏。固定螺丝一定要拧紧，以防机箱移动时损坏网卡。网卡驱动程序安装成功与否是网卡能否正常工作的关键，驱动程序安装不好，计算机就无法识别网卡，当然也就不能顺利上网。

STEP 3　安装网卡驱动程序。

（1）　网卡安装完毕后，启动计算机，系统会自动安装常用网卡驱动程序，但是有些网卡驱动程序需要手动安装，在计算机左下角单击按钮，在搜索栏里面输入“devmgmt.msc”，如图 3-29 所示，然后按 Enter 键，弹出【设备管理器】窗口，如图 3-30 所示。

图3-29　安装网卡驱动（1）

图3-30 安装网卡驱动（2）

（2） 找到系统不能识别的网卡驱动（一般是标有黄色问号或者黄色感叹号项），单击鼠标右键，在弹出的快捷菜单中选择更新驱动选项，弹出如图 3-31 所示对话框。

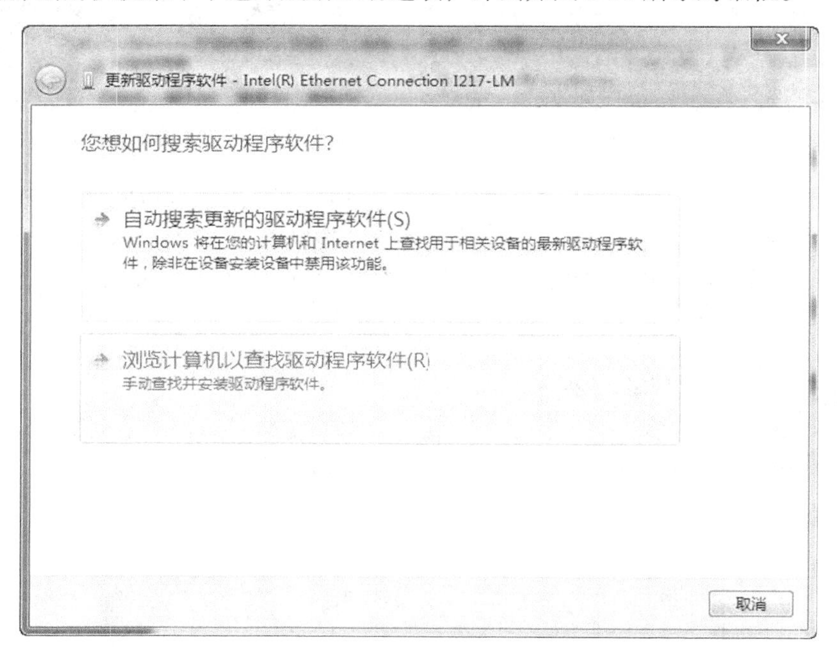

图3-31 安装网卡驱动（3）

（3） 单击【浏览计算机以查找驱动程序软件】选项，在弹出的【从磁盘安装】对话框中，单击 浏览(R)... 按钮，选择安装程序所在的路径，单击 下一步(N) 按钮进行安装，如图 3-32 所示。

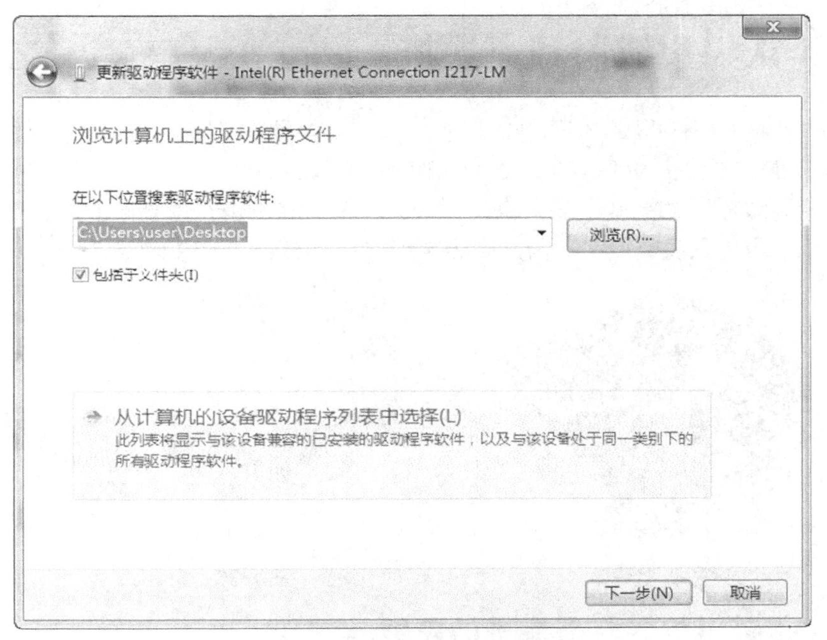

图3-32 安装网卡驱动（4）

STEP 4 检测安装是否成功。

（1） 在计算机左下角单击按钮，在搜索栏里面输入“devmgmt.msc”，进入设备管理器，如图 3-33 所示。

（2） 双击【网络适配器】选项，可以看到【网络适配器】选项下面已经增加了一项软件列表，说明安装成功，如图 3-34 所示。

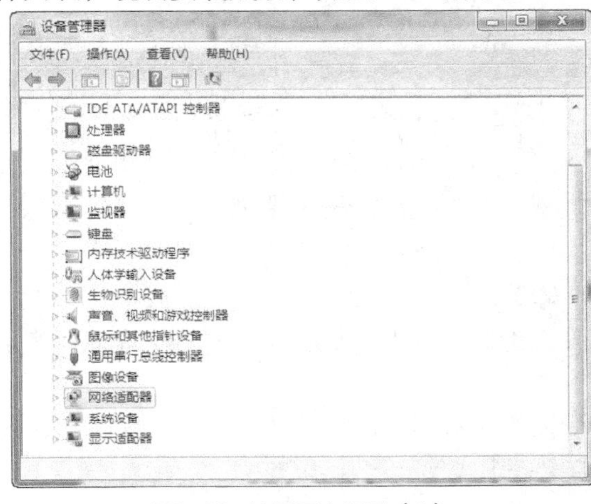

图3-33 检测网卡驱动（1）

图3-34 检测网卡驱动（2）

知识提示

对于集成网卡，在主板的驱动程序包中一般都带有网卡驱动程序，在安装完主板驱动程序后再安装网卡驱动即可。如果客户机使用较早的 Windows XP 系统，大部分都带有主流网卡的驱动程序，安装好网卡后启动计算机，系统会自动识别，并自动安装驱动程序，不需要人工安装。

任务四　认识集线器和交换机

集线器（Hub）在 OSI 模型中属于物理层，英文“Hub”是“交汇点”的意思。集线器与网卡、网线等传输设备一样，属于局域网中的基础设备。实物图如图 3-35 所示。

交换机和集线器的功能差不多，也是一种计算机级联设备；但不同的是交换机比集线器性能更好，所以也可以将交换机称为“高级集线器”。交换机的实物图如图 3-36 所示。

图3-35　集线器

图3-36　交换机

（一）　了解集线器与交换机的差别

集线器与交换机的最大差别就是在数据传输上，主要表现在两个方面，一个是“共享”和“交换”数据传输，另一个是数据传递的方式。

1.　“共享”和“交换”的区别

集线器采用“共享”方式传输数据，交换机则采用“交换”方式传输数据。数据传输原理与道路交通相似，“共享”方式采用单行车道，而“交换”方式则是来回车辆各用一个车道的双行车道，如图 3-37 所示。

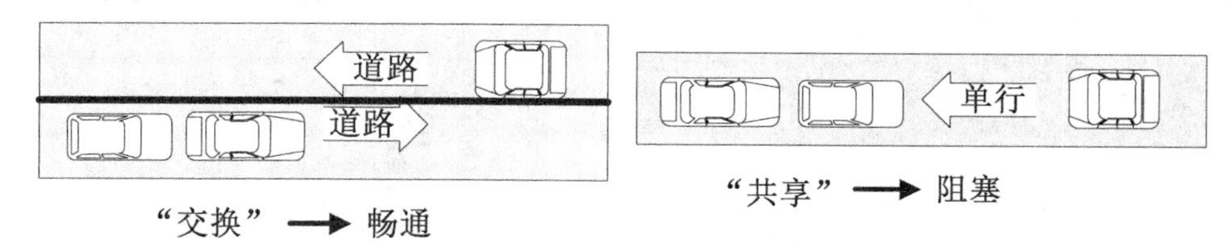

图3-37　交换机与集线器特征图

双车道往来的车辆可以在不同的车道上单独行走，不会出现长时间的拥塞现象，而单车道上的车辆很容易出现塞车现象。

采用“交换”方式时，在发送数据的同时可以接收数据；而采用“共享”方式时，在同一时间只能接收或发送数据。

2.　数据传递方式的差别

集线器的数据包传输采用广播方式，同一时刻只能有一个数据包在传输，数据传输的利用率较低，如图 3-38 所示。

交换机能够识别与自己相连的每一台计算机，可以把数据直接发送到目的计算机上，是一种“点对点”传输方式，从而减少了带宽占用量，如图 3-39 所示。

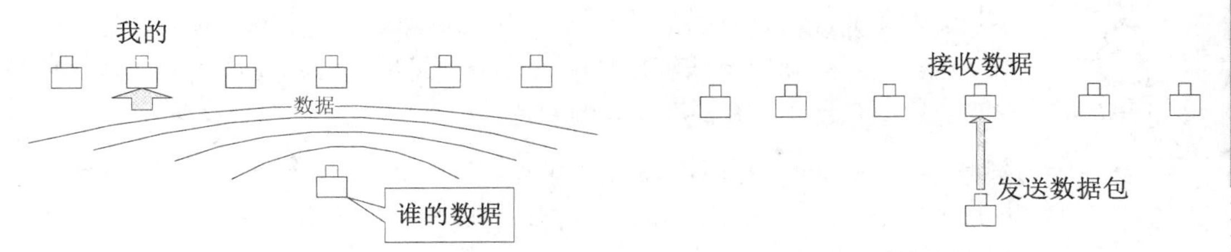

图3-38 广播方式数据传输　　图3-39 交换方式数据传输

交换机是如何知道要发送的目的计算机呢？这是因为交换机具有物理地址学习功能，能记住与自己相连的每台计算机的物理地址，形成一个节点与物理地址对应表。

（二） 选购集线器和交换机

网络组建中，选购集线器和交换机非常重要，如果购置不当，不但会造成经济上的浪费，还可能使网络性能降低甚至完全破坏网络的连通性。下面将分别从传输带宽、端口、网管性能、品牌等几个方面来介绍怎样为构建计算机网络配置交换机或集线器。

1. 根据所需传输带宽选择

现在一般都是宽带网络，选择集线设备时也应选择带宽较宽的产品，选择时应尽量做到物尽所用，并充分考虑网络今后一定时期的可持续发展性。图3-40所示为集线器配置结构图。

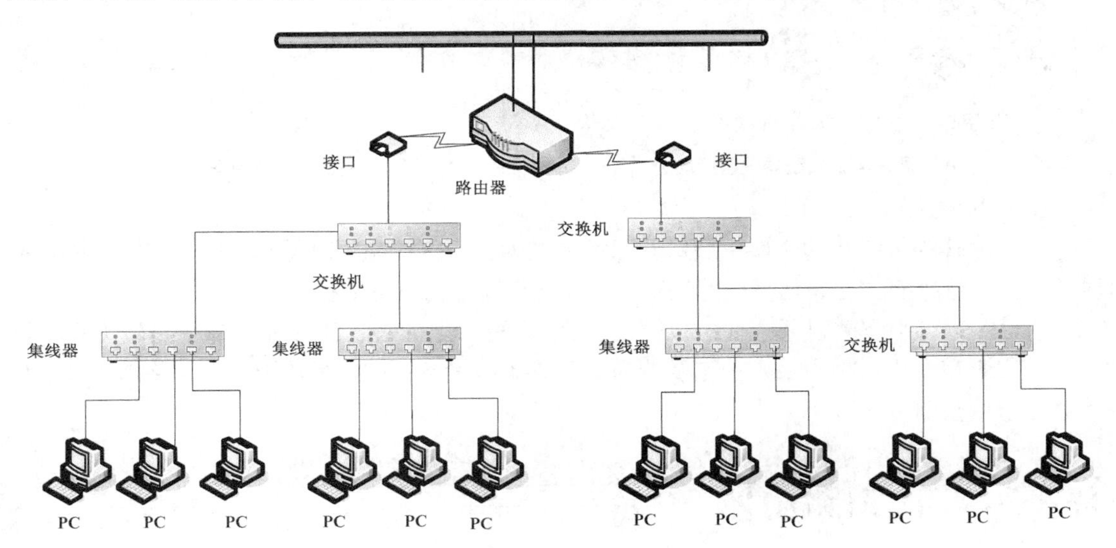

图3-40 集线器配置结构图

选择集线器或交换机时应尽量考虑以下几个方面。

- 10台以上的计算机连接不要选择只有10Mbit/s带宽的集线器，这类只提供10Mbit/s带宽的集线器在目前市面上也比较少见了。
- 如果上连设备带宽允许100Mbit/s速率传输，可以选择100Mbit/s带宽的集线器或交换机，这样可以更好地利用现有设备的带宽性能，也可保持网络的可持续发展性。
- 如果对网络带宽需求比较高，而原来在网络中存在许多较低档的网络设备（例如，存在很多10Mbit/s或以下的设备），为了充分利用、保护原有的设备投资，最好选择10/100Mbit/s自适应集线器或交换机。

知识提示

10/100Mbit/s 自适应集线器或交换机能自动选择 10Mbit/s 或 100Mbit/s 带宽，这样既可以保留原来较低档次的设备，又可以与较高档次的设备保持高性能连接，充分发挥高档次设备的带宽优势。

- 不要选择只有 100Mbit/s 集线器，当前市场上 100Mbit/s 集线器与 10/100Mbit/s 交换机价格上基本持平，但性能却远逊于后者，所以应避免使用这类产品。

2. 根据计算机数量选择不同端口的集线器或交换机

集线设备的最大特点就是能提供多个端口，所以在端口的选择上也需要充分考虑网络的实际需要及发展需求。端口的选择应充分考虑到网络的发展，如果确定网络上还要增加计算机，则最好选择端口数较多的集线设备，以免造成网络设备投资的浪费。

例如，现在有 4 台计算机要连网，但今后可能要增加计算机数量，则购买集线器或交换机时最好选择 8 端口或者 12 端口的集线器或交换机，如图 3-41 所示。

3. 级联集线器选择

如果要对集线器进行级联，一定要注意级联的端口数，因为集线器级联时，上级集线器有两个端口是不能接计算机的，所以一定要考虑好购买多少端口的最合适，如图 3-42 所示。

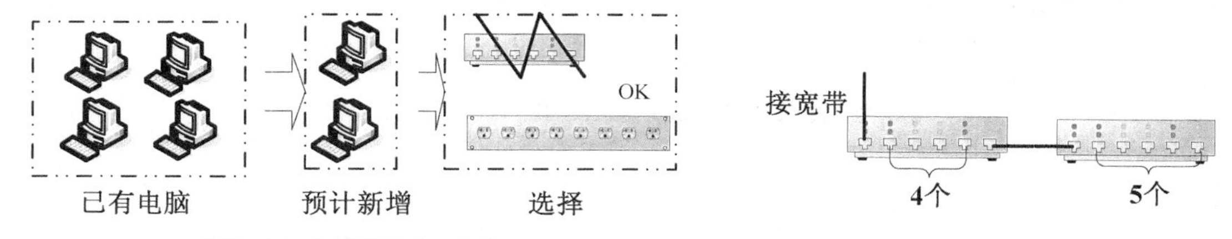

图3-41 集线器选购配置图

图3-42 集线器级联端口图

4. 品牌差别

各个品牌的集线器和交换机质量差距不会太大，国内产品相对便宜一些。选购集线设备时，应注意选择有实力、信誉好的经销商，以便于以后的设备维护。

当然，在实际选购中要注意的方面远不止这些，如价格、外形等。如果是较大型的网络，需安装在专用机柜中，则一定要选择机架式集线设备；如果是用于小型网络中，通常只需桌面型结构即可。

任务五 认识路由器

在互联网日益发展的今天，是什么把网络相互连接起来的？是路由器。路由器在互联网中扮演着十分重要的角色。

1. 路由器的功能

路由器是一种连接多个网络或网段的网络设备，能将不同网络或网段之间的数据信息进行“翻译”，使得能相互读懂对方的数据，从而组成一个更大的网络。

路由器是互联网的主要节点设备，通过路由决定数据的转发，转发策略称为路由选择（routing），这也是路由器名称的由来（router，转发者）。路由器的主要工作就是为经过路由器的每个数据帧寻找一条最佳的传输路径。

路由器的主要功能如表 3-6 所示。

表 3-6 路由器的主要功能

功能	说明
网络互连	路由器支持各种局域网和广域网接口，用于互联局域网和广域网，实现不同网络间的通信
数据处理	路由器可以提供分组过滤、分组转发、优先级、复用、加密、压缩、防火墙等功能
网络管理	路由器提供包括配置管理、性能管理、容错管理、流量控制等管理功能

2. 路径表

为了完成网络互连工作，在路由器中保存着各种传输路径的相关数据——路径表（routing table）供路由选择时使用。路径表中保存着子网的标志信息、网上路由器的个数、下一个路由器的名字等内容。路径表可以是由系统管理员固定设置好的，也可以由系统动态修改；可以由路由器自动调整，也可以由主机控制。图 3-43 所示为路由器路由选择结构图。

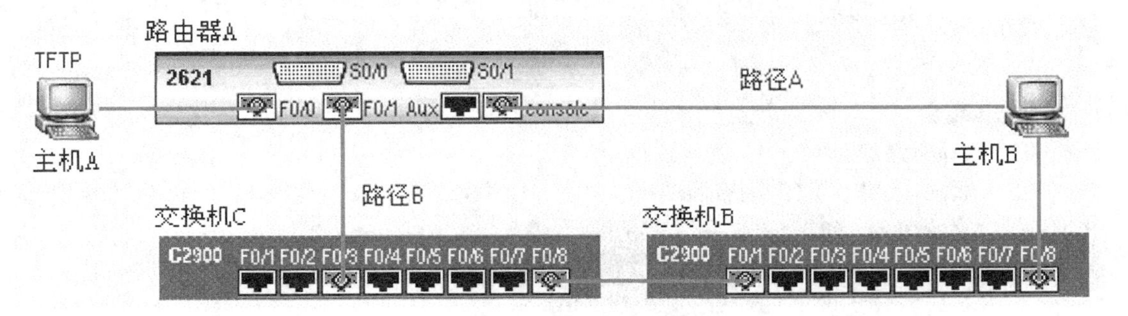

图3-43 路由器路由选择结构图

知识提示

路由就是选择要走的道路。对于路由器来说，就是要选择一台计算机到另一台计算机传送数据的最短、最方便、最有效的路径，并且路由器将该条路径记录在路径表中，下一次两台计算机再通信，就直接调用路径表里的路径。

路径表（也叫路由表）分为如下两种。

（1） 静态路径表。由系统管理员事先设置好的固定路径表称为静态（static）路径表，一般是在系统安装时根据网络的配置情况预先设定的，它不会随未来网络结构的改变而改变。

（2） 动态路径表。动态（dynamic）路径表是路由器根据网络系统的运行情况而自动调整的路径表。路由器根据路由选择协议（routing protocol）提供的功能，自动学习和记忆网络的运行情况，在需要时自动计算数据传输的最佳路径。

3. 路由器的配置

路由器与交换机差不多，也具有输入接口、输出接口、电源接口、指示灯等。但是，由于路由器的功能通常要比交换机复杂，因此，路由器需要进行配置后才能使用。

不同厂家的路由器设备，设置方法是不一样的，但基本上都包括硬件连接、软件配置、IP 地址设置、命令设置等。

【例 3-2】 局域网中路由器简单的软硬件配置和 IP 设置。

【操作步骤】

STEP 1 硬件连接。

（1） 将网线的一端连接到局域网中每台计算机的网卡，另一端连接到路由器后面板中的 LAN 端口（输出端口，图 3-44 中的端口 1～4）。

（2） 将小区宽带的网线与路由器后面的 WAN 端口（输入端口，图 3-44 中的端口 WLAN）相连。

（3） 为路由器后面的电源端口接上电源（图 3-44 中的端口 POWER）。

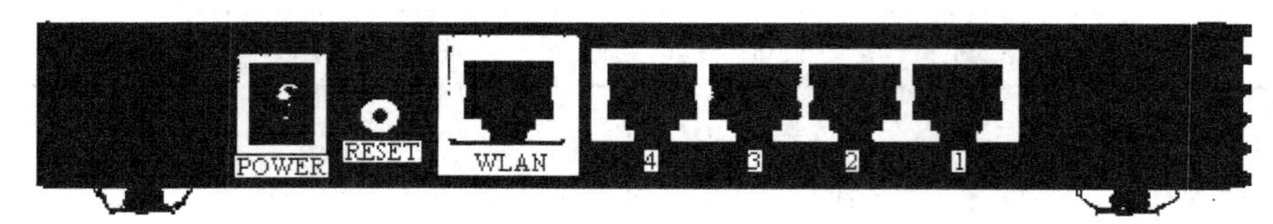

图3-44 路由器接口

有些路由器还有一个 Uplink 端口，供级联用，注意不要插入此口。

STEP 2 软件配置。

（1） 启动计算机。

（2） 双击桌面上的 IE 浏览器图标，打开 IE 浏览器。在地址栏中输入该路由器的默认 IP 地址，本例为 192.168.1.1，如图 3-45 所示，输入完毕后按 Enter 键。

图3-45 路由器 IP 设置

不同品牌的宽带路由器设置有所不同。在配置路由器前一定要详细阅读该型号的说明书，严格按照说明书介绍的方法进行设置。目前，市场上比较著名的品牌有普联（TP-Link）、华为、腾达、思科等品牌，具体配置可到相关网站上下载详细配置指南。一般需要特别关注路由器配置的 IP 地址、子网掩码、用户名和密码。

（3） 在弹出的输入用户名和密码对话框中，输入【用户名】为“admin”，【密码】为“admin”，单击 确定 按钮，如图 3-46 所示。

知识提示

如果路由器禁用 DHCP 功能，网卡需要设置与路由器在同一个网段的 IP 地址，网关设置为路由器的 IP 地址，填入 DNS 服务器参数。

（4） 设置计算机网卡的 IP 地址与路由器 IP 地址在同一网段。

（5） 在桌面右下角网络连接处单击鼠标右键，在弹出的快捷菜单中选择【打开网络和共享中心】选项，打开【网络和共享中心】窗口，如图 3-47 所示。

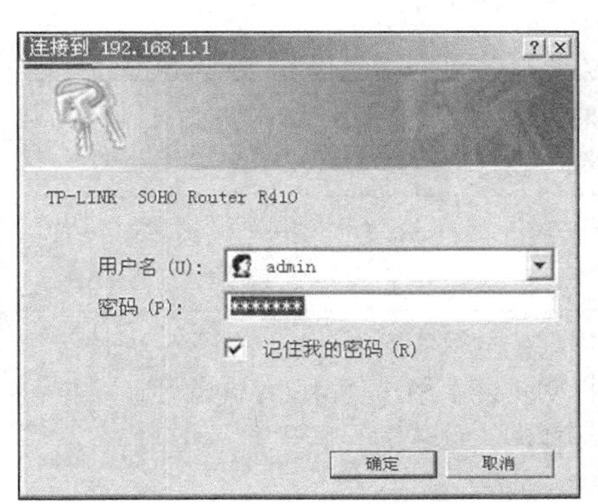

图3-46 输入用户名和密码

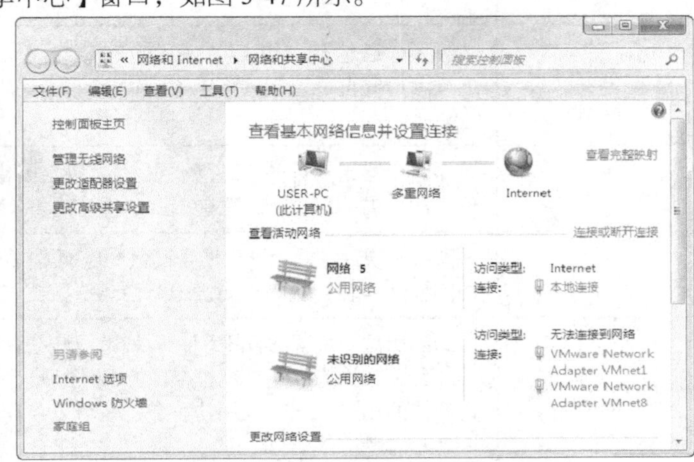

图3-47 【网络和共享中心】窗口

（6） 单击本地连接选项，弹出【本地连接 状态】对话框，然后单击【属性(P)】按钮，弹出【本地连接 属性】对话框，如图 3-48 所示，双击【Internet 协议版本 4（TCP/IPv4）】选项。

（7） 在弹出的【Internet 协议版本 4（TCP / IPv4）属性】对话框中的【IP 地址】文本框中输入与路由器 IP 地址同一网段的地址项，如图 3-49 所示。

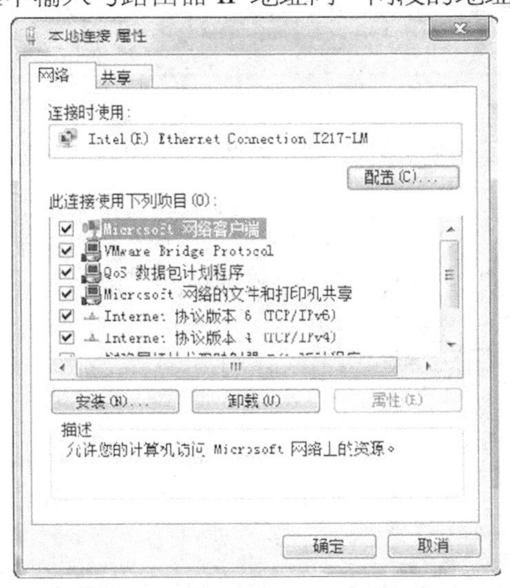

图3-48 【本地连接 属性】对话框

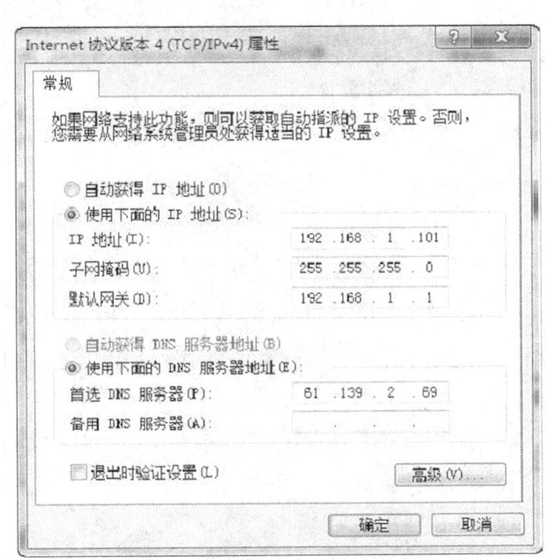

图3-49 设置 IP 地址

设置完毕后就可以利用路由器上网了，同时也能够利用路由器的 DHCP 功能管理和共享局域网网络。

4. 选购路由器

路由器的主要性能指标包括背板能力、吞吐量、丢包率、转发时延、路由表容量、可靠性等。由于路由器是网络中比较关键的设备，因此，购买时除考虑相关性能指标外，还要考虑相关安全指标，选购要点如表 3-7 所示。

表 3-7　路由器的选购要点

项目	选购要点
管理方式	即用户通过哪些方式对路由器进行管理设置。路由器最基本的管理方式是利用终端通过专门配置线连接到路由器配置口进行设置。购买路由器后常用这种方式进行最初设置
多协议支持	即路由器支持哪些广域网协议。选购路由器时要注意其支持的广域网协议，目前电信部门提供的广域网线路包括 X.25、帧中继、DDN 专线、ADSL 等类型
安全性	即用户使用了路由器后能否确保局域网内部的安全。目前许多厂家的路由器可以设置访问权限列表，从而控制进出路由器的数据，防止非法数据的入侵，实现防火墙功能
地址转换功能	即路由器对外连接和上网时，能够屏蔽公司内部局域网的网络地址，利用地址转换功能统一转换为电信部门提供的广域网地址，以防止外部用户获得网络内部地址，防止非法的用户入侵。使用这种方法还可以实现局域网用户共享一个 IP 地址访问 Internet 资源
宽带接入方式	有些路由器只支持专线方式的路由，没有内置虚拟拨号协议 PPPoE，无法为虚拟拨号的 ADSL 用户服务。有的路由器还只支持某一种或某几种宽带接入方式，如多数路由器只支持 ADSL/Cable Modem 方式，不支持小区宽带接入方式
局域网端口数	局域网端口用于连接交换机和终端设备，其数量多少关系到用户网络的规模
局域网端口的带宽占有方式	某些质量不好的路由器采用共享带宽方式，其带宽为共享的 10Mbit/s，而不是 10/100Mbit/s。这类路由器对网络通信速率影响较大，特别是对有高带宽互联网需求的用户，如视频点播、实时 3D 游戏等

【知识拓展】

除了以上介绍的硬件产品外，局域网组网中还要用到如中继器、收发器、网桥等设备，下面将概要介绍各种设备的特点和功能。

（1） 中继器。

中继器是一个可选设备，它用来连接两个以太网的骨干网段，以增强电缆上的信号。图 3-50 所示为中继器连接结构图。当传输距离较长时，为了减少信号的损失，就需要用到中继器，一般情况下中继器连接的是两个相同的网络，因此安装简单，使用方便。

（2） 收发器。

收发器为粗同轴电缆与工作站之间的连接器。它有 3 个接头，两个为粗电缆进/出接头，第 3 个用于连接工作站。

（3） 网桥。

网桥看上去有点像中继器。它具有单个的输入端口和输出端口，与中继器的不同之处就在于它能够解析它收发的数据。当两种相同类型但又使用不同通信协议的网络进行互连时，就需要使用网桥，如图 3-51 所示。

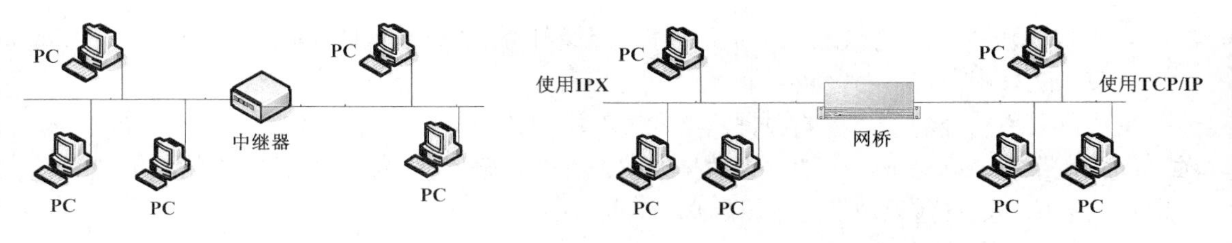

图3-50 中继器连线图

图3-51 网桥位置

实训一 网卡的安装过程

【实训要求】

- 了解网卡的功能。
- 掌握网卡的硬件安装方法。

【操作步骤】

STEP 1 打开主机箱，查看网卡的安装位置（如果是集成网卡，查看网卡在主板上的安装位置）和外部接口。

STEP 2 将网卡从主机上取下（注意不要带电操作）。

STEP 3 重新安装网卡。

STEP 4 安装网卡驱动程序。

实训二 识别双绞线

【实训要求】

- 了解双绞线在当前局域网组网中的地位。
- 掌握双绞线的内部结构。
- 掌握双绞线的识别方法。

【操作步骤】

STEP 1 找一条双绞线。

STEP 2 剥除外皮，查看内部结构。

STEP 3 根据本项目任务二中介绍的识别双绞线的方法，辨别该双绞线是正品还是劣质品。

STEP 4 点燃双绞线外皮，观察是否燃烧，是否有刺鼻气味（注意防火）。

小结

网络中常用的硬件设备包括服务器、传输介质、网卡、集线器、交换机、路由器等。服务器在局域网硬件设备中是最重要的，也是局域网的核心。

传输介质是局域网的血脉，只有合理配置传输介质，才能使网络得以畅通运行。网卡是计算机上的网络接口卡，也是计算机能否联网的隘口。集线器与交换机的区别是：集线器上的所有端口争用一个共享信道的带宽，因此，随着网络节点数量的增加，数据传输量的增大，每节点的可用带宽将随之减少。

集线器采用广播的形式传输数据，即向所有端口传送数据。而交换机上的所有端口均有独享的信道带宽，以保证每个端口上数据的快速有效传输。交换机为用户提供的是独占的、点对点的连接，数据包只被发送到目的端口，而不会向所有端口发送。

习题

一、填空题

1. ________是网卡的核心元件，一块网卡性能的好坏，主要是看这块芯片的质量。
2. 局域网传输介质主要有________、________和________。
3. 根据光纤传输点模数的不同，光纤主要分为________和________两种类型。
4. 双绞线是由________对________芯线组成的。
5. 在信息传输上集线器是________设备，而交换机是________设备。

二、选择题

1. 下列不属于服务器内部结构的是（　　）。
   A. CPU　　B. 电源　　C. 5 类双绞线　　D. 北桥芯片
2. 下列不属于网卡接口类型的是（　　）。
   A. RJ45　　B. BNC　　C. AUI　　D. PCI
3. 下列不属于传输介质的是（　　）。
   A. 双绞线　　B. 光纤　　C. 同轴电缆　　D. 电磁波
4. 下列属于交换机优于集线器的选项是（　　）。
   A. 端口数量多　　B. 体积大
   C. 灵敏度高　　D. 交换机传输信息是“点对点”方式
5. 当两个不同类型的网络彼此相连时，必须使用的设备是（　　）。
   A. 交换机　　B. 路由器　　C. 网关　　D. 网桥

三、判断题

1. 服务器只是在硬件配置上比个人计算机好些。（　　）
2. 网卡必须安装驱动程序。（　　）
3. 同轴电缆是目前局域网的主要传输介质。（　　）
4. 局域网内不能使用光纤作传输介质。（　　）
5. 交换机可以代替集线器使用。（　　）

四、简答题

1. 简要描述服务器和个人计算机配置的差别。
2. 简要叙述网卡的安装过程。
3. 什么是“金手指”？
4. 简要叙述辨别双绞线真伪的几种方法。
5. 简要说明交换机与集线器的异同点。

PART 4

项目四 计算机网络规划与布线施工

网络规划是组建网络前的第一项任务，也是制定组建网络的书面文件的过程；而网络布线施工和网线的制作是网络组建工作中非常关键的环节，设计者必须从实际情况出发，制订布线和设备安装的具体施工方案。操作中要依据设计方案，遵循相应的技术规范，同时还要注意以后的升级和维护的方便性。

知识技能目标

- 明确计算机网络规划的基本内容。
- 明确计算机网络设计的基本内容。
- 明确网络布线系统及其子系统的结构。
- 掌握网线接头的制作方法。
- 掌握信息模块的制作方法。
- 掌握网线测试的方法。

任务一　规划计算机网络

任何单位和个人组建计算机网络都有特定的目的和要求。网络设计人员在具体施工之前应该完全理解客户的需求，争取做到以下几点。

- 直接参与网络的设计和分析。
- 根据实际需要，提出网络应该满足的功能、结构特点以及安全指标。
- 设计规模要适当，并具有可扩充性。
- 网络结构合理，设备和技术先进等。

（一）需求分析

需求分析的目的是明确要组建什么样的网络。通俗地说，就是建成网络以后，可以让这个网络做什么，网络会是什么样子。为了满足用户当前和将来的业务需求，网络规划人员要对用户的需求进行深入地调查研究。

需求分析包括可行性分析、环境因素、功能和性能要求、成本/效益分析等。

1. 可行性分析

可行性分析的目的是确定用户的需求，网络规划人员应该与用户一起探讨。图 4-1 所示为可行性分析需注意的几个方面。

2. 环境因素

环境因素指网络规划人员应该确定局域网日后的覆盖范围，环境因素分析的内容如图 4-2 所示。

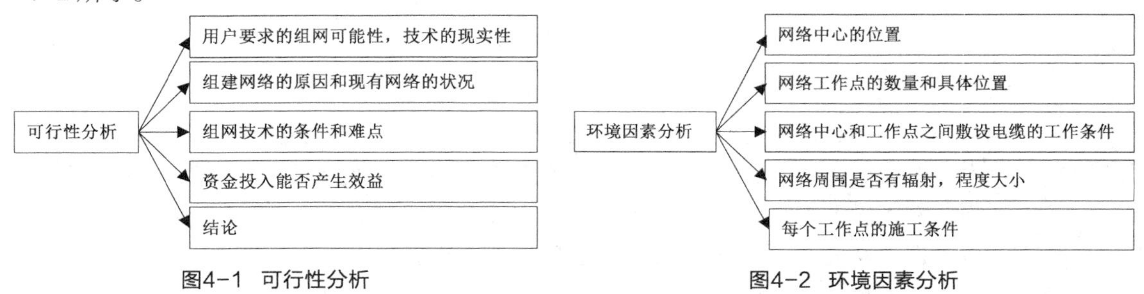

图4-1 可行性分析　　图4-2 环境因素分析

3. 功能和性能需求分析

功能和性能需求分析是了解用户以后利用网络从事什么业务活动以及业务活动的性质，从而得出结论来确定组建具有什么功能的局域网。功能和性能分析的内容如图 4-3 所示。

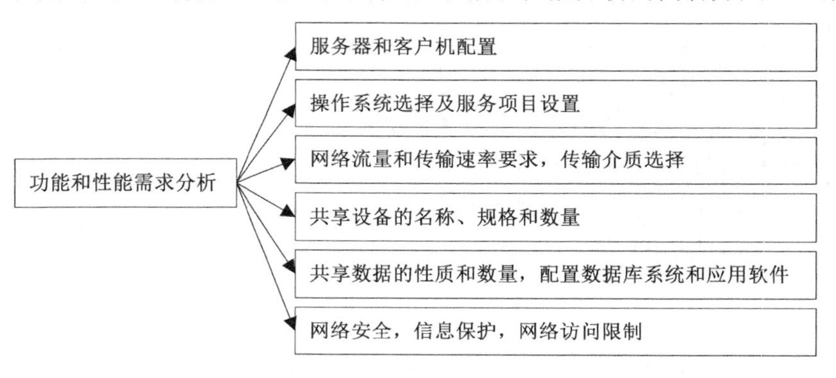

图4-3 功能和性能需求分析

4. 成本/效益分析

组网之前一定要充分调查网络的效益问题，局域网络的成本/效益分析如图 4-4 所示。

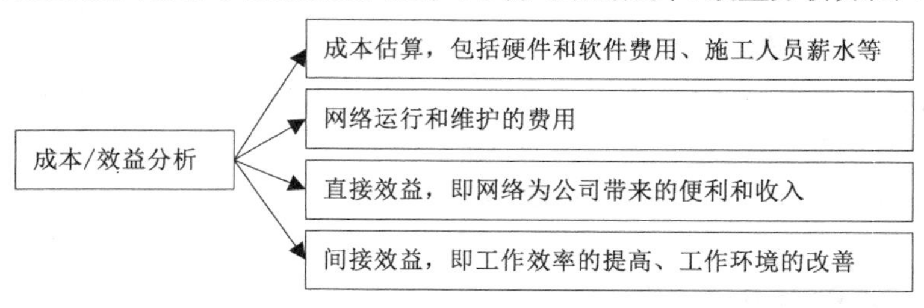

图4-4 成本/效益分析

需求分析对项目的成功与否起着重要的作用。因此，网络设计人员应做到如下几点：语言描述尽量使用专业术语；了解客户业务与目标；编写“需求分析报告”；报告内容通俗易懂，条理清晰；签署报告与合作协议。

【例 4-1】 某软件公司小型办公网络需求分析。

小公司的办公网络（如单层写字楼局域网组网）的设计比较简单，需要注意网络规划的整体分析和细节处理，切不可大意。

【设计要求】

本例以某软件公司的单层写字楼组网为例，介绍如何进行局域网规划的需求分析，并以书面报告形式加以描述。设计条件如下。

- 公司为单层写字楼。
- 有 10 间办公室需要组网。
- 要求组网达到报告中的应用需求。
- 尽量美观，隐蔽性好。

【操作步骤】

STEP 1 ××公司组网可行性分析。

根据贵公司有关领导的介绍，现对贵公司网络组建可行性归纳为如下。

（1） 公司组网的地理区域为单层写字楼，组网具有物理实现性。

（2） 公司网络组建跨地理范围较小，所用设备较简单，技术难点较少。

（3） 公司网络组建后将大大提高公司内部的管理和协调性能，大大提高公司内部的合作和交流，对公司的经济会带来较大效益。

基于以上 3 点分析，贵公司网络组建完全具有可实现性。

STEP 2 ××公司企业网应用需求。

根据贵公司对网络性能的需求介绍，现对组网需求做如下概括。

（1） 内部信息发布：公司领导向各部门发布规章制度、规划、计划、通知等公开信息。

（2） 电子邮件：公司内部电子邮件的发送与接收。

（3） 文件传输：公司内部的文本文件、图形文件、语言文件等的发送与接收。

（4） 资源共享：文件共享、数据库共享、打印机共享。

（5） 外部通信：通过广域网或专线连接，可与国内外的合作伙伴交流信息。

（6） 接入 Internet：通过 ISP 接入 China Net、Internet，对外发布信息。

STEP 3 ××公司建网计划。

贵公司企业网的最终目标是：建设覆盖整个公司的互连、统一、高效、实用、安全的企业网络（Intranet）。它分为如下 5 个阶段完成。

（1） 公司内部各部门分布实地考察。

（2） 设计网络布局分布图。

（3） 配置硬件设备，进行布线施工。

（4） 接入 Internet。

（5） 安全设置。

STEP 4 成本效益估算。

（1） 硬件设备：服务器、客户机、互连设备、传输介质等成本估算，具体费用按市场实际价格而定。

（2） 施工人员费用：包括网络设计费用，施工现场人员工作费用等，以合同内容为准。

（3） 网络维护和运行：网络维护由我公司长期跟踪服务，也可由贵公司自行处理。运行费用主要体现在接入 Internet 的接入费用。

（4） 效益：公司网络组建完成后，对贵公司对外宣传与合作将会有很大的帮助，间接效益则有更大的体现。

需求分析的书写灵活多样，可以用报告的形式，也可以用表格形式，但具体内容一定要介绍清楚。需求分析是局域网组网的第一步，网络设计人员一定要对网络组建的可行性、网络组建的技术可实现性有明确的了解；另外，也要充分了解建网公司的建网目的。建网目的搞不清，很容易导致网络功能的扭曲，从而导致双方合作的不顺利。

（二） 网络规划

规划人员应该从尽量降低成本、尽可能提高资源利用率等因素出发，本着先进性、安全性、可靠性、开放性、可扩充性和资源最大限度共享的原则进行网络规划。规划的结果要以书面的形式提交给用户。

1. 场地规划

场地规划的目的是确定设备和网络线路的合适位置。场地规划考虑的因素如图 4-5 所示。

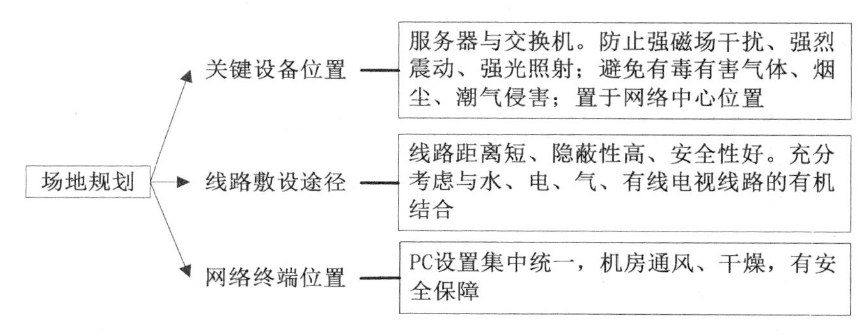

图4-5 场地规划

2. 网络设备规划

网络组建需要的设备和材料很多，品种和规格相对复杂。网络设计人员应该根据需求分析来确定设备的品种、数量、规格。网络设备规划项目如图 4-6 所示。

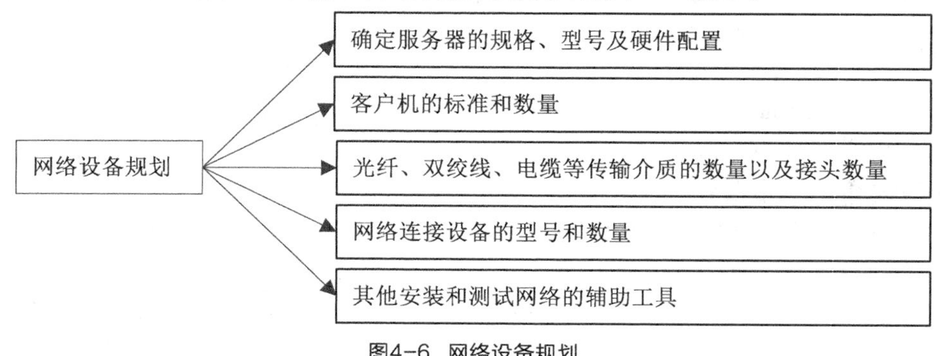

图4-6 网络设备规划

3.　操作系统和应用软件的规划

硬件确定以后，关键是确定软件。网络组建需要考虑的软件是操作系统，网络操作系统可以根据需求进行选择，如图 4-7 所示。

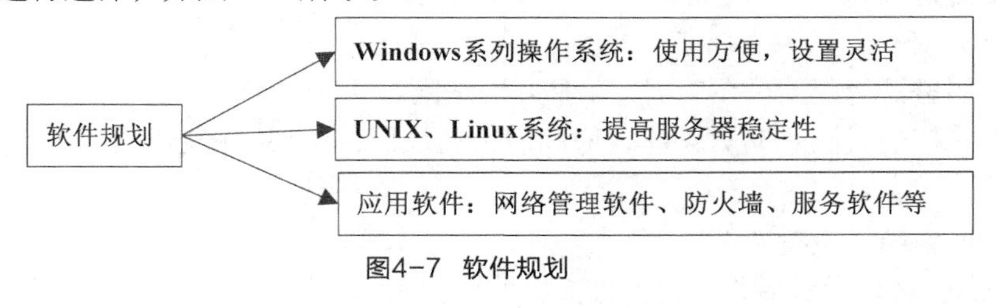

图4-7　软件规划

4.　网络管理规划

网络组建投入运行以后，需要做大量的管理工作。为了方便用户进行管理，设计人员在规划时应该考虑管理的易操作性、通用性。网络管理规划需要考虑的因素如图 4-8 所示。

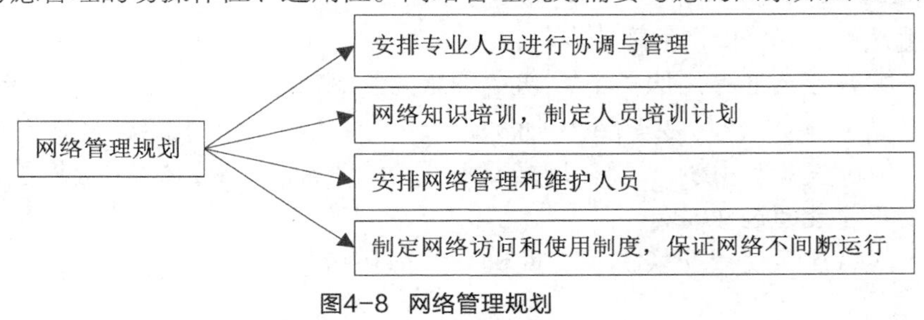

图4-8　网络管理规划

5.　资金规划

如果网络项目是本公司的项目，网络设计人员应该对资金需求进行有效预算，做到资金有保障，避免项目流产。资金方面需要规划的费用如图 4-9 所示。

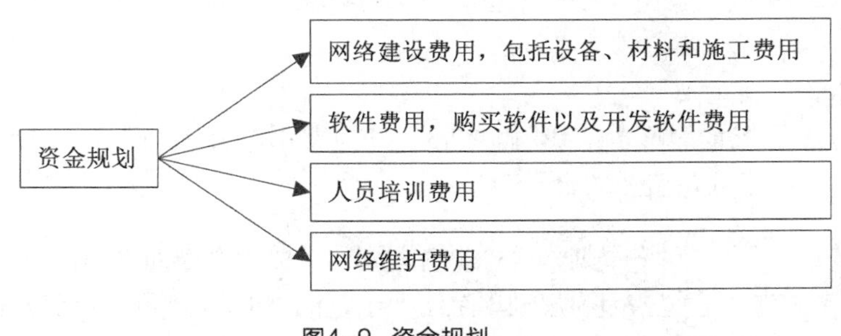

图4-9　资金规划

【例 4-2】　三层宾馆局域网网络规划。

小型网络的局域网规划相对比较简单，规划项目随环境不同有相应的变化，但总体思路应基本相同。本例以某宾馆内部网络互连为例，介绍如何对小型局域网组建进行规划。

【设计要求】

- ×××宾馆为三层小型休闲娱乐场所。
- 二层、三层为客房，每层约 25 间（套）。一层为会客厅、餐厅和水吧。
- 会客厅为会议、交流专用。
- 餐厅有大包间（1 个）和小包间（5 个）两种。

- 水吧为休闲场所，供客人休息和交流之用。

【操作步骤】

STEP 1 场地规划。

根据组网环境分析如下。

（1） 服务器管理间设在二层，单独开辟房间。

（2） 房门设置防水防火功能，房间内设通风口，内部装修墙壁贴上吸音板，并应具有阻燃性。

（3） 网络端口设置如下。

- 一层会客厅设置多种接口，且接口数量要有保证。
- 餐厅不设端口，不走线。
- 水吧墙壁设置端口。
- 二层、三层客房每个房间按床位设置信息插座。

STEP 2 网络硬件与软件规划。

（1） 服务器选择专用服务器，初步确定为长城擎天 B9000 刀片式服务器，如图 4-10 所示。

图4-10 长城擎天 B9000

（2） 传输线缆使用超 5 类非屏蔽双绞线（注意单根线缆长度不能超过 90m）。

（3） 网络连接使用交换机，交换机下层拓扑结构为星型结构。

（4） 操作系统采用 Windows Server 2003。

STEP 3 网络管理与维护。

组网过程中，宾馆应安排专人对组网过程进行考察和学习；组网完成后对相关人员进行专业培训，以方便今后网络的维护和运行。网络应 24 h 不间断运行，以保证客人能够随时登录外部网络。

STEP 4 资金规划。

组网资金硬件配置约占全部费用的 2/3，其他费用占 1/3。硬件造价费用以市场行情而定，网络设计和施工人员费用由合同商定。

知识提示

不同的网络规划格式也各有差别，可以不必面面俱到，但最基本的内容一定要叙述清楚，因为规划单是给要组建网络的单位看的，所以语言应尽量通俗易懂，某些专业性比较强的内容可另外设置规划附录说明，以增加可读性。

任务二 设计计算机网络

网络就是将一些传输设备连接在一起，在软件控制下，相互进行信息交换的计算机集合。网络设计是在对网络进行规划以后，开始着手网络组建的第 1 步，其成败与否关系到网络的功能和性能。网络设计的主要方面有网络硬件设备配置、网络拓扑结构设计、操作系统选择等几个方面。

（一） 选择网络设备

简单的局域网络设备通常包括计算机、网卡、传输介质和交换设备（转发器、集线器和交换机）；较复杂的计算机网络，通常还需要路由器、光纤等设备。表 4-1 所示为选择常用网络设备时应注意的事项。

表 4-1 选择常用网络设备时的注意事项

硬件设备名称	注意事项
服务器	要求主板尺寸大，具有较多的 PCI 插槽和内存插槽；电源输出功率大，电压稳定，噪声小；主频和内存要符合性能需求
网卡	传输速率适合网络要求，一般为 10/100Mbit/s 自适应网卡；总线类型要符合主板插槽类型；接口类型应与传输介质相对应
集线器	根据网络速度、连接计算机的数量选择产品类型。速率有 10Mbit/s、100Mbit/s 或 10/100Mbit/s 自适应集线器；接口有 8 口、16 口或 24 口
交换机	性能优于集线器，但价格稍高，随着电子器件价格的降低，交换机将成为主流
传输介质	根据不同需求选择传输介质，局域网内一般选用 5 类或超 5 类非屏蔽双绞线；主干网络采用光纤

（二） 设计网络拓扑结构

当前最常用的网络拓扑结构是星型结构。对于简单的网络，通常采用星型网络结构即可，也可以采用总线—星型混合结构。

当计算机数量较多时，可以考虑将网络结构设计成两级。第 1 级交换机（或集线器）连接多个交换机和服务器。第 2 级交换机（或集线器）连接客户机。两级之间可以选择星型结构或者总线–星型结构。两种网络拓扑结构分别如图 4-11 和图 4-12 所示。

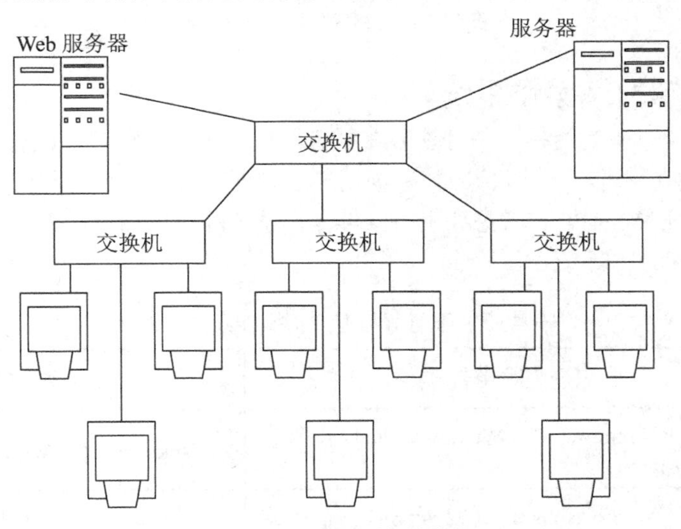

图4-11 两级星型拓扑结构

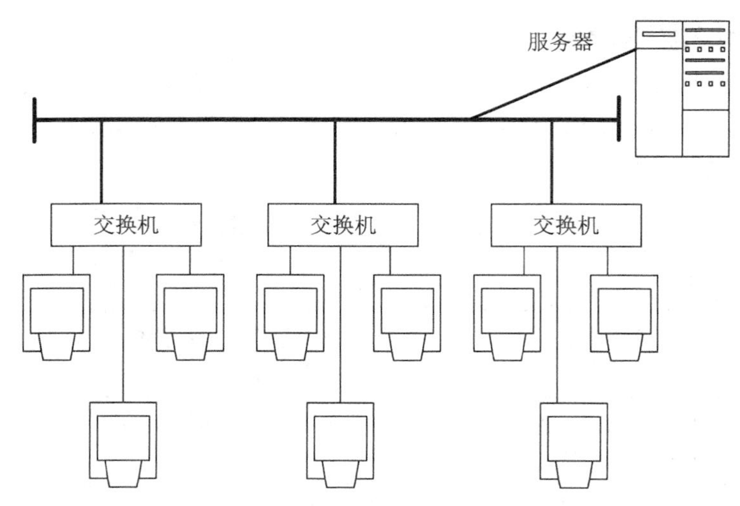

图4-12 总线-星型混合结构

在设计混合拓扑结构时，设计者应该综合考虑各种因素，从实际出发，实现总体结构的合理和实用。网络拓扑结构设计原则如图 4-13 所示。

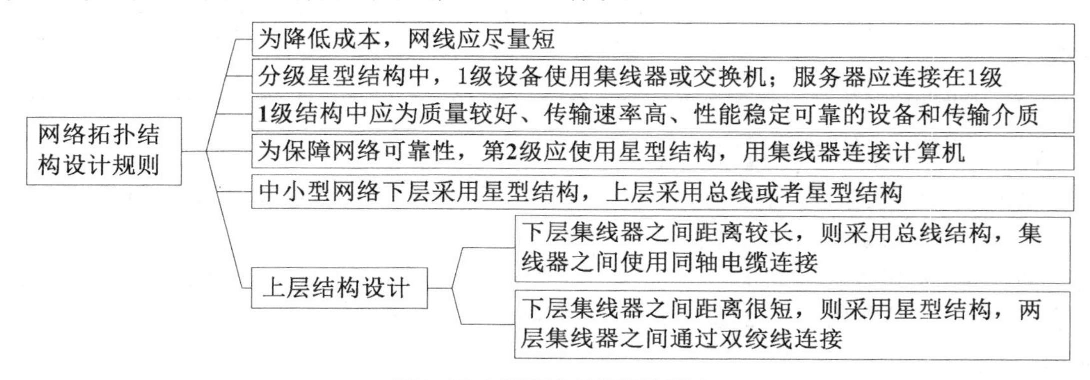

图4-13 网络拓扑结构设计规则

（三） 选择网络操作系统

网络操作系统一般有两种，一种安装在服务器上，另外一种安装在客户机上，两者都不能缺少。在选择网络操作系统时，应该考虑用户的管理习惯和用户的网络知识水平。

网络操作系统的客户端要考虑和服务器端操作系统的有机结合。表 4-2 所示为服务器与客户机操作系统的对比。

表 4-2 服务器与客户机操作系统的对比

性能指标	服务器类	客户机类
软件名称	Windows NT、Windows 2008/2012 和 Linux	Windows XP、Windows 7、Windows 8
对应安装	Windows 2008 / 2012 Server	Windows XP、Windows 7、Windows 8
系统维护要求	高稳定性、数据处理能力强，实时进行补丁升级	与服务器操作系统对应

任务三　了解网络布线系统

在信息社会中，一栋现代建筑，除了具有电话线、有线电视线、消防通道及相应设施、天然气管道、动力电线、照明电线外，计算机网络线路也是不可缺少的。

1．布线子系统

布线系统的对象是建筑物或楼宇内的传输网络，它包含着建筑物内部和外部线路（网络线路、电话局线路）间的民用电缆及相关的设备连接设施。布线系统是由许多部件组成的，主要有传输介质、线路管理硬件、连接器、插座、插头、适配器、传输电子线路、电气保护设施等，并由这些部件来构造各种子系统。布线系统可划分为以下 6 个子系统。

- 工作区子系统。
- 水平干线子系统。
- 管理间子系统。
- 垂直干线子系统。
- 楼宇（建筑群）子系统。
- 设备间子系统。

2．网络布线系统结构

网络布线系统结构如图 4-14 所示。

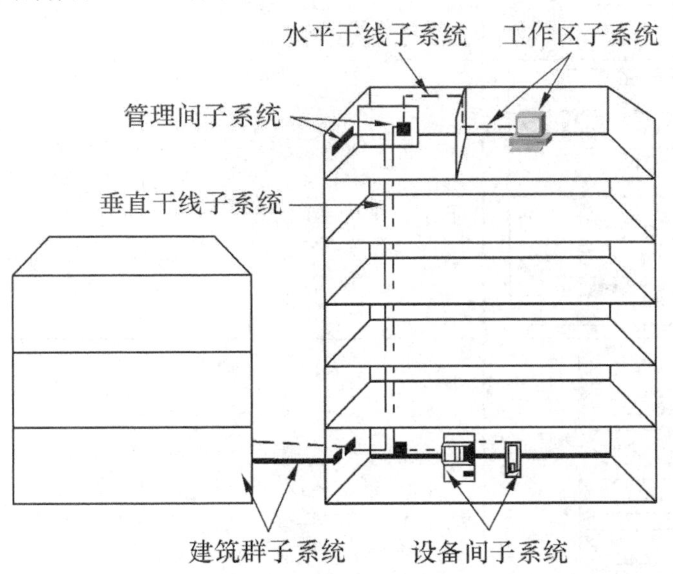

图4-14　网络布线系统

理想的布线系统表现为：支持语音应用、数据传输、影像影视，而且最终能支持综合型的应用。

由于综合型的语音和数据传输的网络布线系统选用的线材、传输介质是多样的（屏蔽双绞线、非屏蔽双绞线、光缆等），一般可根据施工对象的特点选择布线结构和线材。

表 4-3 所示为综合布线各子系统的简介。

表 4-3　综合布线各子系统简介

网络布线各子系统	系统简介
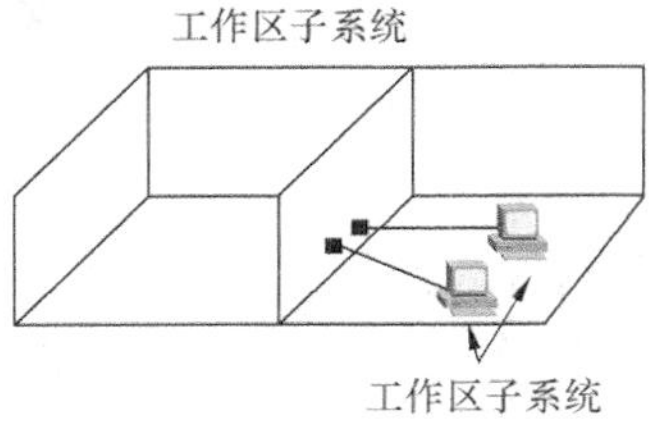 工作区子系统 工作区子系统	工作区子系统由终端设备和连接到信息插座的网线组成，包括装配线、适配器和连接所需的扩展软线，并在终端设备和 I/O 之间搭桥
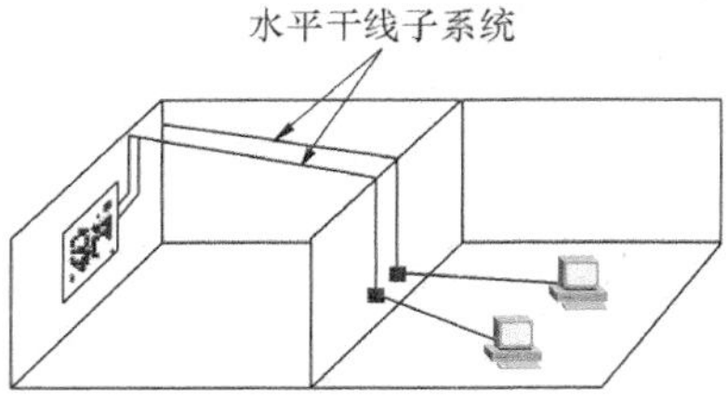 水平干线子系统	水平干线子系统的区域为从工作区的信息插座开始到管理间子系统的配线架。结构一般为星型结构，在一个楼层上，仅与信息插座和管理间连接。在综合布线系统中，该子系统由 4 对 UTP（非屏蔽双绞线）组成
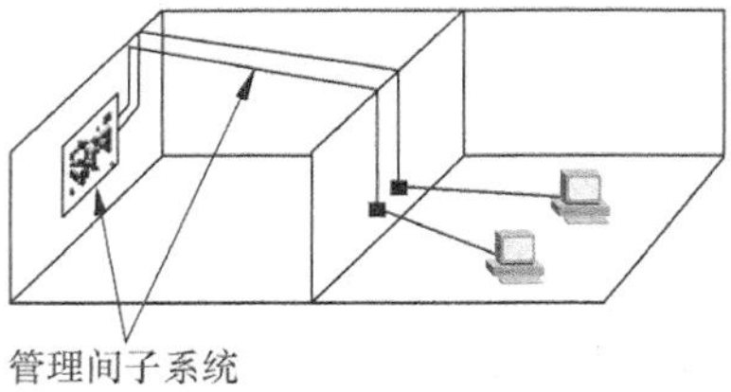 管理间子系统	管理间子系统由交连、互连、配线架、信息插座架和相关跳线组成。管理点为连接其他子系统提供连接手段。交连和互连可以将通信线路定位或重新定位到建筑物的不同部分，以便能更容易地管理通信线路
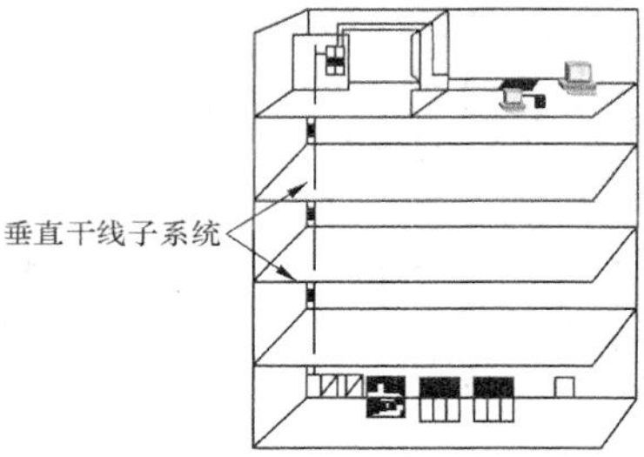 垂直干线子系统	垂直干线子系统是建筑物内网络系统的中枢，用于把公共系统设备互连起来，并连接各楼层的水平子系统。它提供建筑物干线（馈电线）电缆的路由，一端接于设备机房的主配线架上，另一端通常端接在楼层接线间的各个管理分配线架上
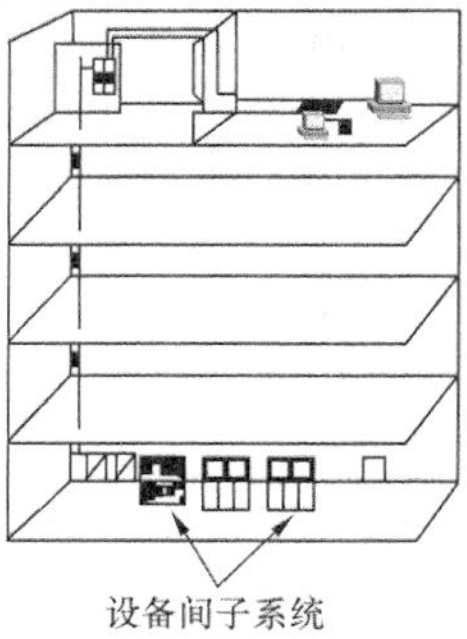 设备间子系统	设备间子系统由设备间的跳线电缆和适配器组成，用于将中央主配线架与各种不同设备（如网络设备和监控设备等与主配线架）之间的连接。通常该子系统设计与网络具体应用有关，相对独立于通用的结构布线系统
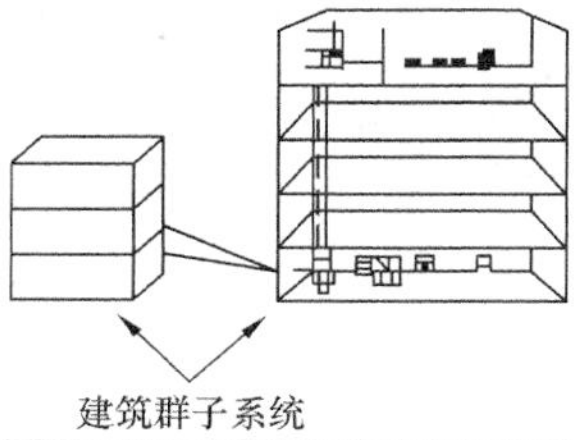 建筑群子系统	建筑群子系统将一个建筑物中的电缆延伸到建筑群的另外一些建筑物中的通信设备和装置。它是整个布线系统中的一部分（包括传输介质）并支持提供楼群之间通信设施所需的硬件，其中有导线电缆、光缆和防止电缆的浪涌电压进入建筑物的电气保护设备

【例 4-3】 **水平干线子系统设计。**

【基础知识】

水平干线布线是将电缆线从管理间子系统的配线间接到每一楼层的工作区的信息输入/输出（I/O）插座上。布线时，设计者要根据建筑物的结构特点，从路由（线）最短、造价最低、施工方便、布线规范等几个方面进行综合考虑。

水平干线子系统设计涉及水平干线子系统的传输介质和部件集成，主要包括 6 项内容，即确定线路走向，确定线缆、槽、管的数量和类型，确定电缆的类型和长度，订购电缆和线槽，吊杆走线槽需要用多少根吊杆，不用吊杆走线槽时需要用多少根托架。

现将其中重要的几个项目介绍如下。

订购电缆时应注意：确定介质布线方法和电缆走向，确认到设备间的接线距离，留有端接容差。确定线路走向一般要由用户、设计人员、施工人员到现场根据建筑物的物理位置和施工难易程度来确立。订购量可按如下公式计算：

订货总量（总长度 m）＝所需总长＋所需总长 × 10%＋n × 6

其中，所需总长是指 n 条布线电缆所需的理论长度；所需总长 × 10%为备用部分；n× 6 为端接容差。

（1） 走线设备。

打吊杆走线槽时，一般是间距 1m 左右安装一对吊杆。

吊杆的总量=水平干线的长度（m）× 2（根）

使用托架走线槽时，一般是 1～1.5m 安装一个托架，托架的需求量应根据水平干线的实际长度计算。

（2） 常用线缆。

常用的线缆有 4 种，即 100W 非屏蔽双绞线电缆，100W 屏蔽双绞线电缆，50W 同轴电缆，62.5/125μm 光纤电缆。

【操作步骤】

STEP 1 直接埋管线槽布线。

如图 4-15 所示，直接埋管布线由一系列密封在混凝土里的金属布线管道或金属馈线走线槽组成。根据通信和电源布线的要求、地板厚度、占用的地板空间等条件，采用厚壁镀锌管或薄型电线管等不同线管。

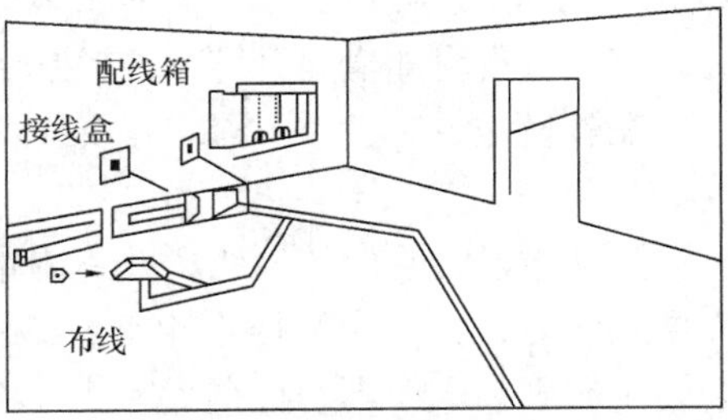

综合布线的水平线缆比较粗，如 5 类 4 对非屏蔽双绞线外径为 5.6mm，截面积为 24.65mm^2，对于目前使用较多的 SC 镀锌钢管及阻燃高强度 PVC 管，建议容量为 70%。

图4-15 直接埋管布线

STEP 2 线槽支管架设布线。

线槽支管架设布线中，线槽悬挂在天花板上方的区域，将电缆引向所要布线的区域。由弱电井出来的缆线先走吊顶内的线槽，到各房间后，经分支线槽从横梁式电缆管道分叉后将电缆穿过一段支管引向墙柱或墙壁，贴墙而下到本层的信息出口（或贴墙而上，在上一层楼板钻一个孔，将电缆引到上一层的信息出口），最后端接在用户的插座上，如图 4-16 所示。

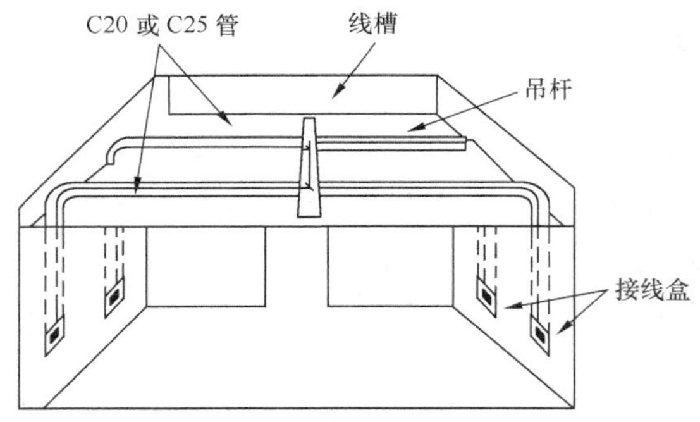

图4-16 线槽支管架设布线

STEP 3 地面线槽布线。

弱电井出来的线走地面线槽到地面出线盒，由分线盒出来的支管到墙上的信息出口，将长方形的线槽打在地面垫层中，每隔 4～8m 拉一个过线盒或出线盒（在支路上出线盒起分线盒的作用），直到信息出口的出线盒。

线槽规格如下。

- 70 型：外形尺寸为 70mm×25mm，可穿 24 根水平线（3 类、5 类混用）。
- 50 型：外形尺寸为 50mm×25mm，可穿插 15 根水平线。

当终端设备位于同一楼层时，水平干线子系统将在干线接线间或远程通信（卫星）接线间的交叉连接处连接。在水平干线子系统的设计中，综合布线的设计者必须具有介质设施方面的全面知识，能够向用户或用户的决策者提供完善而又经济的设计。

【例 4-4】 垂直干线子系统设计。

【基础知识】

垂直干线子系统设计时，确定从管理间到设备间的干线路由，应选择干线段最短、最安全和最经济的路由，在大楼内通常有两种方法，一种是电缆孔布线，另一种是电缆井布线。

垂直干线子系统布线设计时要考虑以下项目：确定每层楼的干线要求；确定整座楼的干线要求；确定从楼层到设备间的干线电缆路由；确定干线接线间的接合方式；选定干线的长度；确定敷设附加横向电缆时的支撑结构。

在敷设线缆时，对不同的介质线缆要区别对待。

（1） 光缆。

光缆敷设时不应该绞结，在室内布线时要走线槽，在地下管道中穿过时要用 PVC 管，需要拐弯时，其曲率半径不能小于 30cm。光缆通过室外时，裸露部分要加铁管保护，铁管要固定牢固，电缆不要拉得太紧或太松，并要有一定的膨胀收缩余量。光缆埋地下时，也要加铁管保护。

（2） 同轴电缆。

粗同轴电缆敷设时不应扭曲，布线时必须走线槽，要保持自然平直，拐弯时弯角曲率半径不应小于 30cm；接头安装要牢靠，两端加终接器，其中一端接地。连接的用户间隔必须在 2.5m 以上，室外部分的安装与光缆室外部分安装相同。

细缆弯曲半径不应小于 20cm，细缆上各站点距离不小于 0.5m。一般细缆长度为 183m，粗缆长度为 500m。

（3） 双绞线。

双绞线敷设时线要平直，走线槽，不要扭曲，同一根线的两端都要标上相同的标号，以方便识别。室外敷设时要加套管，严禁搭接在树干上，也不要拐硬弯。

【操作步骤】

STEP 1 电缆孔布线。

在墙边角地板上用打孔机打出直径约 15cm 的过孔。通入管道，通常用直径为 10cm 的钢性金属管。电缆捆在或箍在支撑用的钢绳上，钢绳靠墙上金属条或地板三角架固定住并将其嵌在混凝土地板中（也可以在浇注混凝土地板时嵌入），此时管端一般比地板表面高出 2.5～10cm。当配线间上下都对齐时，一般采用电缆孔方法，如图 4-17 所示。

STEP 2 电缆井布线。

先在每层楼板上开出一些方孔，使电缆可以穿过，并从某层楼伸到相邻的上下楼层，如图 4-18 所示。电缆井的大小依所用电缆的数量而定。电缆井的选择性非常灵活，可以让粗细不同的各种电缆以任何组合方式通过。

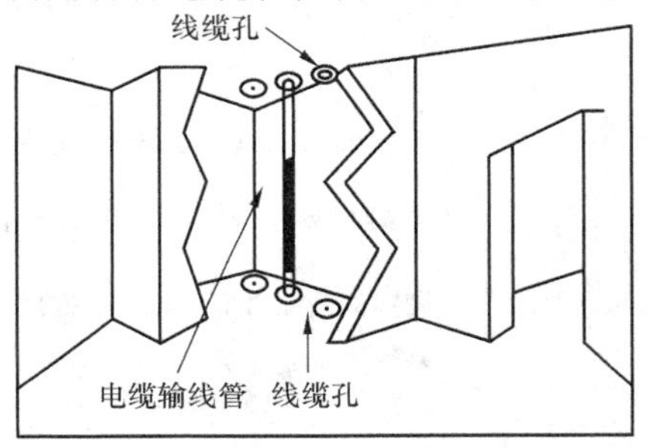

图4-17 电缆孔布线

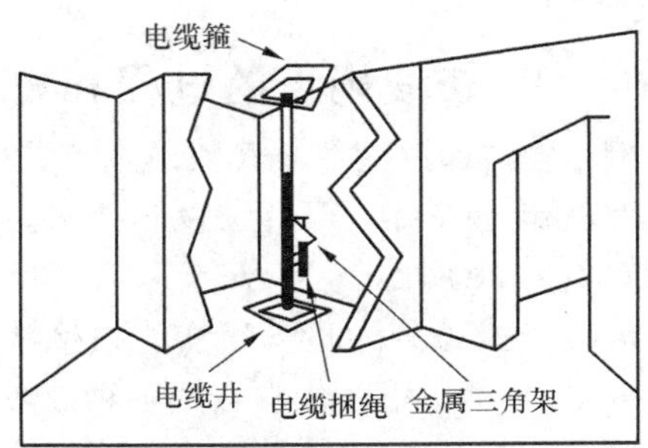

图4-18 电缆井布线

电缆井方法虽然比电缆孔方法灵活，但在原有建筑物中开电缆井安装电缆造价较高，它的另一个缺点是使用的电缆井很难防火。安装过程中应采取措施防止损坏楼板支撑件，以避免楼板的结构完整性受到破坏。

任务四 计算机网络布线施工

网络布线施工是落实布线设计的过程。网络布线施工与电、暖、水、气等管线的施工区别很大，布线施工具有以下特征。

- 所有的电缆从信息口到信息点是一条完整的电缆，中间不能有接头。
- 每条电缆的长度要尽量缩短，以提高信号的质量。
- 某些部位（如集线器）连接电缆的数量较多，要处置得当。
- 要考虑线路本身的安全和线路中传输信号的安全。

网络布线施工的原则是严格控制每段线路的长度，不能突破线缆的极限长度；注意与供电、供水、供暖、排水的管线分离，用以保护网线的安全；敷设的位置要安全、隐蔽、美观，要方便使用和日后的维修。图 4-19 所示为网络布线结构示意图。

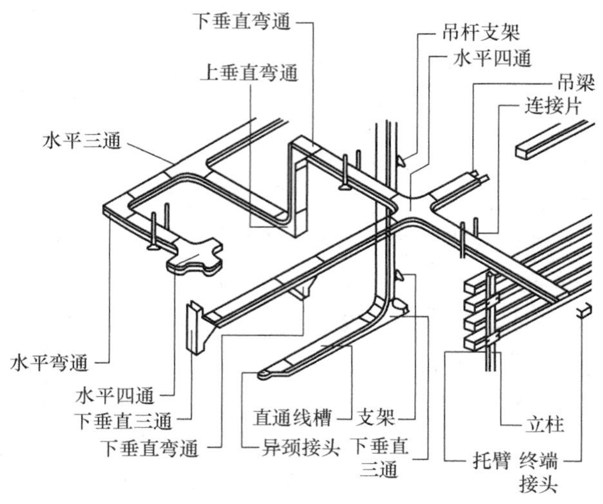

图4-19 网络布线结构

（一） 布线施工的过程和要求

网络管线通道的敷设安装，为网线的敷设做好了准备。往线管中穿线，在线槽中敷线也要按部就班地进行，符合敷设的要求。敷线原则如图 4-20 所示。

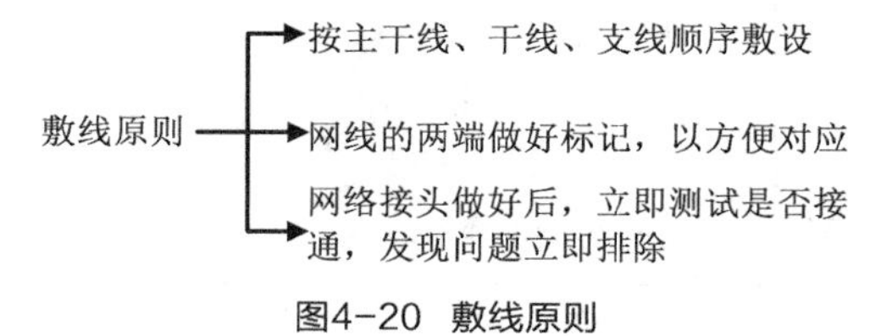

图4-20 敷线原则

敷线方式可分为暗管穿线、线槽敷线和地板敷线 3 种，下面依次介绍各种敷线方式的规则。

1. 暗管穿线

暗管大多敷设在墙体内或地下。管径的粗细、管线转弯的多少以及预留暗箱、暗盒及暗井的多少都直接影响穿线的质量和速度。暗管敷设完成时，应将每根管子的两端封闭，用以保证管内的清洁，以免掉进管腔的杂物影响穿线的操作。其他应注意的问题如下所述。

- 穿线时应将成束的网线端头对齐捆紧，加上牵引端头，通过牵引线的拉力将网线穿过暗管。
- 牵引线应使用粗细适当的钢索或铁丝。牵引时使用暗管中间的每个暗盒孔、暗井，使人对网线横向施力，逐个通过每个暗盒孔、暗井到达终端口。
- 经过每个暗盒孔、暗井时，要检查牵引端头是否仍旧牢固地抓紧网线的端头，避免在管内脱落。对于单根网线，如果管径较细、距离较长或管子有转弯，也应牵引通过。穿线操作需两人以上协作完成。

对于超过 4m 的竖直管路，网线穿完后，应在上端口将网线全束捆扎，并牢牢固定，避免网线在管路端口承重，划伤网线外皮。网线从暗管终点穿出后，要留出 300mm 的长度，用以连接安装端口面板的施工。

2. 线槽敷线

线槽敷线相对比较简单，只要将分组的网线均匀地摆放在线槽内即可，但也需注意将先进入支线的网线摆放在靠近出口的一侧。网线敷至支线出口时，要按事先在网线端头做好的标记送入相应的支线线槽。使用金属线槽进行综合布线时，不同种类的缆线应同槽分格（用金属隔开）布放。金属线槽的接地应符合设计要求，具体要求如下所述。

- 水平敷设的网线，根据线束的大小，每隔 1.5～3m 应进行捆扎并与墙体固定，用以减轻线槽底部的承重。
- 垂直敷设的网线，每隔 2m 进行捆扎并与墙体固定，用以减轻上部线槽拐角的承重。线槽敷线完成后，不要马上封盖，经测试确认无须返工后再封盖。
- 在终点出口处，网线要留出 300mm 的长度，用以连接安装端口面板施工。

3. 地板敷线

采用活动地板敷设线缆时，活动地板内净高不小于 150mm，活动地板内如果作为通风系统的风道使用时，地板内净高不应小于 300mm。在工作区的客户机位置和线缆敷设方式未定的情况下，敷设临时网线（或在工作区采用地毯下布放线缆）时，在工作区内应该设置交接箱，每个交接箱的服务面积应控制在 $800cm^2$ 以下。

（二） 建筑物内网络布线施工

网络布线的主要内容有垂直干线布线（电缆井）、水平干线布线（线槽，金属管）、敷设在墙体内金属管或塑料管布线等。主体分为垂直干线和水平干线施工，垂直干线的施工可以凿通楼板，安装金属线槽。水平干线则可以使用线槽敷设在管道层、楼道的天花板内或固定在墙体上。

1. 基础设备

布线施工最常用的就是桥架器和布线管槽，图 4-21（a）所示为下垂直三通桥架器，图 4-21（b）所示为支线转接器，图 4-21（c）所示为垂直分线器。

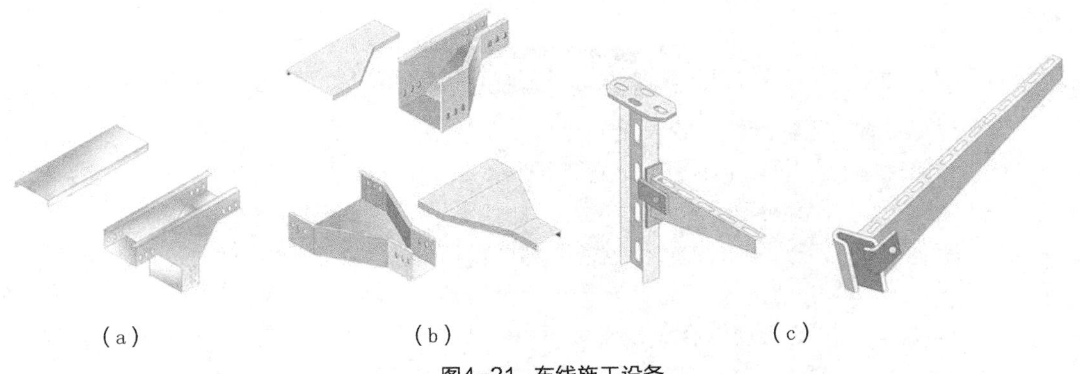

图4-21 布线施工设备

2. 电缆井

电缆井是垂直布线子系统的重要布线设施，作为网络垂直干线通道的电缆井，要将位置尽量靠近楼房的中央。预留的电缆井的大小，按标准的算法，至少应当为电缆的外径之和的 3 倍。此外，还必须保留一定的空间余量，以确保今后在系统扩充时不再需要安装新的管线。

3. 暗管

暗管一般指金属管或阻燃硬质 PVC 管，预埋在墙体中间的暗管内径不宜超过 50mm，楼板中的暗管内径为 15～25mm。

【例 4-5】 **建筑物内网络敷线的施工。**

【操作步骤】

STEP 1 电缆井的施工。

电缆井内每层至少要安装一个金属桥架，用于捆扎网线。位于主干线节点的楼层，需在电缆井处设有配线间，配线间的最小安全尺寸是 1.2m×1.5m。门的大小至少为高 2.1m、宽 0.9m，向外开。配线间安装接线架，以保证接线设备的安装。图 4-22 所示为电缆井布线的剖面图。

向电缆井内敷设线缆时要注意不同线缆的敷设规则，一般双绞线走塑料管，光缆走专用的金属管道，并且走线时应设置滑轮拐角，以免造成信号传输的失真，由电缆井出来的线经弯管、水平三通进入暗管。

STEP 2 暗管的施工。

直线布管每隔 30m 应设置暗线箱等装置，以方便穿线安装和日后维护，暗管转弯时，弯曲角度应大于 90°，且每根暗管的转弯角不得多于两个，更不能有 S 弯出现，一般设置方式为滑轮弯转方法，如图 4-23 所示为光缆的弯转设置。在弯曲布管时，每隔 15m 处应设置暗线箱等装置。

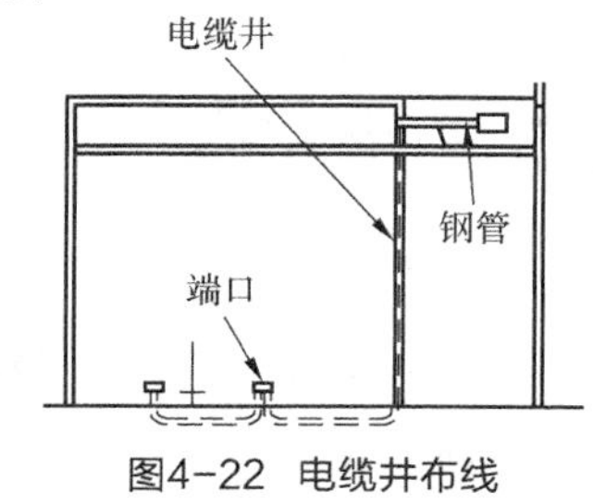

图4-22 电缆井布线

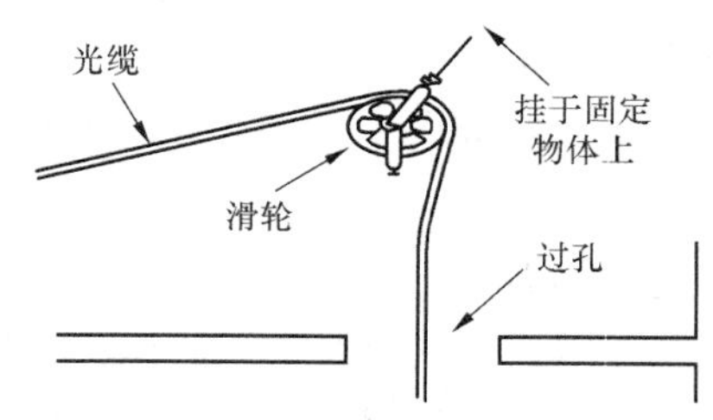

图4-23 光缆的弯转方法

知识链接

在暗管施工时，还需要注意以下要点。

❖ 暗管转弯的曲率半径不小于该管外径的 6 倍，如暗管外径大于 50mm 时，转弯的曲率半径不应小于管外径的 10 倍。

❖ 暗管的端口应光滑，并加有绝缘套管，管口伸出地面的长度应为 25~50mm。干线管路和支线管路的交界处、管线直径改变处应设置暗箱或暗盒。

❖ 直径 25mm 的预埋管宜穿设 2 条网络布线电缆。管内穿放多条电缆时，直线管路的管径利用率宜为 50%～60%，弯管路的管径利用率宜为 40%～50%。

电缆走暗管时应由槽道经管道接口伸出，注意弯管安装要牢固，水平管口要和暗道平行，敷设过程应先设弯管，待线缆穿过后再敷设暗管，如图 4-24 所示。暗管是建筑物内部的水平走线通道，敷设时一定要注意不要破坏周围建筑结构。

STEP 3 敷设线槽的施工。

安装在管道层或天花板内的线槽，需要金属桥架支撑，水平敷设时桥架的间隔一般为 1.5～3m，垂直敷设时桥架的间隔宜小于 2m，如图 4-25 所示为线槽敷设的水平分线盒布线。使用金属线槽敷设时，应注意如下几点。

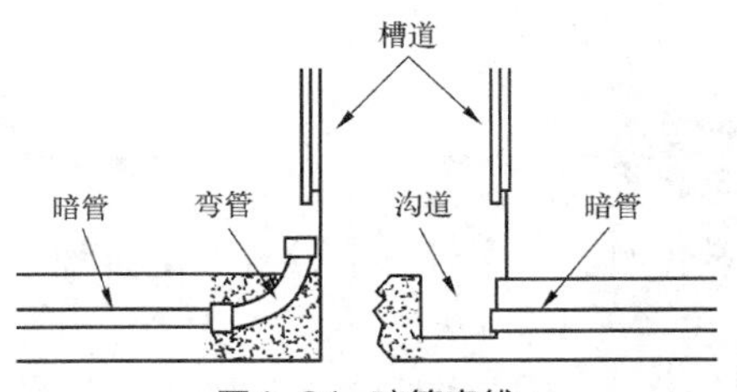

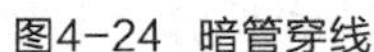
图4-24 暗管穿线

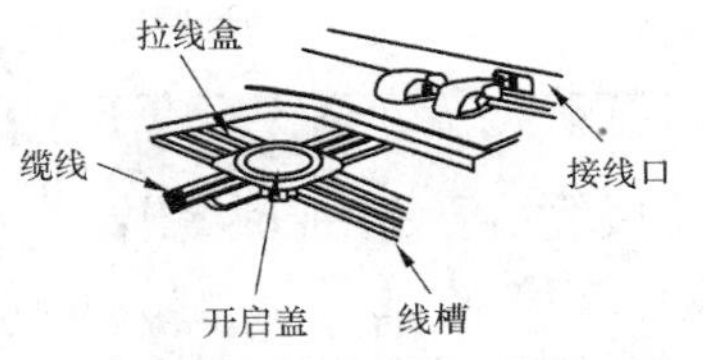

图4-25 水平分线盒

- 线槽接头处、每间隔 3m 处、离开线槽两端口 0.5m 处及转弯处，需设置支架或吊架。
- 塑料线槽的固定点间距一般为 1m。
- 线槽内放置线缆的数量不宜过多。全封闭的线槽截面利用率宜为 25%～30%，可开启的线槽截面利用率宜为 60%～80%。

STEP 4 配线箱内线缆的施工。

经过各线槽的电缆，经线管传输到配线箱，由配线箱将电缆接头分割成不同的接口方式，如图 4-26 所示。

STEP 5 暗管的施工垂直通道的施工。

作为网络垂直干线通道，要尽量靠近楼房的中央。每层的孔位上下垂直对齐，并处于贴墙的位置，如图 4-27 所示。

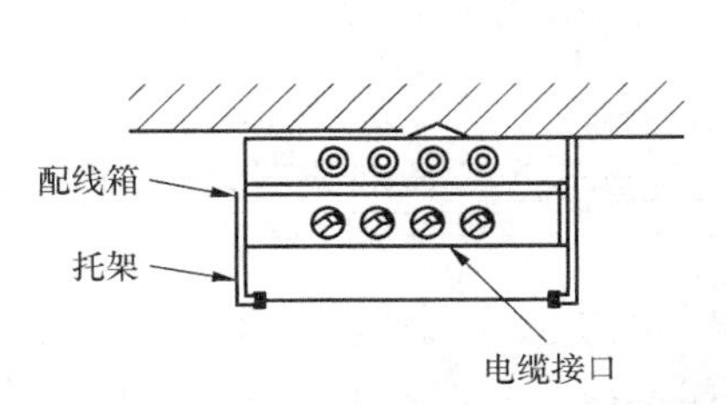

图4-26 配线箱将电缆接头分割成不同的接口方式

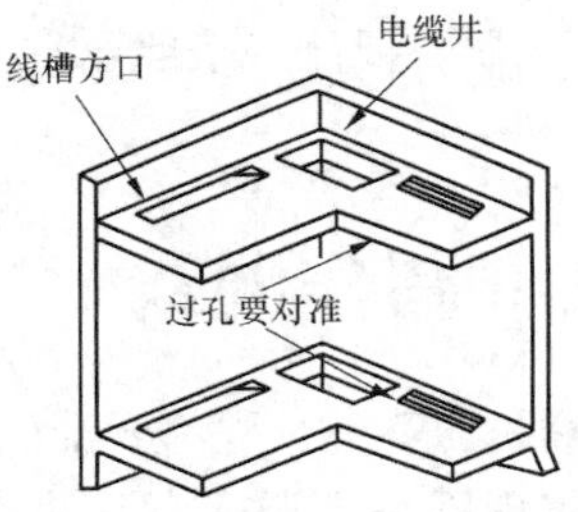

图4-27 电缆井布线

通道内安装金属线槽，线槽的截面应大于要通过的电缆外径之和的 20%。此外，还应保留一定的空间余量，以确保能适应今后系统的扩充。金属线槽要由膨胀螺栓与墙体固定，每隔 2m 设置一个固定点。位于主干线节点的楼层，需要有接线架。图 4-28 所示为垂直线缆立柱布线示意图。

STEP 6 埋设暗管的施工。

暗管一般用于建筑物之间的地下埋设，宜采用金属管。管径应是要通过的电缆外径之和的 2～3 倍。直线布管每隔 40～50m 处应设置暗井，以便于穿线安装的施工和日后的维护。安装线槽是在现有建筑物中布线的主要方法，如图 4-29 所示为线槽安装示意图。

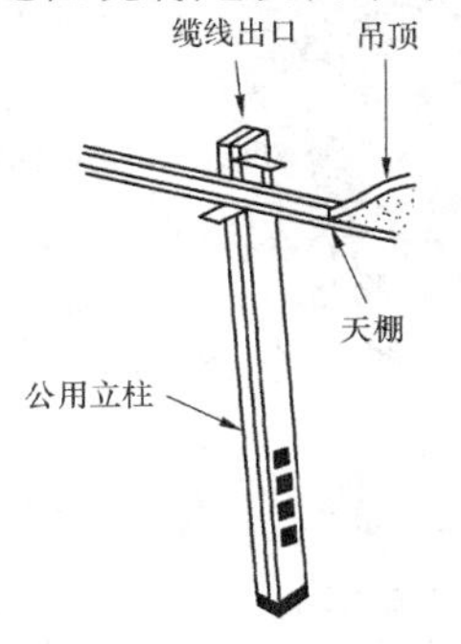

图4-28 垂直布线立柱

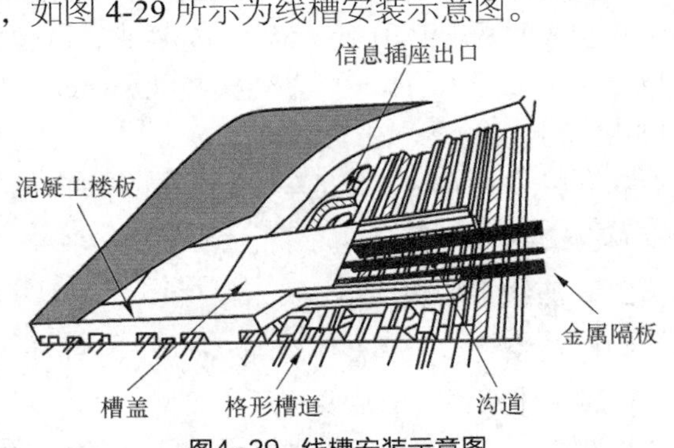

图4-29 线槽安装示意图

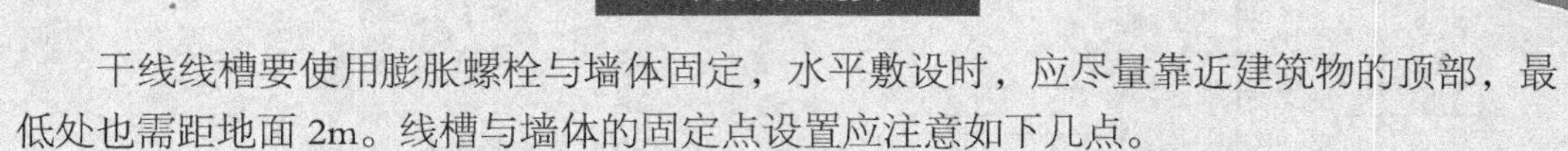

知识链接

干线线槽要使用膨胀螺栓与墙体固定，水平敷设时，应尽量靠近建筑物的顶部，最低处也需距地面 2m。线槽与墙体的固定点设置应注意如下几点。

❖ 固定点间隔一般为 1.5 ~ 3m。垂直敷设时，固定点的间隔宜小于 2m。

❖ 使用塑料线槽敷设，固定点的间距一般为 1m。线槽宜使用全封闭可开启的线槽。

❖ 布线时截面利用率也不宜过高，一般应掌握在 60% ~ 80%。为保证网线线缆的转弯半径，在线槽分线或转弯部位，应使用专用的接插辅件。

❖ 室内支线的线槽可以使用窄塑料槽，用水泥钉与墙体固定。槽内安放 1 ~ 2 条网线。机房布线敷设的线槽，在客户机密集的区域可以使用带栅空的线槽，以便于灵活地从干线中分出连接每台机器的支线。

布线施工时应特别注意周围的设施保护，不要随便破坏建筑物的已有结构。此外，对不同的建筑形式，布线也要因地制宜。对光缆等重要传输介质，要严格按照要求进行布设。

任务五　制作网线

制作网线的整个过程都要准确到位，排序的错误和压制的不到位都将直接影响网线的使用性能，出现网络不通或者网速变慢的情况。在制作网线前要首先了解所用工具的使用方法，要制作什么类型的网线等。

（一）　网线制作材料与工具

双绞线是最常使用的网络连接介质。制作网线的材料和工具包括双绞线、RJ45 接头、剥线钳、双绞线专用压线钳等，有关双绞线的知识已经在前面做过介绍，下面对 RJ45 接头等材料和制作网线的工具进行介绍。

1. RJ45 接头

RJ45 接头又称为“水晶头”，它的外表晶莹透亮。双绞线的两端必须都安装 RJ45 插头，以便插在网卡、集线器（Hub）或交换机（Switch）的 RJ45 接口上。

如图 4-30 所示左图是单个的水晶头，右图为一段做好网线上的水晶头。

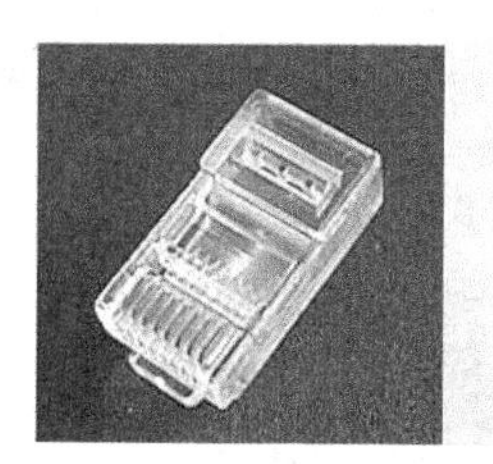
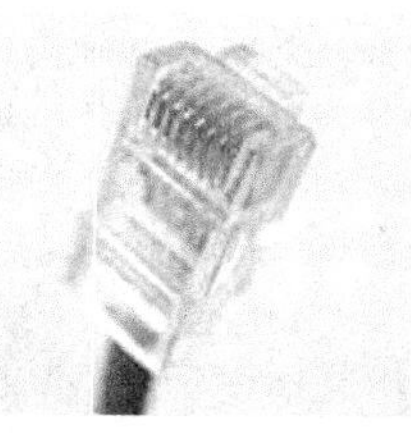

图4-30　RJ45 接头

2. 压线钳和剥线钳

制作双绞线需要一把压线钳，如图 4-31 所示。它具有剪线、剥线和压线 3 种用途。

在购买压线钳时一定要注意其类型，因为针对不同的线材，压线钳也有不同的规格，一定要选用双绞线专用的压线钳才可用来制作双绞以太网线。专用的各种剥线钳如图 4-32 所示。

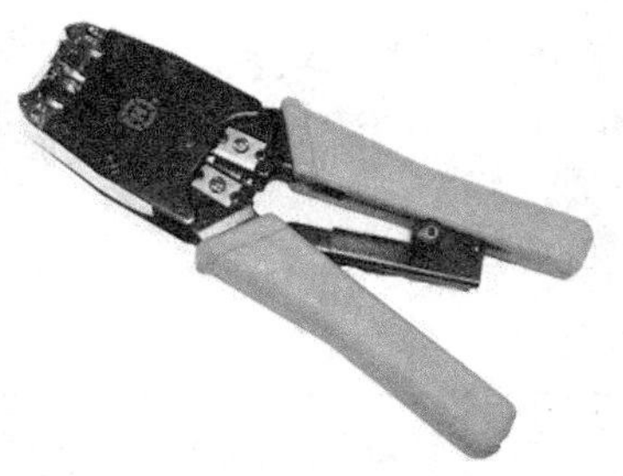

图4-31 RJ45 压线钳

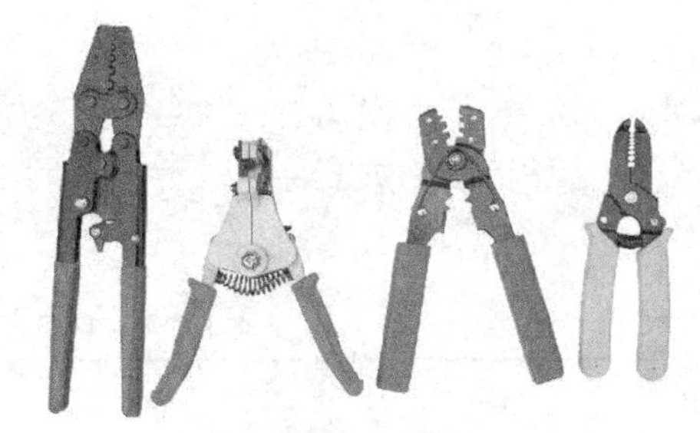

图4-32 常用剥线钳

3. **打线钳**

信息插座与模块嵌套在一起，埋在墙中的网线通过信息模块与外部网线进行连接，墙内部网线与信息模块的连接则通过把网线的 8 条芯线按规定卡入信息模块的对应线槽中实现。

网线的卡入需用一种专用的卡线工具，称之为“打线钳”，图 4-33（a）、（b）所示为西蒙公司的两款单线打线钳，图 4-33（c）所示为西蒙公司的一款多对打线钳工具。多对打线钳工具通常用于配线架网线芯线的安装。

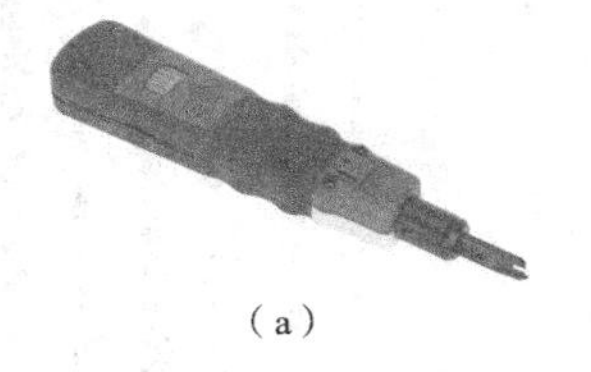

（a）

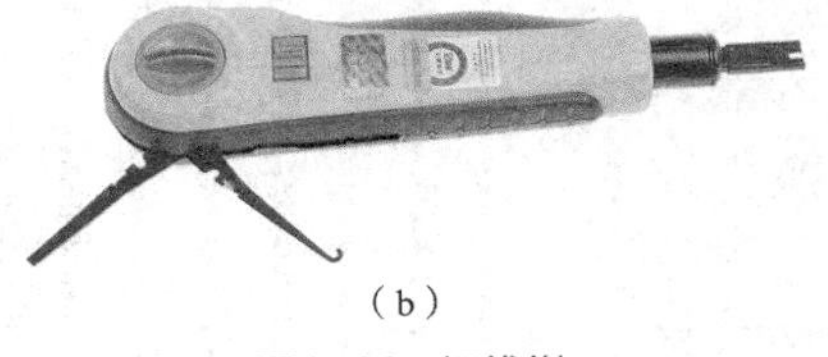

（b）

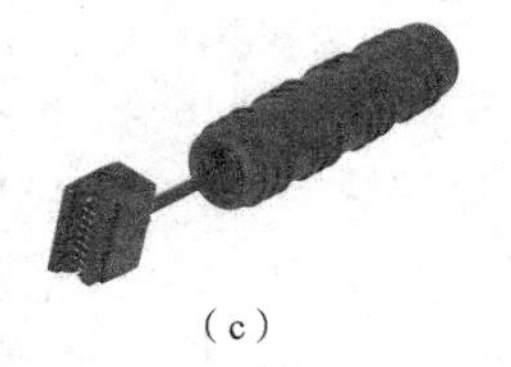

（c）

图4-33 打线钳

4. **打线保护装置**

把网线的 4 对芯线卡入到信息模块的过程比较费劲，并且信息模块容易划伤手，于是有的公司专门开发了一种打线保护装置，可以起到隔离手掌，保护手的作用。图 4-34 所示为西蒙公司的两款掌上防护装置。

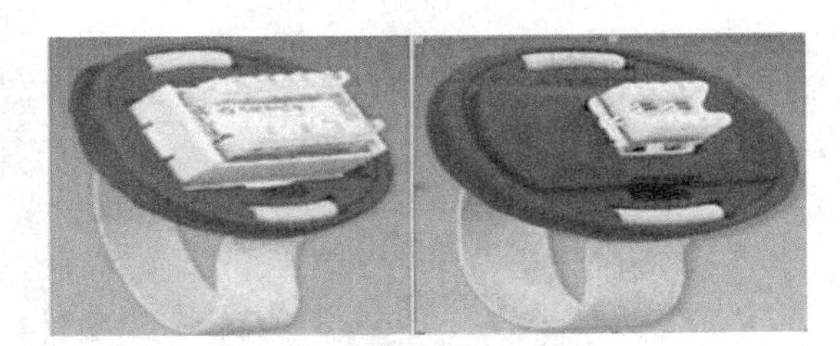

图4-34 打线保护装置

（二） 双绞线线对排序与接法

下面介绍双绞线线对排序与接法。

1. **水晶头对 8 根针脚的编号规定**

将 RJ45 水晶头插头的塑料弹片朝下放置时，其最左边是针脚①，最右边是针脚⑧，如图 4-35 所示。

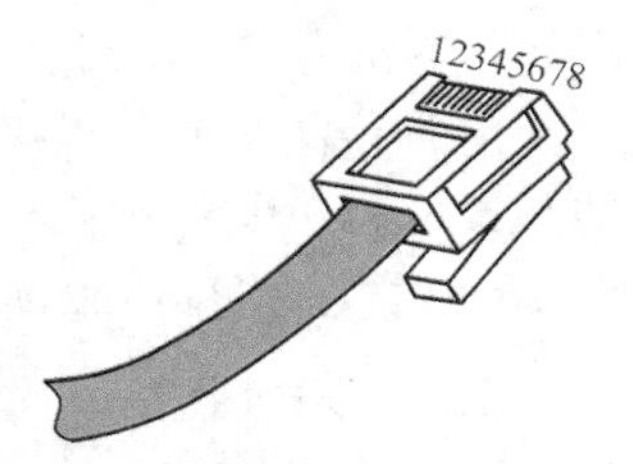

图4-35 水晶头中 8 根针脚的

2. **EIA568A 标准与 EIA568B 标准**

EIA/TIA-568 标准规定了两种连接标准（两者并没有实质上的差别），即 T568A 和 T568B。

- T568A 标准连线顺序从左到右依次为 1—白绿、2—绿、3—白橙、4—蓝、5—白蓝、6—橙、7—白棕、8—棕。
- T568B 标准连线顺序从左到右依次为 1—白橙、2—橙、3—白绿、4—蓝、5—白蓝、6—绿、7—白棕、8—棕。

不管使用哪一种标准，通常情况下，一根 5 类线的两端必须都使用同一种标准，如表 4-4 所示。

表 4-4　T568A 标准与 T568B 标准

标准	1	2	3	4	5	6	7	8
T568A	白绿	绿	白橙	蓝	白蓝	橙	白棕	棕
T568B	白橙	橙	白绿	蓝	白蓝	绿	白棕	棕
绕对	同一绕对		与 6 同一绕对	同一绕对		与 3 同一绕对	同一绕对	

3.　交叉接法

交叉接法（又叫 1362 接法）即 1 和 3 线对对接，2 和 6 线对对接。

这种接法主要用于在集线器—集线器连接、交换机—交换机连接、服务器—集线器连接、服务器—交换机连接、对等网中两台计算机的直接连接等，最常见的是用于两台计算机直接互连传送数据。双绞线交叉接法如图 4-36 所示。

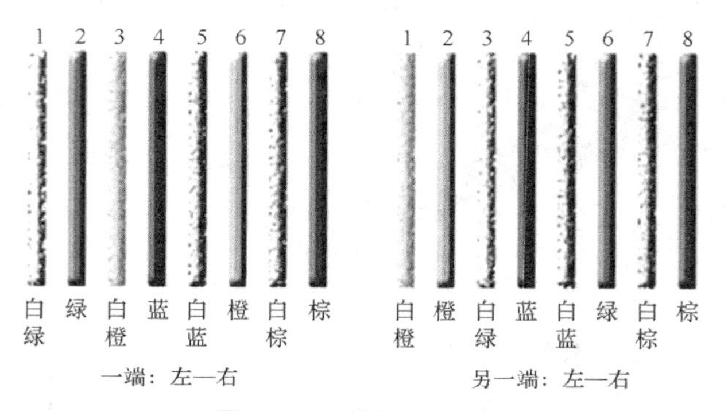

图4-36　双绞线交叉接法

4.　直接接法

直接接法即双绞线的两端芯线一一对应，如果一端的第 1 脚为绿色，另一端的第 1 脚也必须为绿色的芯线，这样做出来的双绞线通常称之为“直连线”。但应注意，4 个芯线对通常不分开，即芯线对的两条芯线通常为相邻排列。

这种接法主要用于集线器—计算机或交换机—计算机相连。双绞线 100M 接法如图 4-37 所示。

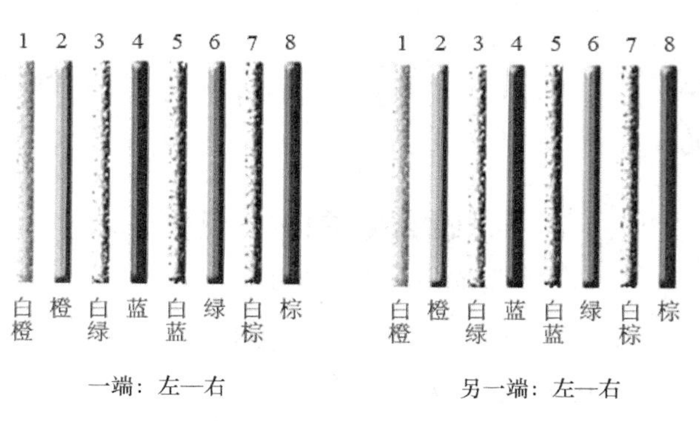

图4-37　双绞线 100M 接法

5.　100M 接法

100M 接法是一种最常用的网线制作规则。100M 接法是指其能满足 100Mbit/s 带宽的通信速率。与直接接法类似，它的接法也是一一对应，但每一脚的颜色是固定的，具体如下。

第 1 脚—白橙、第 2 脚—橙、第 3 脚—白绿、第 4 脚—蓝

第 5 脚—白蓝、第 6 脚—绿、第 7 脚—白棕、第 8 脚—棕

从图 4-37 可以看出：网线的 4 对芯线并不全都是相邻排列，第 3 脚、第 4 脚、第 5 脚

和第 6 脚包括两对芯线，但是顺序已错乱。这种方法主要也是用于集线器—工作站、交换机—工作站之间的连接。

6. 4引脚接法

在 10/100Mbit/s 以太网中只使用两对导线，也就是说，只使用 4 根针脚。那么应当将导线连接到哪 4 根针脚呢？现在标准规定，使用表 4–5 中的 4 根针脚（1，2，3 和 6），1 和 2 用于发送，3 和 6 用于接收。

表 4–5　4 引脚接口性能

分布距离	引脚性能
针脚 1	发送+
针脚 2	发送–
针脚 3	接收+
针脚 4	不使用
针脚 5	不使用
针脚 6	接收–
针脚 7	不使用
针脚 8	不使用

线序是不能随意改动的。1 和 2 是一对线，而 3 和 6 又是一对线。但若将以上规定的线序弄乱，如将 1 和 3 作为发送线，2 和 4 作为接收线，则连接导线的抗干扰能力就要下降。

（三） 安装双绞线接头

局域网网络传输大部分都使用双绞线作传输介质，如果网络接头质量不好，就不能将终端计算机顺利连到网上，不管主干网络布设有多么健全。

在双绞线以太网中，其连接导线只需要两对线：一对线用于发送，另一对线用于接收。但 RJ45 连接器有 8 根针脚，一共可连接 4 对线。对于 10Base–T 以太网的确只使用两对线。这样在 RJ45 连接器中就空出来 4 根针脚。但对 100Base–T4 快速以太网，则要用到 4 对线，即 8 根针脚都要用到。

采用 RJ45 而不采用电话线的 RJ11 也是为了避免将以太网的连接线插头错误地插进电话线的插孔内。另外，RJ11 只有 6 根针脚，而 RJ45 有 8 根针脚。这两种连接器在形状上的区别如图 4-38 所示。

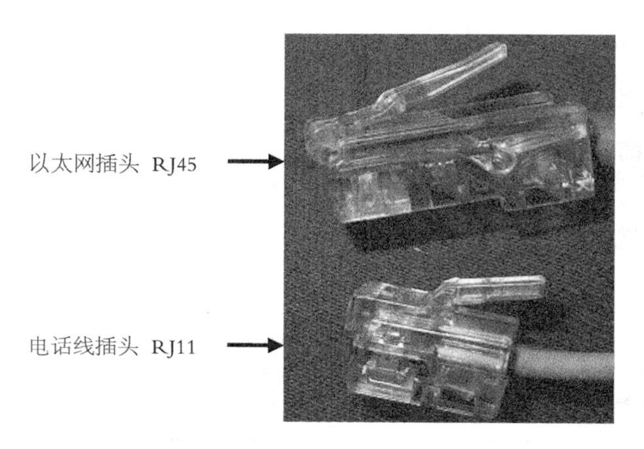

图4-38 RJ45和RJ11插头

【例 4-6】 **安装双绞线接头。**

【操作步骤】

STEP 1 准备好5类线、RJ45插头和一把专用的压线钳，如图4-39所示。

STEP 2 用压线钳的剥线刀口将5类线的外保护套管划开（小心不要将里面的双绞线的绝缘层划破），刀口距5类线的端头至少2cm，如图4-40所示。

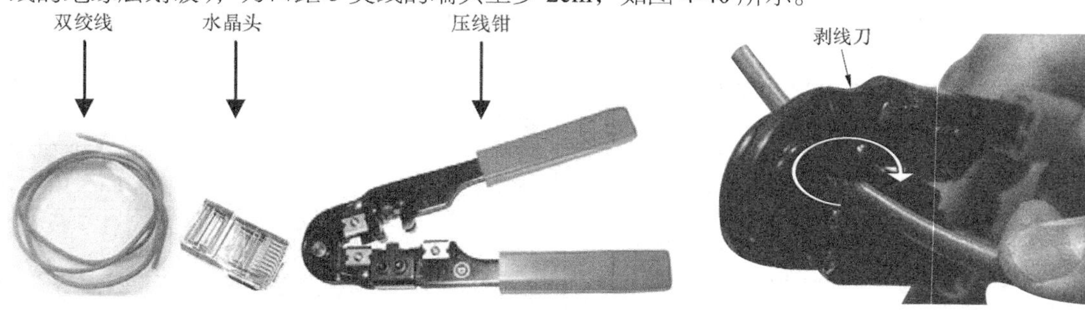

图4-39 压线钳

图4-40 掐线

STEP 3 将划开的外保护套管剥去（旋转、向外抽），如图4-41所示。

STEP 4 露出5类线电缆中的4对双绞线，如图4-42所示。

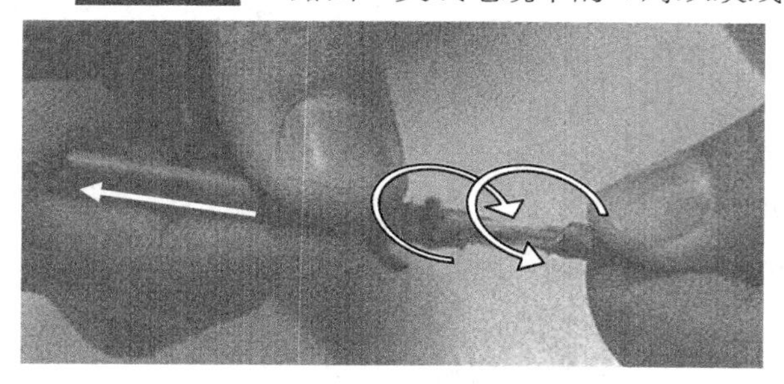

图4-41 剥线

图4-42 4对双绞线

STEP 5 按照EIA/TIA-568B标准和导线颜色将4对导线拨开并按规定的序号排好，如图4-43所示。

STEP 6 将8根导线平坦整齐地平行排列，导线间不留空隙，如图4-44所示。

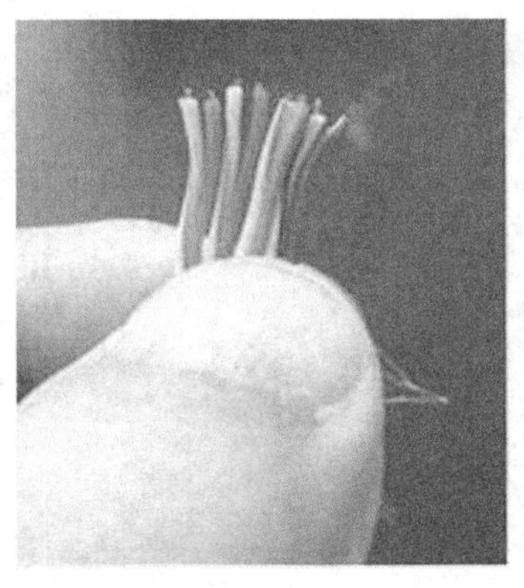
图4-43 拨线

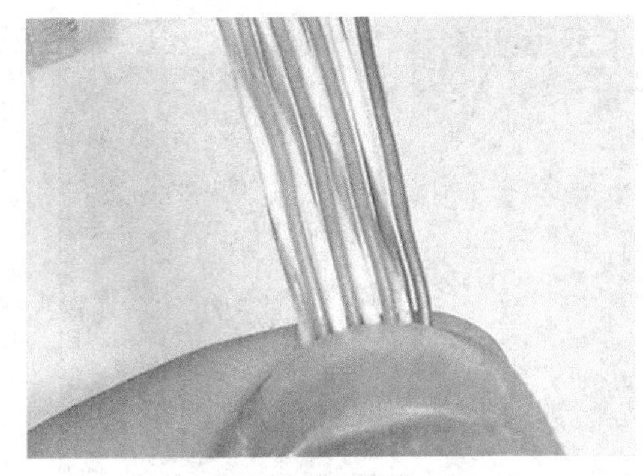
图4-44 排线

STEP 7 将上步操作的双绞线小心插入压线钳刀口中，准备用压线钳的剪线刀口将 8 根导线剪断，如图 4-45 所示。

STEP 8 剪断电缆线。请注意：一定要剪得很整齐，剥开的导线长度不可太短，可以先留长一些，不要剥开导线的绝缘外层。线芯截断后如图 4-46 所示。

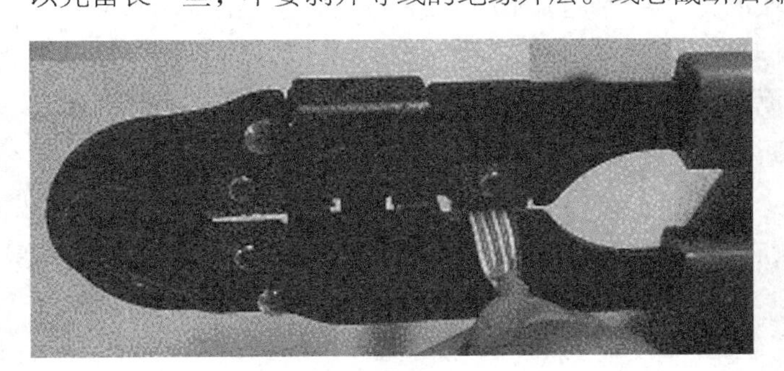
图4-45 截线

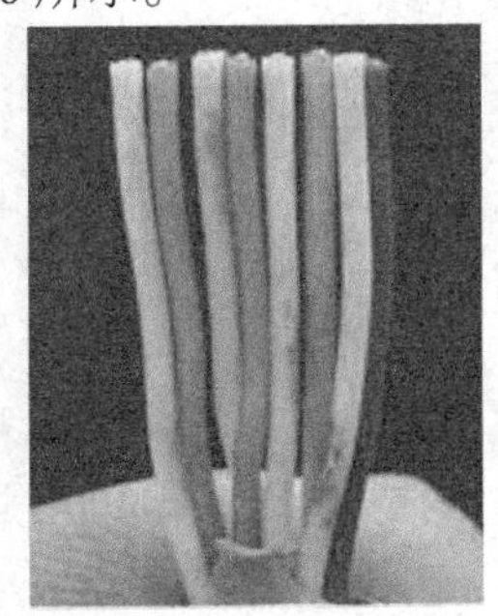
图4-46 线芯截断图

STEP 9 将剪断的电缆线放入 RJ45 插头试试长短（要插到底），电缆线的外保护层最后应能够在 RJ45 插头内的凹陷处被压实，反复进行调整直到插入牢固，如图 4-47 所示。

STEP 10 在确认一切都正确后（特别要注意不要将导线的顺序排列反了），将 RJ45 插头放入压线钳的压头槽内，准备最后的压实，如图 4-48 所示。

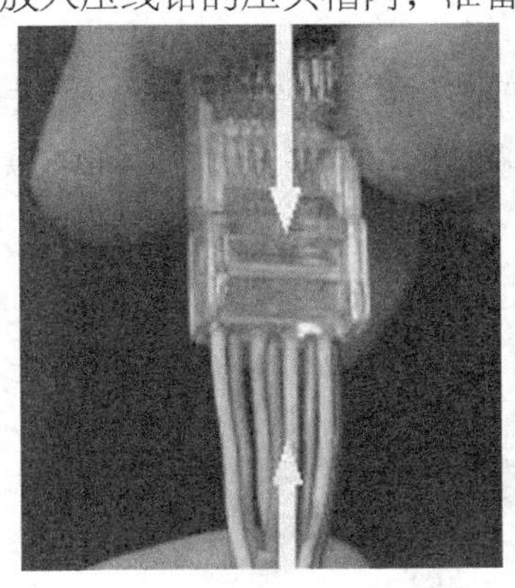
图4-47 装线

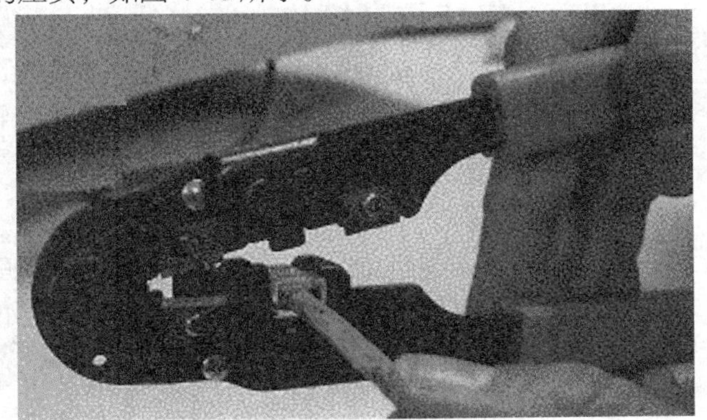
图4-48 卡线（1）

STEP 11 双手紧握压线钳的手柄，用力压紧，如图 4-49 所示。请注意，在这一步骤完成后，插头的 8 个针脚接触点就穿过导线的绝缘外层，分别和 8 根导线紧紧地压接在一起，当听到轻微的“啪”的一声后，说明压接达到了要求。

STEP 12 操作完成后，查看压接是否正常，如图 4-50 所示。

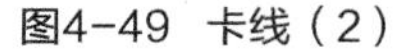
图4-49 卡线（2）

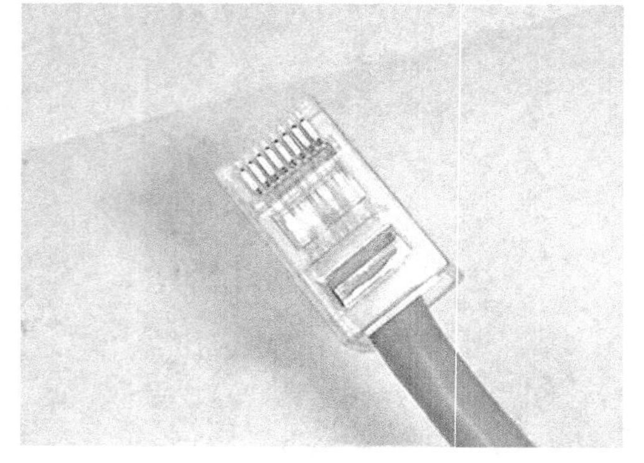

图4-50 接好的接头

知识提示

❖ 交叉线缆接口方法：交叉线缆的水晶头一端采用 T568A 标准，另一端则采用 T568B 标准。

❖ 方法：A 水晶头的 1 号线对应 B 水晶头的 3 号线，2 号线对应 6 号线，3 号线对应 1 号线，6 号线对应 2 号线。

❖ 用途：主要用在交换机（或集线器）普通端口之间的连接或网卡连接网卡。

问题思考

在第（8）步中并没有把每根芯线上的绝缘外皮剥掉，为什么这样仍然可以连通网络呢？

知识提示

制作接头前一定要明确要制作什么类型的网线，另外，网线两头的接线方式要相同，尤其要注意的是线对顺序要排好，否则就要损失一个水晶头和一段网线，更麻烦的是需要重新制作。

（四） 安装信息模块

在企业网络中通常不是直接拿网线的水晶头插到集线器或交换机上，而是先把来自集线器或交换机的网线与信息模块连在一起埋在墙上，所以要明确信息模块的接法。信息模块也是网络终端和外界交互的固定接口，起着关隘的作用。

1. 信息插座

信息插座通常安装在墙面上，也有桌面型和地面型的，主要是为了方便工作站的移动，并且保持整个布线的美观。以上 3 种信息插座分别如图 4-51 中的左图、中图、右图所示。

图4-51 常见的 3 种插座

2. 信息模块

与信息插座配套的是信息模块，如图 4-52 所示，这个模块通常安装在信息插座中，一般通过卡位来实现固定，通过信息模块把从交换机出来的网线与工作站端的网线（安装了水晶头）相连。信息模块的引脚编号和水晶头差不多，如图 4-53 所示。

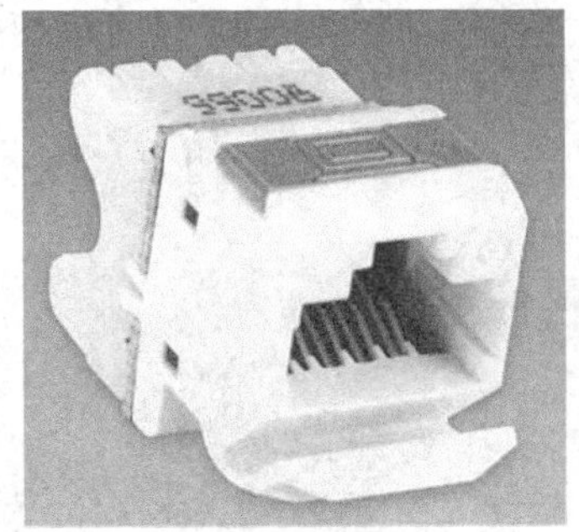

图4-52 信息模块

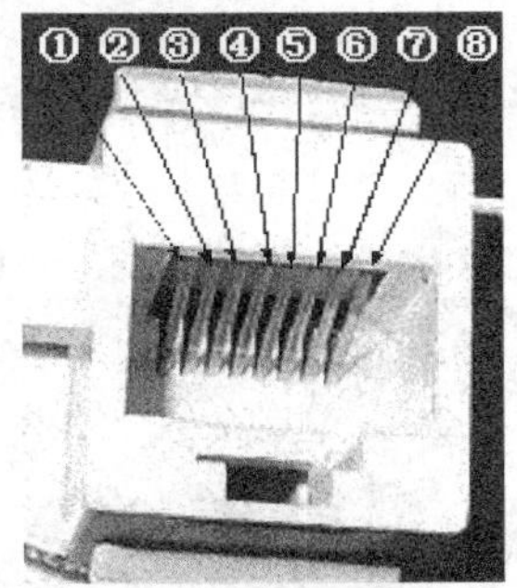

图4-53 信息模块引脚

图 4-54 所示为某公司的信息模块条，其中左边 2 口和右边 3 口为相连 5 类 RJ45 数据口，用于网络进线和家庭计算机的连接。右边 3 口也可以安排为电话用线，如果电话线用于 ISDN 或 ADSL 的计算机上网，则为数据应用。如果单纯作为电话应用，则为语音应用。插头用 RJ11 水晶头。中间 3 口相连的是语音块，用于家庭 1 进 2 出的电话连接。插头用 RJ11 水晶头。

图4-54 信息模块条外观

【例 4-7】 **安装信息模块。**

【操作步骤】

STEP 1 用剥线工具在离双绞线一端 130mm 长度左右把双绞线的外包皮剥去（可参看本项目操作三）。

STEP 2 将信息模块嵌入在保护装置上，以防止安装时手被划破，如图 4-55 所示。

STEP 3 将第 1 步中做好的接头各芯线拨开，但不要拆开各芯线线对，只是在卡相应芯线时才拆开。按照信息模块上所指示的芯线颜色线序，两手平拉将芯线拉直，稍稍用力将导线一一置入相应的线槽内，如图 4-56 所示。

图4-55 信息模块保护装置

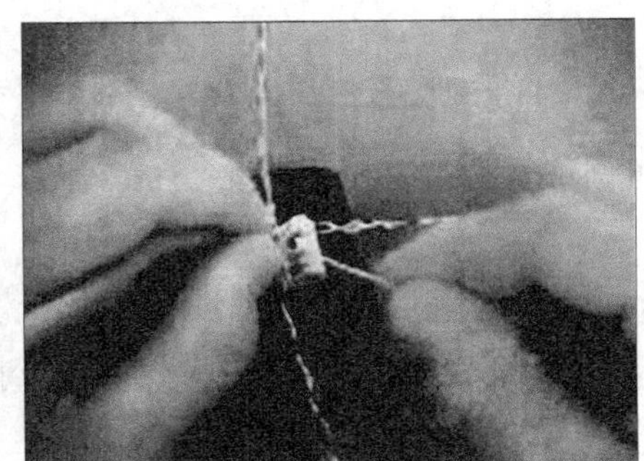

图4-56 分线

STEP 4 芯线嵌入模块卡槽之后用打线钳把芯线压入线槽中，压入时用力要均匀，并确保接触良好，如图 4-57 所示。各芯线压完后用剪刀剪掉模块外多余的线。

知识提示 通常情况下，信息模块上会同时标记有 TIA 568-A 和 TIA 568-B 两种芯线颜色线序，应当根据布线设计时的规定，与其他连接设备采用相同的线序。

STEP 5 将信息模块的塑料防尘片沿缺口穿入双绞线，并固定于信息模块上，如图 4-58 所示，然后再把制作好的信息模块放入信息插座中。

图4-57　卡线

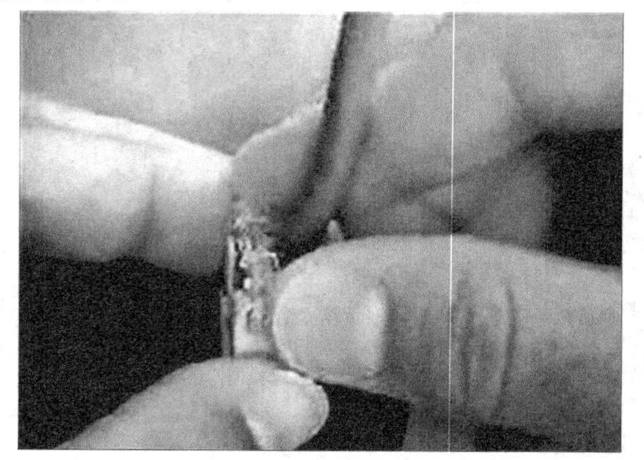

图4-58　安装防尘片

知识提示 制作信息模块时首先要注意安全，因为信息模块某些部位比较锋利，没有保护装置时要注意不要受伤，制作前同样要明确线序的排列。

（五） 测试网线通断

传输介质铺设完成并将传输线的终端都安装好接头后，布线工作基本完成。为了保证局域网的接通，还需要对已经布好的网线进行全面测试。

1. 双绞线测试仪

双绞线专用测试仪如图 4–59 所示。

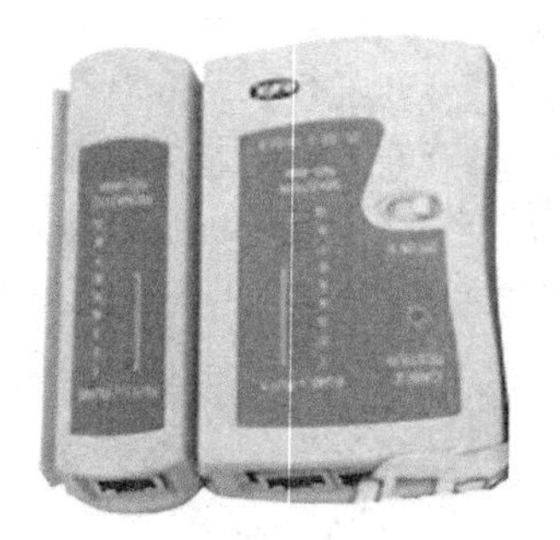

图4–59　双绞线专用测试仪

2. 双绞线长度技术要求

双绞线接头处未缠绞部分长度不得超过 13mm。基本链路的物理长度不超过 94m（包括测试仪表的测试电缆）。双绞线电缆的物理长度不超过 90m（理论值为 100m）。

【例 4–8】 **测试网线通断。**

【操作步骤】

STEP 1 把 RJ45 两端的接口插入测试仪，打开测试仪开关。

STEP 2 对于 4 芯接法，若看到其中一侧按 1、2、3、6 的顺序闪烁绿灯，而另外一侧按照 3、6、1、2 的顺序闪烁绿灯，则表示网线制作成功，可以进行数据的发送和接收，如图 4-60 所示。

STEP 3　如果出现红灯或黄灯，说明存在接触不良等现象，此时最好先用压线钳压制两端水晶头一次后，再测，如果故障依旧存在，就需要检查芯线的排列顺序是否正确。如果芯线顺序错误，则应重新进行制作。

STEP 4　线缆为直通线缆，测试仪上的8个指示灯应该依次闪烁绿灯。线缆为交叉线缆，其中一侧同样是依次闪烁绿灯，而另一侧则会按3、6、1、4、5、2、7、8的顺序闪烁绿灯。如果芯线顺序一样，但测试仪仍显示红灯或黄灯，则表明其中肯定存在对应芯线接触不良的情况，此时就需要重做水晶头。

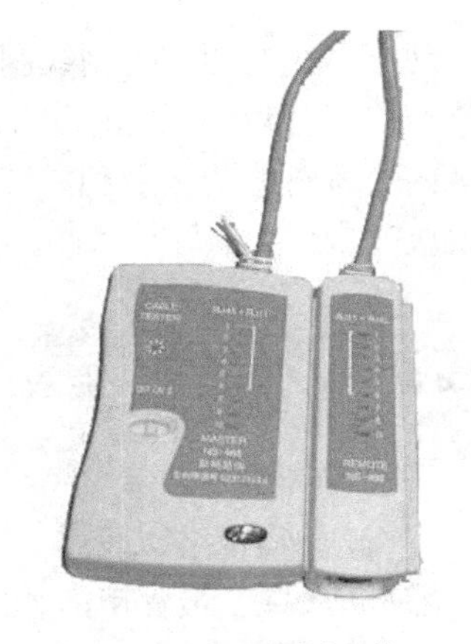

图4-60　测试网线

双绞线测试是网络连接中非常重要的一个方面，每做好一根网线都要测试是否制作成功，通常在发现网络不通时也要首先检测是否是网线出现问题，因此，掌握双绞线的测试方法是局域网组网与维护中非常关键的一门技术。

实训一　制作普通双绞线接头

利用前面所学知识和技巧，自己动手制作一个网线接头，从而掌握双绞线的线序排列和各种工具的使用方法。

【实训要求】

制作一个双绞线接头，如图4-61所示。

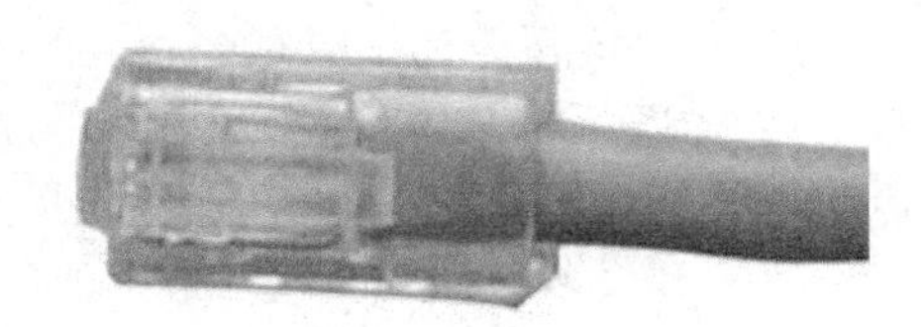
图4-61　双绞线接头

实训二　制作1362接头

【实训要求】

制作一段能够进行两台计算机直接通信的网线，即一段按照正常接法，而另一段将1和3对调，2和6对调，以便进一步了解双绞线的线序，并对制作的网线进行测试。

小结

计算机网络规划、设计步骤、方法、综合布线系统的分析与设计等是一个网络设计人员要掌握的必要内容。网络规划的基本原则是用户应该直接参与，根据实际需要，提出网络应该满足的功能、性能以及安全指标；设计人员应该首先进行需求分析，在设备、资金、技术、场地等各个方面进行规划和设计；网络设计一般根据用户需求选择相应的技术和结构；最后，网络组建是系统工程，在各个阶段都应该进行文档编制。网络布线是现代建筑最典型的布线设计方法，涉及通信、照明、水、气、消防等多项内容，网络布线系统可分为：工作区子系统、水平干线子系统、管理间子系统、垂直干线子系统、楼宇（建筑群）子系统和设备间子系统6个子系统。学完本项目后，读者应了解综合布线系统的结构，特别是水平干线子系统和垂直干线子系统的设计方法等知识。

网络布线的测试是网线制作成功与否的验证，是网络能否成功连接的标尺。通过本项目的学习，读者应该了解布线施工的基本原则、方法和使用的基本工具，掌握在现有建筑和新建筑内进行布线的区别和内容，掌握网线的制作方法，网络连接中接头的制作方法，掌握信息模块的制作方法和注意事项，并了解如何测试网线的通断。

习题

一、填空题

1. 建筑物网络布线施工主要分为__________和__________两种。
2. 布线施工最常用的基础设备是__________和__________。
3. 现有建筑物网络布线施工的垂直通道中，电缆井用于__________；光缆过孔为__________；方口槽为__________。
4. 制作以太网网线的材料和工具包括______、______、______、______等。
5. 细同轴电缆最长传输距离为__________m；粗同轴电缆为__________m。
6. 压线钳在制作细缆时是必备的工具，它的主要功能是__________。
7. 双绞线的线芯总共有__________根，通常只用其中的__________根。
8. RJ45 接头的接线顺序为____________________。
9. RJ45 接头 4 引脚接法中，针脚__________和针脚__________用于发送数据；针脚__________和针脚__________用于接收数据。
10. 测试双绞线是否接通通常使用的仪器叫做________________。

二、简答题

1. 简述网络布线中敷线施工的布线原则。
2. 简述现有建筑物敷设网络管线通道的施工过程。
3. 详细描述 RJ45 双绞线接头的制作方法。
4. 简要叙述双绞线的几种测试方法。
5. 简要说明设计计算机网络时应该考虑的基本因素。

PART 5

项目五 安装和设置网络操作系统

在计算机网络中，有一种重要的系统软件，它们具备高效、可靠的网络通信能力和网络数据处理能力，如远程打印服务、文件传输服务、Web服务、远程登录服务、远程进程调用等，这种系统软件叫作网络操作系统。网络操作系统可以实现操作系统的所有功能，还能对网络中各种资源进行管理和共享。选择一款合适的网络操作系统可以方便用户更好地管理网络，并提升网络的运行性能。

知识技能目标

- 了解网络操作系统的分类和用途。
- 掌握 Windows Server 2012 的安装方法。
- 掌握如何对 Windows Server 2012 进行网络配置。
- 掌握 DHCP 的设置方法。
- 掌握网络安全的设置方法。

任务一 认识网络操作系统

网络操作系统（Network Operating System，NOS）是指能使网络上的各台计算机方便而有效地共享网络资源，并为用户提供所需的各种服务的操作系统软件。

1. 网络操作系统的功能

网络操作系统的基本任务是：屏蔽本地资源与网络资源的差异性，为用户提供各种基本网络服务功能，完成网络共享系统资源的管理，并提供网络系统的安全性服务。

网络操作系统除具有单机操作系统的基本功能外，还应该具备网络管理功能，这些功能如表 5-1 所示。

表 5-1 网络操作系统的功能

功能	要点
网络功能	这是网络操作系统最基本的功能，用于在网络中各计算机之间实现无差错的数据传输

续表

功能	要点
资源管理	对网络中的共享资源（包括软件和硬件）实施有效的管理，协调各用户对共享资源的使用，保证数据的安全性和一致性
网络服务	包括电子邮件服务、文件传输服务、文件存取与管理服务、共享硬盘服务、共享打印服务等
网络管理	其核心是安全管理。一般通过“存取控制”来确保存取数据的安全性，并通过“容错技术”来保证系统故障时数据的安全性
互操作能力	互操作是指在客户机/服务器模式的 LAN 环境下，连接到服务器上的多种客户机和主机，不仅能与服务器通信，还能以透明的方式访问服务器上的文件系统

2. 网络操作系统的特点

网络操作系统作为网络用户和计算机之间的接口，通常具有复杂性、并行性、高效性、安全性等特点。与单机操作系统相比，网络操作系统还具有表 5-2 所示的特点。

表 5-2 网络操作系统的特点

特点	要点
支持多任务	网络操作系统能够在同一时间内处理多个应用程序，每个应用程序在不同的内存空间中运行
支持大内存	网络操作系统支持较大的物理内存，以便应用程序能更好地运行
支持对称多处理	网络操作系统支持多个 CPU，减少事务处理时间，提升系统性能
支持网络负载平衡	网络操作系统能够与其他计算机构成一个虚拟系统，满足多用户访问时的需要
支持远程管理	网络操作系统能够支持用户通过 Internet 实施远程管理和维护

3. 了解网络操作系统的分类

随着计算机网络技术的快速发展，网络操作系统的种类也日益丰富，这为用户构建计算机网络提供了更多的选择。目前，主流的网络操作系统主要有以下几种。

- Microsoft 公司的 Windows NT Server 操作系统。
- Novell 公司的 NetWare 操作系统。
- IBM 公司的 LAN Server 操作系统。
- UNIX 操作系统。
- Linux 操作系统。

知识提示

一般人们经常说的“NT 网”，实际上是指采用 Windows NT Server 操作系统的局域网；同样，“Novell 网”是指采用 NetWare 操作系统的局域网。

（1） UNIX。

UNIX 是一个多用户、多任务的网络操作系统。不仅可以作为网络操作系统，也可以用作单机操作系统。不仅可以在个人计算机上运行，也可以在大、中、小型计算机上运行。

目前的 UNIX 有多个版本，这些版本都起源于两个系统：系统 V 和伯克利软件发行版本（BSD）。UNIX 系统 V 是由 UNIX 的创始者 AT&T 的贝尔实验室开发的（也就是创始人开发的），BSD 版本是由加利福尼亚大学伯克利分校开发并推广的版本。

图 5-1 所示为 UNIX 操作系统当前版本的相关特征。

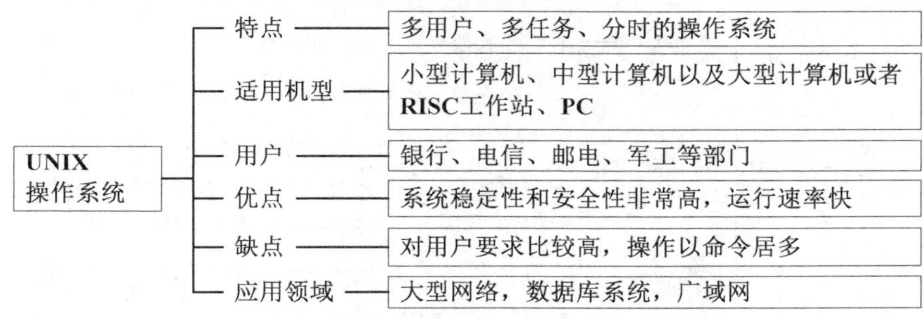

图5-1 UNIX 操作系统概况

UNIX 的功能主要体现在：实现网络内点对点的邮件传送、文件管理以及用户程序的分配和执行。由于 UNIX 系统强大的功能和稳定性，其在邮政、铁路、军工等行业应用广泛。

（2） Linux。

Linux 源自 UNIX，由芬兰赫尔辛基大学的研究生 LinusTorvalds 模仿 UNIX 开发而成。

Linux 是一款免费软件，用户可以自由安装并任意修改软件的源代码。Linux 操作系统与主流的 UNIX 系统兼容，并且支持几乎所有硬件平台与各种周边设备。

Linux 由研究人员及工程师不断改进并反映到原始程序上，以此保持持续发展。包括程序中缺陷的修正以及易用性的提高等在内，全球的志愿者都在积极进行 Linux 的完善和改进，可以说 Linux 每时每刻都在进步。图 5-2 所示为 Linux 操作系统的相关特征。

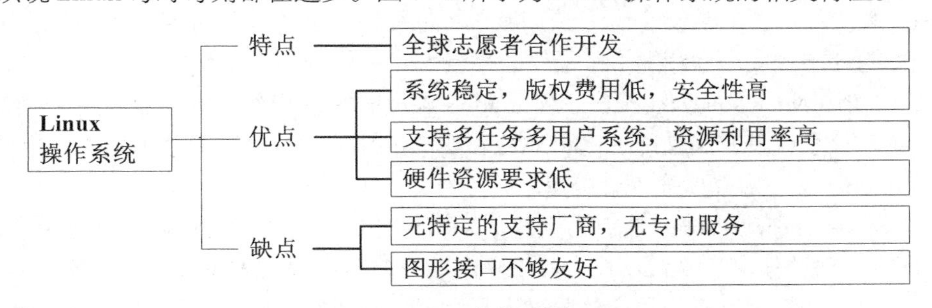

图5-2 Linux 操作系统概况

Linux 的名称取自开发者姓名中的“Linus”。顺便提一下，Linux 的吉祥物是一个名为“Tux”的小企鹅，其名字由 Torvalds 的第一个字母“T”和 UNIX 的“U”“X”组合而成。

（3） Netware。

Netware 是具有多任务、多用户的网络操作系统，支持开放协议技术，允许不同类型的工作站与公共服务器通信，满足了广大用户在不同种类网络间实现相互通信的需要，实现了各种不同网络的无缝通信。

Novell 局域网使用网络操作系统 Netware，基于与其他操作系统（如 DOS 操作系统、

OS/2 操作系统）交互工作来设计，控制着网络上文件传输的方式以及文件处理的效率，并且作为整个网络与使用者之间的接口。

Netware 操作系统是比单机操作系统更优秀的一种操作系统。图 5-3 所示为 Netware 操作系统的相关特征。

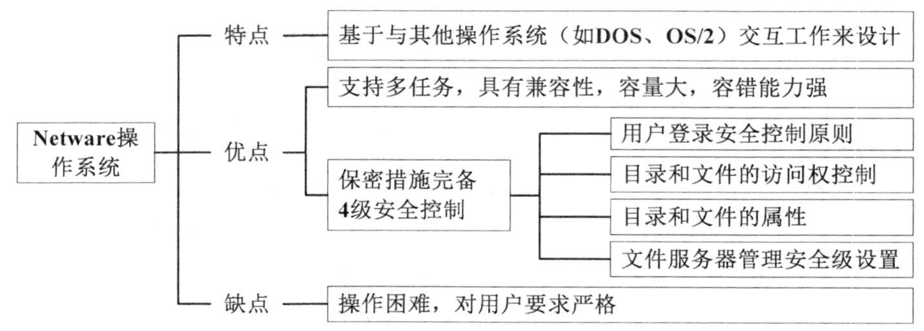

图5-3 Netware 操作系统概况

Netware 操作系统可以把各种网络协议紧密地连接起来，能够方便地与各种小型机和大中型机连接通信。Netware 可以不用专门的服务器，可使用任何一台个人计算机作为服务器，能很好地支持无盘站和游戏，常用于教学网和网吧。

（4） Windows 系列。

在网络操作系统市场中，Windows 系列占有很大的份额。

① Windows NT 4.0 是 Microsoft 公司推出的基于网络的操作系统。一经问世，就以其配置方便、安全稳定以及友好的界面赢得了市场的认可。

② Windows NT Server 企业版是 Windows NT Server 家族的新成员，建立在 Windows NT Server 强大和广泛的功能之上，并扩展了可伸缩性、易用性和可管理性。它还为编译和部署大规模的分布式应用程序提供了最佳的平台。

③ 2003 年，Microsoft 公司推出了 Windows Server 2003 操作系统，专门用于网络或服务器操作系统。该系统具有高性能、高可靠性和高安全性三大特色，能够满足于日趋复杂的企业应用和 Internet 应用中网络管理的需求。

④ Windows Server 2008 是专为强化下一代网络、应用程序和 Web 服务的功能而设计，是有史以来最先进的 Windows Server 操作系统。拥有 Windows Server 2008，即可在企业中开发、提供和管理丰富的用户体验及应用程序，提供高度安全的网络基础架构，提高和增加技术效率与价值。Windows Server 2008 建立在网络和虚拟化技术之上，可以提高基础服务器设备的可靠性和灵活性。新的虚拟化工具，网络资源和增强的安全性，可降低成本，并为一个动态和优化的数据中心提供一个平台。

故障转移集群的改进旨在简化集群，提高集群稳定并使他们更安全，新的故障转移集群验证向导可用于帮助测试存储。Windows Server 2008 包括一个新的实现 TCP/IP 协议栈的称为下一代 TCP/IP 协议栈。下一代 TCP/IP 协议栈是一个完全重新设计 TCP/IP 功能为互联网协议第 4 版（IPv4）和互联网协议第 6 版（IPv6）符合当前不同的网络环境和技术的连通性和性能需要。

⑤ 北京时间 2012 年 4 月 18 日，微软在微软管理峰会上公布了最新款服务器操作系统的名字：Windows Server 2012。Windows Server 2012 取代了之前用的 Windows Server 8，这是一套基于 Windows 8 基础上开发出来的服务器版系统，同样引入了 Metro 界面，增强了存储、网络、虚拟化、云等技术的易用性，让管理员更容易地控制服务器。

Windows Server 2012 主要体现以下几个特性。

- 用户界面：跟 Windows 8 一样，重新设计了服务器管理器，采用了 Metro 界面（核心模式除外）。
- 任务管理器：在新版本中，隐藏选项卡的时候默认只显示应用程序。在进程、性能等选项卡中也做了很大的优化。
- IP 地址管理：Windows Server 2012 有一个 IP 地址管理，其作用在发现、监控、审计和管理在企业网络上使用的 IP 地址空间。IPAM 对 DHCP 和 DNS 进行管理和监控。
- Active Directory（活动目录）、Hyper-V（微软虚拟化框架）、ReFS（弹性文件系统）、IIS8.0（web 服务器）。

Windows NT 是一种多目标、易于管理和易于实现各种网络服务的操作系统，但是其稳定性和可靠性不及 UNIX 和 Linux；UNIX 以其高效和稳定的特点，适合于运行重大应用程序的平台，由专业化的网络管理人员进行管理；Linux 作为 UNIX 的一个变种，继承了 UNIX 的全部优点并向桌面系统发展，大有挑战 Windows NT 的趋势；Netware 在局域网的文件、打印共享等方面具有良好的性能，是局域网操作系统的理想选择。

4. 选择合适的网络操作系统

网络操作系统能使网络上的个人计算机方便而有效地共享网络资源，为用户提供所需的各种服务，除了具备单机操作系统所需的功能，如内存管理、CPU 管理、输入/输出管理、文件管理等，还应具有下列功能。

- 提供高效可靠的网络通信能力。
- 提供多项网络服务功能，如远程管理、文件传输、电子邮件、远程打印等。

作为网络用户和计算机网络之间的接口，选择网络操作系统时，一般要从几个方面进行考虑，如图 5-4 所示。

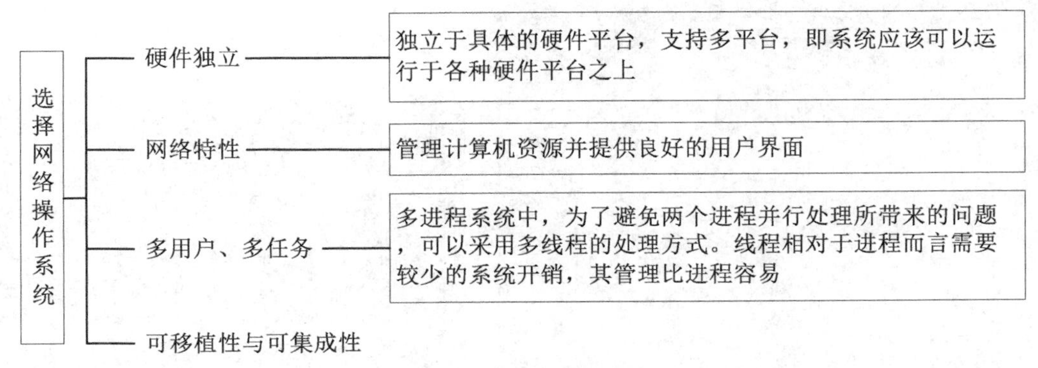

图5-4 如何选择操作系统

表 5-3 所示为选择网络操作系统的主要注意事项。

表 5-3　选择网络操作系统的主要注意事项

事项	要点
界面	操作系统的界面应该友好。直观、易操作、交互性强的友好界面能够大幅度提升用户的工作效率
安全性	操作系统能够抵抗病毒以及其他非法入侵行为
可靠性	操作系统能够长时间稳定、正常地运行。对于办公网络和其他商务网络，可靠性极为重要，不稳定的系统可能给企业造成巨大的损失
易于维护和管理	操作系统的易于维护和管理是系统安全性和可靠性的保障，否则，当系统出现各种问题时不易及时解决
软硬件兼容性	不同的网络用户拥有不同的软硬件环境，具有良好软硬件兼容性的网络操作系统才能适用于各种不同网络环境，满足不同用户的需求

任务二　安装 Windows Server 2012

在 Windows 服务器平台中，Windows Server 2012 是当前最新的网络操作系统，Windows Server 2012 相对于以前的版本功能方面更加强大、操作上更加简单。

Windows Server 2012 有 4 个版本，包括 Foundation（主要是提供代工厂）、Essentials（面向中小企业）、Standard（标准版）和 Datacenter（数据中心版本）。本任务将以 Windows Server 2012 标准版为例介绍该操作系统的安装过程。

【例 5-1】 安装 Windows Server 2012。

【操作步骤】

STEP 1 启动计算机时，按 Delete 键进入 CMOS 设置，把系统启动选项改为光盘启动，如图 5-5 所示。按 F10 键保存配置，退出 CMOS 设置。

STEP 2 将 Windows Server 2012 系统光盘放入光驱中，重新启动计算机。启动计算机后，系统首先检测硬件以及加载必需的启动文件，如图 5-6 所示。

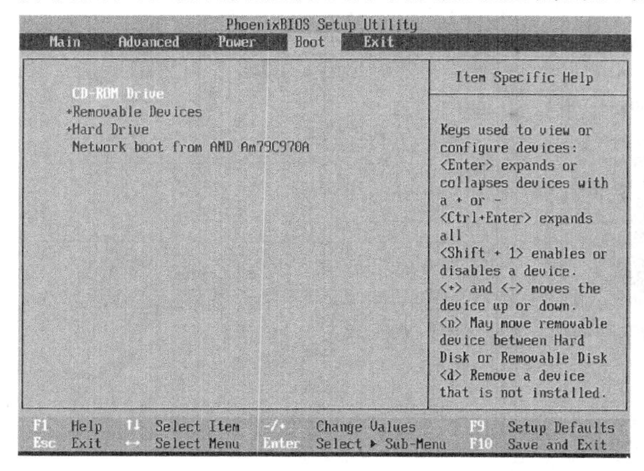

图5-5　在 CMOS 中设置从光盘启动

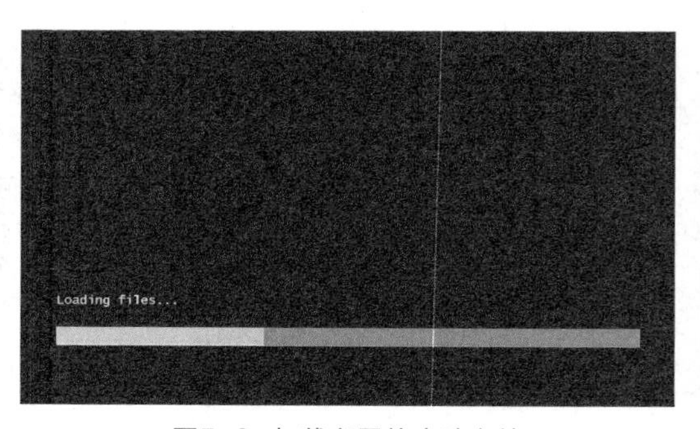

图5-6　加载必需的启动文件

STEP 3　文件加载完成后，弹出【Windows 安装程序】窗口，在需要安装的语言下拉框选择【中文（简体，中国）】选项，时间格和货币格式下拉框选择【中文（简体，中国）】选项，键盘和输入方法下拉框选择【微软拼音简捷】选项，然后单击 下一步(N) 按钮，如图 5-7 所示。

STEP 4　出现 Windows 安装程序对话框，单击 现在安装(I) 按钮，如图 5-8 所示。

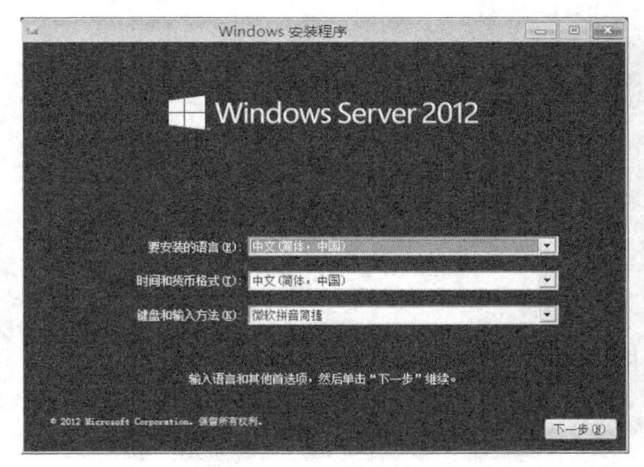

图5-7　语言选择界面

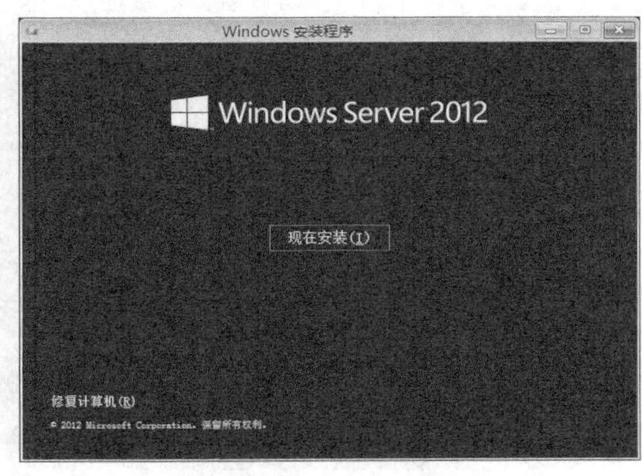

图5-8　Windows 安装程序

STEP 5　等待 Windows 启动安装程序，一段时间后，弹出输入安装密钥窗口，在文本框里输入 Windows Server 的安装密钥，然后单击 下一步(N) 按钮，如图 5-9 所示。可以在光盘包装上或者说明书中找到这个序列号。

知识提示　为了获得更好的安生性，建议格式化为 NTFS 格式；对于已经格式化过的磁盘，系统会询问用户是保持现有的分区还是重新将分区修改为 NTFS 格式或 FAT 格式的分区，同样建议修改为 NTFS 格式分区。

STEP 6　出现选择安装操作系统界面，选择【Windows Server 2012 Standard（带有 GUI 的服务器）】选项，然后单击 下一步(N) 按钮，如图 5-10 所示。

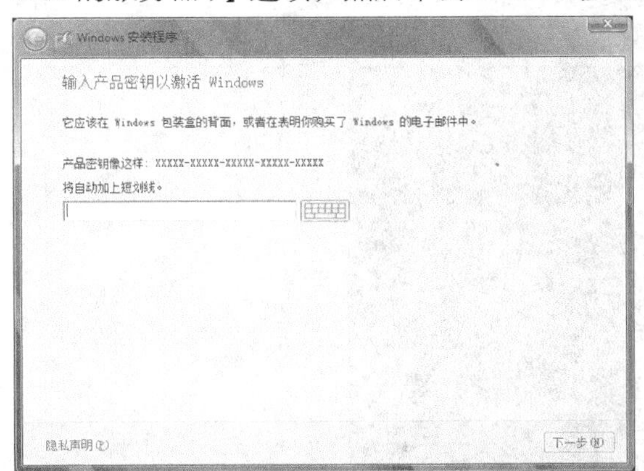

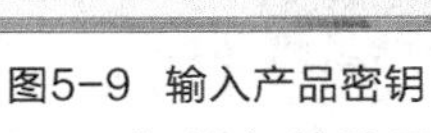

图5-9　输入产品密钥

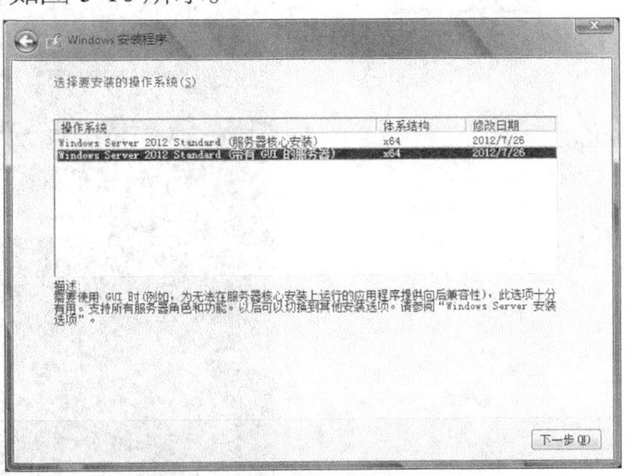

图5-10　选择安装的系统

STEP 7　出现安装许可窗口，单击【我接受许可条款】复选框，然后单击 下一步(N) 按钮，如图 5-11 所示。

STEP 8　出现选择安装类型窗口，单击【自定义：仅安装 Windows（高级）】选项，如图 5-12 所示。

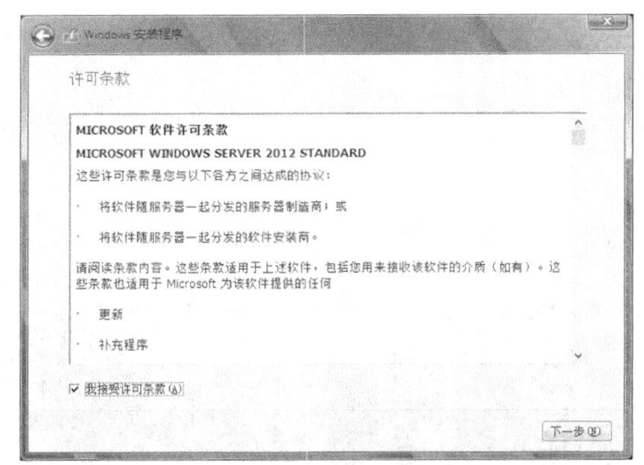

图5-11　接受许可窗口

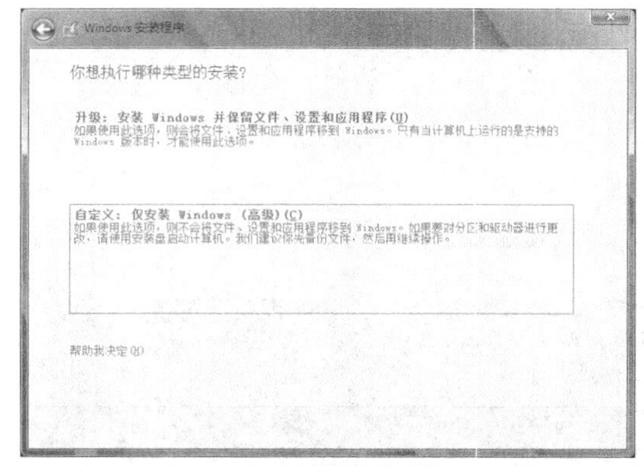

图5-12　选择安装类型窗口

STEP 9　出现选择 Windows 安装位置窗口，选择将系统安装某个分区，这里只有一个分区，选择该分区，单击 下一步(N) 按钮，如图 5-13 所示。

STEP 10　出现正在安装 Windows 窗口，如图 5-14 所示。这个过程花费时间较长，需耐心等待。

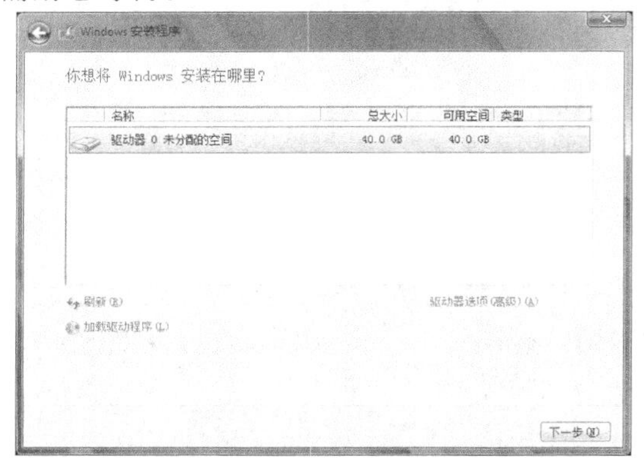

图5-13　选择安装位置

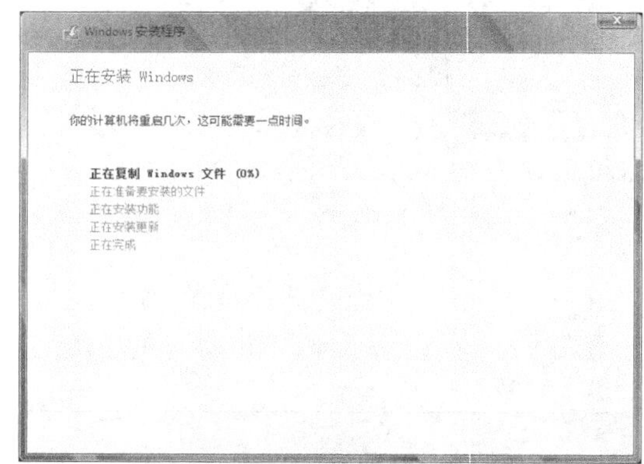

图5-14　正在安装 Windows

STEP 11　一段时间后，系统将自动重启多次，然后进入 Windows 设置界面，输入管理员密码，然后单击 完成(F) 按钮，如图 5-15 所示。

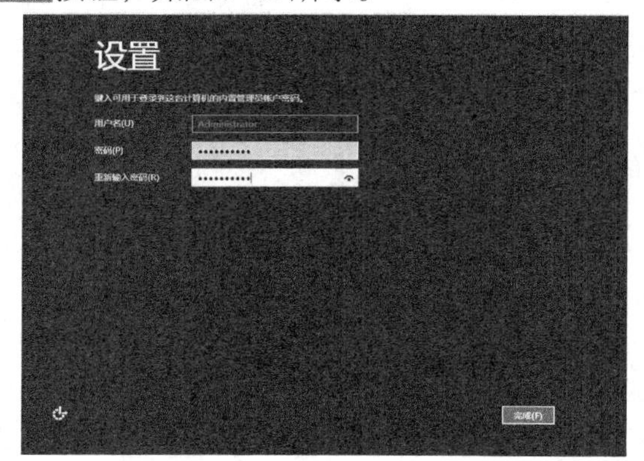

图5-15　设置 Windows 密码

知识提示

重启时要从硬盘启动，可以将 CMOS 里面设置为硬盘优先启动，也可在出现启动选项后选择【从硬盘启动（Boot form Hard disk）】。

STEP 12　一段时间后，进入系统时，用户需要按 Ctrl+Alt+Delete 组合键，输入密码登录系统，如图 5-16 和图 5-17 所示。

图5−16　登录界面 Ⅰ

图5−17　登录界面 Ⅱ

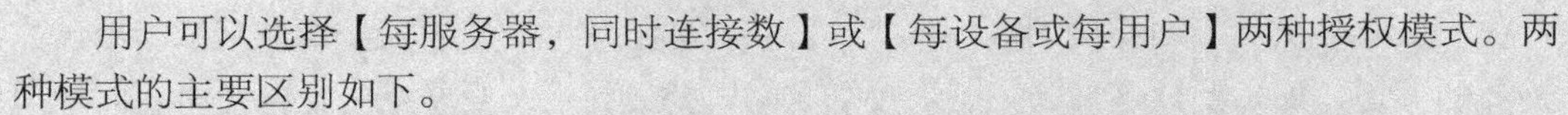

两种授权模式

用户可以选择【每服务器，同时连接数】或【每设备或每用户】两种授权模式。两种模式的主要区别如下。

（1）选择【每设备或每用户】授权模式，则访问服务器的每台设备或用户都需要拥有单独的客户端访问许可证(CAL)。使用一个 CAL，特定的设备或用户就可连接到任意多个运行 Windows Server 2012 家族产品的服务器。这种授权模式适合拥有多台运行 Windows Server 2012 家族产品的服务器的公司或组织。

（2）选择【每服务器，同时连接数】授权模式，则表示服务器的每个并发连接都要拥有单独的 CAL，即该服务器可以在任意时间支持固定数目的连接。使用连接的客户端不需要任何其他许可证。这种授权模式往往是只有一台服务器的首选。如果不能确定使用哪一种模式，建议选择【每服务器，同时连接数】模式。

STEP 13　输入密码后，登录进入 Windows Server 2012，Windows Server 2012 桌面如图 5-18 所示。

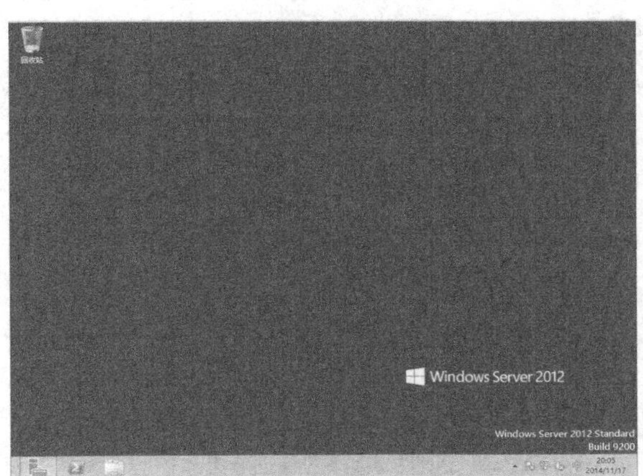

图5−18　Windows Server2012 桌面

视野拓展

域和工作组

（1）“域”是一组账户和网络资源，它们共享一个公共目录数据库和一组安全策略，并可能与其他计算机域存在安全关系。“工作组”是较为基本的分组，仅用来帮助用户查找组内的打印机、共享文件夹等对象。

（2）在工作组中，用户可能需要记住多个密码，因为每个网络资源都有自己的密码。而在域中，密码和权限比较容易跟踪，因为域将用户账户、权限和其他网络详细信息集中在单一的数据库中。该数据库中的信息将自动在域控制器之间进行复制。用户可以自己决定哪些服务器是域控制器，哪些服务器只是域成员。这些设置既可在安装过程中确定，也可在安装完成后确定。在安装的过程中，建议都选中第一项，待安装结束后再按需求进行具体设置。

STEP 14 进入系统后会自动弹出【服务器管理器 · 仪表板】向导页，如图 5-19 所示。用户可以根据自己的需要进行详细配置。

STEP 15 单击【添加角色和功能】选项，弹出【添加角色和功能向导】窗口，通过单击 下一步(N) > 按钮来进行每个窗口的配置，在此之前要确认安装所有调制解调器和网卡，连接好需要的电缆，如果要让这台服务器连接互联网，要先连接到互联网上，打开所有的外围设备，如打印机、外部的驱动器等，如图 5-20 所示。

图5-19　管理服务器

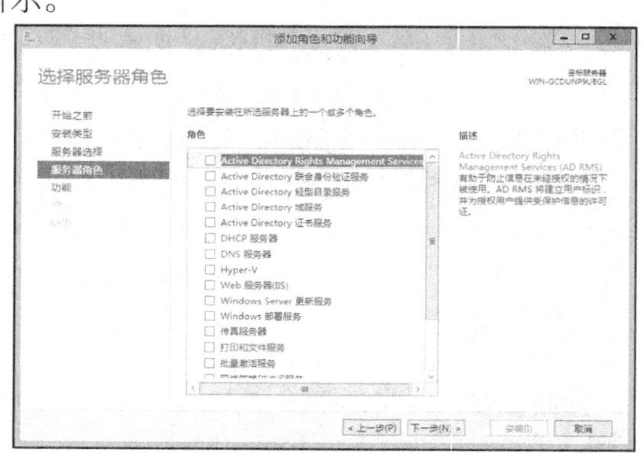

图5-20　配置服务器角色

知识提示

在【服务器角色】中选定某项，然后单击 下一步(N) > 按钮，即可对其进行配置。可供配置的内容有文件服务器、打印服务器、IIS 服务器、邮件服务器、域控制器、DNS 服务器、DHCP 服务器等。

Windows Server 2012 安装完毕，现在可以取出安装光盘，将其妥善保管起来。

任务三　设置 Windows Server 2012 基本网络

在学习了如何安装 Windows Server 2012 以后，本任务将介绍如何进行基本的网络设置，包括如何创建 Windows Server 2012 用户，如何设置用户组，DHCP 设置，域名服务以及 Windows Server 2012 本地安全设置。

【例 5-2】 **设置 Windows Server 2012 基本网络。**

【操作步骤】

STEP 1 创建 Windows Server 2012 用户。

STEP 2 在桌面左下角上单击 按钮，如图 5-21 所示。

STEP 3 弹出【管理员：Windows PowerShell】窗口，在窗口中输入 "compmgmt.msc" 命令，然后按 Enter 键，如图 5-22 所示。

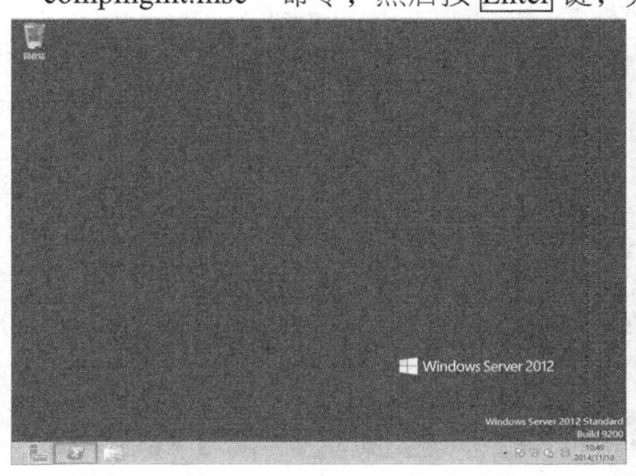

图5-21 Windows Server 2012 桌面

图5-22 【管理员：Windows PowerShell】窗口

知识提示

Windows PowerShell 是一种命令行外壳程序和脚本环境，使命令行用户和脚本编写者可以利用 .NET Framework 的强大功能。它引入了许多非常有用的新概念，从而进一步扩展了您在 Windows 命令提示符和 Windows Script Host 环境中获得的知识和创建的脚本。

STEP 4 弹出【计算机管理】窗口，单击左边窗格中的【本地用户和组】选项，如图 5-23 所示。

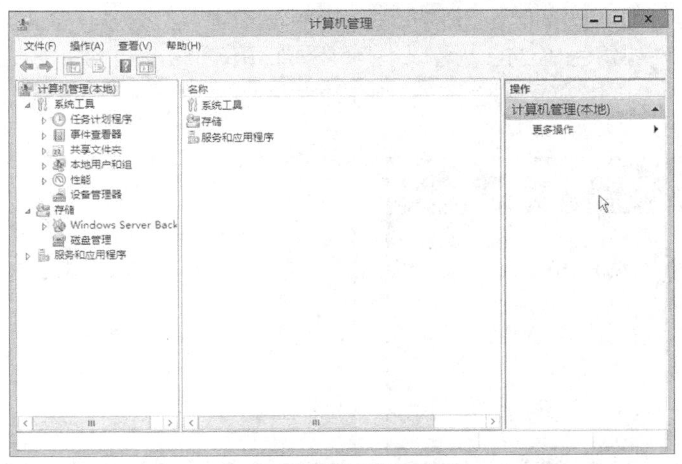

图5-23 【计算机管理】窗口

STEP 5 右边窗格会显示【用户】选项，如图 5-24 所示。

STEP 6 选择菜单栏中的【操作】/【新用户】命令，在弹出的【新用户】对话框中输入准备使用的用户名和密码，然后取消选中【用户下次登录时须更改密码】复选框。如图 5-25 所示。

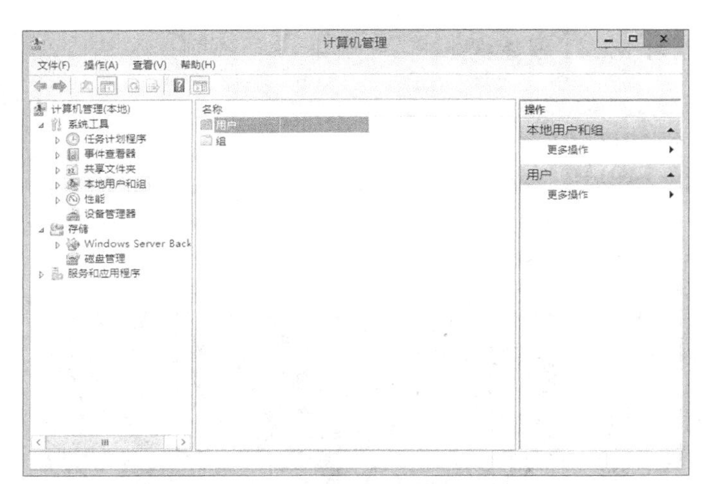

图5-24 用户管理

图5-25 【新用户】对话框

STEP 7 单击 创建(E) 按钮，再单击 关闭(O) 按钮关闭该对话框，完成用户的创建。

STEP 8 设置 DHCP。

知识提示

DHCP（Dynamic Host Configuration Protocol，动态主机配置协议）是 Windows Server 系统内置的服务组件之一。DHCP 服务能为网络内的客户端计算机自动分配 TCP/IP 配置信息（如 IP 地址、子网掩码、默认网关、DNS 服务器地址等），从而帮助网络管理员省去手动配置相关选项的工作。在安装 DHCP 服务器之前，最好为服务器配置一个静态 IP 地址。

STEP 9 安装 DHCP 服务。

在 Windows Server 2012 系统中默认没有安装 DHCP 服务，因此首先需要安装 DHCP 服务。

（1） 单击桌面左下角的 ，打开【服务器管理器】窗口，如图 5-26 所示。

（2） 单击【添加角色和功能】选项，打开添加角色和功能向导，如图 5-27 所示。

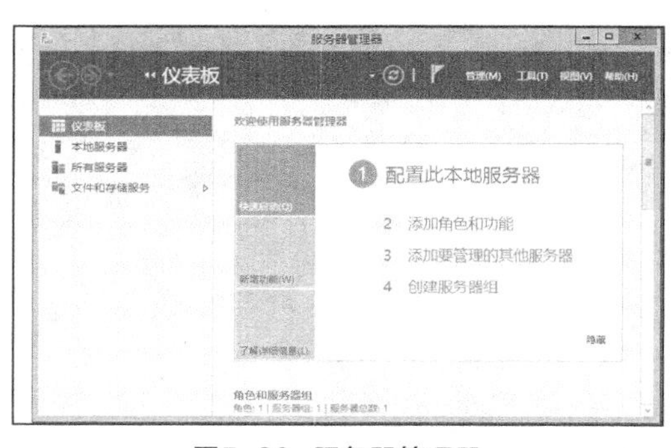

图5-26 服务器管理器

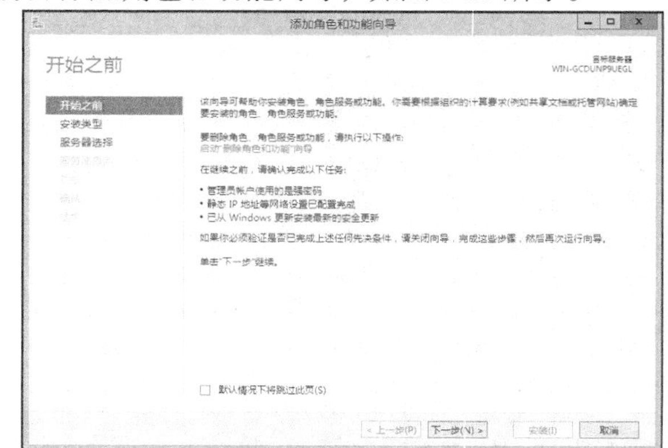

图5-27 添加角色和功能

（3） 依次单击 下一步(N) > 按钮，直到左边【服务器角色】选项被选中时，选中右边【DHCP 服务器】复选框，如图 5-28 所示。

（4） 弹出添加角色和功能向导确认页面，单击 添加功能 按钮确认添加。然后依次单击 下一步(N) > 按钮，如图 5-29 所示。

图5-28 选择 DHCP 服务器

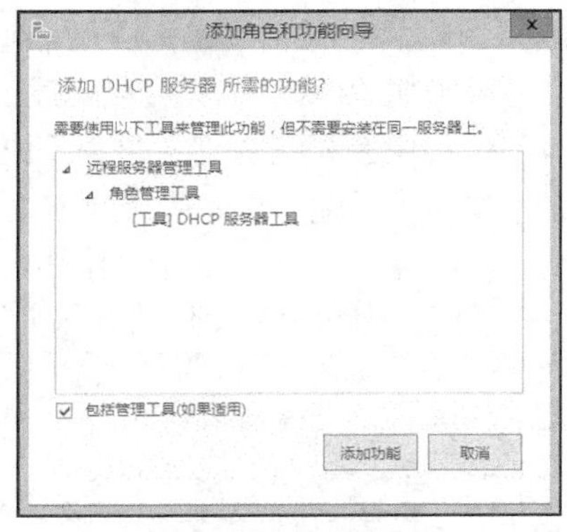

图5-29 确认添加

（5） 出现确认窗口，单击 安装(I) 按钮完成安装，如图 5-30 所示。

（6） 一段时间后，DHCP 服务安装完成。单击 关闭 按钮退出安装，如图 5-31 所示。

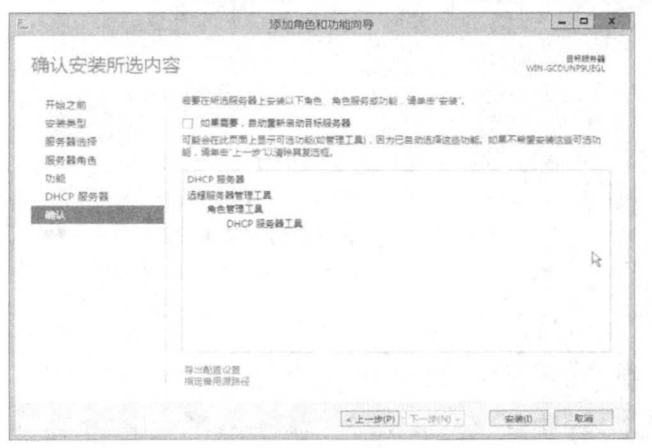

图5-30 确认安装

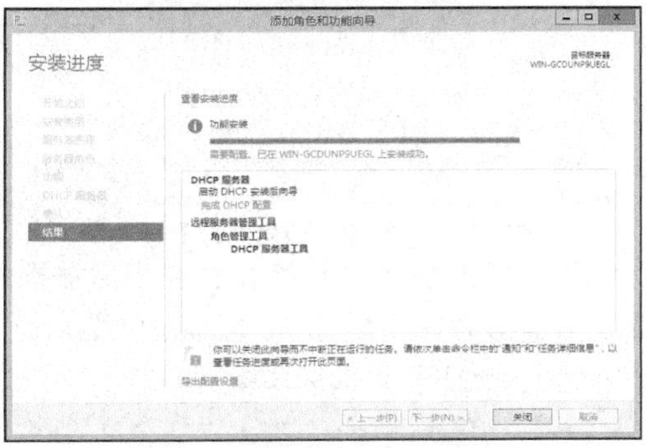

图5-31 完成安装

STEP 10 创建 IP 作用域。

知识提示

要想为同一子网内的所有客户端计算机自动分配 IP 地址，首先需要创建一个 IP 作用域，这也是事先确定一段 IP 地址作为 IP 作用域的原因。

（1） 打开【服务器管理器】窗口，单击右上角的【工具】选项，在弹出的菜单中选择 DHCP 选项，如图 5-32 所示。

（2） 弹出【DHCP】窗口，在左窗格中单击 DHCP 服务器名称左边的展开箭头，出现 IPv4 和 IPv6 选项，在 IPv4 项上单击鼠标右键，在弹出的快捷菜单中选择【新建作用域】命令，如图 5-33 所示。

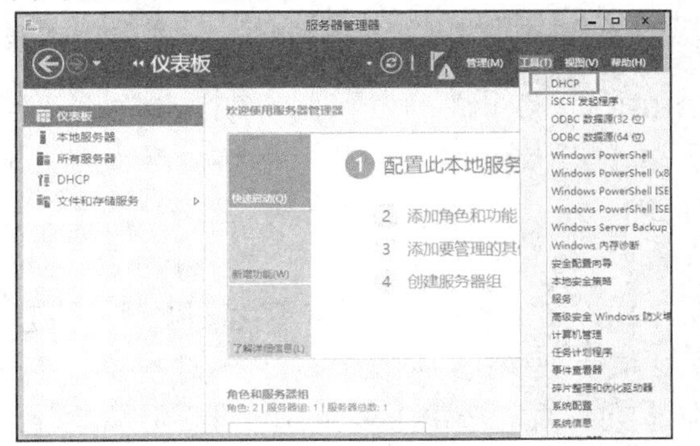

图5-32 打开【DHCP】窗口

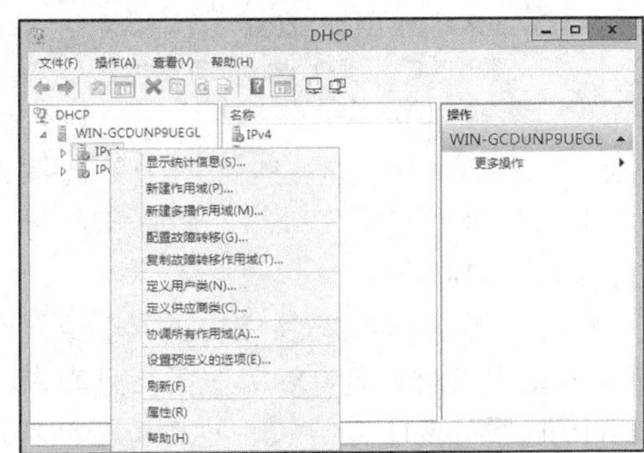

图5-33 【DHCP】窗口

（3） 单击下一步(N) >按钮，进入【作用域名】向导页。在【名称】文本框中为该作用域输入一个名称（如“CCE”）和一段描述性信息，如图 5-34 所示。

（4） 单击下一步(N) >按钮，进入【IP 地址范围】向导页，分别在【起始 IP 地址】和【结束 IP 地址】文本框中输入事先确定的 IP 地址（本例为“10.115.223.2～10.115.223.254”）。接着需要定义子网掩码，以确定 IP 地址中用于“网络/子网 ID”的位数。由于本例网络环境为城域网内的一个子网，因此根据实际情况将【长度】微调框的值调整为“23”，如图 5-35 所示。

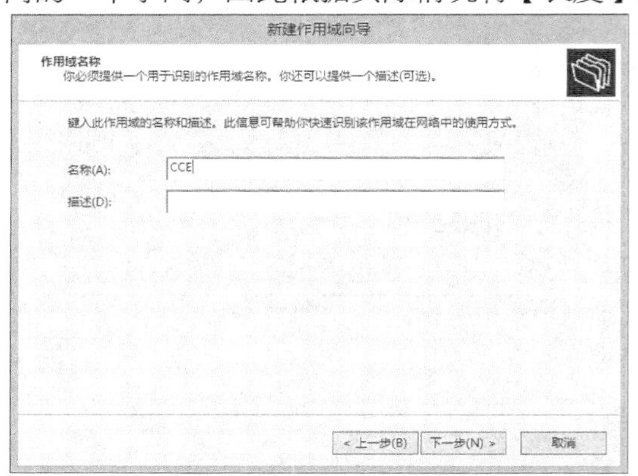

图5-34 【新建作用域向导】向导页

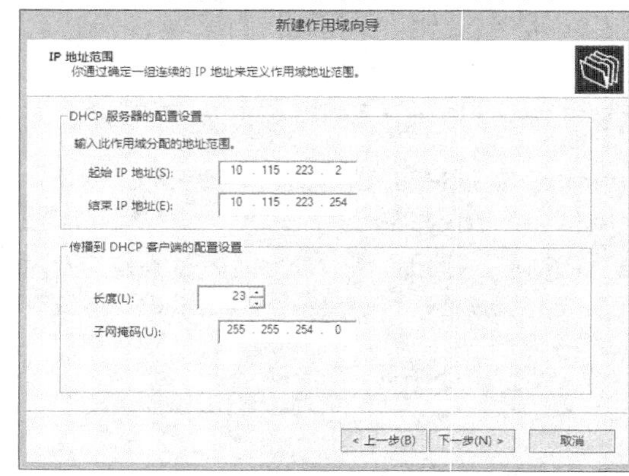

图5-35 【IP 地址范围】向导页

（5） 单击下一步(N) >按钮，在【添加排除】向导页中可以指定排除的 IP 地址或 IP 地址范围。由于已经使用了几个 IP 地址作为其他服务器的静态 IP 地址，因此需要将它们排除。在【起始 IP 地址】文本框中输入排除的 IP 地址并单击添加(D)按钮，如图 5-36 所示。

（6） 单击下一步(N) >按钮，进入【租约期限】向导页，默认将客户端获取的 IP 地址使用期限限制为 8 天。如果没有特殊要求，保持默认值不变，如图 5-37 所示。

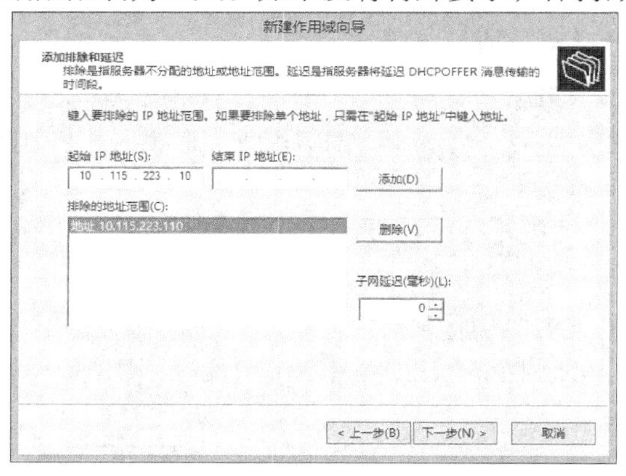

图5-36 【添加排除】向导页

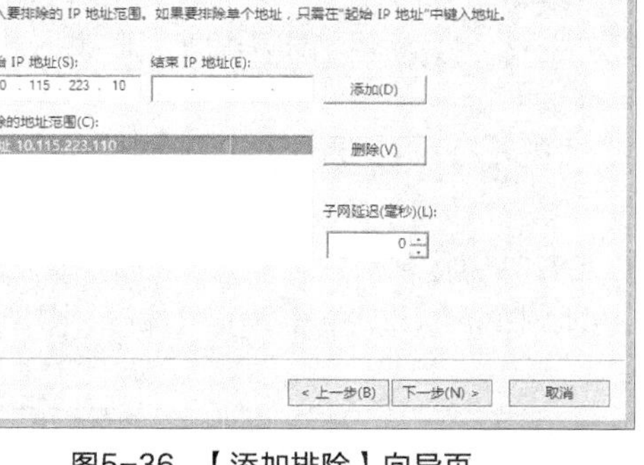

图5-37 【租约期限】向导页

（7） 单击下一步(N) >按钮，进入【配置 DHCP 选项】向导页，保持默认设置，选中【是，我想现在配置这些选项】单选按钮。单击下一步(N) >按钮，进入【路由器（默认网关）】向导页，根据实际情况输入网关地址（本例为“10.115.223.254”），单击添加(D)按钮，如图 5-38 所示。

（8） 单击下一步(N) >按钮，进入【域名称和 DNS 服务器】向导页，不做任何设置，这是因为网络中没有安装 DNS 服务器且尚未升级成域管理模式。依次单击下一步(N) >按钮，跳过【WINS 服务器】向导页，进入【激活作用域】向导页。选中【是，我想现在激活此作用域】单选按钮，并依次单击下一步(N) >按钮和完成按钮，结束配置操作，如图 5-39 所示。

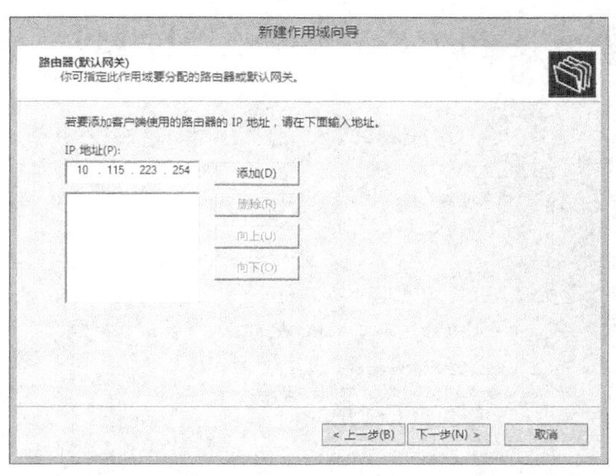

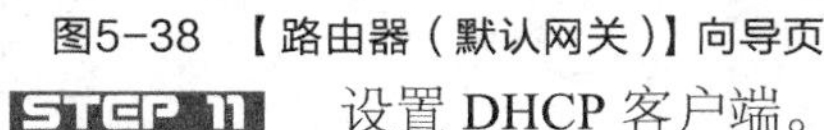
图5-38 【路由器（默认网关）】向导页

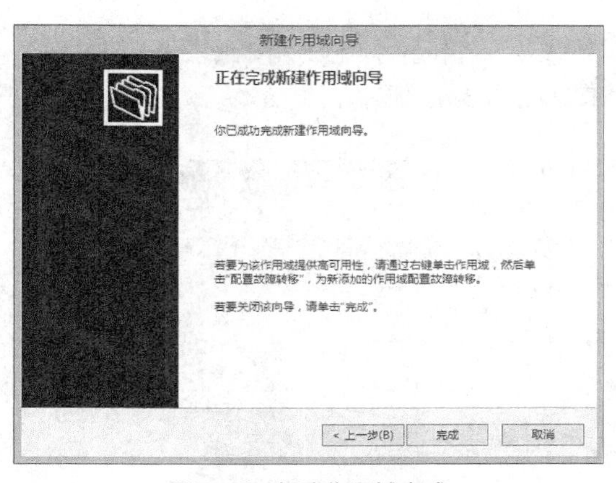

图5-39 新建作用域完成

STEP 11 设置 DHCP 客户端。

安装 DHCP 服务并创建了 IP 作用域后，要想使用 DHCP 方式为客户端计算机分配 IP 地址，除了网络中有一台 DHCP 服务器外，还要求客户端计算机应该具备自动向 DHCP 服务器获取 IP 地址的能力，这些客户端计算机就被称做 DHCP 客户端。

因此，对一台运行 Windows 7 的客户端计算机进行网络设置并配置 IP 地址时，需要选择【自动获得 IP 地址】。默认情况下，计算机使用的都是自动获取 IP 地址的方式，一般无须进行修改，只需检查一下即可。

至此，DHCP 服务器端和客户端已经全部设置完成了。在 DHCP 服务器正常运行的情况下，首次开机的客户端会自动获取一个 IP 地址。

STEP 12 域名服务。

DNS 是 Internet 上使用的核心名称解析工具，DNS 负责主机名称和 Internet 地址之间的解析。本操作详细介绍基于 Windows Server 20012 的 DNS 服务。

STEP 13 配置 TCP/IP。

首先为 DNS 服务器分配一个静态 IP 地址。DNS 服务器不应该使用动态分配的 IP 地址，因为地址的动态更改会使客户端与 DNS 服务器失去联系。

（1） 用鼠标在桌面右下角右键单击图标，从弹出的快捷菜单中选择【打开网络和共享中心】命令，在打开的【网络连接】窗口中，用鼠标右键单击【以太网】选项，从弹出的快捷菜单中选择【属性】命令，弹出【以太网 属性】对话框，如图 5-40 所示。

（2） 选中【Internet 协议版本 4（TCP/IPv4）】复选框，然后单击 属性(R) 按钮，弹出【Internet 协议版本 4（TCP/IPv4）属性】对话框，如图 5-41 所示。

（3） 在【Internet 协议版本 4（TCP/IPv4）属性】对话框中，选中【使用下面的 IP 地址】单选按钮，然后在相应的文本框中输入 IP 地址、子网掩码和默认网关地址。

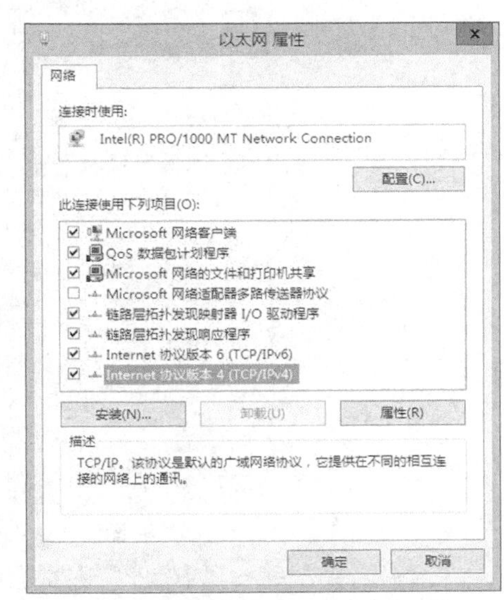

图5-40 【本地连接 属性】对话框

（4） 单击 高级(V)... 按钮，弹出【高级 TCP/IP 设置】对话框，再切换到【DNS】选项卡，如图 5-42 所示。

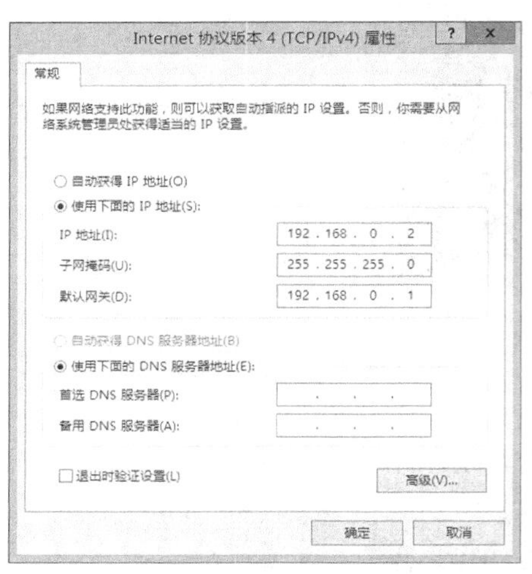

图5-41 【Internet 协议（TCP/IP）属性】对话框

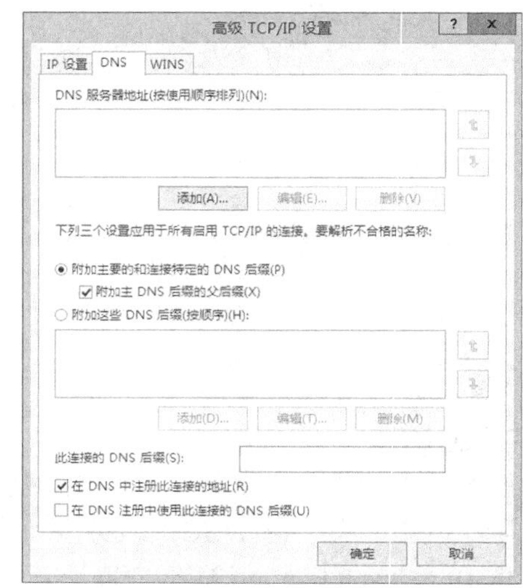

图5-42 【DNS】选项卡

（5） 在【DNS】选项卡中，选中【附加主要的和连接特定的 DNS 后缀】单选按钮，并选中【附加主 DNS 后缀的父后缀】复选框和【在 DNS 中注册此连接的地址】复选框。

知识提示

运行 Windows Server 2012 的 DNS 服务器必须将其 DNS 服务器指定为它本身。如果该服务器需要解析来自它的 Internet 服务提供商（ISP）的名称，就必须配置一台转发器。

（6） 最后单击 确定 按钮，完成 TCP/IP 的配置。

STEP 14 安装 Microsoft DNS 服务器。

（1） 参照安装 DHCP 服务器的步骤，打开【添加角色和功能向导】窗口，选中【DNS 服务器】复选框，单击 下一步(N) > 按钮，如图 5-43 所示。

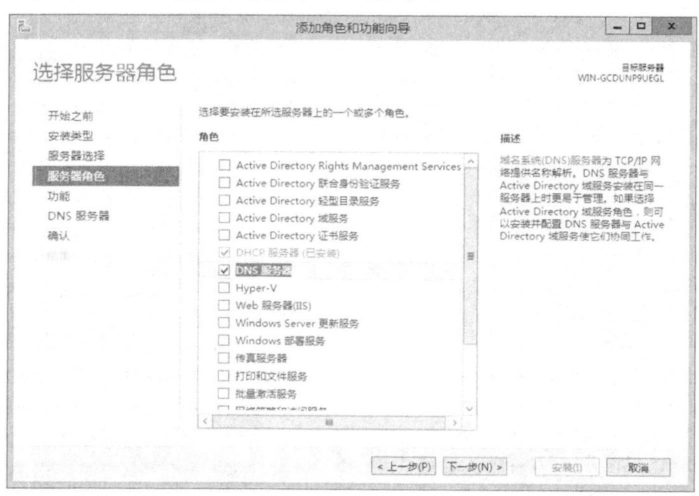

图5-43 选中【域名系统（DNS）】复选框

（2） 单击 下一步(N) > 按钮，根据提示将安装完成，完成安装后单击 关闭 按钮。

STEP 15 配置 DNS 服务器。

要使用 Microsoft 管理控制台（MMC）中的 DNS 管理单元配置 DNS，请按照下列步骤操作。

（1） 打开【服务器管理器】窗口，单击右上角的【工具】选项，在弹出的菜单中选择 DNS 选项，打开【DNS 管理器】窗口，在左窗格中用鼠标右键单击 DNS 服务器名称，从弹出的快捷菜单中选择【新建区域】命令，如图 5-44 所示。

（2） 当【新建区域向导】启动后，单击 下一步(N) > 按钮，进入【区域类型】向导页，如图 5-45 所示。

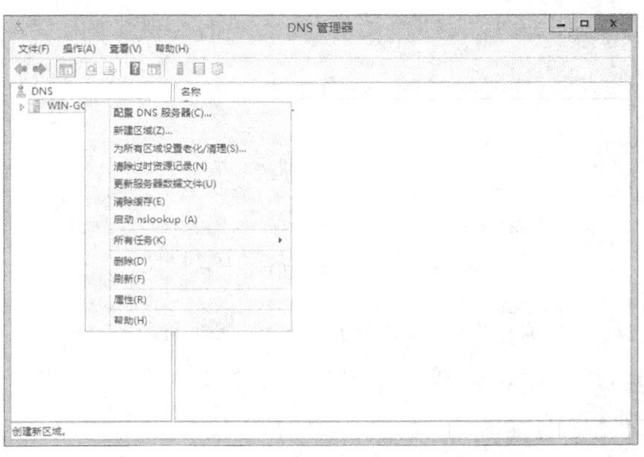

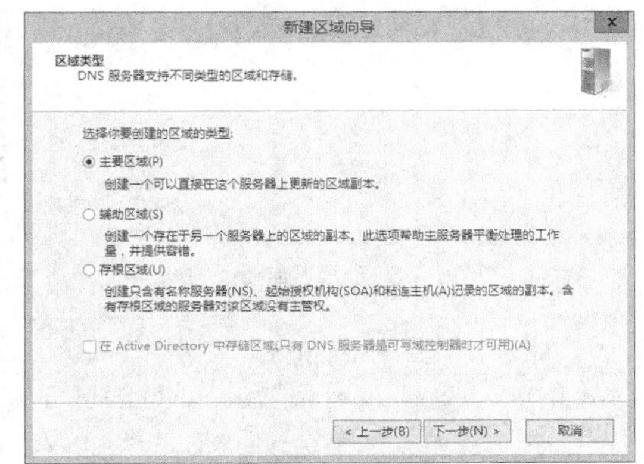

图5-44 【DNS 管理器】窗口

图5-45 【区域类型】向导页

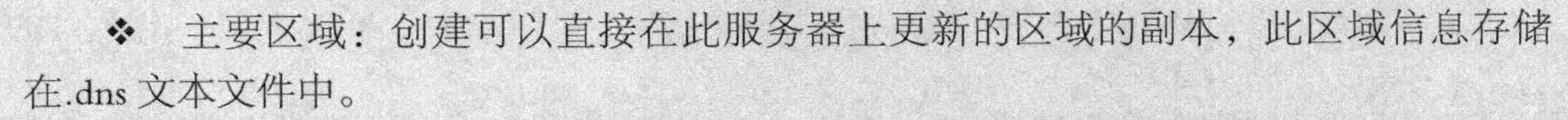

知识链接

这里的区域类型包括以下几点。

❖ 主要区域：创建可以直接在此服务器上更新的区域的副本，此区域信息存储在.dns 文本文件中。

❖ 辅助区域：标准辅助区域从它的主 DNS 服务器复制所有信息，主 DNS 服务器可以是为区域复制而配置的 Active Directory 区域、主要区域或辅助区域。

❖ 存根区域：存根区域只包含标识该区域的权威 DNS 服务器所需的资源记录，这些资源记录包括名称服务器（NS）、起始授权机构（SOA）和可能的 glue 主机（A）记录。

Active Directory 中还有一个用来存储区域的选项，此选项仅在 DNS 服务器是域控制器时可用。新的区域必须是主要区域或 Active Directory 集成的区域，以便它能够接受动态更新。

（3） 选中【主要区域】单选按钮，然后单击 下一步(N) > 按钮。

（4） 进入【正向或反向查找区域】向导页，选择区域查找方向，如图 5-46 所示。

DNS 服务器可以解析两种基本的请求，即正向搜索请求和反向搜索请求，正向搜索更普遍一些。正向搜索将主机名称解析为一个带有“A”或主机资源记录的 IP 地址。反向搜索将 IP 地址解析为一个带有 PTR 或指针资源记录的主机名称。如果用户配置了反向 DNS 区域，就可以在创建原始正向记录时自动创建关联的反向记录。有经验的 DNS 管理员可能希望创建反向搜索区域，因此建议他们钻研向导的这个分支。

（5） 选中【正向查找区域】单选按钮，单击 下一步(N) > 按钮。进入【区域名称】向导页，如图 5-47 所示。

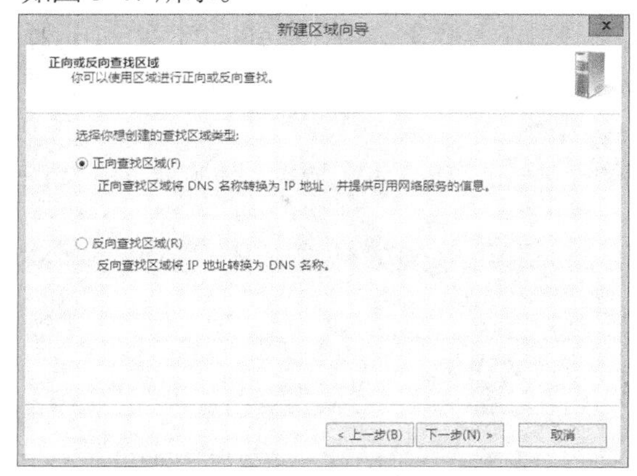

图5-46 选择区域查找方向

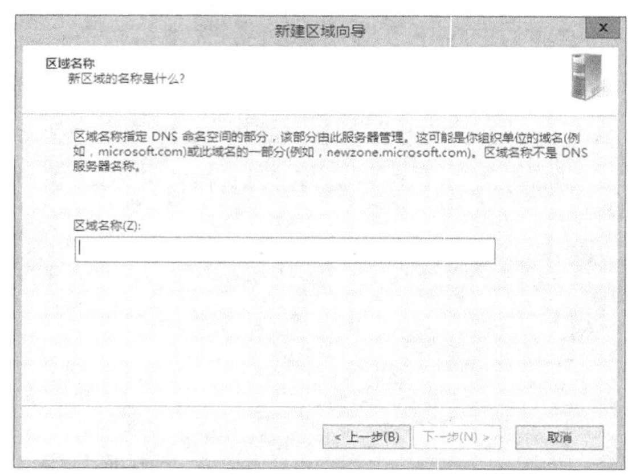

图5-47 【区域名称】向导页

新区域包含该基于 Active Directory 的域的定位器记录。区域名称必须与基于 Active Directory 的域名称相同，或者是该名称的逻辑 DNS 容器。例如，如果基于 Active Directory 的域名称为“support.microsoft.com”，那么有效的区域名称只能是“support.microsoft.com”。

（6） 在【区域名称】文本框中输入“microsoft.com”，单击 下一步(N) > 按钮。

（7） 进入【区域文件】向导页，如图 5-48 所示。接受新区域文件的默认名称，单击 下一步(N) > 按钮。

（8） 进入【动态更新】向导页中，保持默认设置，最后单击 完成 按钮，完成 DNS 服务器的设置，如图 5-49 所示。

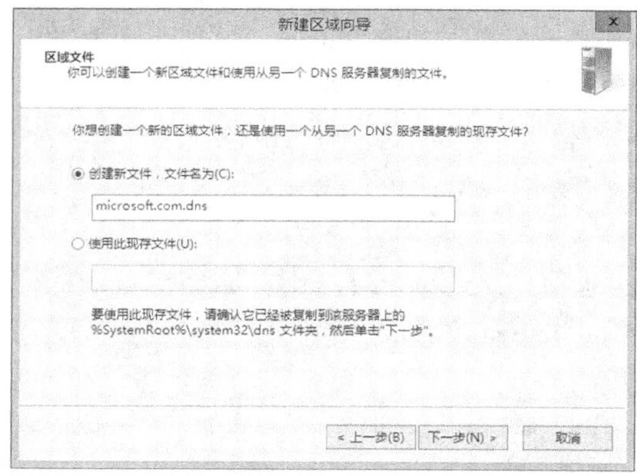

图5-48 【区域文件】向导页

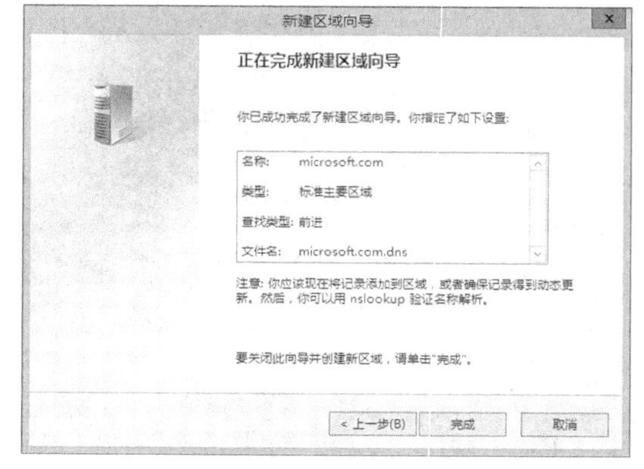

图5-49 完成 DNS 服务器的设置

STEP 16 Windows Server 20012 本地安全设置。

作为一台在网络上提供服务的服务器来说，其安全性至关重要。良好的安全性是系统稳定、可靠运行的重要保障。下面将介绍一些本地安全设置方面的知识，让 Windows Server 2012 系统使用起来更加安全。

STEP 17 Windows Server 2012 防火墙设置。

（1） 在【管理员：Windows PowerShell】窗口中输入“control”，然后按 Enter 键，打

开【控制面板】窗口，单击【系统和安全】选项打开【系统和安全】窗口，在右侧单击【Windows 防火墙】选项，打开【Windows 防火墙】窗口，即可进行 Windows Server 2012 相应的安全设置，如图 5-50 所示。

（2） 单击左侧【允许应用或功能通过 Windows 防火墙】选项，可以允许特定的程序或服务通过 Windows 防火墙，选中【允许的应用和功能】选项组中相应的复选框，然后单击 确定 按钮，如图 5-51 所示。

图5-50 打开 Windows 防火墙窗口

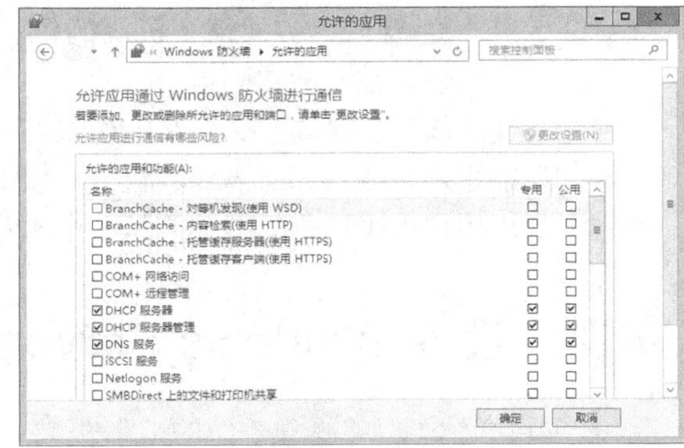

图5-51 允许应用和功能通过防火墙

（3） 单击左侧【高级设置】选项可进行 Windows Server 2012 高级安全设置，如出站规则、入站规则、连接安全规则等，如图 5-52 所示。

STEP 18 目录和文件权限设置。

> **知识提示** 为了有效控制服务器上用户的权限，同时也为了预防以后可能的入侵和溢出，还必须非常小心地设置目录和文件的访问权限。Windows Server 2012 的访问权限分为读取、写入、读取及执行、修改、列目录、完全控制。在默认的情况下，大多数的文件夹对所有用户（Everyone 组）是完全敞开的，读者需要根据应用的需要进行权限重设。

设置目录和文件访问权限可以在文件夹或者文件属性对话框中的【安全】选项卡中进行，如图 5-53 所示。

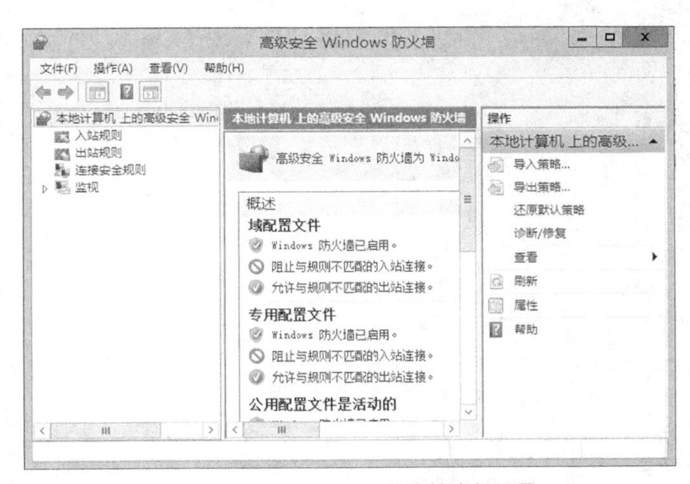

图5-52 Windows 防火墙高级设置

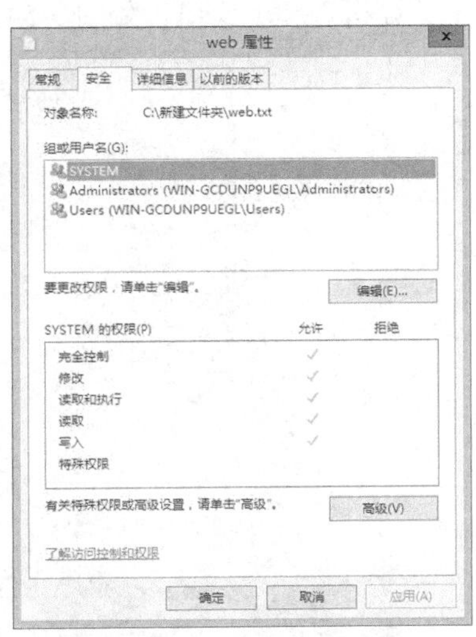

图5-53 在【安全】选项卡下设置文件

用户可以根据需要对用户组或用户对此文件夹的访问权限进行设置。同样，单个文件的权限设置也是如此。

在进行权限控制时，需要把握的重要原则如下。

- 权限具有累计性，即当一个用户同时隶属于多个组时，它就拥有这几个组所允许的所有权限。
- 拒绝的优先级要比允许的优先级高（拒绝策略将会优先执行），即如果一个用户隶属于某一个被拒绝访问某个资源的组，那么不管其他的权限设置给他开放了多少权限，他也一定不能访问这个资源。
- 文件的权限总是高于文件夹的权限。
- 只给用户开放其真正需要的权限，权限的最小化原则是安全的重要保障。
- 利用用户组来进行权限控制是一个成熟的系统管理员必须具有的优良习惯。

实训　设置 Windows Server 2012 用户组

本项目介绍了网络操作系统的基本知识，并以 Windows Server 2012 为例，详细介绍了其安装设置的具体实例。本实训对以上知识加以巩固，掌握 Windows Server 2012 用户组的设置。

【实训要求】

Windows Server 2012 具有强大的用户和组管理功能，在创建了用户以后，需要将用户加入到合适的组中。本实训介绍如何将用户添加到 Remote Desktop Users 组。

【实训环境】

Windows Server 2012 操作系统。

【操作步骤】

STEP 1 在桌面左下角上单击按钮，打开【计算机管理】窗口，弹出 Windows PowerShell 窗口，在窗口中输入"compmgmt.msc"命令，然后按Enter键，打开【计算机管理】窗口，如图 5-54 所示。

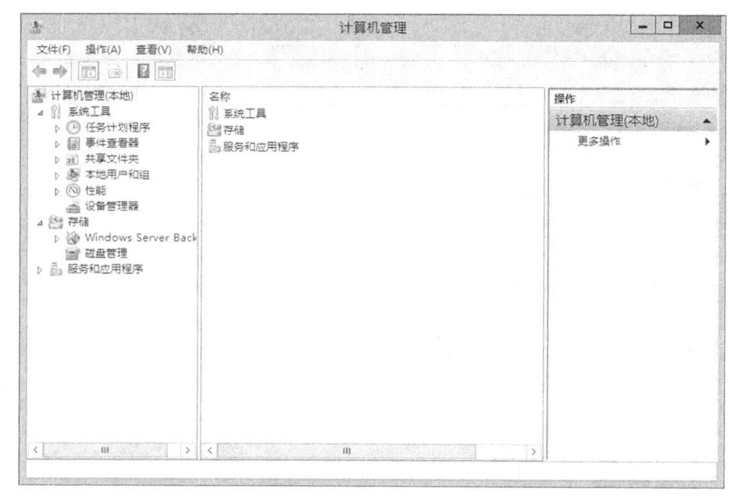

图5-54　【计算机管理】窗口

STEP 2 在左侧窗格中，单击【本地用户和组】选项，双击展开的【组】文件夹，在右侧窗格中可以看到计算机中已经存在的组，如“Backup Operators/Power Users”等，如图 5-55 所示。

图5-55 【组】选项

STEP 3 双击其中的【Remote Desktop Users】选项，然后在弹出的【Remote Desktop Users 属性】对话框中单击 添加(D)... 按钮，如图 5-56 所示。

图5-56 【Remote Desktop Users 属性】对话框

STEP 4 弹出【选择用户】对话框，如图 5-57 所示。

知识提示

在图 5-57 中，单击 位置(L)... 按钮以指定搜索位置，单击 对象类型(O)... 按钮以指定要搜索的对象类型，在【输入对象名称来选择（示例）:】文本框中输入要添加的名称。单击 检查名称(C) 按钮，开始检查。

STEP 5 找到名称后，单击 确定 按钮，如图 5-58 所示。

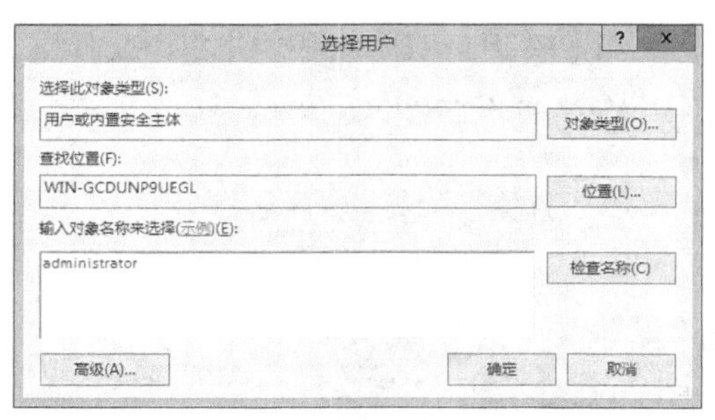

图5-57 【选择用户】对话框

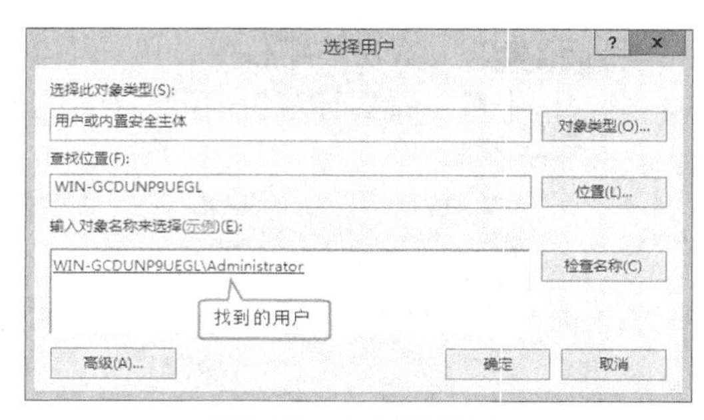

图5-58 成功找到用户

小结

网络操作系统（NOS）是网络的心脏和灵魂，是向网络计算机提供服务的特殊的操作系统。网络操作系统运行在称为服务器的计算机上，并由连网的计算机用户共享。

本项目介绍了网络操作系统的基本知识，初步认识了几种主要的网络操作系统的特点和用途。目前，Windows Server 2012 在计算机网络领域应用最为广泛，因此，本项目以该操作系统为例介绍了网络操作系统的安装方法以及基本的网络设置。

本项目提供了大量的实际操作，从 Windows Server 2012 的安装，到其基本的网络设置，包括如何创建用户、DHCP 设置、域名服务以及安全设置。通过对这些内容的学习，希望读者对操作系统的网络功能和使用有更进一步的认识和理解。

习题

一、填空题

1. 网络操作系统通常具有________、________、________、________等特点。
2. 常用的网络操作系统主要有________、________、________、________等。
3. 在 Windows 服务器平台中，最常用的网络操作系统是________。
4. ________服务能为网络内的客户端计算机自动分配 TCP/IP 配置信息。
5. ________是 Internet 上使用的核心名称解析工具。

二、简答题

1. 什么是网络操作系统？举例说明其主要功能。
2. 如何创建 Windows Server 2012 用户？与其他操作系统创建用户有何不同？
3. 什么是 DHCP？如何设置？
4. 域名服务有何作用？如何设置？
5. 简要说明增强 Windows Server 2012 的安全性的基本措施。

PART 6

项目六 组建局域网

如今，大多数公司、企业和学校因为教学、日常办公以及经营业务的需要，都配置了大量的计算机，为了便于这些计算机之间的信息交流和资源共享，可以在这些计算机之间组建局域网络。本项目将介绍组建对等网络的一般方法，并对无线局域网的组网技术进行介绍，最后介绍在局域网中共享资源的一般方法。

知识技能目标

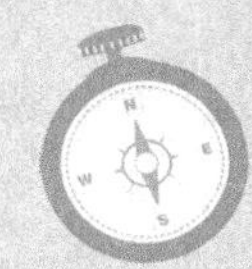

- 了解局域网的特点和用途。
- 掌握构建双机对等网的方法。
- 明确组建家庭局域网的方法。
- 明确组建宿舍局域网的一般方法。
- 明确无线局域网的特点、用途和组建原理。
- 掌握局域网中共享资源的一般方法。

任务一 认识局域网

通过对前面各项目的学习，我们对计算机网络有了初步的了解，下面继续介绍局域网的基本知识。

1. 局域网的概念

局域网是结构程度较低的计算机网络，通常可以从功能和技术两个角度来认识局域网。

（1） 从功能上看局域网。

从功能上讲，局域网是一组在物理位置上相隔不远的计算机和其他设备互连在一起的系统，允许用户之间相互通信和共享资源。

（2） 从技术上看局域网。

从技术上讲，局域网是由特定类型的传输媒体和网络适配器相互连接在一起的多台计算机，并接受网络操作系统监控的网络体系。

2. 局域网的特点

综合来看，局域网具有以下特点。

（1） 分布范围小、投资小、配置简单。

（2） 传输速率高，通常为 1Mbit/s ~ 20Mbit/s，光纤高速网甚至可达 100Mbit/s ~ 1 000Mbit/s。

（3） 支持多种传输介质，包括各种有线传输介质及无线传输介质。

（4） 通常由网卡完成通信处理工作。

（5） 传输质量好，误码率低。

（6） 有规则的拓扑结构。

3. 局域网的基本组成

局域网由计算机、路由器（或交换机）、网络传输介质、网络操作系统以及局域网应用软件组成。其中，计算机、路由器（或交换机）和网络传输介质构成局域网物理实体；而借助于网络操作系统以及局域网应用软件可以实现局域网中各种管理和操作功能。

（1） 计算机。为用户与网络提供交互界面，使用计算机的用户可以登录、浏览和管理网络。根据计算机在局域网中的作用不同，可分为服务器和工作站两类：服务器可以为网络中的其他计算机提供服务，工作站是用户在其上进行实际操作的计算机。

（2） 路由器。路由器可以将局域网中的计算机连接起来，并能对网络连接进行管理。用户也可以使用交换机或集线器等设备来代替路由器的部分功能。

（3） 传输介质。有线传输介质主要包括双绞线、同轴电缆、光纤等。无线传输介质则包括无线电、卫星通信等。传输介质是局域网数据传输的物理通路。

（4） 网络操作系统。网络操作系统主要完成网络通信、控制、管理、资源共享等功能，目前常用的网络操作系统包括 UNIX、Linux、Windows NT、Windows Server 2012。

（5） 局域网应用软件。局域网应用软件用于实现各种网络应用功能，如连接管理、用户管理、资源共享等，实现计算机之间的通信和管理各种设备。

4. 局域网的基本结构

在创建局域网时，确定局域网的基本结构是其中一个重要环节，局域网的基本结构决定了局域网的管理方式。

局域网的结构主要有 4 种形式，如表 6-1 所示。

表 6-1 局域网的结构

结构类型	结构特点	优点	缺点	应用
主机/终端系统	① 将网络中的终端与大型主机相连，将复杂的计算和信息处理交给主机去完成 ② 用户通过与主机相连的终端，在主机操作系统的管理下共享主机的内存、外存、中央处理器以及各种输入/输出设备	① 可以充分利用主机资源 ② 可靠性高、安全性好	① 价格较高 ② 终端功能较弱 ③ 主机负荷重	用于大型企事业单位

续表

结构类型	结构特点	优点	缺点	应用
对等网结构	① 所有设备可以互相访问数据、软件和其他网络资源 ② 每一台计算机与其他连网的计算机对等，没有层次划分和专门的服务器	① 结构简单、价格低、易于实现和维护 ② 可扩充性好	① 资源存放分散，不利于数据的保密 ② 许多网络管理功能难以实现	用于计算机数量较少（30台以下）且分布比较集中的情况下
工作站/服务器结构	① 一台运行特定网络操作系统的计算机作为文件服务器 ② 网络其他计算机登录该计算机后，可以存取其中的文件 ③ 作为文件服务器的计算机并不进行任何网络应用处理	① 数据的保密性和安全性好 ② 网络管理员可以根据需要授予访问者不同的访问权限 ③ 网络可靠性高，管理简单	① 大量用户访问文件服务器时，网络效率下降 ② 网络中各工作站之间无法资源共享 ③ 不能发挥文件服务器的运算能力	用于多用户共同访问重要数据文件的网络系统
客户机/服务器结构	① 计算机划分为服务器和客户机 ② 基于服务器的网络采用层次结构，以适应网络扩展的需要 ③ 至少有一个专门的服务器来管理和控制网络的运行	① 网络运行稳定 ② 信息管理安全 ③ 网络用户扩展方便 ④ 易于升级	① 需要专用服务器 ② 建网成本高 ③ 管理上较复杂	用于计算机数量较多、位置较分散且传输信息量较大的大中型企业

5. 局域网通信协议

用户在连接网络时，必须选择正确的网络协议，以保证可以与网络中其他不同连接方式和操作系统的计算机之间进行数据传输。

局域网中常用的协议如表 6-2 所示。

表 6-2 局域网中的常用协议

协议名称	特点和用途
TCP/IP	① Internet 中进行通信的开放标准协议，可以免费使用，可以用于局域网、广域网和互联网中 ② IP 提供网络节点间数据分组传递服务 ③ TCP 提供用户之间可靠数据流服务
IPX/SPX	① 由 Novell 公司开发出来应用于局域网的一种高速协议 ② 不适用 IP 地址，而使用网卡的物理地址（MAC 地址）进行通信

续表

协议名称	特点和用途
NetBEUI	① 专门为小型局域网设计的协议 ② 在小型网络中，通信速度快 ③ 构建对等网络时，必须安装 NetBEUI 协议 ④ 缺点是不能在跨路由器的网络中使用

任务二　组建对等网

在 4 种局域网基本结构中，对等网结构和客户机/服务器（C/S）结构应用最广泛。在家庭或小型办公室内的网络通常采用对等网模式，而在大型企业网络中则通常采用 C/S 模式。

对等网模式注重网络的共享功能，而企业网络更注重文件资源管理、系统资源安全等方面。对等网组建方式简单，投资成本低，容易组建，非常适合于家庭和小型企业选择使用。

（一）　认识对等网

对等网也称工作组网，它不像企业专业网络中那样通过域来控制，而是通过组。也就是说，在对等网中没有“域”，只有“工作组”。对等网所能连接的用户数非常有限，通常不会超过 20 台计算机，所以对等网相对比较简单。

对等网上各台计算机都有相同的功能，无主从之分，网上任意节点的计算机既可以作为网络服务器，为其他计算机提供资源，也可以作为工作站，以分享其他服务器的资源。任何一台计算机均可同时兼作服务器和工作站，也可只作其中之一。同时，对等网除了共享文件之外，还可以共享打印机，对等网上的打印机可被网络上的任何一个节点使用，就如同使用本地打印机一样方便。对等网的性能特点如图 6-1 所示。

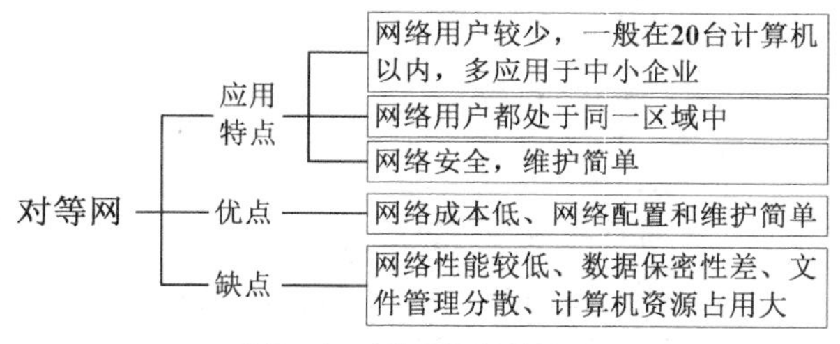

图6-1　对等网的性能特点

虽然对等网的结构比较简单，但根据具体的应用环境和需求，对等网也因其规模和传输介质类型的不同而分为几种不同的模式，主要有双机对等网、三机对等网和多机对等网。下面介绍这几种对等网模式的结构特性。

1.　双机对等网

双机对等网的组建方式比较多，传输介质既可以采用双绞线，也可以使用同轴电缆，还可采用串、并行电缆。网络设备只需相应的网线或电缆和网卡，如果采用串、并行电缆还可省去网卡的投资，直接用串、并行电缆连接两台计算机即可。串、并行电缆俗称零调制解调器，但这种连接的传输速率非常低，并且电缆制作比较麻烦，因网卡价格非常便宜，现在已很少采用这种对等网连接方式。

2. **三机对等网**

如果网络所连接的计算机有 3 台，那么传输介质必须采用双绞线或同轴电缆，且必须要用到网卡。采用双绞线作为传输介质，根据网络结构的不同又可有以下两种方式。

（1） 采用双网卡桥接方式。

双网卡桥接方式是在其中的一台计算机上安装两块网卡，另外两台计算机各安装一块网卡，然后用双绞线连接起来，再进行有关的系统配置即可，如图 6-2 所示。

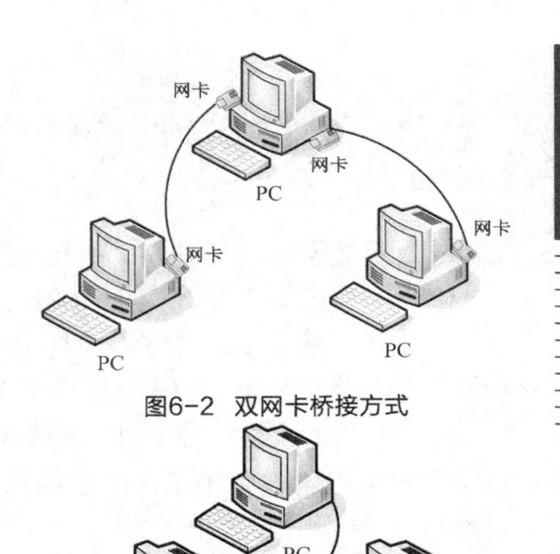

图6-2 双网卡桥接方式

（2） 组建一个星型对等网。

添加一个集线器作为集线设备，组建一个星型对等网，3 台计算机都直接与集线器相连。如果采用同轴电缆作为传输介质，则不需要购买集线器，只需把 3 台计算机用同轴电缆网线直接串联即可，如图 6-3 所示。

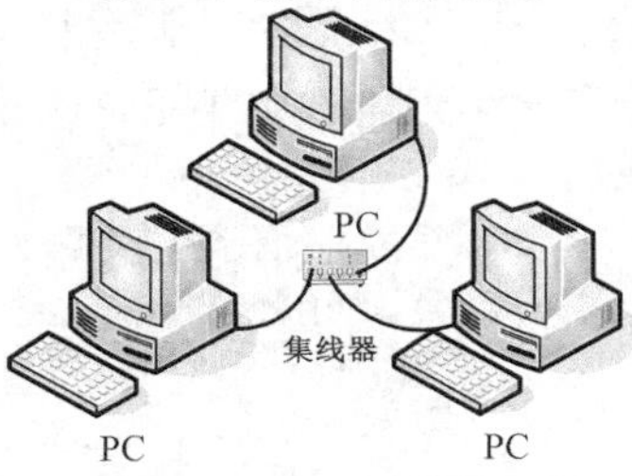

图6-3 集线器集连方式

3. **多机对等网**

对于多于 3 台计算机的对等网组建方式只有两种，一种是采用集线设备（集线器或交换机）组成星型网络，另一种是采用同轴电缆直接串联。目前，大部分多机对等网都采用前一种方法。

（二） 组建双机对等网

目前应用较多的双机直连方式主要是双绞线和 USB 串行接口以及无线传输方式，其中效率最高的要算双绞线直连，下面讲述如何制作直连双绞线及相关计算机配置。

【例 6-1】 组建双机对等网。

【操作步骤】

STEP 1 物理安装和网络连接。

STEP 2 制作网线。这里准备一根网线，至少两个 RJ45 水晶头，按 1-3、2-6 交叉法制作一条 5 类（或超 5 类）双绞线，具体的网线制作方法在前面已详细介绍，这里不再赘述。网线的接法如图 6-4 所示。制作好网线后进行测试，以确认接头连接是否良好。

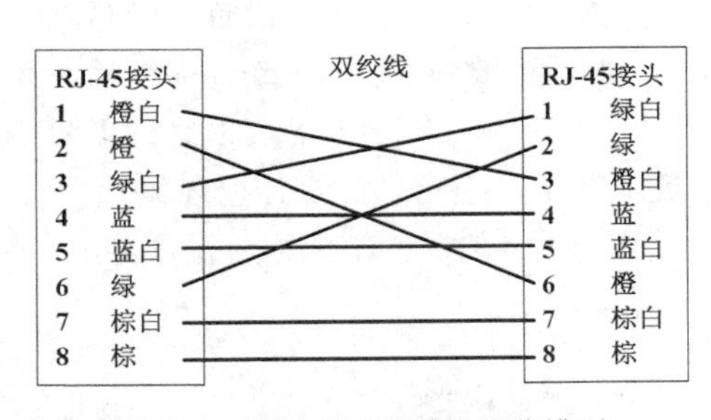

图6-4 1362 双绞线接头线序排列

STEP 3 安装网卡和网卡驱动程序。按照前面介绍的安装网卡和网卡驱动程序的方法，安装网卡及其驱动程序。连网的各计算机可以用同一型号的网卡，也可以用不同型号的网卡。如果网卡是板上型（集成网卡）的，则一般不需要安装，可以跳过这一步。

STEP 4 网线连接。把网线两端的水晶头分别插入两台计算机已安装网卡的 RJ45 接口中，这样就完成了两台计算机的网络连接。

STEP 5 系统设置。

Windows 7 操作系统自动已经安装好了 IPv4 及 IPv6 协议。如遇到操作系统未安装网络协议，用户需要通过安装光盘自行安装。

STEP 6 设置计算机名和工作组名。

（1） 在桌面【计算机】图标上单击鼠标右键，在弹出的快捷菜单中选择【属性】命令，弹出【系统】窗口。在左边栏单击【高级系统设置】选项，弹出【系统属性】对话框，切换到【计算机名】选项卡，如图 6-5 所示。

（2） 单击 更改(C)... 按钮，在弹出的【计算机/域更改】对话框中填写计算机名，在【隶属于】选项组中选中【工作组】单选按钮，并设置工作组名称，如图 6-6 所示，然后单击 确定 按钮。

图6-5 输入计算机名

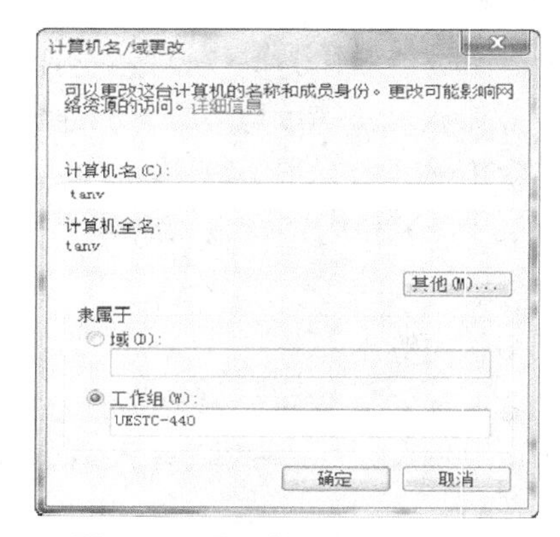

图6-6 设置工作组名和计算机名

两台计算机的工作组名必须相同，计算机名必须不同，否则连机后双方将无法寻找对方。计算机名和工作组名可根据自己的喜好任意设置。

STEP 7 IP 地址设置。两台计算机都各自手动设置 IP，其中一台设置为“172.192.0.1”，另一台设置为“172.192.0.2”，子网掩码均为“255.255.255.0”。

STEP 8 使用 ping 命令检测是否连接成功。

（1） 选择【开始】/【运行】命令，在命令栏里输入“ping 127.0.0.1 –t”。检查本地主机地址是否正常，此操作可以确定 TCP/IP 是否安装正确，如图 6-7 所示。

（2） 若安装正确则显示如图 6-8 所示的结果。

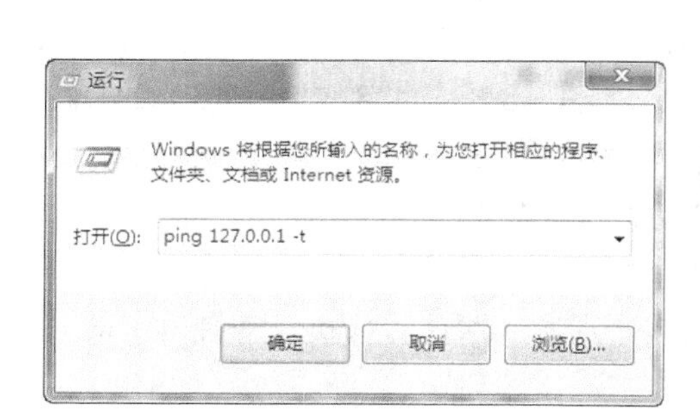

图6-7 运行 ping 命令

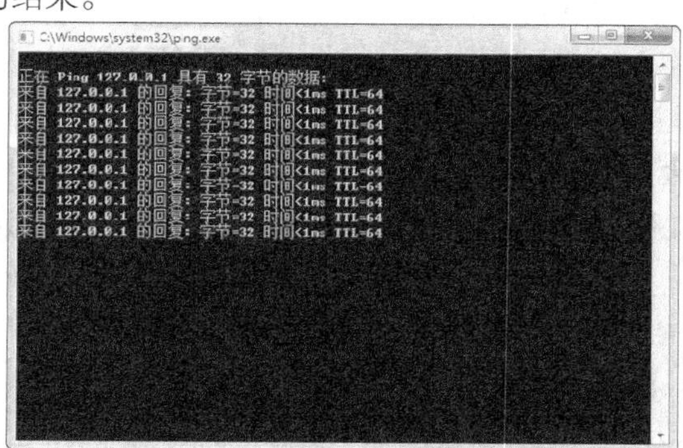

图6-8 ping 通结果

STEP 9 ping IP 地址。

（1） 在 IP 地址为 172.192.0.1 的计算机上使用命令“ping 172.192.0.2”；在 IP 地址为 172.192.0.2 的计算机上使用命令“ping 172.192.0.1”，查看两台计算机是否已经连通。

（2） 若显示错误就要对硬件进行检查，如网卡是否存在故障，是否插好，网线是否存在故障等。

STEP 10 设置 Windows 防火墙权限。

（1） 用 ping 命令确认 IP 和 TCP/IP 均连通之后，要对每台计算机进行权限的合理设置。

（2） 首先是防火墙设置，由于只有两台计算机通信，因此不能设置防火墙，取消 Windows 系统自带防火墙的设置方法如下：打开【控制面板】窗口，单击【系统和安全】选项，进入【系统和安全】窗口，在右侧窗口单击【Windows 防火墙】选项，进入 Windows 防火墙设置窗口，在左侧窗口单击【打开或关闭 Windows 防火墙】选项，弹出如图 6-9 所示的【防火墙自定义设置】窗口，选中两个网络位置的【关闭 Windows 防火墙（不推荐）】单选按钮，将安装的其他杀毒软件或防火墙关闭即可。

STEP 11 启用 Guest 账户。

在桌面【计算机】图标上单击鼠标右键，在弹出的快捷菜单中选择【管理】命令，弹出【计算机管理】窗口，在左侧依次展开【系统工具】/【本地用户和组】目录，在左侧单击【用户】选项，在右侧会出现【Guest】选项，在【Guest】单击鼠标右键，在弹出的快捷菜单中选择【属性】命令，弹出对话框如图 6-10 所示，去掉【账户已禁用】复选框选择状态，然后单击 确定 按钮。

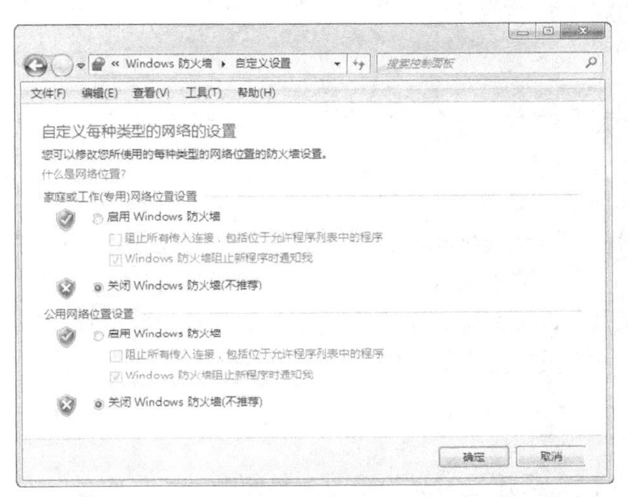

图6-9 关闭防火墙

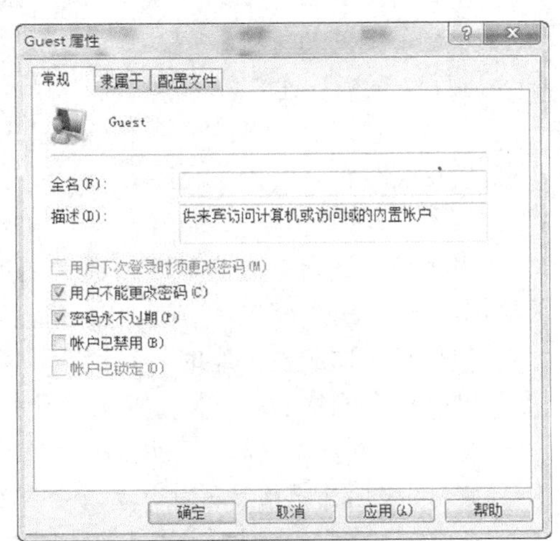

图6-10 删除禁止用户

完成上述操作之后，就可以在两台计算机之间进行通信了。目前，多数计算机都用来上网和数据交换，单独的双机通信应用较少，但在家庭或者某些公司的内部职能部门之间，仍然需要进行这样的设置，以确保信息的安全。

（三） 组建家庭局域网

随着计算机的普及，现在许多家庭中已经拥有不止一台计算机，这时可以组建家庭局域网，已达到资源共享的目的。

1. 家庭局域网的功能

家庭局域网中的计算机数量较少，用户的需求也各不相同，因此应强调综合性、娱乐性和实用性，而对安全性等要求则可以适度放宽。

家庭局域网的主要功能如表 6-3 所示。

表 6-3 家庭局域网的主要功能

功能	说明
共享文件	让家庭局域网中所有计算机共享文件，特别是占用空间较大的视频文件或软件，由于对等局域网独享带宽，因此不必担心传输速度问题
共享 Internet 连接	一个家庭通常只有一个上网接口，家庭局域网应支持共享 Internet 连接的功能，以便让网络中所有计算机都能接入 Internet
共享光驱、打印机等硬件设备	可以将一台计算机上的光驱、打印机等硬件设备共享给其他计算机使用，从而达到节省成本的目的
进行局域网游戏	通过家庭局域网可以让家庭用户一起加入到大型游戏中

2. 家庭局域网的规划

组建家庭局域网时，可以根据家庭计算机的数量来决定采用以下哪种连接方式。

（1） 双机互连。

在每台计算机上安装一块网卡后，使用交叉双绞线将计算机连接起来即可，在前面已经详细介绍了相关的方法。

（2） 三机互连。

三机互连时，在其中一台计算机上安装双网卡，其余两台计算机安装一块网卡，然后使用交叉双绞线进行连接（见图 6-2）。

（3） 多机互连。

当计算机数量多于两台后，通常使用路由器或交换机将其连接起来组成小型星型网络，网络中的计算机之间采用直通双绞线进行连接（见图 6-3）。

使用路由器组建网络时，若某台计算机出现了故障，不会影响到其他计算机的局域网连接，可以提高网络的安全性，并方便用户判断和解决网络问题。家庭局域网的规划如下。

- 局域网基本结构：采用对等网结构。
- 网络拓扑结构：采用星型拓扑结构。
- 传输介质：对等网中对带宽要求不高，采用最常见的普通双绞线即可，长度最好不要超过 10m。
- 路由器：通常采用 4 口路由器。
- 操作系统：使用目前主流的操作系统 Windows 7。

【例 6-2】 组建家庭局域网。

【操作步骤】

STEP 1 连接路由器与计算机。

（1） 组建家庭局域网时，需要使用双绞线将计算机与计算机或计算机与路由器连接起来。首先将网线的一端插入路由器的接口，然后将网线的另一端插入计算机网卡接口中。

（2） 在搭建好家庭局域网的物理环境后，还必须对计算机操作系统的网络功能进行设置，内容包括配置网络协议、配置网络位置、检查网络连通性等。

STEP 2 配置网络协议。

（1） 在任务栏右侧的图标上单击鼠标右键，在弹出的快捷菜单中选择【打开网络和共享中心】命令，打开【网络和共享中心】窗口，单击【本地连接】选项，弹出【本地连接状态】对话框，如图 6-11 所示。然后单击 属性(P) 按钮。

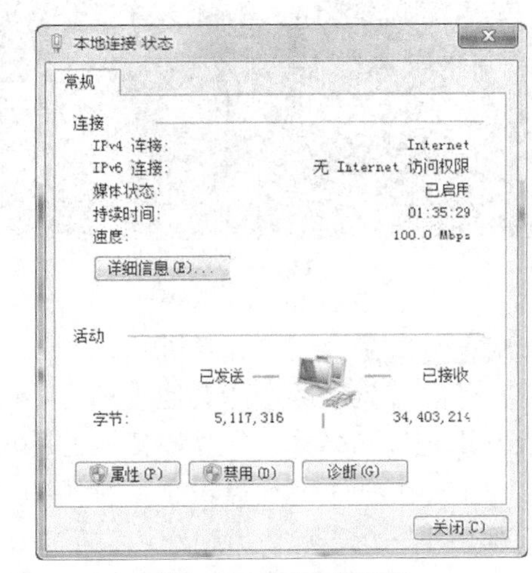

图6-11 查看网络属性

（2） 在【本地连接 属性】对话框中双击【Internet 协议版本 4（TCP/IPv4）】选项，如图 6-12 所示，弹出【Internet 协议版本（TCP/IPv4）属性】对话框。

（3） 在【Internet 协议版本（TCP/IPv4）属性】对话框中选中【使用下面的 IP 地址】单选按钮，然后输入 IP 地址、子网掩码、默认网关和 DNS 服务器地址的参数，如图 6-13 所示，然后单击 确定 按钮。

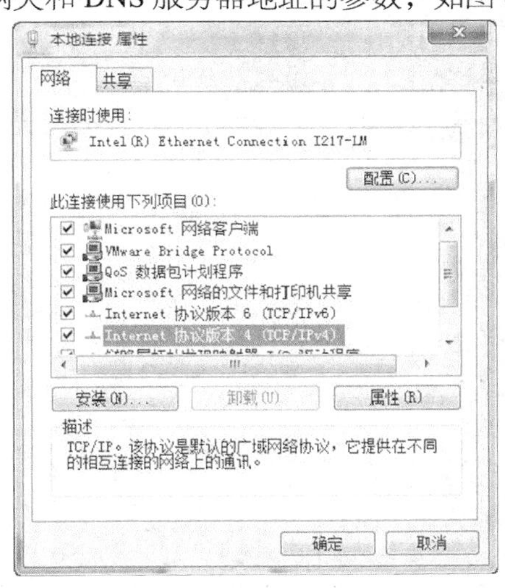

图6-12 设置 Internet 协议

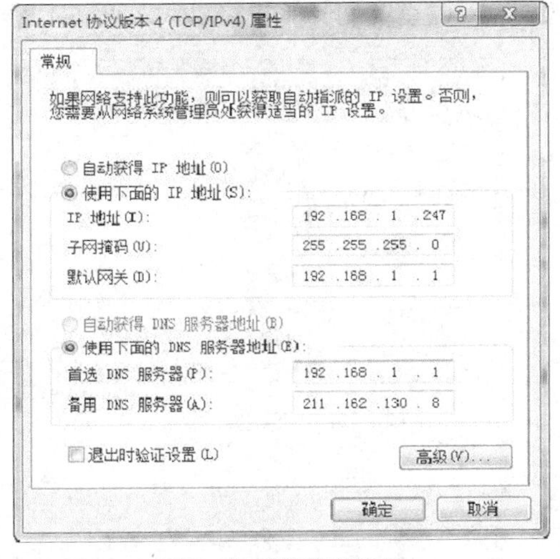

图6-13 配置网络参数

在设置 IP 地址时，应避免使用网络中其他计算机已经使用过的 IP 地址，否则会造成网络 IP 地址的冲突，无法正常实现网络通信。

STEP 3 测试网络连通性。

配置完网络协议后，还需要使用 ping 命令来测试网络的连通性。

（1） 选择【开始】/【运行】命令，弹出【运行】对话框。

（2） 在【运行】对话框中输入 ping+局域网中其他计算机的 IP 地址。

（3） 根据显示的信息确定网络是否连通，如图 6-14 和图 6-15 所示。

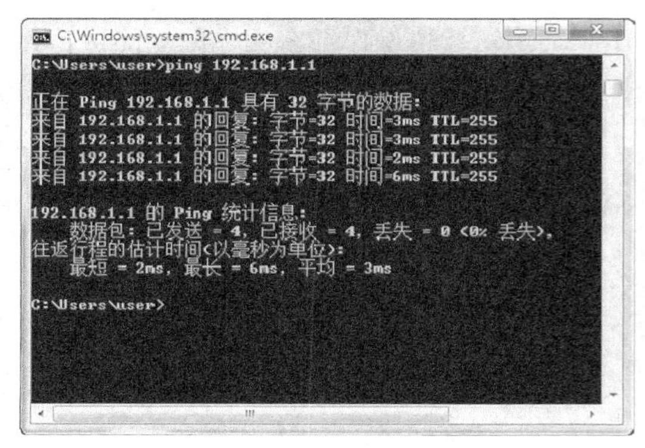

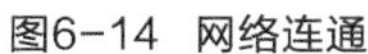
图6-14　网络连通

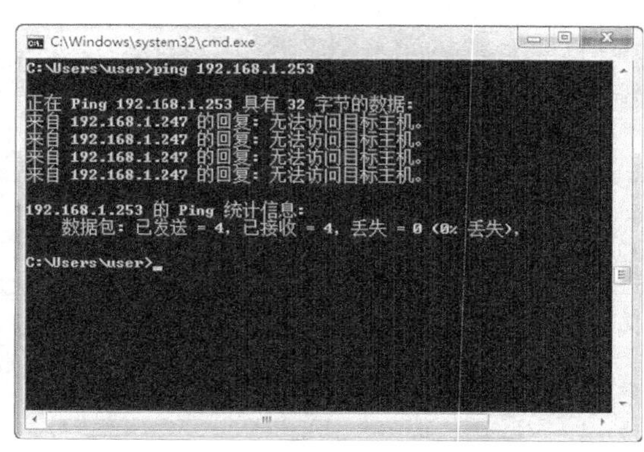

图6-15　网络未连通

STEP 4　设置计算机名称。

如果要让局域网中的其他用户能够访问自己的计算机，可以为自己的计算机设置一个简单且易于记住的名称，同时该名称还不能与局域网中的其他计算机重名。

（1）　在桌面【计算机】图标上单击鼠标右键，在弹出的快捷菜单中选择【属性】命令，弹出【系统】窗口。在左边栏单击【高级系统设置】选项，弹出【系统属性】对话框。

（2）　在弹出的【系统属性】对话框中选中【计算机名】选项卡，如图 6-16 所示。

（3）　单击 更改(C)... 按钮，弹出【计算机名/域更改】对话框，然后在【计算机名】文本框中输入拟设置的计算机名称，如图 6-17 所示，最后单击 确定 按钮。

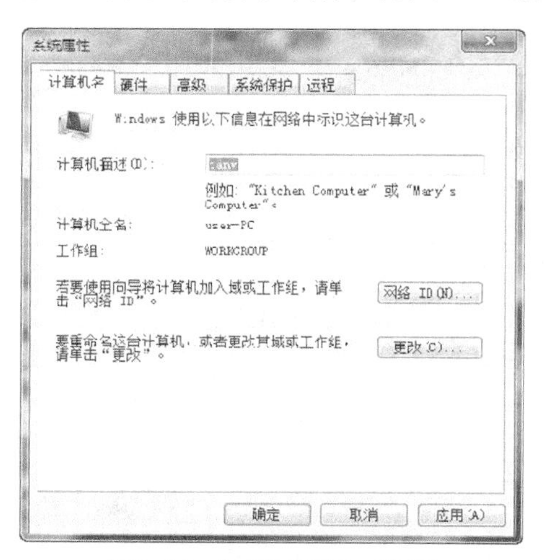

图6-16　【系统属性】对话框

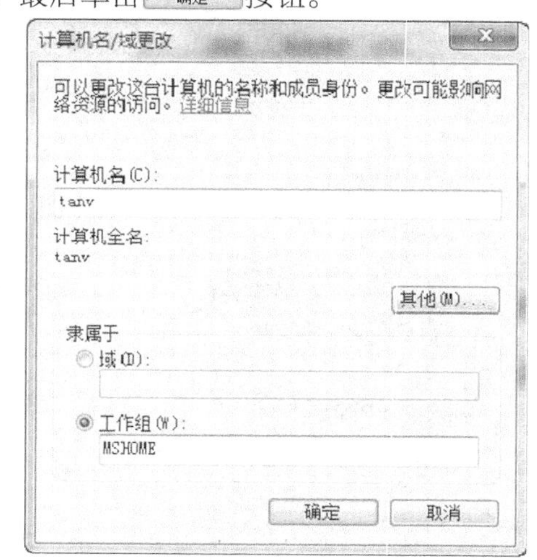

图6-17　设置计算机名

STEP 5　共享 Internet 连接。

目前大多数家庭都采用 ADSL 接入 Internet，主要步骤如下。

（1）　在任务栏右侧的图标上单击鼠标右键，在弹出的快捷菜单中选择【打开网络和共享中心】命令，打开【网络和共享中心】窗口，然后单击【设置新的连接或网络】选项，如图 6-18 所示。

（2）　在弹出的【设置连接或网络】对话框中，选中【连接到 Internet】选项，单击 下一步(N) 按钮，如图 6-19 所示。

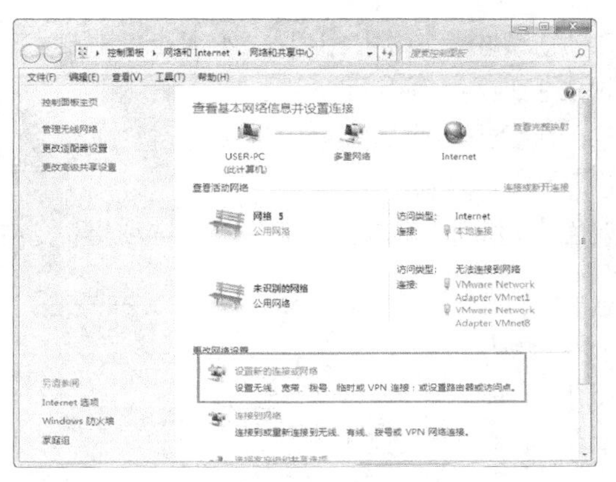

图6-18 【网络和共享中心】窗口

图6-19 选择连接类型

（3） 进入【选择现有连接】向导页，选中【否，创建新连接】单选按钮，如图 6-20 所示，再单击 下一步(N) 按钮。

（4） 进入【选择如何连接】向导页，单击【宽带（PPPoE）】按钮，如图 6-21 所示。

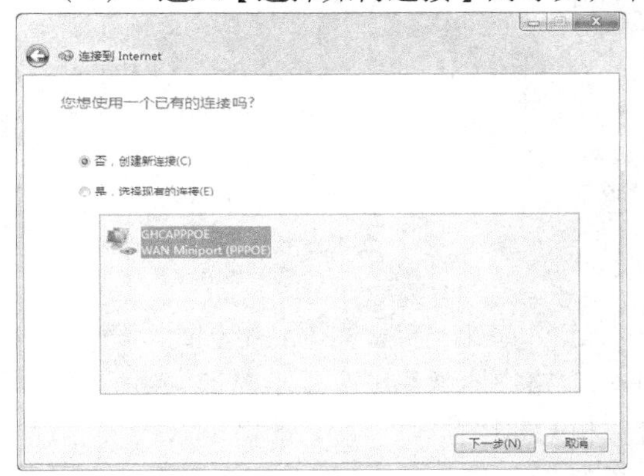

图6-20 选择现有连接

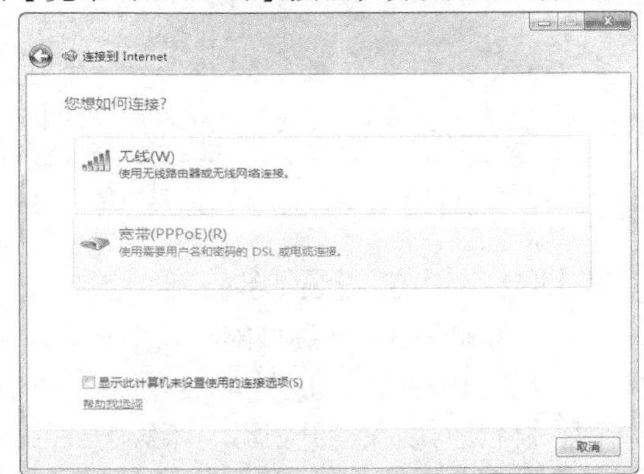

图6-21 选择如何连接

（5） 进入【键入 ISP 提供的信息】向导页，输入申请到的宽带账号和密码，并选中【记住此密码】复选框，在连接名称输入框里保持默认，如图 6-22 所示，然后单击 连接(C) 按钮。

（6） 进入【正在连接宽带】窗口，等待一段时间后，拨号成功，用户就可以浏览 Internet 了，如图 2-23 所示。

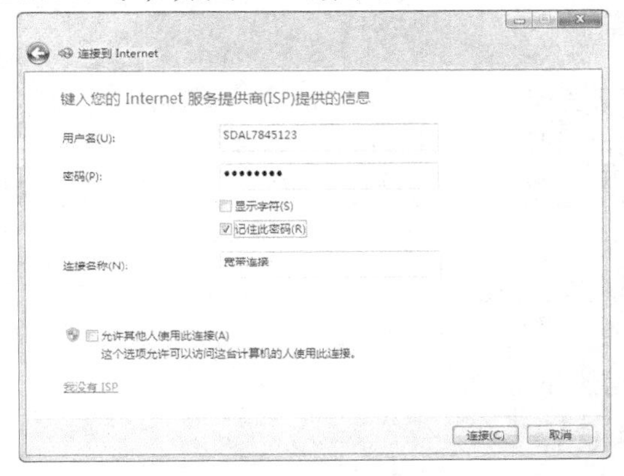

图6-22 键入 ISP 提供的信息

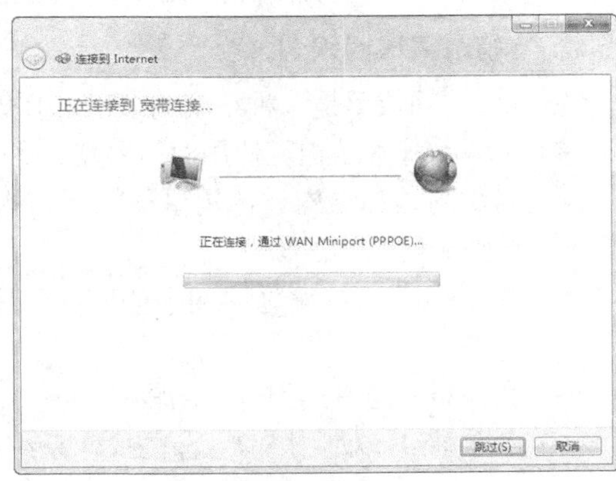

图6-23 正在连接

（7） 如果连接断开，在任务栏右侧用鼠标单击图标，弹出如图 6-24 所示的对话框，单击【宽带连接】选项，然后单击连接(C)按钮即可将计算机连接到 Internet。

（8） 在【宽带连接】选项上单击鼠标右键，在弹出的快捷菜单中选择【属性】命令，如图 6-25 所示。

（9） 弹出如图 6-26 所示的【宽带连接 属性】对话框，切换到【共享】选项卡，选中图示复选框，然后单击确定按钮。

图6-24 连接到网络

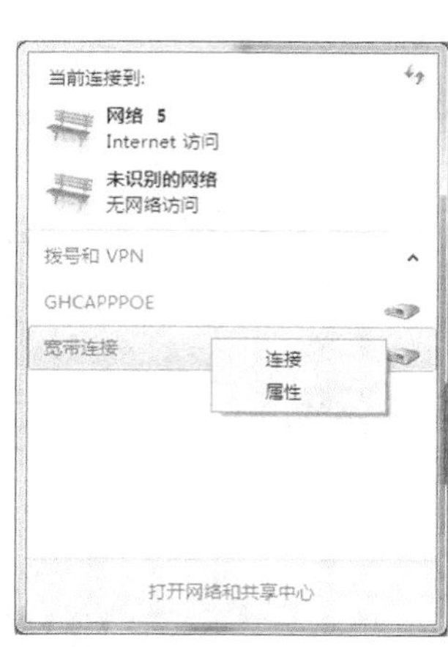

图6-25 设置网络属性

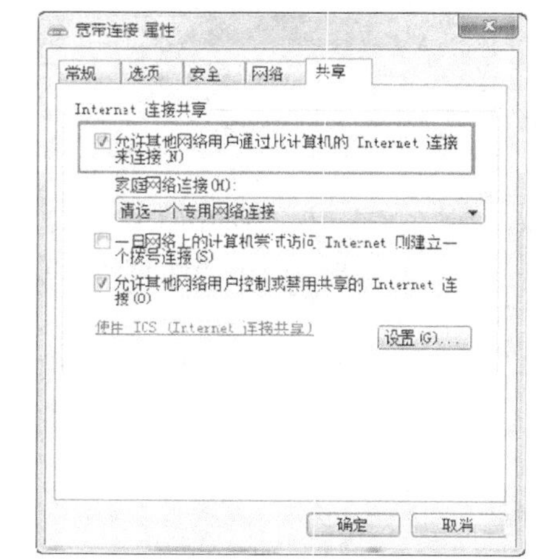

图6-26 设置共享

（四） 组建宿舍局域网

在大学宿舍中组建局域网可以用来共享资源，连网游戏。与家庭局域网相比，宿舍局域网中的计算机较多，一般为 4～8 台。一般使用 8 口路由器组建一个星型对等网络，这样可以确保一台计算机没有开机时，不影响到其他计算机共享网络。

1. 宿舍局域网的基本功能

宿舍局域网主要满足学习和娱乐需要，主要功能如下。

- 资源共享。局域网中的计算机共享电影、音乐文件等，以节省硬盘空间和下载时间。
- 接入校园网和 Internet。让局域网计算机接入校园网和 Internet，以便与外界联系。
- 共享 Internet 连接。不但可以节约开支，还能提高网络利用率。
- 局域网游戏。各个计算机用户可以通过局域网参与游戏。

2. 宿舍局域网规划

宿舍局域网依旧是一种小型局域网，其规划方案如下。

- 局域网基本结构。使用对等网络，各个计算机没有主从之分。
- 局域网拓扑结构。选用星型拓扑结构，以避免某台计算机出现故障或未开机导致局域网无法使用。
- 传输介质。宿舍局域网中的网线经常迁移或改动，一般选用超 5 类双绞线，20m 左右。
- 路由器。通常选用性价比较高的 8 口路由器即可。
- 操作系统。使用目前主流的操作系统 Windows 7。

【例 6-3】 组建宿舍局域网。

【操作步骤】

STEP 1 加入工作组。

所谓工作组就是一组共享文件和资源的计算机。加入工作组后，用户可以方便地访问本组中的其他计算机，以便实现资源共享。

（1） 在桌面【计算机】图标上单击鼠标右键，在弹出的快捷菜单中选择【属性】命令，弹出【系统】窗口。在左边栏单击【高级系统设置】选项，弹出【系统属性】对话框。然后选择【计算机名】选项卡，如图 6-27 所示。

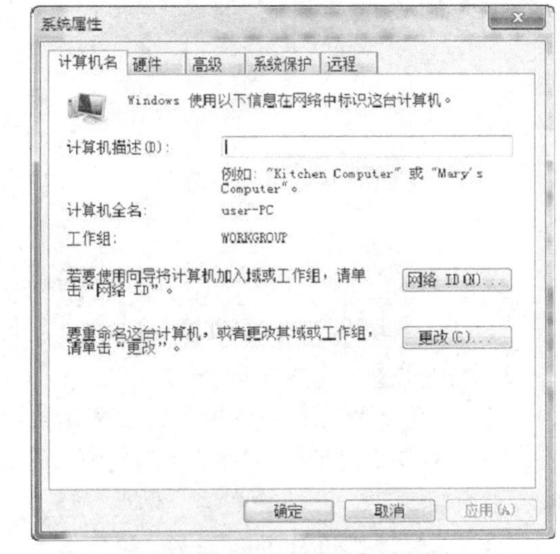

图6-27 【系统属性】对话框

（2） 单击网络 ID(N)...按钮，弹出【加入域或工作组】对话框，在如图 6-28 所示向导页中选中图示的单选按钮，然后单击下一步(N)按钮。

（3） 在如图 6-29 所示向导页中选中图示的单选按钮，然后单击下一步(N)按钮。

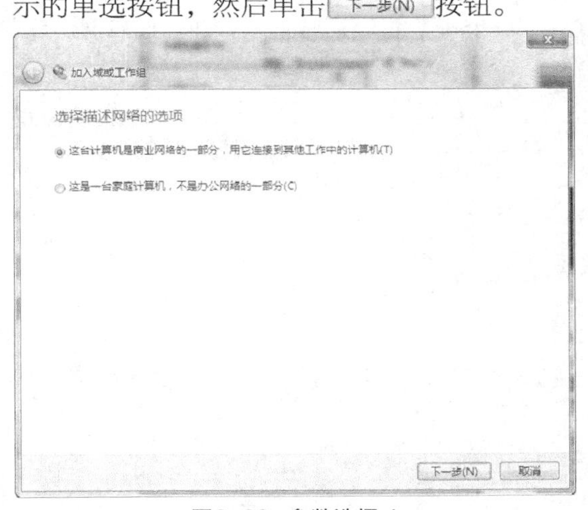

图6-28 参数选择 1

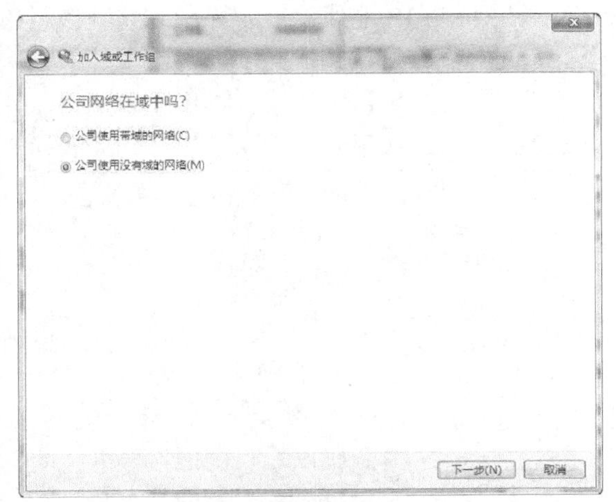

图6-29 参数选择 2

（4） 在如图 6-30 所示向导页中输入加入的工作组名称，单击下一步(N)按钮。

（5） 在如图 6-31 所示对话框中单击完成(F)按钮，重新启动计算机即可完成工作组的添加工作。

知识提示

路由器作为一种网络间的连接设备，其主要作用为连通不同的网络和选择信息发出的线路。选择畅通快捷的路径可以提高通信速度，减轻网络系统的负荷，节约网络资源。

下面以 TP-LINK 的 TL-WR740N 路由器为例，介绍以 ADSL 方式接入 Internet 后，通过路由器共享 Internet 接入的基本配置方法。随后只需要在与路由器连接的任何一台计算机上打开浏览器，输入路由器的 IP 地址后，即可进入相关页面进行设置。

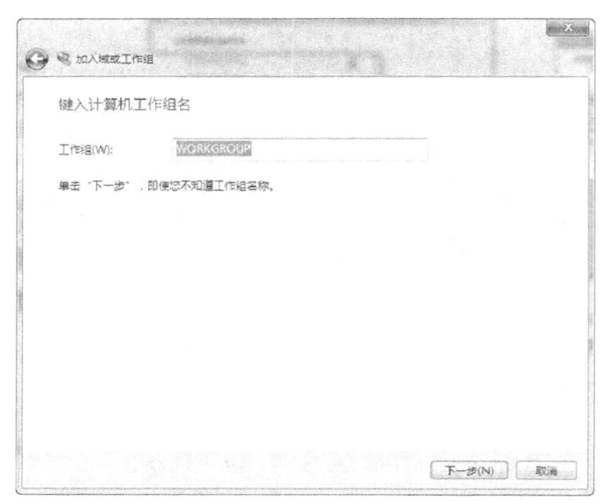

图6-30 加入工作组

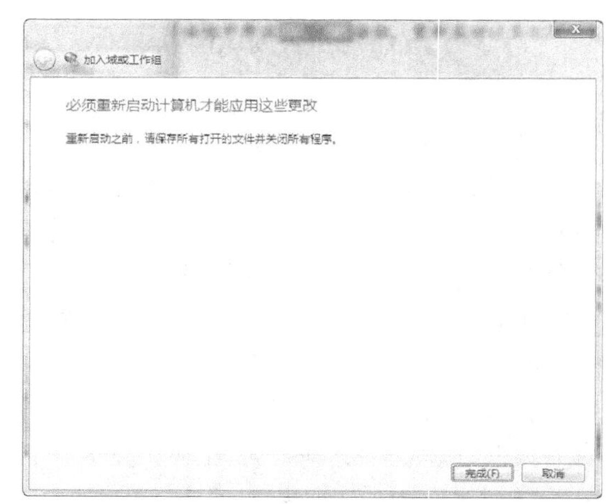

图6-31 完成组网

STEP 2 安装路由器。

（1） 在任务栏右侧的图标上单击鼠标右键，在弹出的快捷菜单中选择【打开网络和共享中心】命令，打开【网络和共享中心】窗口，单击【本地连接】选项，弹出【本地连接状态】窗口。然后单击属性(P)按钮。

（2） 在弹出的【本地连接 属性】对话框中双击【Internet 协议版本（TCP/IPv4）】选项。

（3） 将IP地址设置为"192.168.1.X"（X为2～254中的任意数值），如图6-32所示，然后单击确定按钮。

（4） 选择【开始】/【运行】命令，在弹出的【运行】对话框中输入命令"ping 192.168.1.1"，如图6-33所示。

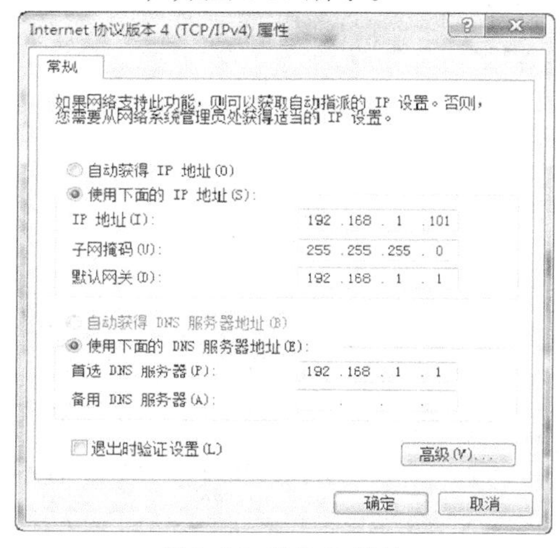

图6-32 输入IP地址

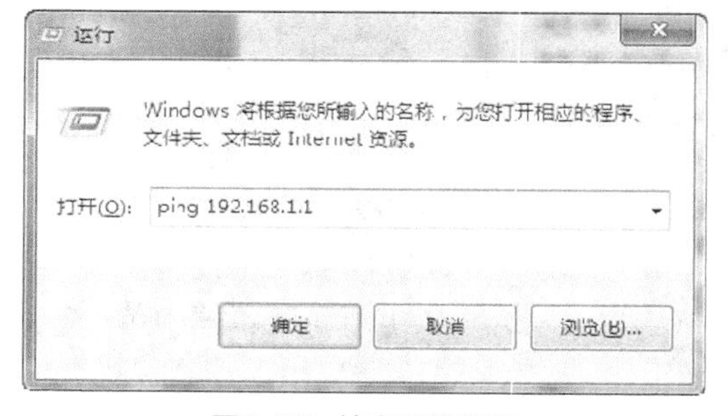

图6-33 检查网络连通

（5） 如果能顺利收到回复信息（见图6-14），则表示计算机与路由器已经成功连接。

（6） 打开IE浏览器，在地址栏输入"http://192.168.1.1"，然后按Enter键。

（7） 在随后打开的对话框中输入登录用户名和密码。路由器的默认登录用户名和密码均为"admin"，如图6-34所示。

（8） 随后打开路由器管理页面，表示已经成功安装了路由器，如图6-35所示。

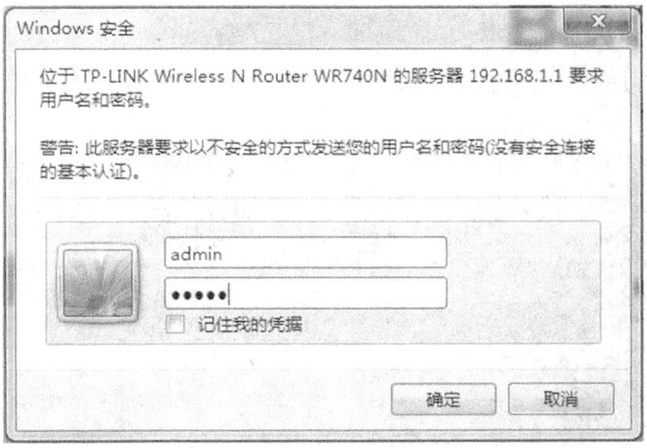

图6-34 输入用户名和密码 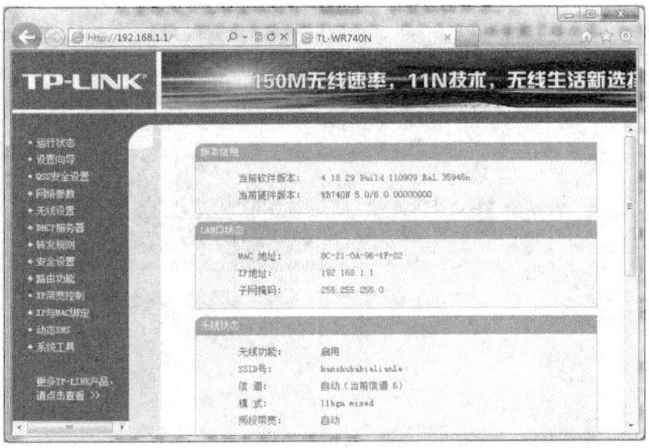　　图6-35 路由器设置页面

STEP 3 设置路由器连接 Internet。

（1） 在图 6-35 左侧列表中选择【设置向导】选项，如图 6-36 所示。

（2） 根据用户的实际情况选择网络类型，这里选中【PPPoE（ADSL 虚拟拨号）】单选按钮，如图 6-37 所示，然后单击 下一步 按钮。

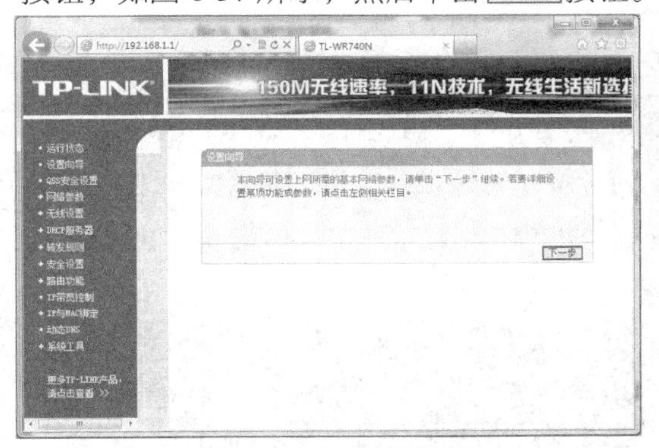

图6-36 使用向导

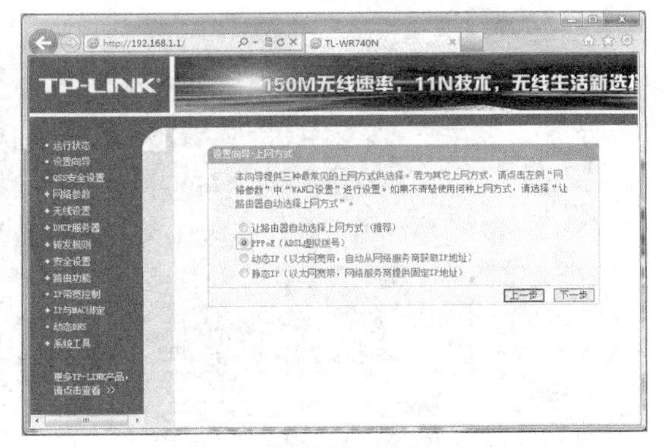

图6-37 选择上网方式

> **知识提示**
>
> 如果上网方式为 PPPoE，即 ADSL 虚拟拨号方式，则需要填写上网账号和密码，这些信息由 ISP 提供。如果上网方式为动态 IP，则可以自动从网络服务商处获得 IP 地址，无须填写任何内容即可上网。如果上网方式为静态 IP，则需要分别填写由 ISP 提供的 IP 地址、子网掩码、网关、DNS 服务器地址等信息。

（3） 在如图 6-38 所示的页面中输入 ISP 提供的上网账号和口令后，单击 下一步 按钮即可连接到 Internet。

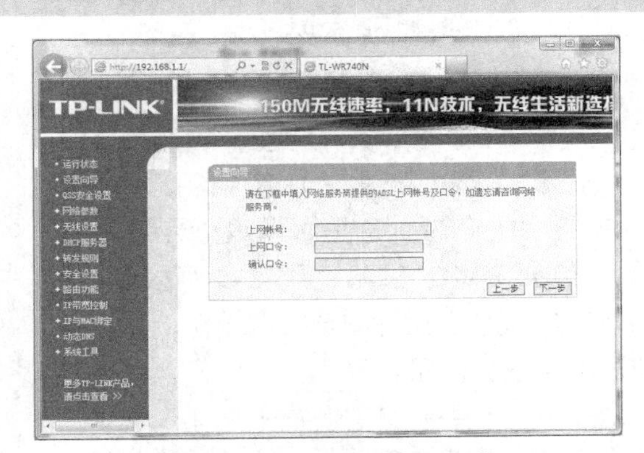

图6-38 输入上网账号和口令

STEP 4 设置路由器的局域网端口。

接入 Internet 后，还需要设置局域网端的功能，才能让宿舍的计算机之间相互访问，并共享 Internet 连接。

（1） 在左侧列表中选择【网络参数】/【LAN 口设置】选项。

（2） 在如图 6-39 所示页面中输入 IP 地址：192.168.1.2，然后单击 保存 按钮。

（3） 在左侧列表中选择【DHCP 服务器】/【DHCP 服务】选项。

（4） 在如图 6-40 所示页面中选中【启用】单选按钮，输入自动分配地址的范围和租期，然后单击保存按钮。

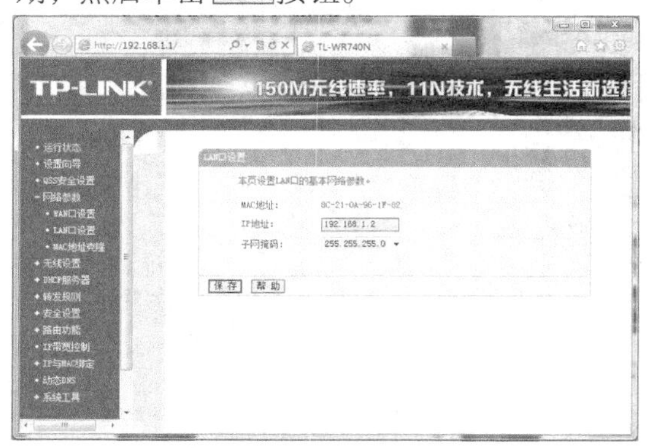

图6-39 设置 IP 地址

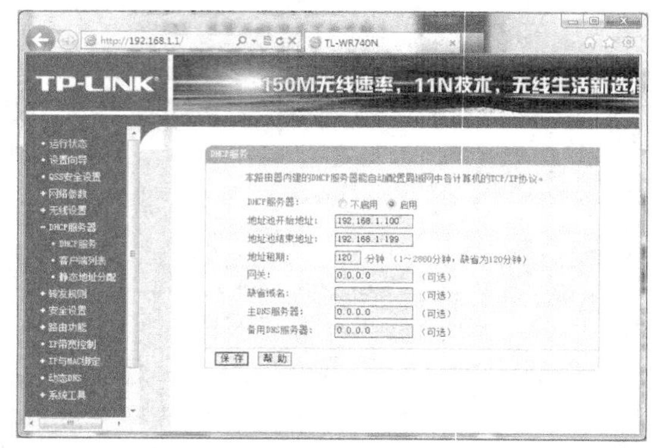

图6-40 设置 DHCP 服务

（5） 在左侧列表中选择【DHCP 服务器】/【静态地址分配】选项。然后单击添加新条目按钮。

（6） 在如图 6-41 所示页面中，可以将网络中计算机的网卡绑定到固定的 IP 地址。

知识提示

查看本机 MAC 地址的方法：选择【开始】/【运行】命令，输入命令“CMD”后按 Enter 键，在打开的命令提示符中输入“ipconfig/all”，在随后打开的窗口中可以查看 MAC 地址，如图 6-42 所示。

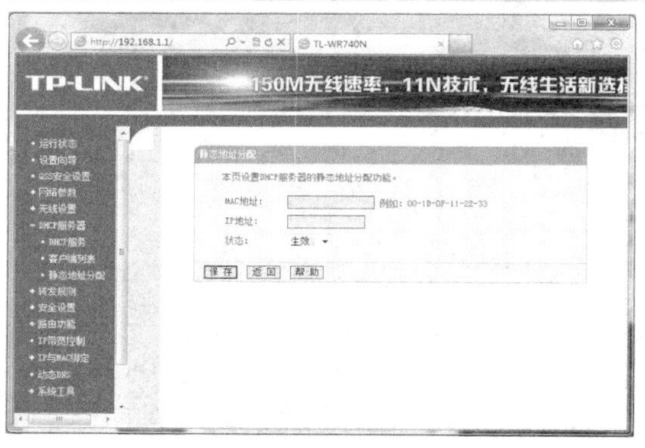

图6-41 静态地址分配

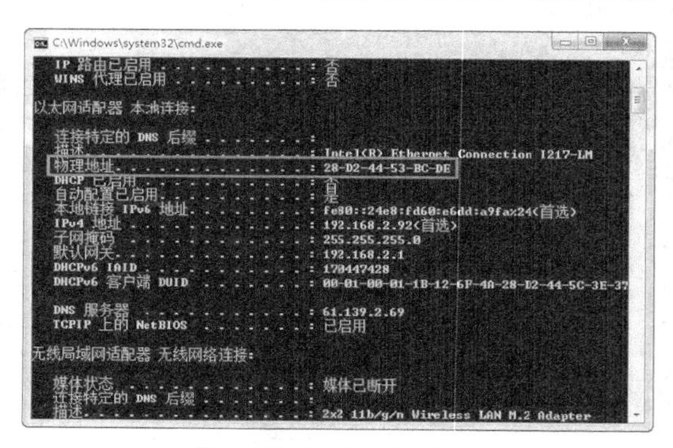

图6-42 查看 MAC 地址

STEP 5 路由器的安全设置。

（1） 在如图 6-41 所示页面中选择【安全设置】/【防火墙设置】选项，打开如图 6-43 所示的窗口，这里可以设置开启防火墙、开启 IP 地址过滤、开启域名过滤、开启 MAC 地址过滤等安全设置操作，设置完成后单击保存按钮。

（2） 选择【安全设置】/【IP 地址过滤】选项，打开如图 6-44 所示页面，单击添加新条目按钮设置需要过滤的 IP 地址。

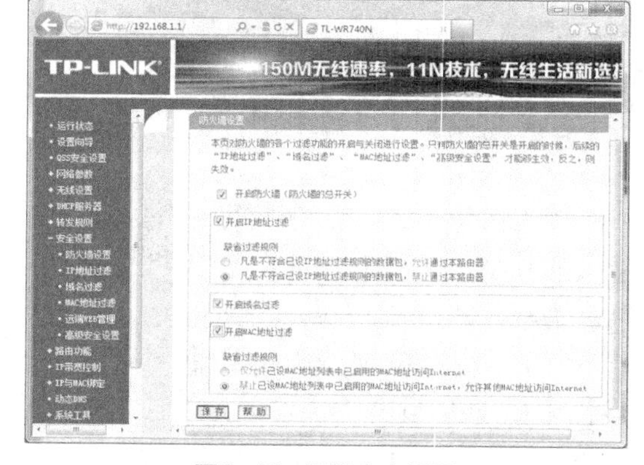

图6-43 网络安全设置

（3） 按照如图 6-45 所示设置过滤的 IP 地址，然后单击保存按钮。

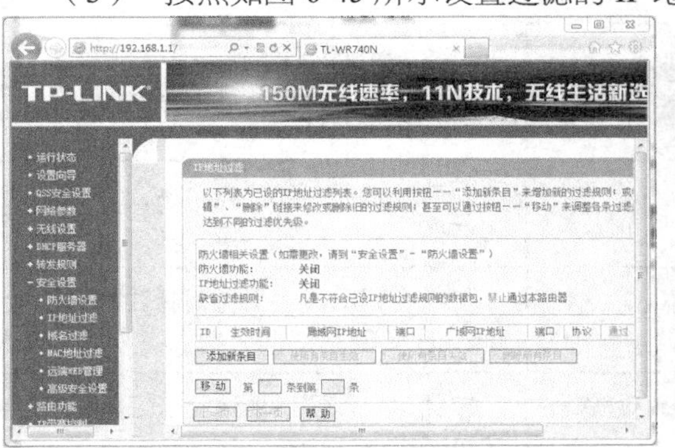

图6-44 启用 IP 地址过滤功能

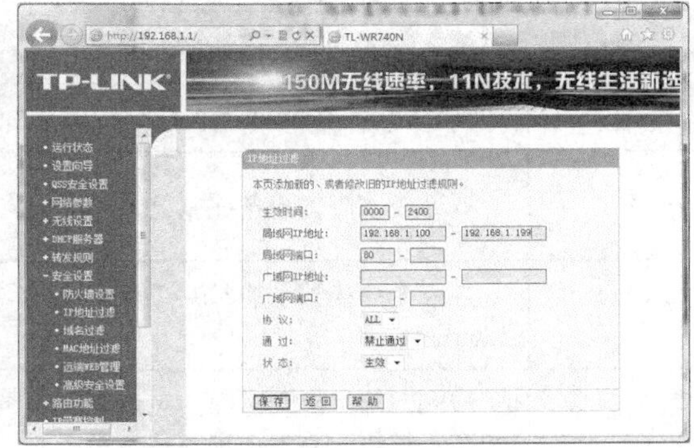

图6-45 设置过滤参数

（4） 选择【安全设置】/【域名过滤】选项，打开如图 6-46 所示页面，单击添加新条目按钮设置需要过滤的域名。

（5） 按照如图 6-47 所示设置过滤的域名“www.abc.net”，然后单击保存按钮。

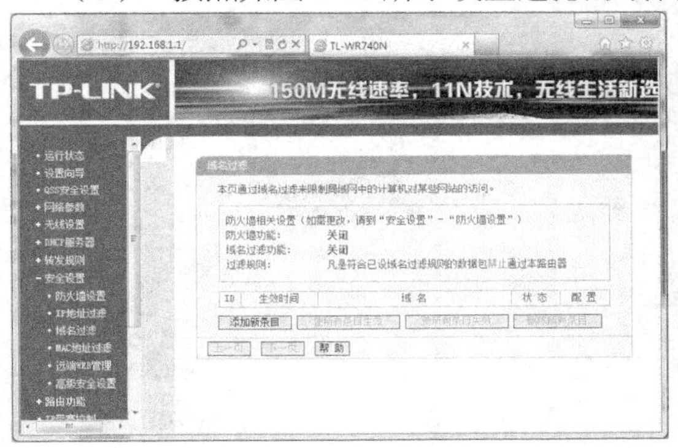

图6-46 启用域名过滤功能

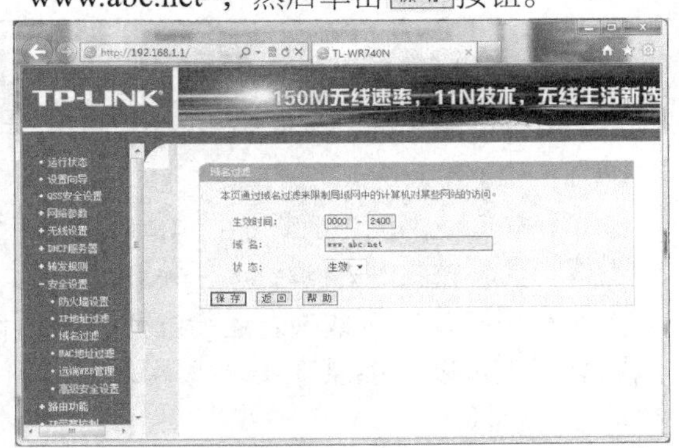

图6-47 设置过滤域名

任务三 组建无线局域网

随着无线通信越来越普及，主流配置的笔记本电脑、手机、PDA 等设备都具备了无线功能，特别是针对无线网络来说，无线办公越来越贴近我们的生活。

（一） 认识无线局域网

无线局域网的基础还是传统的有线局域网，是有线局域网的技术扩展，是在有线局域网的基础上通过无线路由器、无线网桥、无线网卡等设备来实现无线通信。

1. 无线局域网和有线局域网的对比

除了传输介质外，无线局域网和有线局域网还有诸多不同之处，二者的对比如表 6-4 所示。

表 6-4 无线局域网和有线局域网的对比

项目	有线局域网	无线局域网
布线	线路冗长，办公室线缆泛滥	完全不需要布线

续表

项目	有线局域网	无线局域网
吞吐率	10Mbit/s、100Mbit/s、1 000Mbit/s	2Mbit/s、11Mbit/s
成本	安装成本高，设备成本低，维护成本高	安装成本低，设备成本高，维护成本低
移动性	几乎无法在移动的条件下访问局域网或Internet 资源	可以在移动条件下访问局域网或Internet 资源
扩充性	较弱，并且扩充时需要更改物理线路，设置重新布置缆线，施工烦琐，且施工周期长	较强，只需要增加适配卡或接入点即可，操作便捷
线路费用	远距离连接时，需要租用线路，费用高，传输速率低	不需要增加任何租用费用，只需要架设天线等一次性投资即可
安全性	高，主要在 3 层以上实现	高，主要在 2 层、3 层以上实现

2. 无线局域网的传输介质

与有线网络一样，无线局域网也需要传输介质。

（1） 红外系统。

红外线局域网采用波长小于 1μm 的红外线作为传输媒体，具有较强的方向性。图 6-48 所示为一台笔记本电脑利用红外线将数据发送给打印机。两台笔记本电脑之间也可以直接通过红外线端口进行连网，但是传输速率较低。

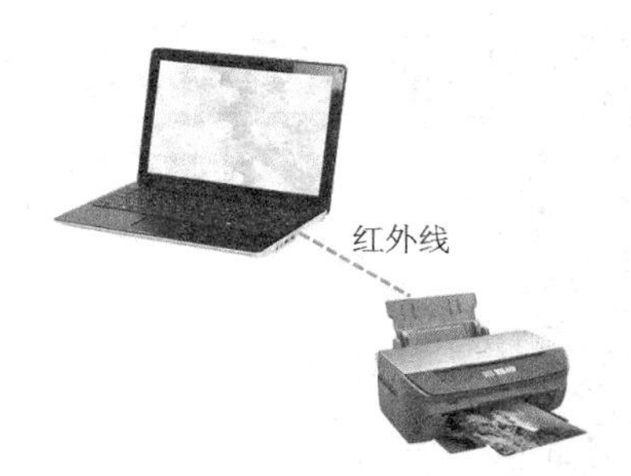

图6-48 使用红外线传输数据

通常，红外网络传输难以传输超过 30m 以上的距离，并且还容易受到大多数商业环境中强烈的环境光线以及各种强光源的影响。此外，红外线不能穿越墙壁。

（2） 无线电波。

采用无线电波作为局域网传输介质目前应用最广泛。无线电波覆盖范围广，抗干扰能力强，通信安全，实用性强。

无线局域网使用的频段主要是 S 频段（2.4GHz ~ 2.4835GHz），该频段属于工业自由辐射频段，不会对人体健康造成危害。

3. 无线局域网的结构

无线局域网通信范围不受环境条件限制，网络的传输范围大大拓宽，最大传输距离可达几十千米。此外，无线局域网的抗干扰能力强，网络保密性好，可以避免有线局域网中的诸多安全问题。

对于不同的局域网应用环境和要求，无线局域网可采取不同的网络结构来实现，常用的结构类型和特点如表 6-5 所示。

表 6-5 无线局域网的结构类型和特点

结构类型	特点
网桥连接型	① 使用无线网桥实现不同局域网之间的互连 ② 无线网桥不仅提供两个局域网之间的物理层和数据链路层之间的连接，还为两个局域网用户提供较高层的路由与协议转换
基站接入型	① 采用移动蜂窝通信网接入方式组建无线局域网时，各站点之间的通信通过基站接入、数据交换方式来实现互连 ② 各移动站不仅可以通过交换中心自行组网，还可以通过广域网与远地站点组建自己的工作网络
集线器接入型	① 使用无线集线器可以组建星型结构的无线局域网，具有与有线局域网类似的优点 ② 在该结构基础上的无线局域网，可采用类似于交换型以太网的工作方式，要求集线器具有简单的网内交换功能
无中心结构	① 网中任意两个站点间均可以直接通信 ② 一般使用公共广播通道，MAC 层采用 CSMA 类型的多址接入协议

4. 无线局域网的标准协议

无线网络标准从硬件电气参数上规范了设备应该遵循的标准，只有采用同一标准的设备彼此之间才能实现网络互连。

（1） 802.11 标准。

IEEE 802.11 无线局域网标准是无线局域网目前最常用的传输协议，是无线网络技术发展中的一个里程碑。该标准使各种不同厂商的无线产品得以互连，并且降低了无线局域网的造价。目前，各个企业都有基于该标准的无线网卡产品。

802.11 定义了两种类型的设备：一种是无线站，即带有无线网卡的计算机、打印机或其他设备；另一种被称为无线接入点，用来提供无线与有线网络之间以及无线设备相互之间的桥接。一个无线接入点通常由一个无线输出口和一个有线网络接口构成。

802.11 标准包括一组标准系列，现阶段主要使用的有 801.11b、802.11a 和 802.11g。

802.11g 工作在 2.4GHz 频段，该标准产品的传输速度能达到 54Mbit/s，除了高传输速率和兼容性上的优势外，还具备穿透障碍的能力，能适应更加复杂的使用环境。

（2） 蓝牙。

蓝牙（IEEE 802.15）是一项最新标准，该标准的出现是对 802.11 标准的补充。蓝牙是一种极其先进的大容量、近距离无线数字通信的技术标准，最高数据传输速率为 1Mbit/s，传输距离为 10cm ~ 10m。

蓝牙比 802.11 标准更具移动性。例如，802.11 标准将无线网络限制在办公室或校园等小范围内，而蓝牙却能把一个设备连接到 LAN（局域网）或 WAN（广域网），还支持全球漫游。

蓝牙具有成本低、体积小的优点，可以用于更多类型的设备。

（3） HomeRF。

HomeRF 主要为家庭网络设计，是 IEEE 802.11 与 DECT（数字无绳电话标准）的结合，目的在于降低语音数据成本。目前 HomeRF 的传输速率较低，只有 1Mbit/s～2Mbit/s。

表 6-6 所示为 3 种常用无线局域网标准的对比。

表 6-6 3 种常用无线局域网标准的对比

对比项目	802.11g	HomeRF	蓝牙
传输速率	54Mbit/s	1Mbit/s、2Mbit/s、10Mbit/s	1Mbit/s
应用范围	办公区域和校园局域网	家庭、办公室、私人住宅等	
终端类型	笔记本电脑、台式计算机、掌上电脑、Internet 网关	笔记本电脑、台式计算机、Modem、电话、移动设备、Internet 网关	笔记本电脑、蜂窝式电话、掌上电脑、轿车
接入方式	接入方式多样化	点对点或每节点多种设备接入	
覆盖范围	300m	50m	100m
支持的企业	Cisco、Lucent、3Com、WECA、Consortium	Apple、Compaq、Dell、Intel、Motorola、Proxim	Ericsson、Motorola、Nokia

5. **无线局域网的硬件设备**

组建一个小型无线局域网需要的硬件设备主要包括以下几种。

（1） 无线网卡。

无线网卡（见图 6-49）的功能与普通网卡相同，如果一台计算机要接入无线网络，则必须首先安装无线网卡。

（2） 无线 AP。

无线 AP（见图 6-50）又称无线接入点，作用类似于有线网络中的集线器，用作无线信号集线器。当网络中新增一个无线 AP 后，可以成倍地扩展网络覆盖范围，并大幅度提高信号的稳定性，同时还可以使网络中容纳更多的网络设备。

图6-49 无线网卡

图6-50 无线 AP

知识提示

一台无线 AP 理论上可以支持接入 80 台计算机，但是接入 25 台以下计算机时信号最佳。

（3） 无线路由器。

无线路由器（见图 6-51）结合了无线 AP 和宽带路由器的功能，通过无线路由器可以实现无线共享 Internet 连接。

（4） 无线天线。

无线天线（见图 6-52）用来放大信号，以适合于更远距离的传送，从而延长网络的覆盖范围。具体有室内无线天线和室外无线天线两种类型。

图6-51 无线路由器

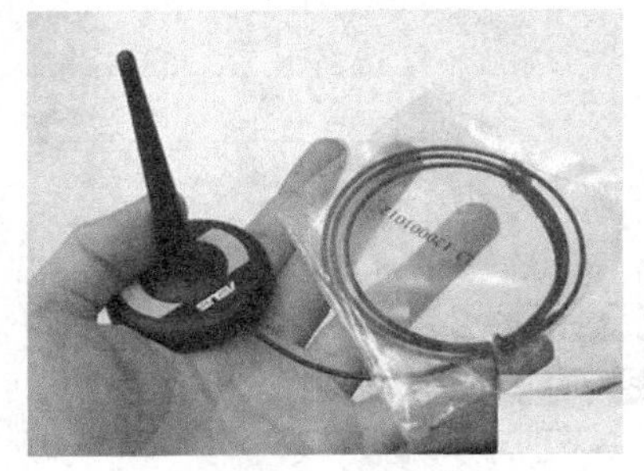
图6-52 无线天线

（二） 组建无线局域网

根据目前的无线技术状况，可以通过红外、蓝牙及 802.11b/a/g 3 种无线技术组建无线办公网络。红外技术的数据传输速率仅为 115.2kbit/s，传输距离一般只有 1m；蓝牙技术的数据传输速率为 1Mbit/s，通信距离为 10m 左右；而 802.11b/a/g 的数据传输速率达到了 11Mbit/s，有效距离长达 100m，更具有“移动办公”的特点，可以满足用户运行大量占用带宽的网络操作，基本就像在有线局域网上一样。所以，802.11b/a/g 比较适合用在办公室构建的企业无线网络（特别是笔记本电脑）。

从成本上来看，802.11b/a/g 也比较廉价，因为目前很多笔记本电脑一般都为迅驰平台，本身就集成了 802.11b/a/g 无线网卡，用户只要购买一台无线局域网接入器（无线 AP）即可组建无线网络。蓝牙根据网络的概念提供点对点和点对多点的无线连接。在任意一个有效通信范围内，所有设备的地位都是平等的。当然，从另一个角度来看，蓝牙更适合家庭组建无线局域网。

安装无线网络是指在操作系统中对使用无线网络连接的计算机进行系统配置，本操作以 Windows 7 系统为例介绍如何配置无线网络。

【例 6-4】 组建无线局域网。

【操作步骤】

STEP 1 在任务栏右侧的图标上单击鼠标右键，在弹出的快捷菜单中选择【打开网络和共享中心】命令，打开【网络和共享中心】窗口，然后单击【设置新的连接或网络】选项，如图 6-53 所示。

STEP 2 在弹出的【设置连接或网络】对话框中，选中【设置无线临时（计算机到计算机）网络】选项，单击 下一步(N) 按钮，如图 6-54 所示。

知识提示

采用 WPA 加密方式来加密的话目前有 4 种认证方式：WPA；WPA-PSK；WPA2；WPA2-PSK。WPA 加密的安全性更高，是当前无线网络最常用的加密方式，但是值得注意的是，WPA 的密钥必须是 8 ~ 63 位。

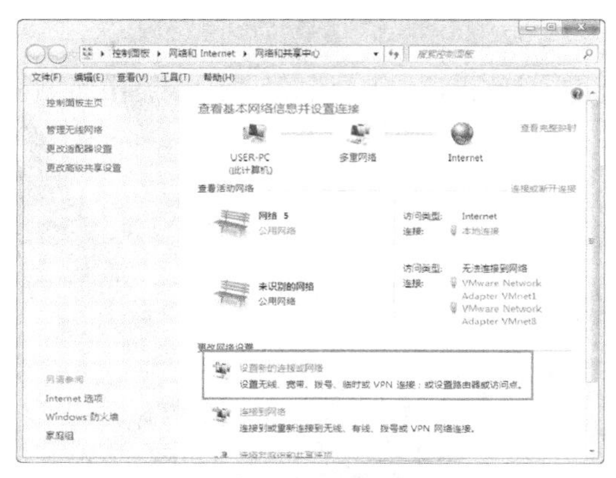

图6-53 【网络和共享中心】窗口

图6-54 选择连接选项

STEP 3 出现设置无线临时网络提示窗口，单击 下一步(N) 按钮，如图 6-55 所示。

STEP 4 出现设置临时网络向导，在网络名输入框中输入网络名（SSID）。SSID 主要用来区别不同的无线网络，可根据自己的情况进行设置。在【安全类型】下拉框中选择“WPA2-个人”选项，并在【安全密钥】文本框中输入无线网络的密钥，单击 下一步(N) 按钮，如图 6-56 所示。

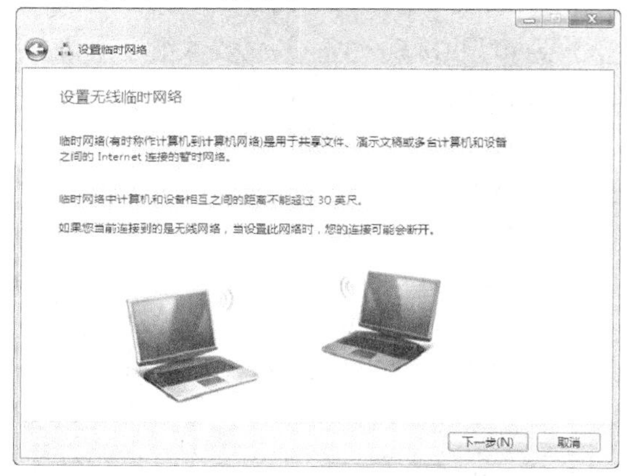

图6-55 设置临时网络

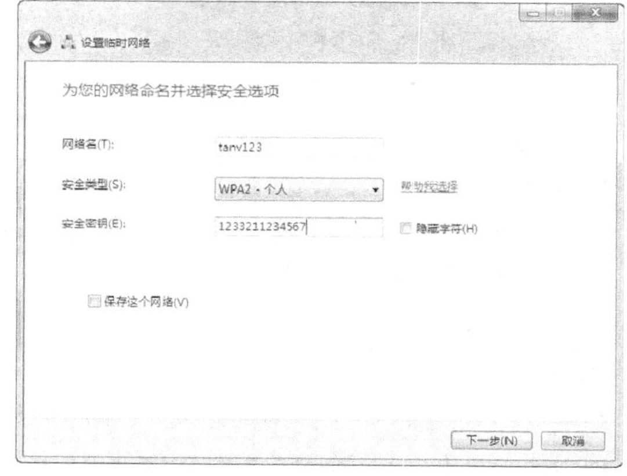

图6-56 设置 SSID 和密钥

STEP 5 出现无线临时网络创建成功窗口，单击 关闭(C) 按钮完成配置。如图 6-57 所示。

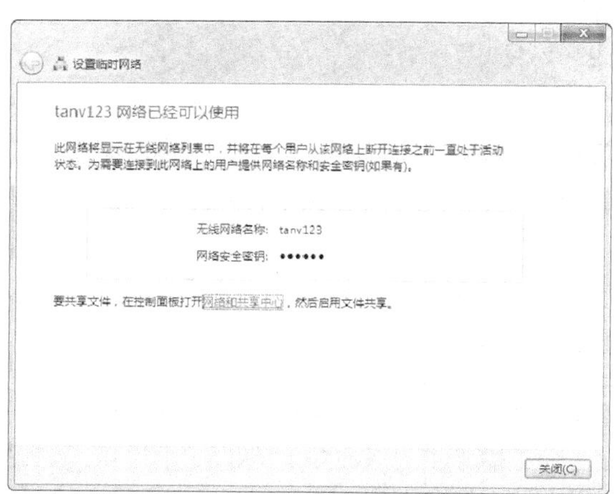

图6-57 完成无线网络设置

STEP 6 设置完成后，其他用户就可以通过无线连接到临时网络，单击任务栏上的图标，弹出无线网络列表，单击刚刚设置的临时网络，然后单击【连接(C)】按钮，如图 6-58 所示。一段时间后，弹出【键入网络安全密钥】窗口，在文本框输入安全密钥，然后单击【确定】按钮。

STEP 7 一段时间后，连接成功，效果如图 6-59 所示。

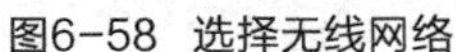
图6-58 选择无线网络

图6-59 连接成功

知识提示

目前，无线网络最令人不放心的因素便是安全问题。虽然通过加密、禁用 SSID 广播等措施可以对无线网络进行加密设置，保护网络的安全，但无线网络安全性还是非常脆弱的。

STEP 8 打开【控制面板】窗口，单击【系统和安全】选项，进入【系统和安全】窗口，在右侧窗口单击【Windows 防火墙】选项，进入 Windows 防火墙设置窗口，在左侧窗口单击【打开或关闭 Windows 防火墙】选项，弹出【防火墙自定义设置】窗口，选中两个网络位置的【启用 Windows 防火墙】单选按钮，然后单击【确定】按钮，主要目的是启用 Windows 防火墙，如图 6-60 所示。

STEP 9 在 Windows 防火墙设置窗口中，单击左侧窗口的【允许程序通过 Windows 防火墙通信】选项，弹出【允许程序通过 Windows 防火墙通信】窗口，然后单击【更改设置(N)】按钮，就可以对添加访问网络的程序和服务，如图 6-61 所示。

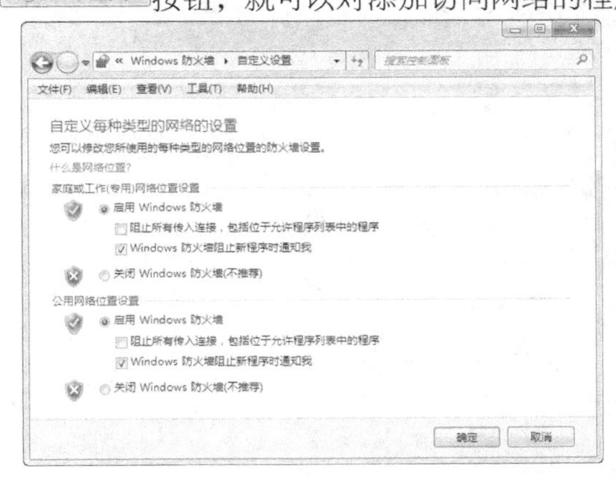

图6-60 启用防火墙

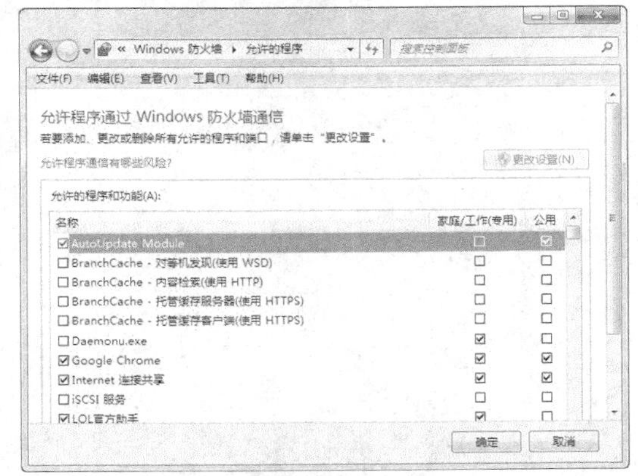

图6-61 选择跨越防火墙程序

无线网络的组建并不复杂，熟悉了普通网络的设置以后，对于无线网络配置只需按照规定的操作步骤设置即可。注意，无线数据传输的安全性非常差，因此，在安全性设置过程中一定要注意，千万不可产生漏洞。

实训一　共享网络资源

组建局域网后，用户不仅可以使用网络功能在本地网络中查找信息和使用资源，还可以创建网络资源的快捷访问方式，以提高查找资源的速度。同时，还可以对共享资源进行设置。

当计算机接入局域网后，可以方便地实现网络共享，如共享磁盘驱动器或文件夹等。

【实训要求】

掌握在局域网内共享文件和驱动器的一般方法。

【操作步骤】

STEP 1　共享文件夹中的文件。

（1）　打开共享资源所在的目录，在共享资源上单击鼠标右键，在弹出的快捷菜单中选择【共享】/【高级共享】命令，如图 6-62 所示。

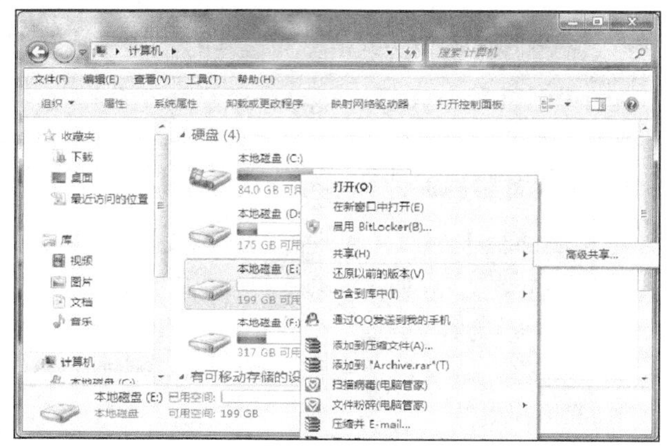

图6-62　共享设置

（2）　弹出【本地磁盘 属性】对话框，单击 高级共享(D)... 按钮，如图 6-63 所示。

（3）　出现【高级共享】对话框，选中【共享此文件夹】复选框，然后单击 权限(P) 按钮，如图 6-64 所示。

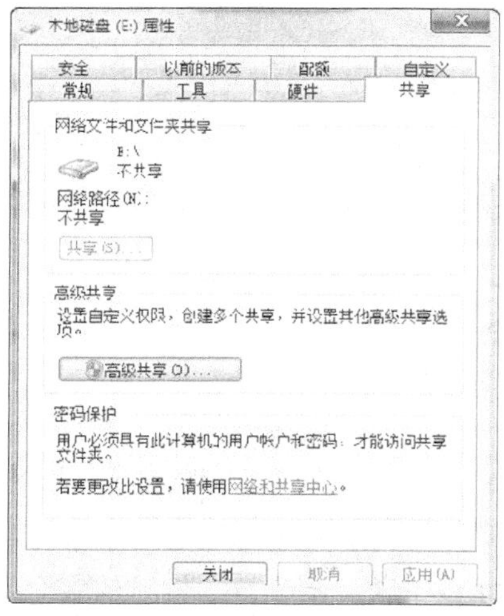

图6-63　【本地磁盘 属性】对话框

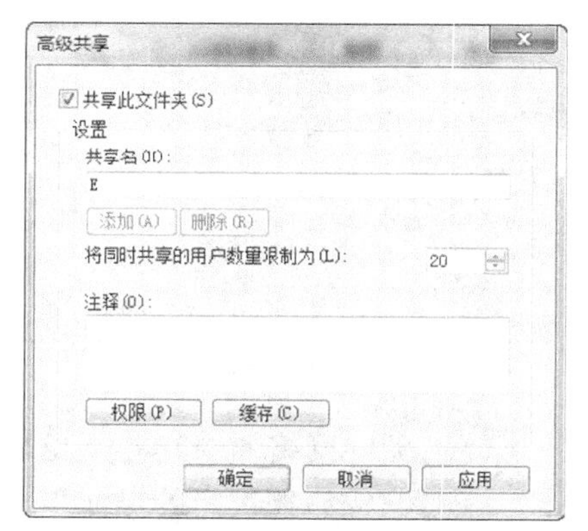

图6-64　共享文档文件夹

（4） 弹出权限设置对话框，可以在【组或用户名】列表框添加删除组或用户名，在权限列表框通过选中权限的复选框来设置相应组或用户拥有的访问权限，如图 6-65 所示。设置完成后单击 确定 按钮，返回【高级共享】窗口，然后再单击 确定 按钮，完成共享设置。

（5） 在属性窗口的密码保护选项卡中单击【网络和共享中心】选项，弹出高级共享设置窗口，选中【启用网络发现】单选按钮，然后单击 保存修改 按钮，如图 6-66 所示。

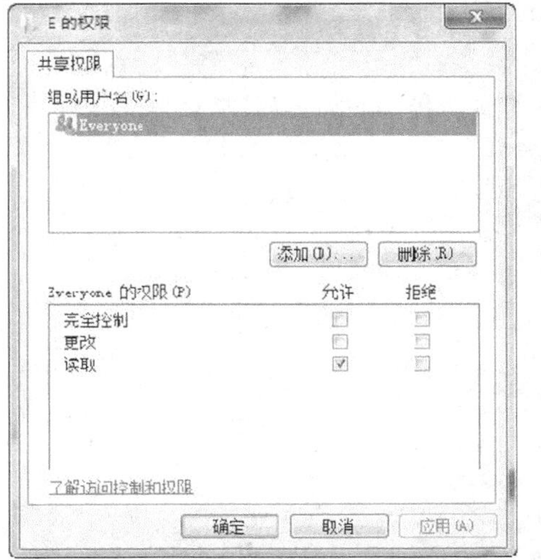

图6-65 共享属性向导

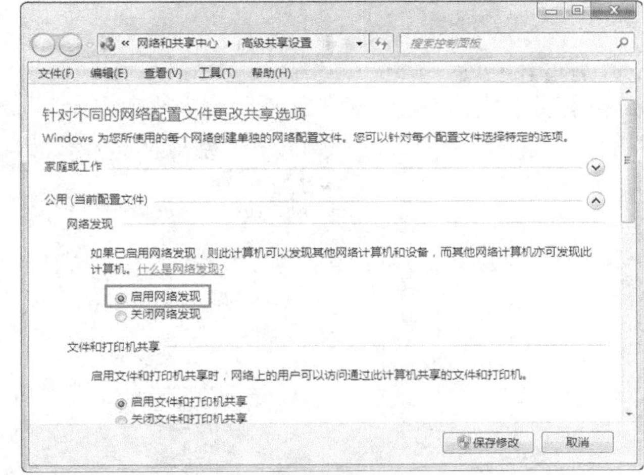

图6-66 共享文档文件夹

STEP 2 访问共享资源。

要访问局域网中的共享资源，可以按照以下操作进行。

（1） 双击桌面上的【网络】图标，打开【网上邻居】窗口，这里显示可以访问到的网络计算机，如图 6-67 所示。

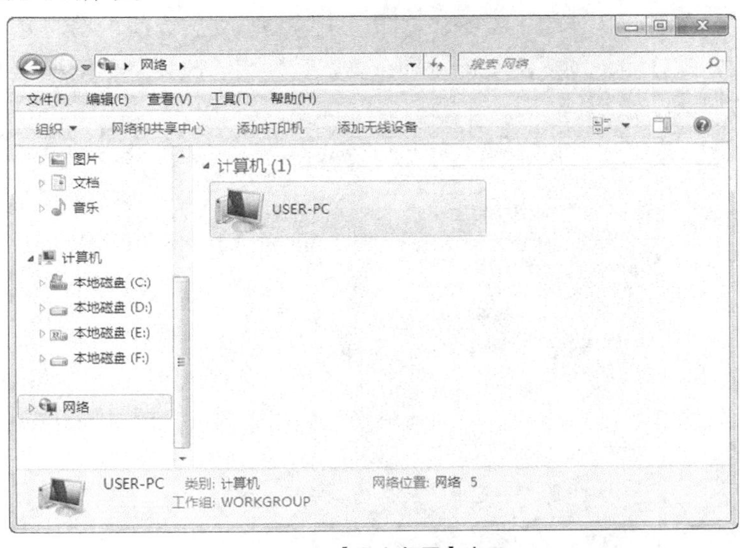

图6-67 【网上邻居】窗口

（2） 双击图 6-67 中的对象，即可访问其中的资源。

实训二　添加网络中的共享打印机

若局域网中有一台网络共享打印机，则网络中所有计算机都可以添加和共享该打印机，从而大大减小设备开销。

【实训要求】

掌握在局域网中共享打印机的一般方法。

【操作步骤】

STEP 1　选择【开始】/【控制面板】命令，打开【控制面板】窗口。单击【硬件和声音】组下面的【查看设备和打印机】选项，如图 6-68 所示。

图6-68　【控制面板】窗口

STEP 2　在随后打开的【设备和打印机】窗口中列出当前可用的打印机，选中拟共享的打印机后，在该打印机图标上单击鼠标右键，在弹出的快捷菜单中选择【打印机属性】命令，如图 6-69 所示。

图6-69　【打印机和传真】窗口

STEP 3 在弹出的打印机属性对话框中选择【共享】选项卡，选中【共享这台打印机】复选框，然后输入共享打印机名称，最后单击 确定 按钮，如图 6-70 所示。

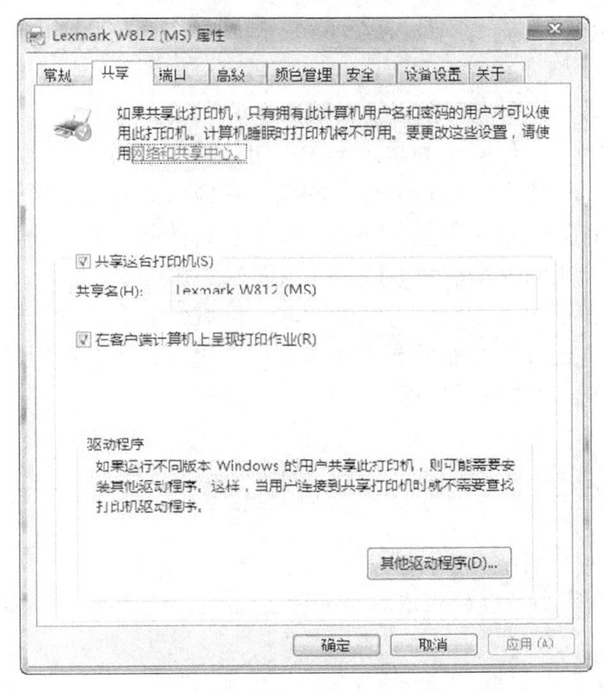

图6-70 共享打印机

STEP 4 共享后打印机状态图标将发生变化，如图 6-71 所示，该打印机就可以被局域网内其他打印机使用了，其他用户可以使用与访问共享文件类似的方法访问共享打印机。

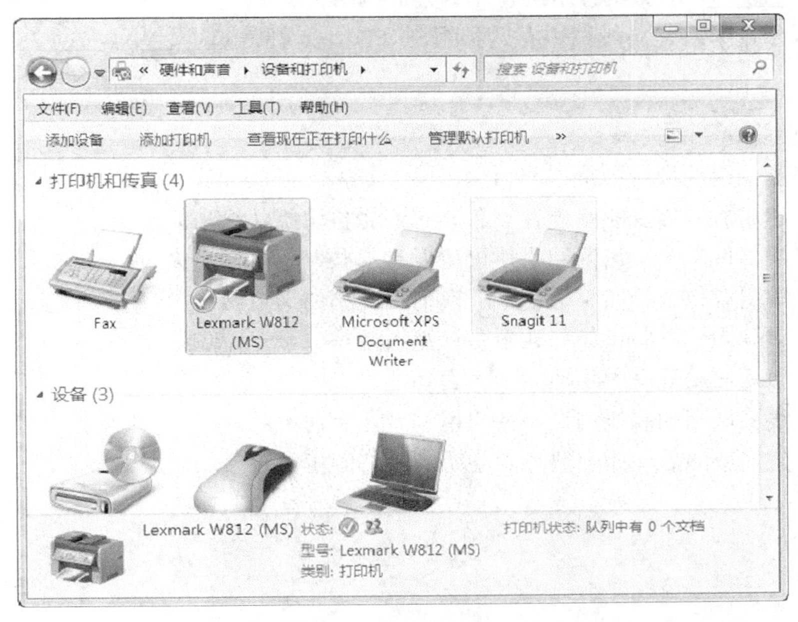

图6-71 共享结果

小结

局域网技术是当前主流的网络技术之一，是局限在一定范围内的计算机网络。在局域网内，各个计算机可以相互通信并共享资源。局域网分布范围小，投资小，配置简单，目前已被广泛应用于教育教学、信息传播以及游戏娱乐等领域。

对等网络也称为工作组网，通常用于在一定范围内组建计算机数量较少的局域网，这种网络中计算机的地位平等，无主从之分，网络上任意节点处的计算机既可作为网络服务器，为其他计算机提供资源，也可作为工作站，以分享其他服务器上的资源。本项目重点介绍了双机对等网、家庭局域网以及宿舍局域网的组建方法和基本要领。

无线局域网是在不采用传统电缆线的同时，提供传统有线局域网的所有功能。无线局域网技术被认为是下一代 IT 产业发展的最大推动力之一，历经多年的发展，目前已经成为应用于家庭和企业中的一种成熟网络模式。

习题

一、填空题

1. 在家庭网络或小型办公室内通常采用____________模式，而在大型企业网络中则通常采用____________模式。

2. 在对等网中没有“域”，只有“____________”。

3. 双绞线连接实现双机通信中，使用的双绞线端口接线方法为____________。

4. 根据目前的无线技术状况，可以通过____________、____________和____________3 种无线技术组建无线办公网络。

5. 蓝牙技术组建局域网中有两种组网方式，一种是____________组网，另一种是____________组网。

二、简答题

1. 简要说明局域网的特点和用途。
2. 组建局域网需要哪些硬件设备？它们各自负担什么功能？
3. 组建局域网时采用的网络协议主要有哪些？各有何用途？
4. 对等网有什么特点？适合于组建何种类型的局域网？
5. 在对等局域网中，如何让多台计算机共享 Internet 连接？
6. 路由器在局域网中主要承担什么功能？
7. 无线局域网和有线局域网在应用领域上有何不同？
8. 组建局域网后，如何共享网络资源和打印机等设备？

PART 7

项目七 网络基本应用

计算机网络为人们开启了一扇通往外界的窗户，借助网络可以实现资源共享和信息交流。随着计算机网络技术的发展，大多数用户可以轻松借助现成的工具和软件实现这些网络功能，本项目将带领读者亲自动手实现 Web 站点和 FTP 站点的创建工作，并简要介绍虚拟专用网的组建方法。

知识技能目标

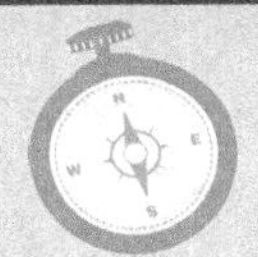

- 明确创建 Web 站点的一般方法。
- 明确构建 FTP 站点的一般方法。
- 明确组建虚拟专用网的一般方法。
- 学会使用 Serv-U 创建 FTP 站点。

任务一　创建 Web 站点

Web 站点又叫作 Web 服务器，主要提供信息浏览服务。Web 服务器的工作过程可以概括为处理请求，并将结果页面发送给客户端浏览器，而客户端浏览器负责解释接收到的数据代码，最后展现给客户端的就是网页界面。

Web 服务器实质上就是驻留在各种类型计算机中的一个程序，用来实现 Web 服务器的程序很多，IIS 和 Apache 就是两种比较流行的 Web 服务器。

（一）　设置 Web 站点

Internet Information Server（IIS）是由 Microsoft 公司推出的用于为动态网络应用程序创建强大通信平台的工具。Windows Server 2012 使用 IIS 8.0，IIS 8.0 支持最新的 Web 标准（ASP .NET，XML 和 SOAP），用于开发、实现和管理 Web 应用程序，是网络应用程序的理想平台。

Web 站点的创建是网络服务器配置过程中非常重要的一环，创建 Web 站点是对外发布信息和建立站点不可或缺的步骤，对于新安装的操作系统，本身没有提供 IIS 设置，首先要安装 IIS，安装后的 IIS 已经自动建立了“管理”和“默认”两个站点，其中管理 Web 站点用于站点远程管理，可以暂时停止运行，但最好不要将其删除，否则重建时会很麻烦。

【例 7-1】设置 Web 站点。

【基础知识】

每个 Web 站点都具有唯一的、由 3 个部分组成的标识用来接收和响应请求，分别是端口号、IP 地址和主机名。

浏览器访问 IIS 时的执行顺序是 IP 地址/端口/主机名/该站点主目录/该站点的默认首页文档，所以 IIS 的整个配置流程应该按照访问顺序进行设置，如图 7-1 所示。

【操作步骤】

STEP 1 安装 IIS。

（1） 单击桌面左下角的 按钮，打开【服务器管理器】窗口。该窗口几乎集中了服务器的常规选项，以便于用户管理服务器。

（2） 要安装 IIS 需在左侧列表中选中【仪表盘】选项，在右侧单击选择【添加角色和功能】选项，如图 7-2 所示。

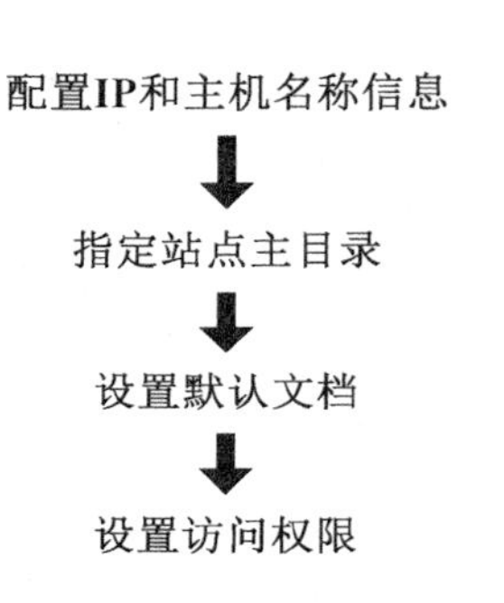

图7-1 IIS 配置流程

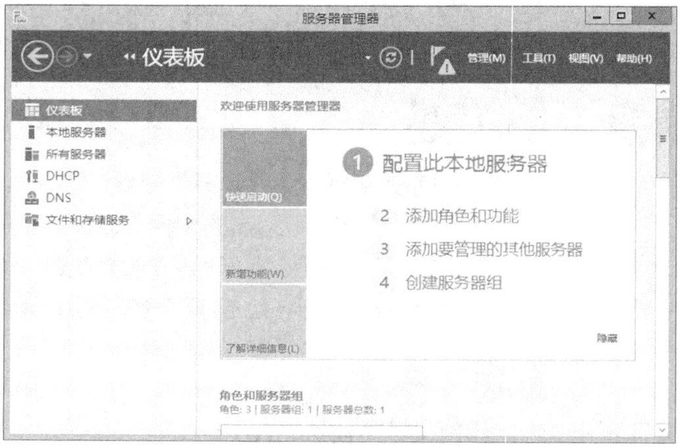

图7-2 【服务器管理器】窗口

（3） 弹出【添加角色和功能向导】窗口，依次单击 下一步(N) > 按钮，直到左边【服务器角色】选项被选中，如图 7-3 所示。

（4） 在右侧单击【Web 服务器（IIS）】复选框，弹出如图 7-4 所示对话框，选中【包括管理工具（如果适用）】复选框，然后单击 添加功能 按钮。

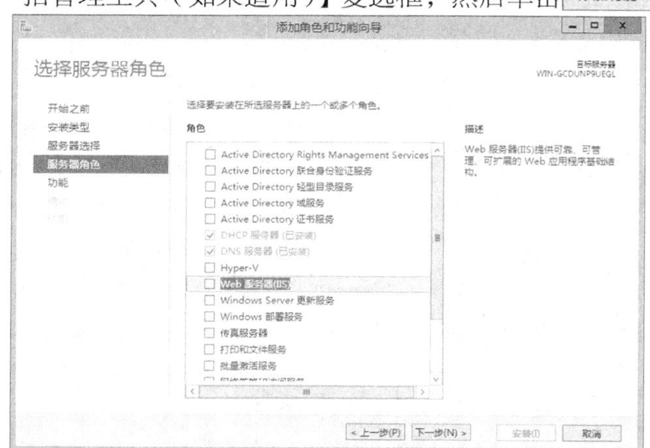

图7-3 【添加角色和功能向导】窗口

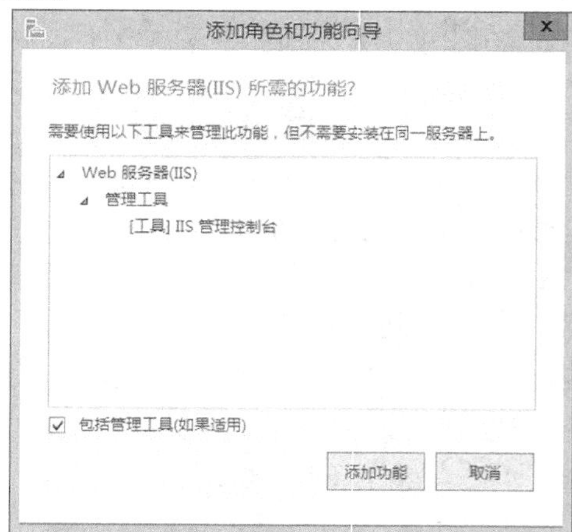

图7-4 添加 IIS 向导页

（5） 返回【添加角色和功能向导】窗口，此时【Web 服务器（IIS）】复选框已经被选中，单击 下一步(N) > 按钮，此时左侧选项栏会新增加【Web 服务器（IIS）】选项，依次单击 下一步(N) > 按钮，直到【Web 服务器（IIS）】选项下的【角色服务】选项被选中为止。如图 7-5 所示。

（6） 保持默认设置，用户也可以根据自己的需要来选中更多的功能，然后单击 下一步(N) > 按钮，弹出确认安装内容窗口，如发现错选或者少选，可单击 < 上一步(P) 按钮重新进行设置，如图 7-6 所示。

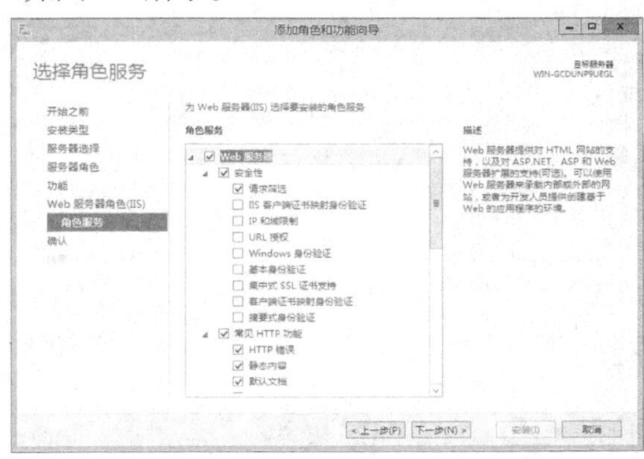

图7-5 配置选项向导页

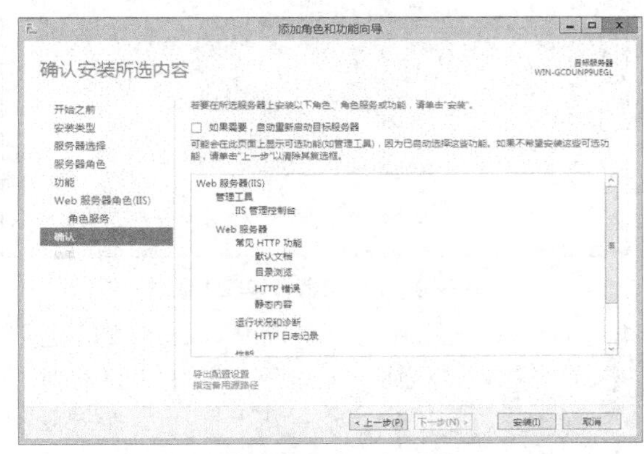

图7-6 确认安装向导页

（7） 单击 安装(I) 按钮，一段时间后，Windows Server 2012 将自动安装 IIS，安装完成后，出现安装结果窗口，如图 7-7 所示。

（8） 单击 关闭 按钮，完成 IIS 的安装。回到【服务器管理器】窗口，在左侧可以看到 IIS 选项，如图 7-8 所示。

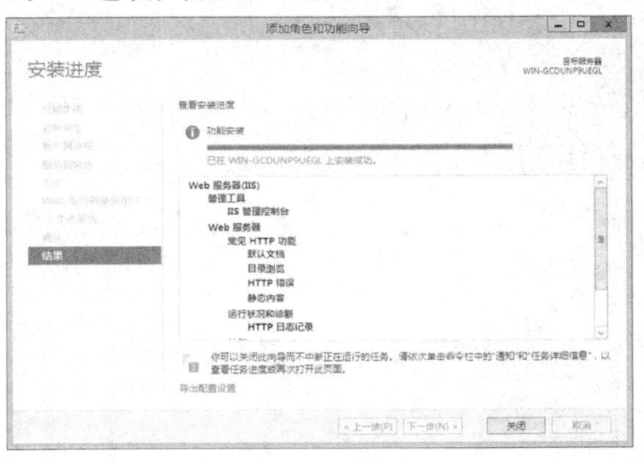

图7-7 完成配置向导页

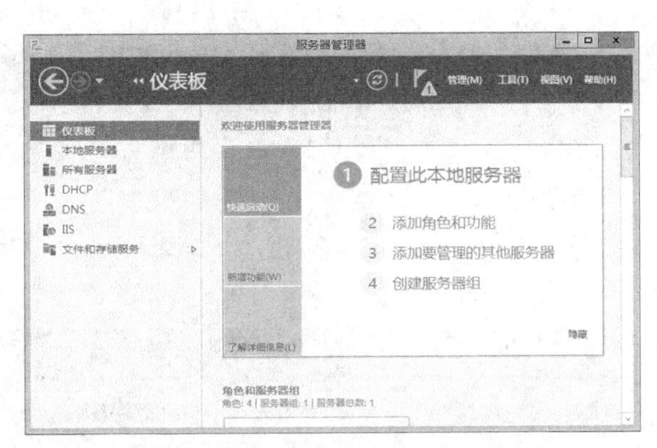

图7-8 完成配置的【服务器管理器】窗口

STEP 2 创建 Web 站点。

成功安装 Web 服务管理平台以后，Windows Server 2012 已经具备了发布 Web 站点的功能。默认情况下 Web 服务组件中已经创建了一个默认的 Web 站点，该 Web 站点指向了默认的网站目录。通过修改该默认站点的属性可以发布用户自己的网站，本操作将重新创建一个 Web 站点。

（1） 在【服务器管理器】窗口右上角单击【工具】选项，在弹出的菜单中选择【Internet 信息服务（IIS）管理器】选项，如图 7-9 所示。

（2） 弹出【Internet 信息服务（IIS）管理器】窗口，在左侧的列表框中，双击本地计算机的名称（本例为【WIN-GCDUNP9UEGL（本地计算机）】，其中“WIN”为计算机单位名，“GCDUNP9UEGL”为计算机编号），如图 7-10 所示。

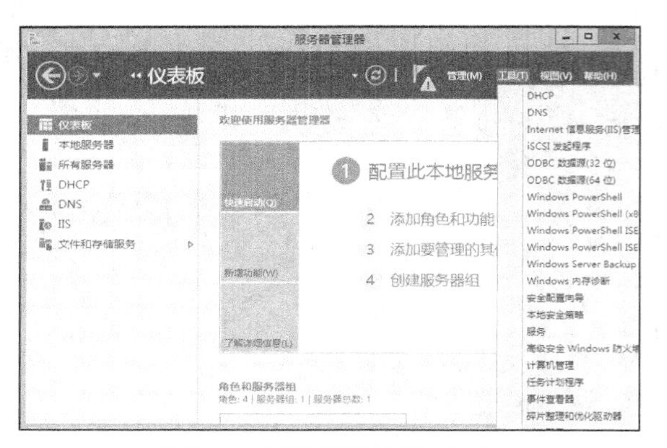

图7-9 【服务器管理器】窗口

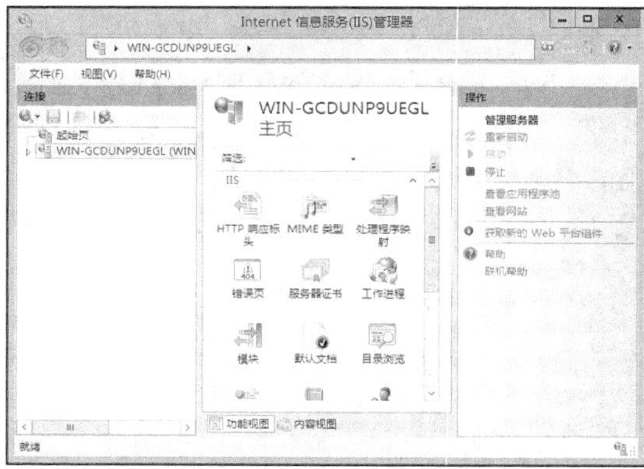

图7-10 【Internet 信息服务（IIS）管理器】窗口

（3） 左侧列表框被展开，在展开的选项中右键单击【网站】选择，在弹出的快捷菜单中选择【添加网站...】命令，如图 7-11 所示。

（4） 弹出【添加网站】窗口，在网站名称输入框输入要创建网站名称（本例为“tanv 的网站”），应用程序池保存默认，单击在物理路径选项右侧 ... 按钮，需要为 Web 站点指定位置（本例为“C:\人民邮电\计算机网络”），在【类型】下拉列表中选择“http”选项，在【IP 地址】下拉列表中选择适合的 IP 地址（本例为“192.168.202.145”），端口设置为默认值 80，取消【立即启动网站】复选框选中状态，然后单击 确定 按钮，如图 7-12 所示。

如果 IIS 中只有一个 Web 站点，端口和 IP 使用默认值就可以了。若在 IIS 中创建多个 Web 站点，则每个站点的端口和 IP 不能同时相同。“80”端口是指派给 HTTP 的标准端口，主要用于 Web 站点的发布。【此网站的主机明（默认：无）】选项，采用默认的空白设置。

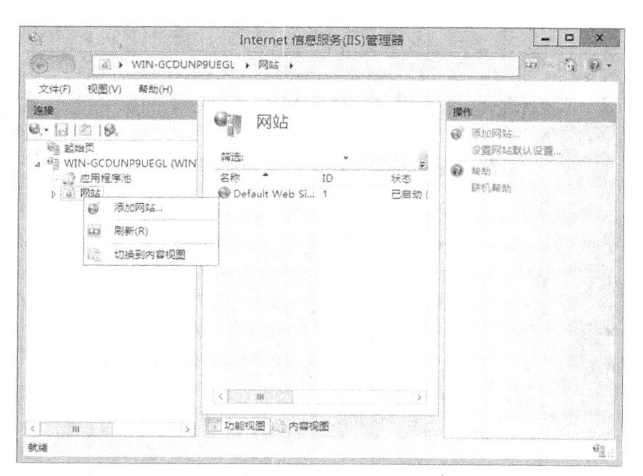

图7-11 添加网站

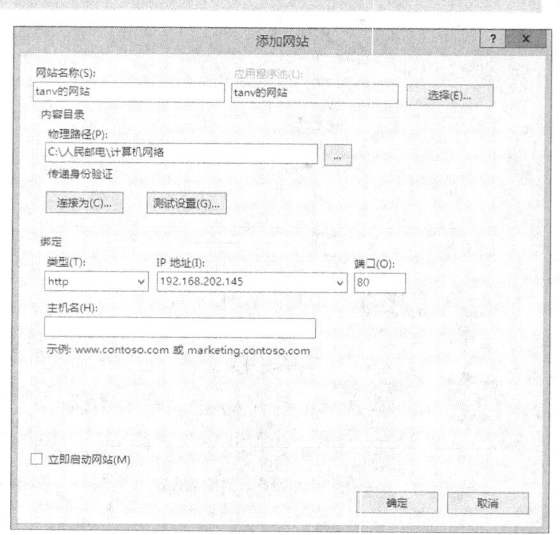

图7-12 配置网站参数

对【应用程序池】解释如下。

应用程序池就是可以看成装载计算机分配给动态网站的内存的容器。如果内存是水，那么应用程序池就是鱼缸，动态网站就是鱼缸中的金鱼。多个动态网站可以存在于同一个应用程序池里，即鱼缸中可以放多条金鱼。

本例应用程序池默认选中后，系统会自动创建一个应用程序池分配给当前网站，用户也可以通过单击 选择(E)... 选项来为当前网站指定一个应用程序池。

可以通过在【Internet 信息服务（IIS）管理器】窗口左侧应用程序池来新建、删除等操作来管理 IIS 应用程序池。

（5） 此时可看到【Internet 信息服务（IIS）管理器】窗口中出现了变化，如图 7-13 所示。此时的新建站点并不能保证被访问，因为在系统里已经有一个“Default Web Site”，并且该站点有可能与已设站点具有相同的静态 IP 地址，所以应将“Default Web Site”设置为禁用。

（6） 单击【Default Web Site】选项，在右侧【操作】栏单击【停止】选项，如图 7-14 所示。

图7-13 新建后站点

图7-14 选择【停止】命令

（7） 选择【停止】命令后，【默认网站】即处于停止状态，如图 7-15 所示。

图7-15 禁用默认站点

（二） 设置 Web 站点属性

属性是 Web 站点创建之后主要的维护方式，同时，它也包含了站点中所有的设置选项，下面介绍属性中的部分主要设置。

【例 7-2】 设置 Web 站点属性。

【基础知识】

应用程序进行对外通信或者是计算机上需要提供一项服务，就必须先要建立一个从本机到网络的通道，这个通道即称为端口。

TCP 默认端口通常是“80”，如修改了端口，则需要用“http://ip:端口”的格式进行浏览。例如，主站点是“http://192.168.202.145”，默认的端口号是“80”，可以打开另外端口重新开设站点，如 81 端口，访问时需要在地址后面添加端口号，如“http://192.168.202.145:81”。

【操作步骤】

STEP 1 设置 IP 和端口及主机名属性。

（1） 执行完例 7-1 的基本操作之后，在已创建的站点名（本例为“tanv 的网站”）上单击鼠标左键，在右侧的【操作】栏单击【绑定】选项，如图 7-16 所示。

（2） 弹出【网站绑定】对话框，如果要对 IP 和端口进行修改，选中已经设置好的端口和 IP，单击 编辑(E)... 按钮，如果添加 IP 和端口，则单击 添加(A)... 按钮，如图 7-17 所示。

图7-16 选择【绑定】选项

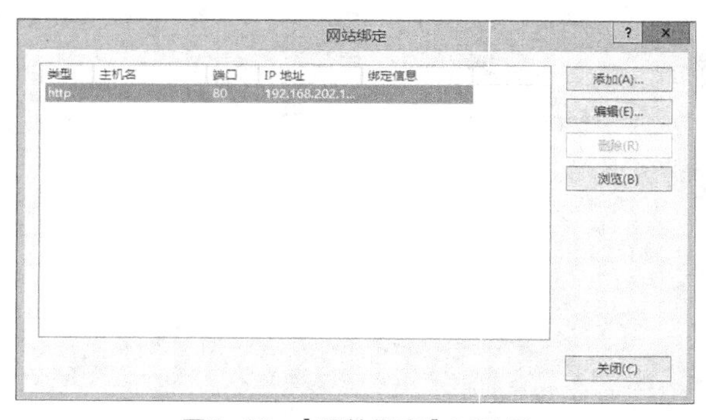

图7-17 【网站绑定】对话框

（3） 弹出【编辑网站绑定】对话框，其中可以修改 IP 地址和端口及主机名（本例将端口修改为“81”），然后单击 确定 按钮，如图 7-18 所示。

（4） 完成修改后，在【网站绑定】对话框发现端口号已经被修改，单击 关闭(C) 按钮完成编辑，如图 7-19 所示。

图7-18 编辑绑定

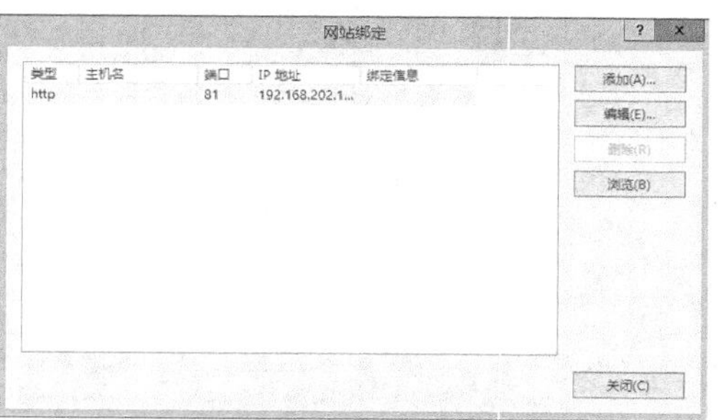

图7-19 完成绑定

STEP 2 设置物理路径。

（1） 在已创建的站点名（本例为“tanv 的网站”）上单击鼠标左键，在右侧的【操作】栏单击【基本设置】选项，如图 7-20 所示。

（2） 弹出【编辑网站】对话框，单击 ... 按钮重新选择物理路径，如图 7-21 所示。

图7-20 选择【基本设置】选项

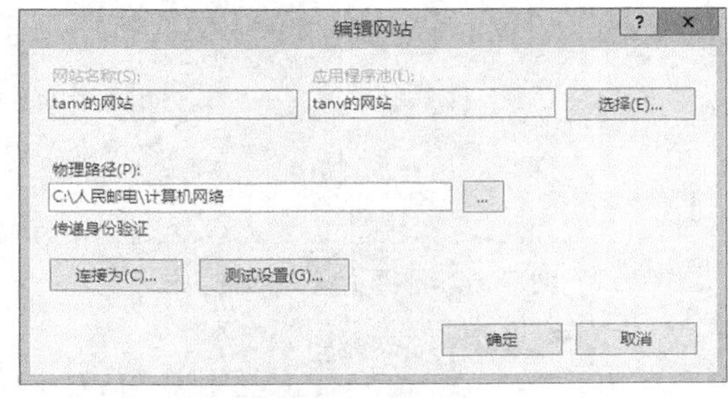

图7-21 编辑网站

STEP 3 设置网站权限。

（1） 在已创建的站点名（本例为“tanv 的网站”）上单击鼠标左键，在右侧的【操作】栏单击【编辑权限】选项，如图 7-22 所示。

（2） 弹出【计算机网络 属性】对话框，如图 7-23 所示。事实上，这个对话框是 Windows 对文件夹及文件的管理，因此该操作可以参照 Windows 文件夹的设置。

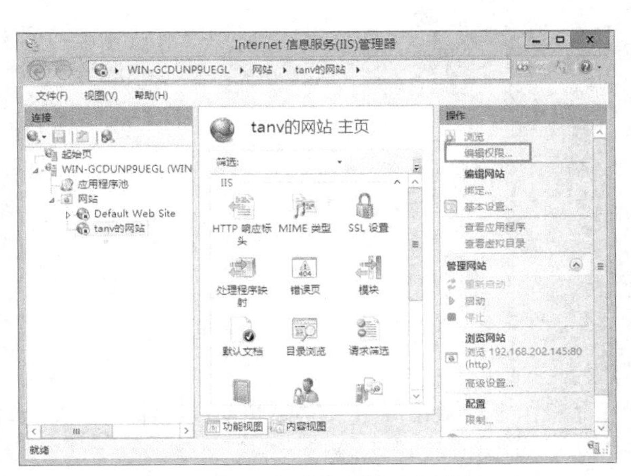

图7-22 选择【编辑权限】选项

图7-23 【计算机网络属性】对话框

STEP 4 设置默认文档。

每个网站都会有默认文档，默认文档就是访问者访问站点时首先要访问的那个文件，如“index.htm”“index.asp”“default.asp”等。这里需要指定默认的文档名称和访问顺序。系统访问是按照从上到下的顺序进行的。

（1） 在已创建的站点名（本例为“tanv 的网站”）上单击鼠标左键，在中间栏双击【默认文档】选项，如图 7-24 所示。

（2） 弹出默认文档设置窗口，系统默认设置了 5 个文档，可以通过单击右边的【添加】选项进行默认文档添加，如图 7-25 所示。

图7-24 选择【默认文档】选项

图7-25 默认文档设置

STEP 5 高级设置。

（1） 在已创建的站点名（本例为“tanv 的网站”）上单击鼠标左键，在右侧栏单击【高级设置】选项，如图 7-26 所示。

（2） 弹出【高级设置】对话框，单击非灰色的选项可以做出相应的修改，如图 7-27 所示。

图7-26 选择【高级设置】选项

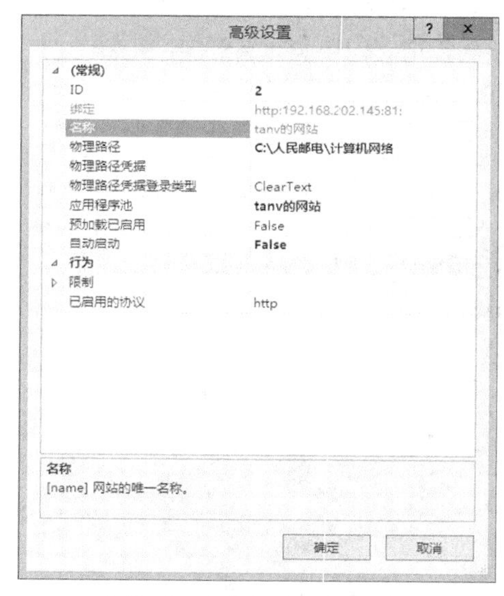

图7-27 【高级设置】对话框

STEP 6 打开目录浏览。

目录浏览主要应用在当用户访问网站目录找不到默认文档，会显示出当前目录信息，目录浏览默认是关闭状态，用户需要手动打开或关闭。

（1） 在已创建的站点名（本例为“tanv 的网站”）上单击鼠标左键，在中间栏双击【目录浏览】选项，如图 7-28 所示。

（2） 弹出【目录浏览】设置窗口，单击右侧的【启用】选项开启目录浏览功能，如图 7-29 所示。

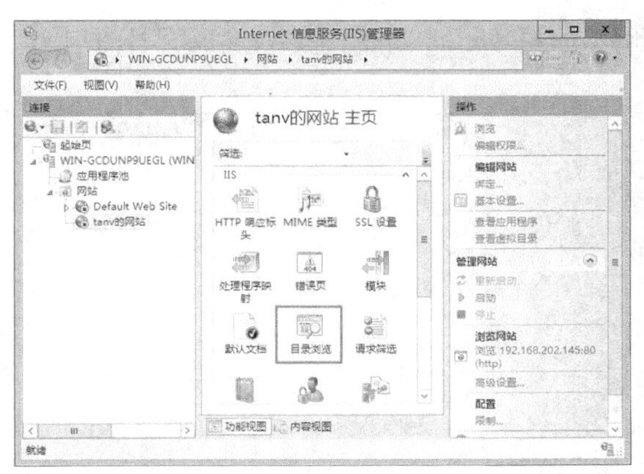

图7-28 选择【目录浏览】选项

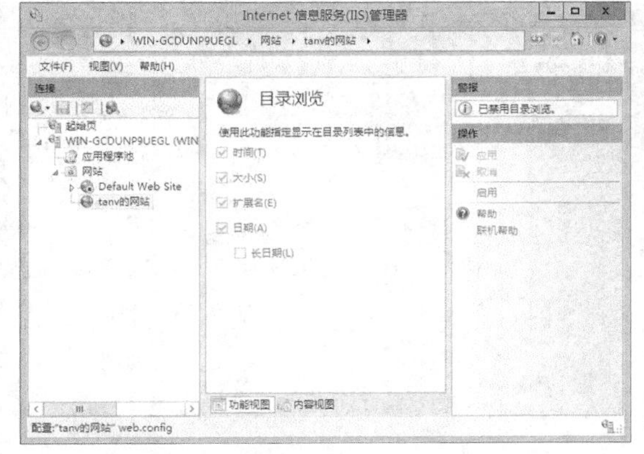

图7-29 开启目录浏览

（三） 发布 Web 站点

经过上述两个操作，Web 站点已创建好。本操作介绍如何进行站点发布。

【例 7-3】 发布 Web 站点。

【操作步骤】

STEP 1 在局域网内的另一台计算机上打开 IE 浏览器，在浏览器地址栏中输入配置服务器的 IP 和端口（本例输入“http://192.168.202.145”），按 Enter 键进入先前设置的站点，如图 7-30 所示。

> **知识提示** 如果修改了网站的端口号，那就需要在访问的地址后面加上端口号，假设此处端口为 81，那么访问地址就应该是“http://192.168.202.145:81”。值得注意的是，在访问网站之前，要将网站启动，启动方法是在已创建的站点名（本例为“tanv 的网站”）上单击鼠标左键，在右侧的【操作】栏单击【启动】选项。并且还需要启用目录浏览。

STEP 2 其中，还可对自己的站点内容进行相应设计，如添加时间显示控件。在发布站点的目录下新建文本文档，并在其中输入如图 7-31 所示的内容。

图7-30 Web 站点发布

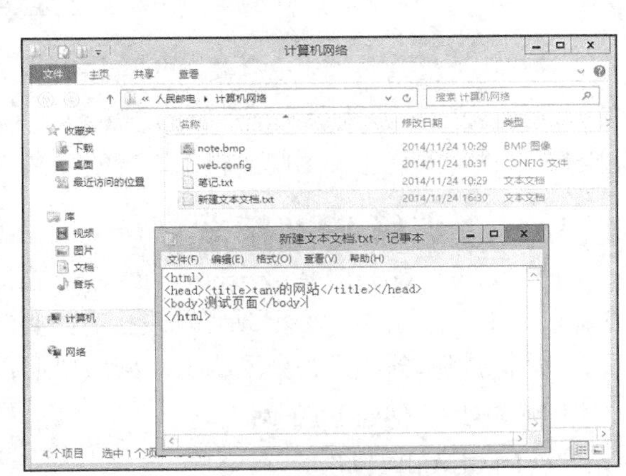

图7-31 新建文本文档

STEP 3 将新建文件另存为“test.html”，值得注意的是，在重命名文件时候，文件扩展名必须是 html 类型，如图 7-32 所示。

STEP 4 刷新第 1 步打开的界面，如图 7-33 所示，可以看到文件列表中多出了【test.html】项目。

图7-32　保存 test.html

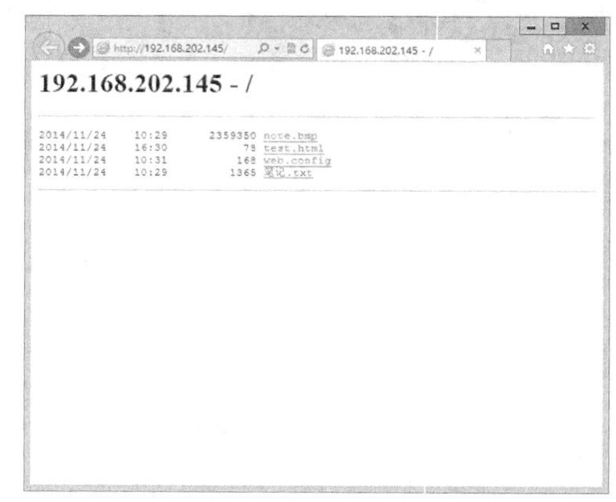

图7-33　刷新 Web 站点访问

STEP 5 单击【test.html】选项，则会在浏览器中显示 html 内容，如图 7-34 所示。

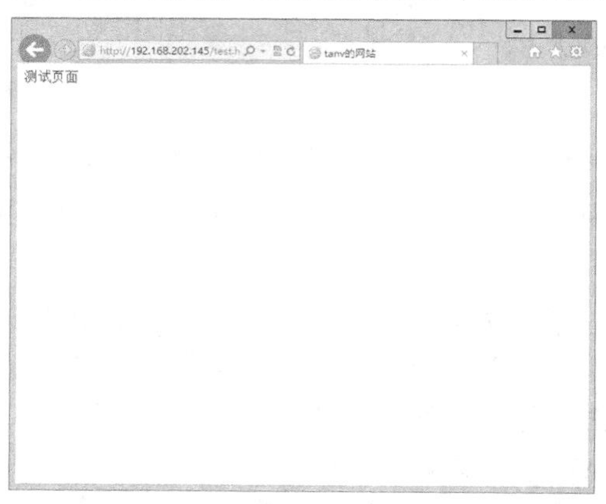

图7-34　显示 html 内容

任务二　设置 FTP 站点

网络用户经常需要对文件进行上传和下载，对于这样的需求，不能再采用 HTTP 进行通信。因为 HTTP 是为了方便数据的浏览而制定的，不适合文件的传送，而 FTP 针对文件传输的特点进行了优化，因此，特别适合较大文件的传输。

（一）创建 FTP 站点

FTP（File Transfer Protocol，文件传输协议）是网络中计算机之间用来进行文件传输的协议。FTP 的设置和 Web 站点的设置有些类似，都是在 IIS 管理器中进行设置，设置完成后，就可以将服务器发布到网络上，供用户下载和上传文件使用。

【例 7-4】 创建 FTP 站点。

【基础知识】

- FTP 与 TCP/IP：FTP 是 TCP/IP 的一种具体应用，它工作在 OSI 模型的第 7 层、TCP 模型的第 4 层，即应用层，使用 TCP 传输。

- FTP 端口：FTP 并不像 HTTP 那样，只需要一个端口作为连接（HTTP 的默认端口是 80，FTP 的默认端口是 21），FTP 需要两个端口，一个端口作为控制连接端口，也就是 21 这个端口，用于发送指令给服务器以及等待服务器响应。另一个端口是数据传输端口，端口号为“20”（仅 PORT 模式），用来建立数据传输通道，它主要有 3 个作用：从客户端向服务器发送一个文件；从服务器向客户端发送一个文件；从服务器向客户端发送文件或目录列表。
- FTP 的连接模式：FTP 连接模式有 PORT 和 PASV 两种。PORT 是主动模式，PASV 是被动模式，这里所说的主动和被动都是相对于服务器而言的。

【操作步骤】

STEP 1 参照添加 IIS 方法，添加 FTP 服务器，在【添加角色和功能向导】窗口【服务器角色】选项中选中【FTP 服务器】复选框，如图 7-35 所示。

STEP 2 打开【Internet 信息服务（IIS）管理器】窗口，在左侧右键单击本地计算机的名称，在弹出的快捷菜单中选择【添加 FTP 站点】命令，如图 7-36 所示。

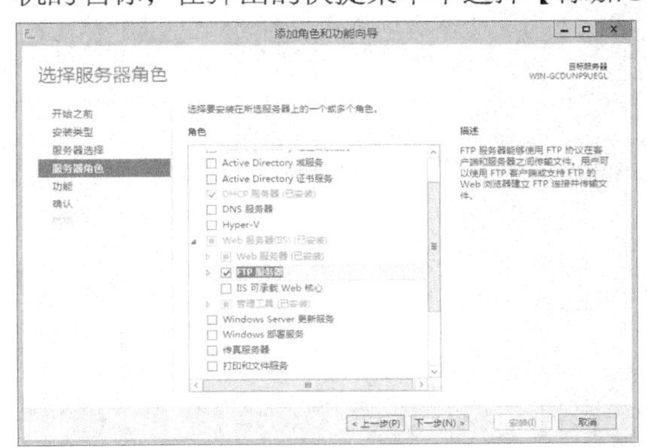

图7-35 添加 FTP 服务

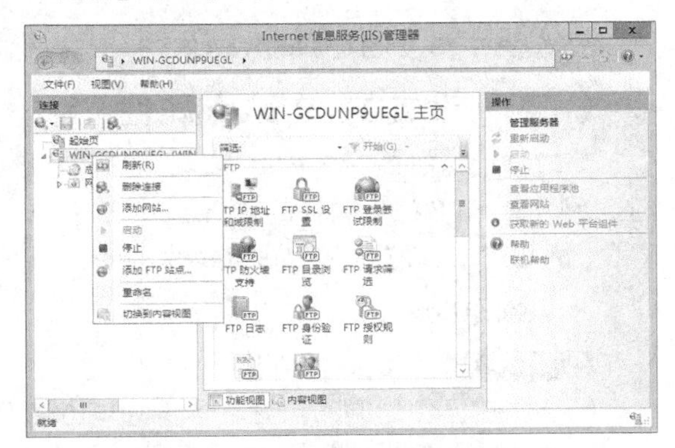

图7-36 打开的 IIS 管理器

STEP 3 弹出【添加 FTP 站点】对话框，在【FTP 站点名称】输入框输入站点名称（本例为“电影”），在物理路径右边单击 ... 按钮，选择 FTP 站点的主目录，如图 7-37 所示。

STEP 4 单击 下一步(N) 按钮，出现【绑定和 SSL 设置】向导页，在【IP 地址】下拉列表中选择静态 IP 地址（本例为“192.168.202.145”），在【端口（默认=21）】文本框中输入“21”，SSL 栏选中【无 SSL】单选按钮，如图 7-38 所示。

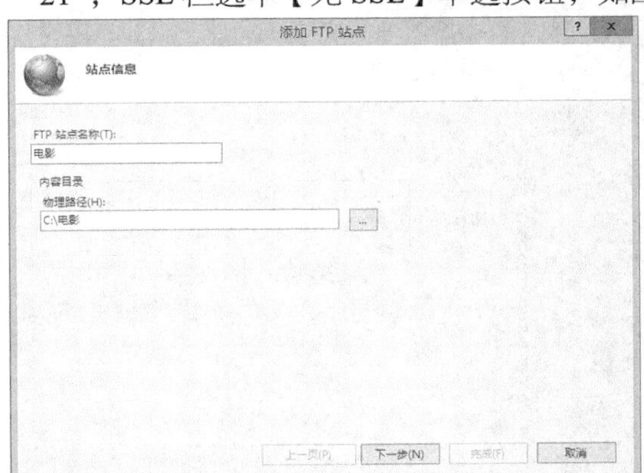

图7-37 站点信息设置

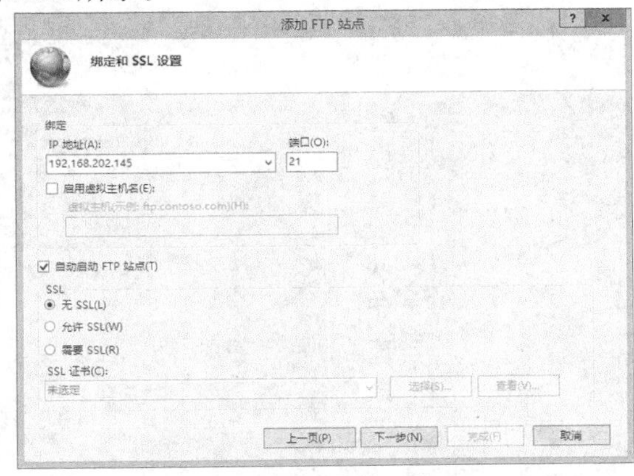

图7-38 绑定和 SSL 设置

STEP 5 单击 下一步(N) 按钮，进入【身份验证和授权信息】向导页，在【身份验证】栏选中【匿名】复选框，在【授权】栏的【允许访问】下拉列表中选择“所有用户”选项，并在【权限】栏选中【读取】复选框，如图 7-39 所示。

STEP 6 单击 完成(F) 按钮，此时可看到【Internet 信息服务（IIS）管理器】窗口中出现了变化，左侧出现了刚刚建立的 FTP 服务，如图 7-40 所示。

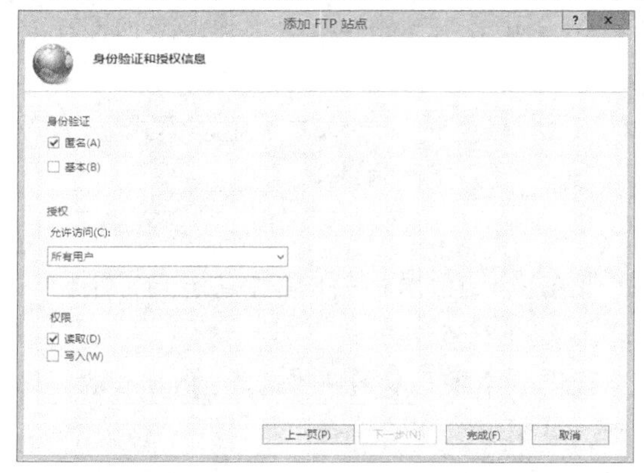

图7-39 身份验证和授权信息

图7-40 完成设置

（二） 设置 FTP 站点属性

FTP 站点属性包括 FTP 站点、安全账户、消息、主目录、目录安全性等选项。下面通过案例介绍 FTP 站点属性的设置。

【例 7-5】 设置 FTP 站点属性。

【操作步骤】

STEP 1 设置网站权限。

（1） 在已创建的站点名（本例为“电影”）上单击鼠标左键，在右侧的【操作】栏单击【编辑权限】选项，如图 7-41 所示。

（2） 弹出【电影 属性】对话框，如图 7-42 所示。事实上，这个对话框是 Windows 对文件夹及文件的管理，因此该操作可以参照 Windows 文件夹的设置。

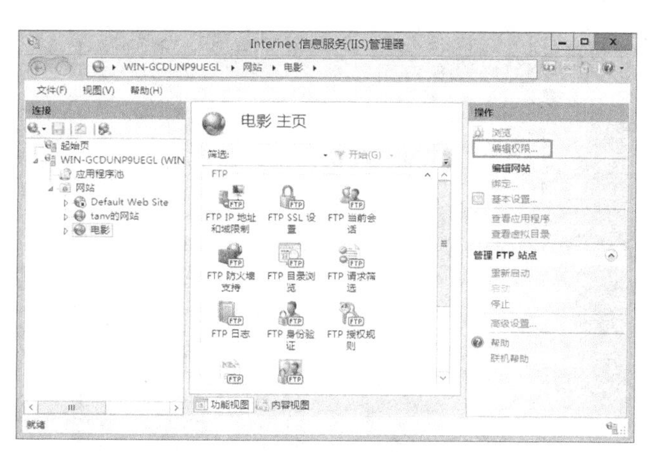

图7-41 选择【编辑权限】选项

图7-42 【电影 属性】对话框

STEP 2 设置 IP 端口绑定。

（1） 在已创建的站点名（本例为“电影”）上单击鼠标左键，在右侧的【操作】栏单击【绑定】选项，如图 7-43 所示。

（2） 弹出【网站绑定】对话框，选中已经绑定的项目可以进行修改，单击 添加(A)... 按钮可以添加新的 IP 和端口，如图 7-44 所示。

图7-43 选择【绑定】选项

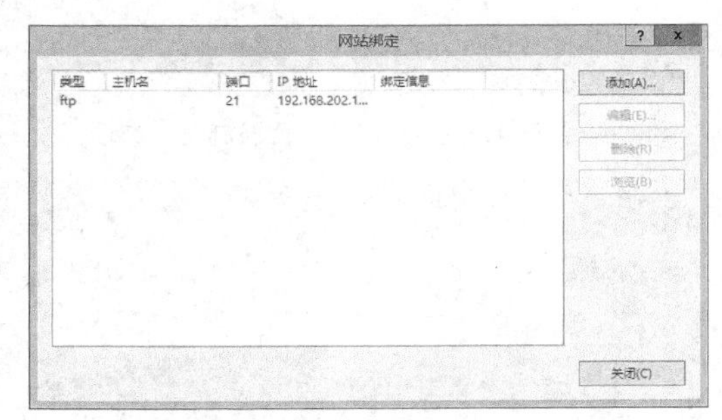

图7-44 网站绑定设置

STEP 3 设置物理路径。

（1） 在已创建的站点名（本例为“电影”）上单击鼠标左键，在右侧的【操作】栏单击【基本设置】选项，如图 7-45 所示。

（2） 弹出【编辑网站】对话框，单击 ... 按钮重新选择物理路径，如图 7-46 所示。

图7-45 选择【基本设置】选项

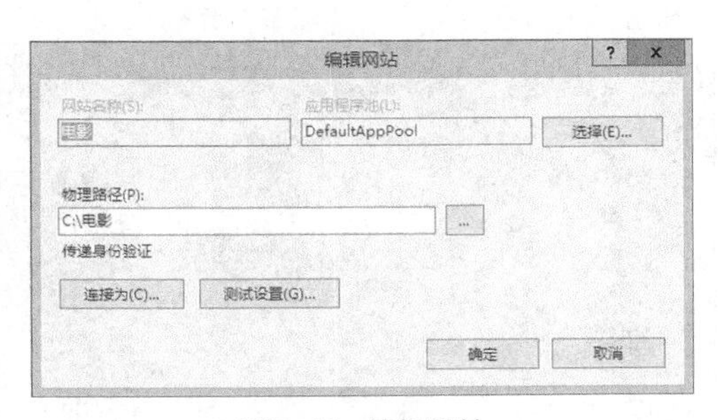

图7-46 编辑网站

STEP 4 设置目录浏览样式。

（1） 在已创建的站点名（本例为“电影”）上单击鼠标左键，在中间的【主页】栏单击【FTP 目录浏览】选项，如图 7-47 所示。

（2） 出现【FTP 目录浏览】向导页，通过单击【目录列表样式】栏内的单选按钮可以设置样式，【目录列表选项】栏的复选框来设置目录列表的信息，如图 7-48 所示。

STEP 5 设置授权规则。

（1） 在已创建的站点名（本例为“电影”）上单击鼠标左键，在中间的【主页】栏单击【FTP 授权规则】选项，如图 7-49 所示。

（2） 出现【FTP 授权规则】向导页，在左侧单击需要更改的规则，如图 7-50 所示。

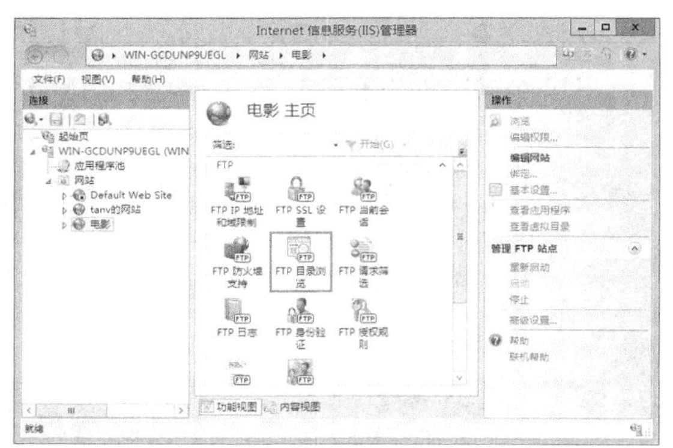

图7-47 选择【FTP 目录浏览】选项

图7-48 FTP 目录浏览设置

图7-49 选择【FTP 授权】规则

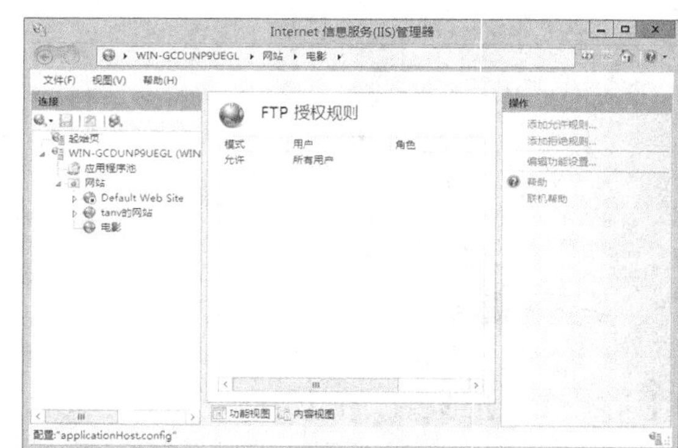

图7-50 FTP 授权规则设置

（3） 在右侧操作栏出现了操作选项，单击【编辑】选项，如图 7-51 所示。

（4） 出现【编辑运行授权规则】对话框，可以对该规则进行相应设置，如图 7-52 所示。

图7-51 选择需要更改的项

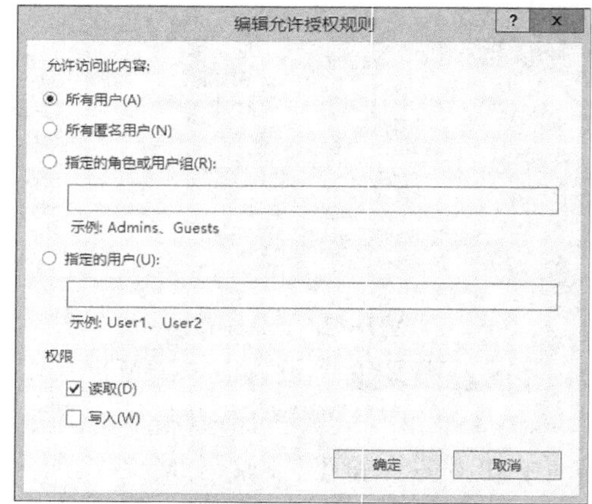

图7-52 修改授权规则

必须选中【读取】复选框，否则其他人无法浏览本站点。为了保证网站安全，如果不是特殊需要，建议不要选中【写入】复选框。

（三）发布 FTP 站点

同 Web 站点类似，完成 FTP 站点的设置之后，即相当于将其发布到了局域网中，在网内的任何一台计算机，都可以登录到服务器，并根据服务器提供的权限共享服务器资源。

【例 7-6】 发布 FTP 站点。

【操作步骤】

STEP 1 打开 IE 浏览器，在浏览器中输入“ftp://192.168.202.145”，按 Enter 键，进入服务器界面，如图 7-53 所示。

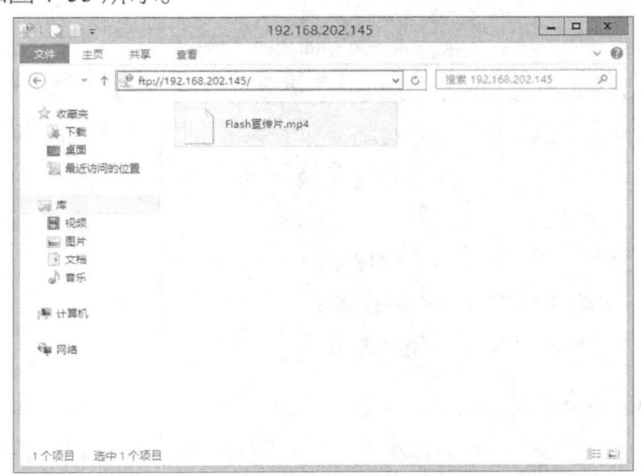

图7-53 FTP 站点发布

STEP 2 用鼠标右键单击列表项中的文件，从弹出的快捷菜单中选择【复制】命令，即可将服务器文件粘贴到本地计算机上。在局域网内可达到非常快的速度。

完成 FTP 服务器的设置以后，就可以登录访问 FTP 服务器，进行文件的上传和下载。在当前的许多局域网内，由于 Web 站点不支持批量文件的信息传输，因此 FTP 站点得到了广泛的应用。读者应该熟练掌握 FTP 服务器的配置方法，为今后从事这方面的工作打下基础。

任务三　组建虚拟专用网

虚拟专用网（Virtual Private Network，VPN）是近年来兴起的一种技术，它既可以使企业摆脱繁重的网络升级维护工作，又可以使公用网络得到有效的利用。本任务从服务器端和客户端两方面详细介绍如何设置和连接到 VPN。

（一）认识 VPN

传统的企业专网的解决方案大多是通过向电信公司租用各种类型的长途线路来连接各分支机构的局域网，由于租赁长途线路费用昂贵，大多数企业难以承受。

在 VPN 技术的支持下，新的用户要想进入企业网，只需接入当地电信公司的公共网，再通过公共网接入企业网。这样企业不必再支付大量的长途线路费用，企业网络的可扩展性也大为提高，从而降低了网络使用和升级维护的费用，而电信公司也会因此得到更多的回报。虚拟专用网的组网拓扑结构如图 7-54 所示。

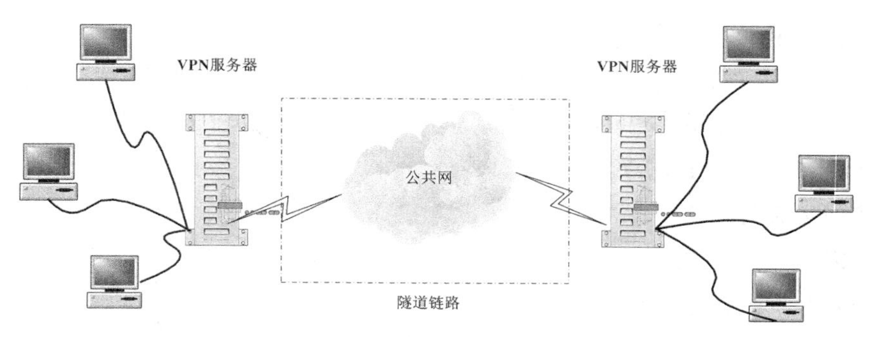

图7-54　虚拟专用网的组网拓扑结构

VPN 是采用隧道技术以及加密、身份认证等方法，在公共网上构建企业网络的技术。隧道技术是 VPN 的核心。隧道是基于网络协议在两点或两端建立的通信，隧道由隧道开通器和隧道终端器建立。隧道开通器的任务是在公共网中开出一条隧道，多种网络设备和软件可以充当隧道开通器，例如：

- PC 上的网卡和有 VPN 拨号功能的软件；
- 企业分支机构中有 VPN 功能的路由器；
- 网络服务商站点中有 VPN 功能的路由器。

（二）设置服务器端 VPN

在 Windows 操作系统中，VPN 服务称之为“路由和远程访问”，默认状态已经安装。只需对此服务进行必要的配置使其生效即可。

【例 7-7】 设置服务器端 VPN。

VPN 技术实现了企业信息在公共网中的传输，就如同在茫茫的广域网中为企业拉出了一条专线，对于企业来讲，公共网就像自己公司内部的局域网连接一样。下面介绍如何设置服务器端 VPN。

【操作步骤】

STEP 1 参照添加 IIS 方法，添加远程访问服务，在【添加角色和功能向导】窗口的【服务器角色】选项中选中【远程访问】复选框。单击 下一步(N) > 按钮，完成配置，如图 7-55 所示。

STEP 2 在【服务器管理器】窗口右上角单击【工具】选项，在弹出的菜单中选择【远程访问管理】选项，如图 7-56 所示。

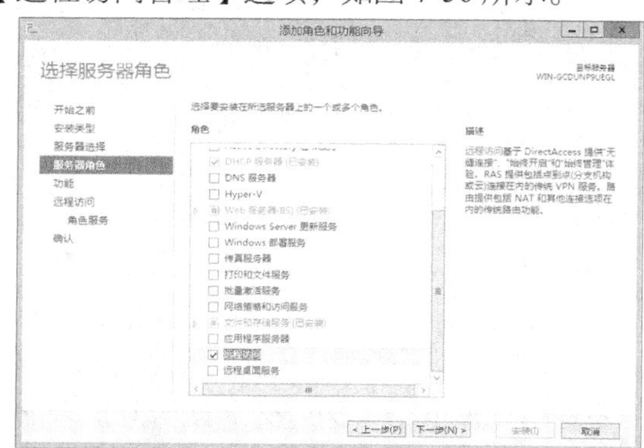

图7-55　选择配置路由和远程访问

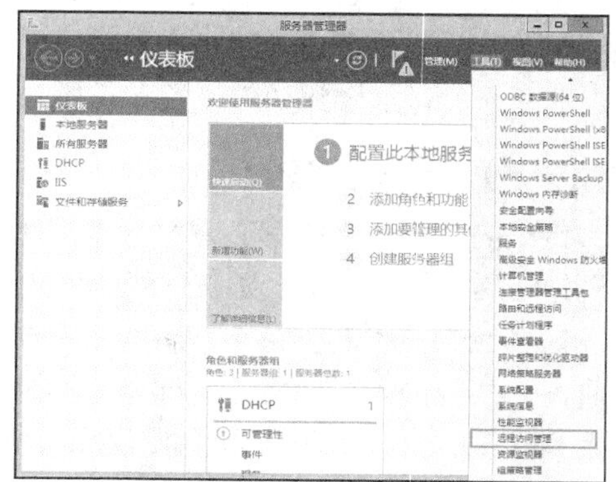

图7-56　选择远程访问管理选项

STEP 3 弹出【远程访问管理控制台】窗口，单击中间的【运行开始向导】选项，如图 7-57 所示。

STEP 4 弹出【配置远程访问】窗口，单击【仅部署 VPN】选项，如图 7-58 所示。

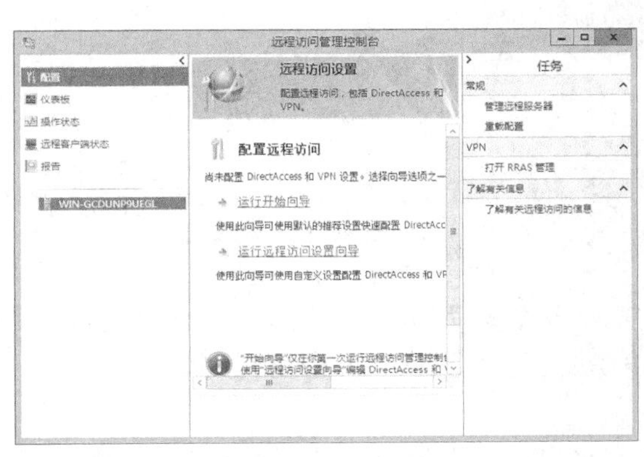

图7-57 远程访问控制台

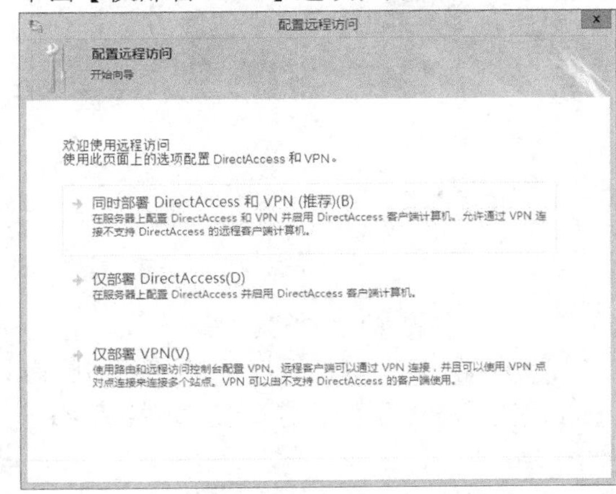

图7-58 配置远程访问向导

STEP 5 弹出【路由和远程访问】窗口，在窗口左侧用鼠标右键单击本地计算机名，从弹出的快捷菜单中选择【配置并启用路由和远程访问】命令。如图 7-59 所示。

知识提示 如果以前已经配置过这台服务器，现在需要重新进行配置，则在【WIN-GCDUNP9UEGL（本地）】上单击鼠标右键，从弹出的快捷菜单中选择【禁用路由和远程访问】，即可停止此服务，以便重新配置。

STEP 6 弹出【路由和远程访问服务器安装向导】对话框，单击 下一步(N) > 按钮，进入【配置】向导页，选中【虚拟专用网络（VPN）访问和 NAT】单选按钮，以便使用户能通过公共网（如 Internet）来访问此服务器（注意，如果服务器只有一块网卡，则不能选择此项，可选中【自定义配置】单选按钮），如图 7-60 所示。

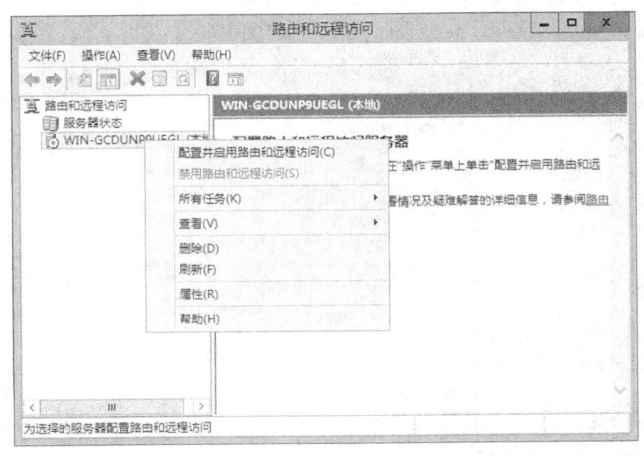

图7-59 【路由和远程访问】窗口

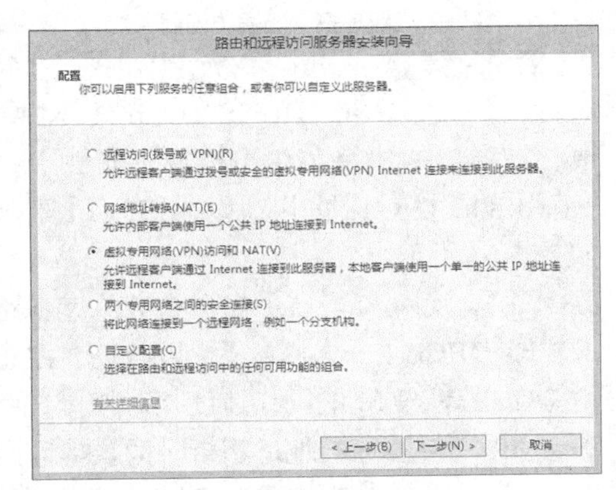

图7-60 配置选项

STEP 7 单击 下一步(N) > 按钮，出现【VPN 连接】向导页，选择将此服务器连接到 Internet 的网络接口（本例选择【以太网 2】选项），如图 7-61 所示。

STEP 8 单击 下一步(N) > 按钮，出现【IP 地址分配】向导页，由于本机已经启动 DHCP 服务，因此选择【自动】单选按钮，如图 7-62 所示。

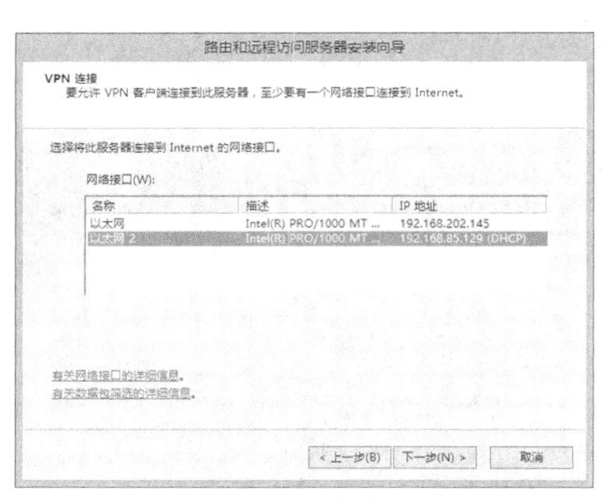

图7-61 VPN 连接选项

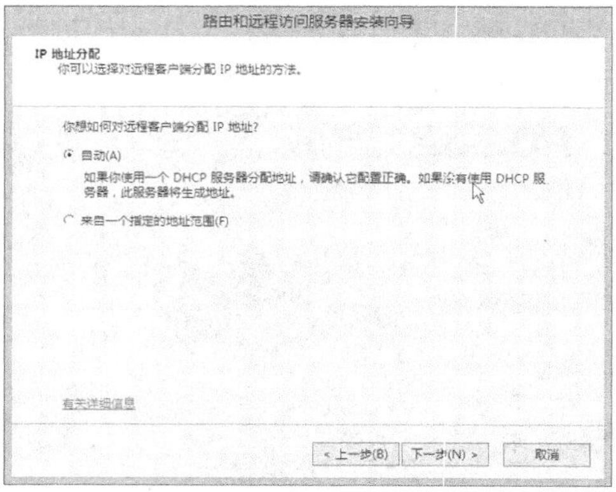

图7-62 IP 地址配置

STEP 9 单击下一步(N) >按钮，出现【管理多个远程访问服务器】向导页，选中【否，使用路由和远程访问来对连接请求进行身份验证】单选按钮，即可完成最后的设置，如图 7-63 所示。

STEP 10 单击下一步(N) >按钮，此时屏幕上将自动出现一个正在开户的【路由和远程访问】窗口，窗口消失之后，即可看到如图 7-64 所示的配置成功窗口。

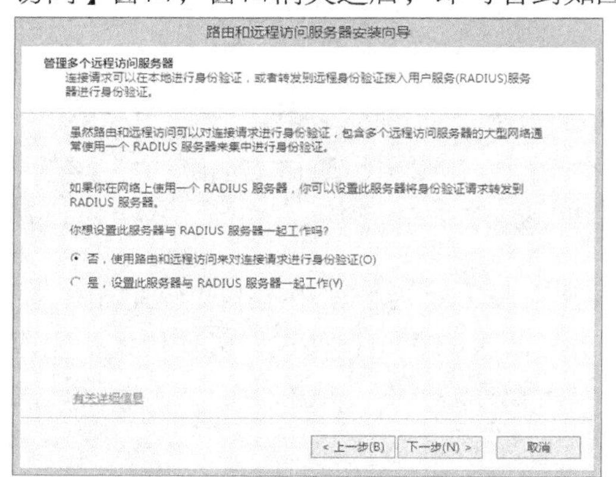

图7-63 管理多个远程访问服务器

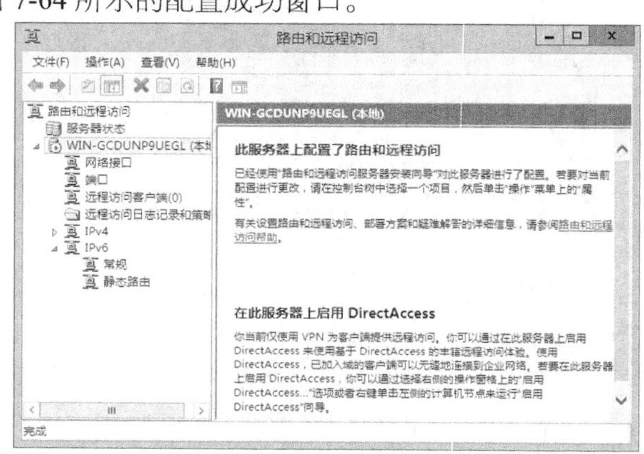

图7-64 完成配置

STEP 11 用鼠标右键单击图 7-64 中窗口左侧的【WIN-GCDUNP9UEGL（本地）】选项，在弹出的快捷菜单中选择【属性】命令，在弹出的属性对话框中切换到【IPv4】选项卡，如图 7-65 所示。

（1） 如果 Internet 接入方式为宽带路由接入（即 DHCP 方式），则不需要改动。注意，采用 DHCP 动态 IP 的网络速度相对较慢；而使用静态 IP 可减少 IP 地址解析时间，提升网络速度，其起始 IP 地址和结束 IP 地址设置为 192.168.202.80～192.168.202.90 即可。

（2） 若未输入 IP 地址，可选中【静态地址池】单选按钮，单击添加(D)...按钮，输入 IP 地址即可。

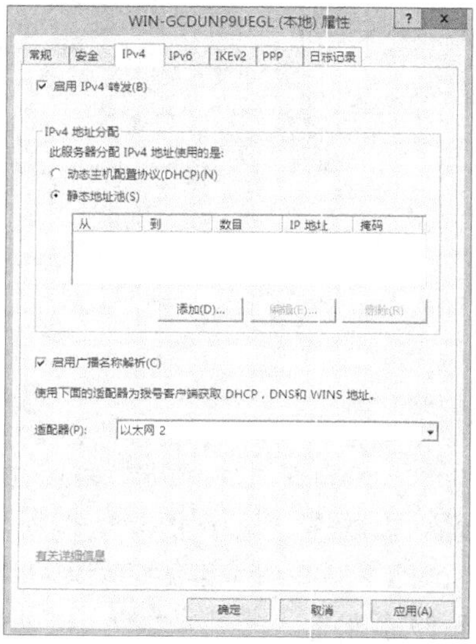

图7-65 添加静态 IP 地址池

此 IP 地址范围要同服务器本身的 IP 地址处在同一个网段中，即前面的“192.168.202”部分一定要相同。

STEP 12 在 VPN 服务器上安装动态域名解析软件，以方便家庭用户采用 ADSL 宽带接入时选择动态 IP，使客户端在网络中找到服务端并随时拨入。常用的动态域名解析软件名为“花生壳”，可以在 www.oray.net 网站下载，其安装及注意事项请参阅相关资料。

VPN 服务器端设置最重要的是 IP 地址的设置，使用静态地址设置可以避免网络速度过慢，从而可以高效地对客户机进行管理。

（三） 设置客户端 VPN

在服务器端完成 VPN 设置之后，客户机要访问 VPN 服务器，还要进行网络访问设置，本例以 Windows 7 系统为例，介绍如何设置客户端 VPN。

【例 7-8】 设置客户端 VPN。

【操作步骤】

STEP 1 选择【开始】/【控制面板】/【网络和 Internet 连接】/【网络和共享中心】命令，打开如图 7-66 所示的【网络和共享中心】窗口。

STEP 2 单击【设置新的连接或网络】选项，进入【设置或连接到网络】窗口，选择【连接到工作区】选项，如图 7-67 所示。

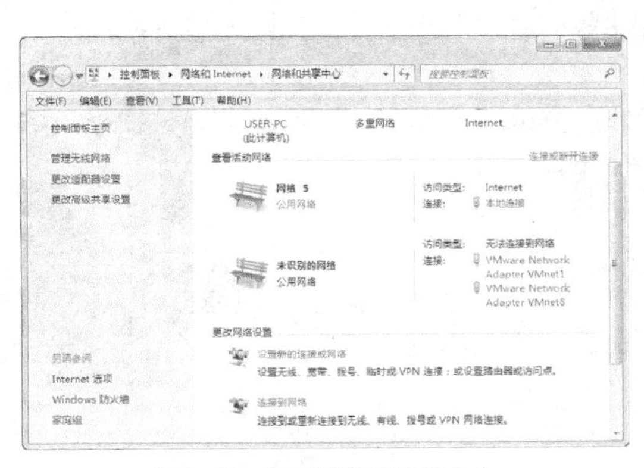

图7-66 打开网络和共享中心

图7-67 【设置连接或网络】对话框

STEP 3 单击 下一步(N) 按钮，进入【连接到工作区】窗口，单击【使用我的 Internet 连接 VPN】选项，如图 7-68 所示。

STEP 4 弹出【键入要连接的 Internet 地址】向导页，在【Internet 地址】文本框输入连接的地址，本例输入“vpn1.uestc.edu.cn”，在【目标名称】文本框输入名称，本例输入“uestcvpn”，如图 7-69 所示。

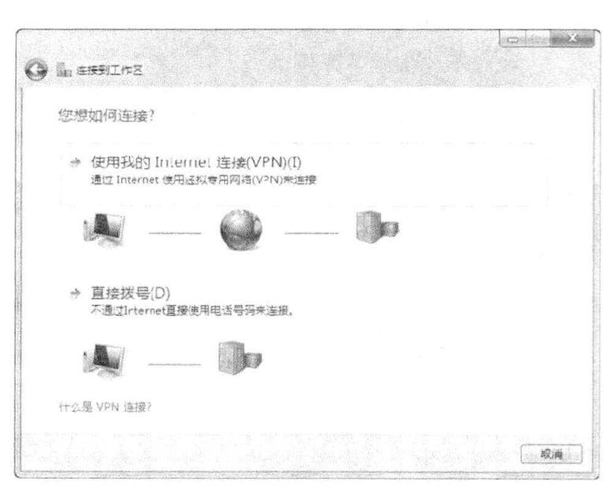

图7-68 选择如何连接

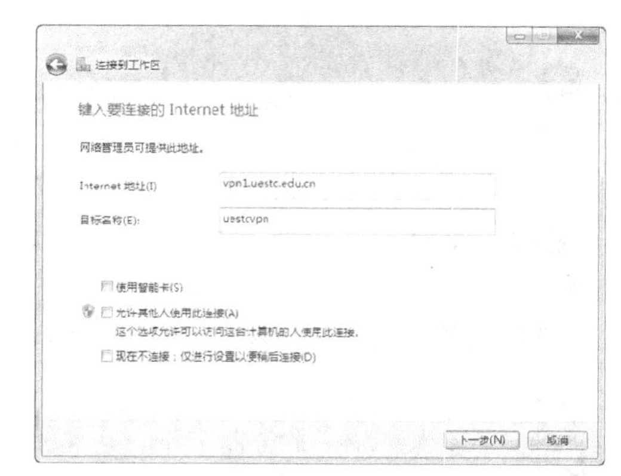

图7-69 键入连接的 Internet 地址

STEP 5 单击 下一步(N) 按钮，弹出【键入您的用户名和密码】向导页，在【用户名】和【密码】文本框输入用户名和密码，如图 7-70 所示。

STEP 6 单击 连接(C) 按钮，将自动连接到 VPN，如图 7-71 所示。

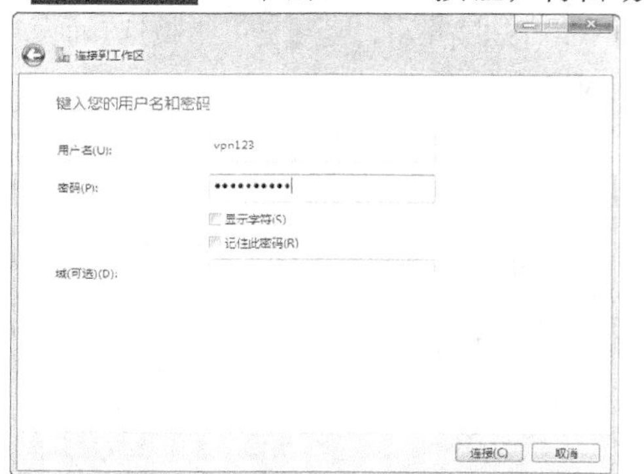

图7-70 键入用户名和密码

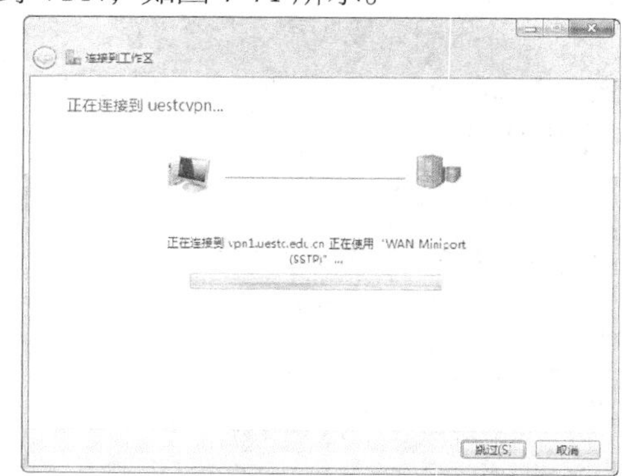

图7-71 连接到 VPN

STEP 7 如果下次需要连接，只需单击任务栏右边的图标，弹出连接到网络对话框，如图 7-72 所示。

STEP 8 单击需要连接的 VPN 网络，然后单击 连接(C) 按钮，在弹出的对话框中输入用户名和密码，单击 连接(C) 按钮即可，如图 7-73 所示。

图7-72 查看网络连接

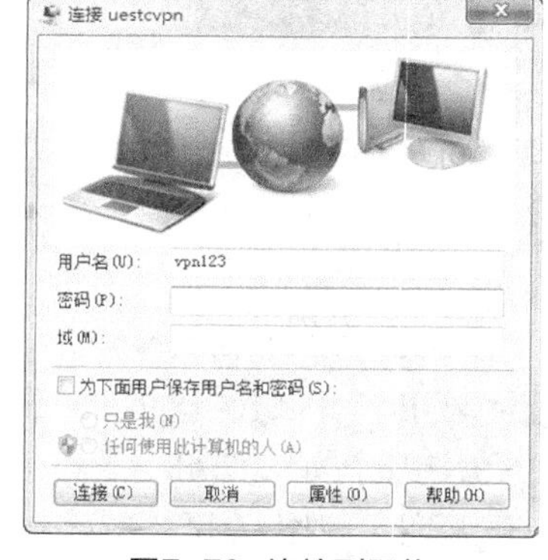

图7-73 连接到网络

在局域网内，用户先要连接到互联网上，然后拨号上局域网 VPN 服务器，这时只能访问局域网资源，如果用户要上其他外网，必须要先断开 VPN 连接。在其他企业网内用户要上其他外网，也要做类似的操作处理。

实训 用 FTP 软件 Serv-U 实现 FTP 站点

Serv-U 是目前应用非常广泛的 FTP 服务器端软件，它小巧灵活，功能齐全，稳定性好，安全性高，因此受到很多用户的喜爱。用它能够轻松建立自己的 FTP 服务器，并方便地进行管理。Windows Server 2012 同样提供了建立 FTP 服务器的程序组件，但相比之下显得管理功能较弱，安全性也没有 Serv-U 的好。

【实训目标】

本实训将详细介绍如何利用 Serv-U 来架设属于自己的 FTP 站点。其中，域名设置为 ftp.ysl.com，IP 地址为 211.83.99.100。

【操作步骤】

STEP 1 安装 Serv-U。

（1） 从网络上下载 Serv-U 软件。双击安装文件，选择中文（简体）选项，出现如图 7-74 所示安装界面。

（2） 依次单击 下一步(N) > 按钮，安装过程中一些设置选项可以根据自己需要进行设置，一般情况都默认设置，安装完成后如图 7-75 所示。

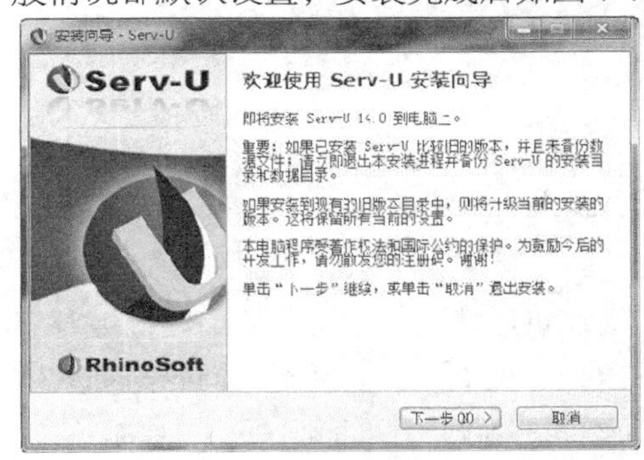

图7-74 Serv-U 的安装界面

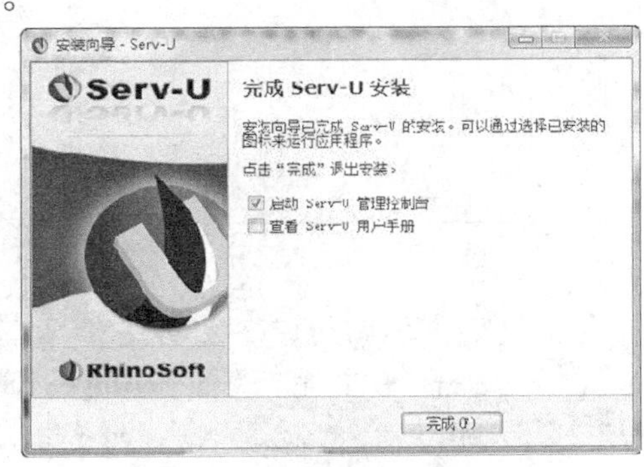

图7-75 完成安装

（3） 单击 完成(F) 按钮后，自动打开 Serv-U 的主程序，如图 7-76 所示。

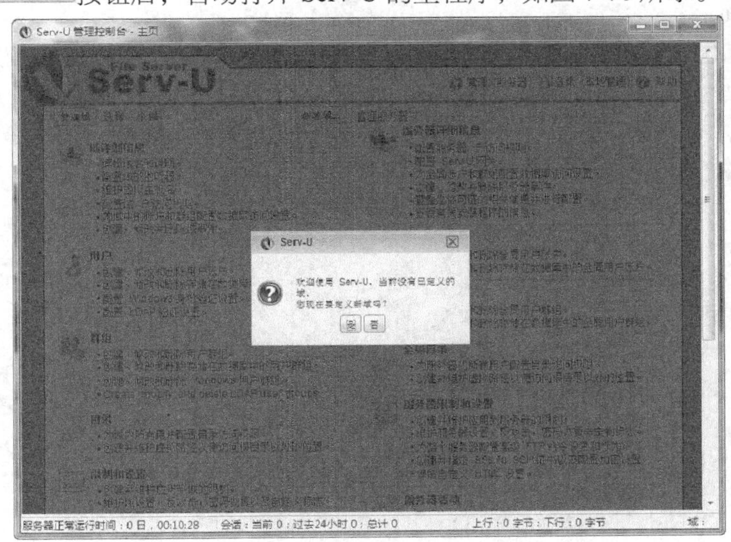

图7-76 Serv-U 主程序

STEP 2 设置 Serv-U。

到目前为止，FTP 服务器程序已经启动了，但仅仅是一个空壳，要让它提供实质的服务，还需要对其进行设置。

（1） 首先新建一个域。首次启动 Serv-U 软件，会有一个当前没有定义的域，现在要定义域的提示窗口，单击按钮，如图 7-76 所示。

（2） 弹出【域向导】对话框，在【名称】文本框输入域名称，本例输入“myFTP”，如图 7-77 所示。

（3） 单击下一步>>按钮，设置各个服务的端口号，用户可以根据自己需要进行修改，这里选择默认设置，如图 7-78 所示。

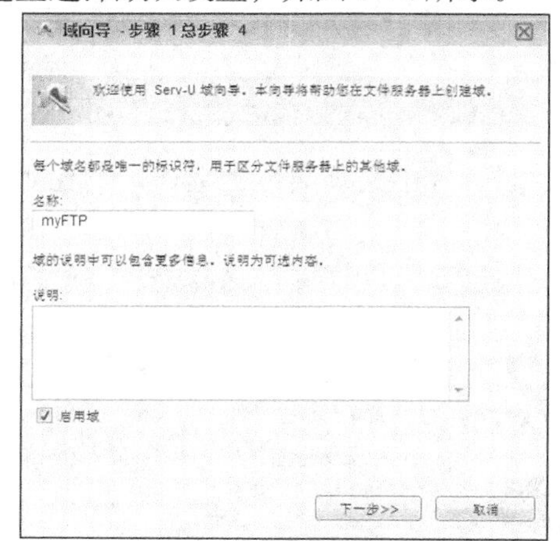

图7-77 设置域名称

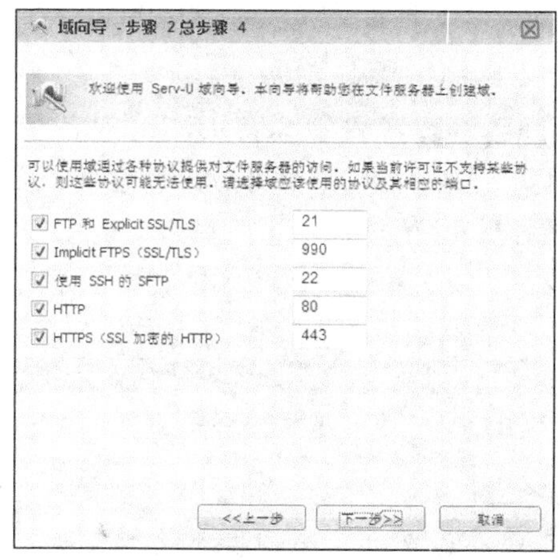

图7-78 设置端口

域就是 FTP 服务器实例，利用 Serv-U 可以建立多个域，每个域就相当于一台 FTP 服务器，但是它们都在同一台计算机上，怎么区别它们呢？答案是端口号。所以在创建多个域时必须选择不同的端口号，否则 Serv-U 将报错。

（4） 单击下一步>>按钮，在弹出的对话框中输入 IP 地址，本例输入“192.168.235.1”，如图 7-79 所示。

（5） 单击下一步>>按钮，在【密码加密模式】栏选择【使用服务器设置】选项，然后单击完成按钮完成域配置。如图 7-80 所示。

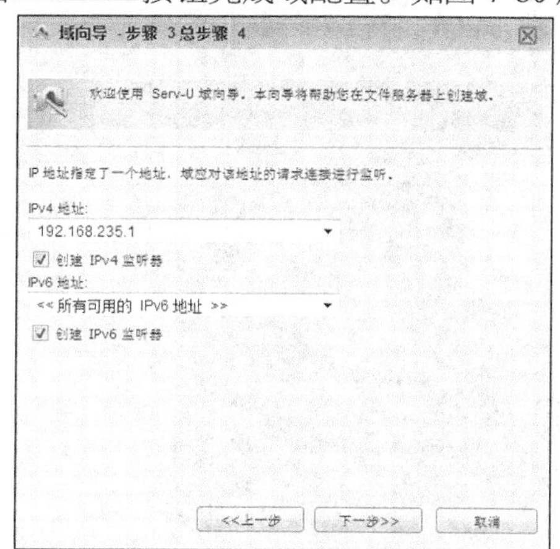

图7-79 设置 IP 地址

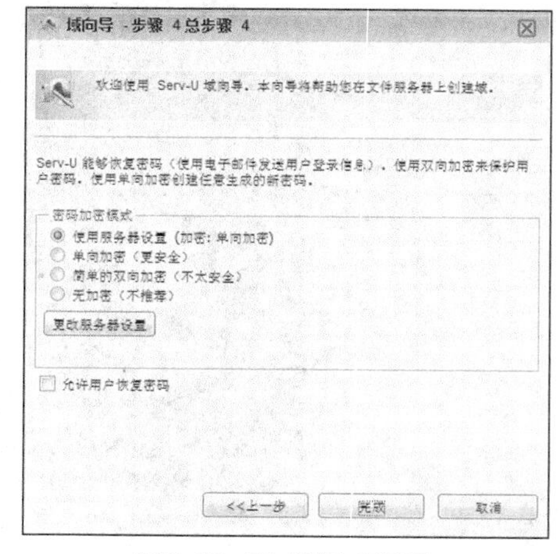

图7-80 完成域向导配置

在使用 Serv-U 的时候，可能会遇到连不上服务器的情况，这往往是因为域没有启动。建立域后，一般情况下，在启动 Serv-U 时域会自动启动域，但在遇到错误的情况下将不能启动，如计算机使用的是动态分配的 IP 地址，在一次开机后 IP 地址发生了变化，因而导致了域无法正常启动，这时需要修改域的 IP 地址，然后将域设置为在线。

（6） 完成配置后，系统会弹出域中无用户的提示窗口，如图 7-81 所示。

（7） 单击是按钮建立用户，弹出是否使用向导创建用户，单击是按钮，如图 7-82 所示。

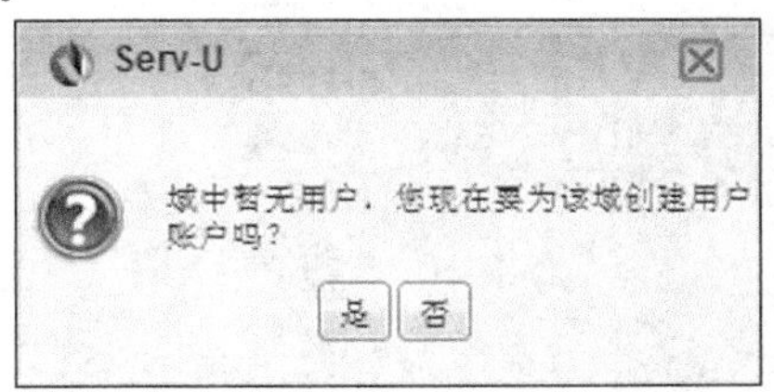

图7-81 创建用户

图7-82 使用用户向导

有了域就相当于开启了 FTP 服务器。接下来需要在域中建立用户，这样，FTP 服务器才能供用户访问。

（8） 弹出创建用户向导对话框，在【登录 ID】文本框输入 ID，本例输入“tanv123”，如图 7-83 所示。

（9） 单击下一步>>按钮，在【密码】文本框输入用户的密码，如图 7-84 所示。

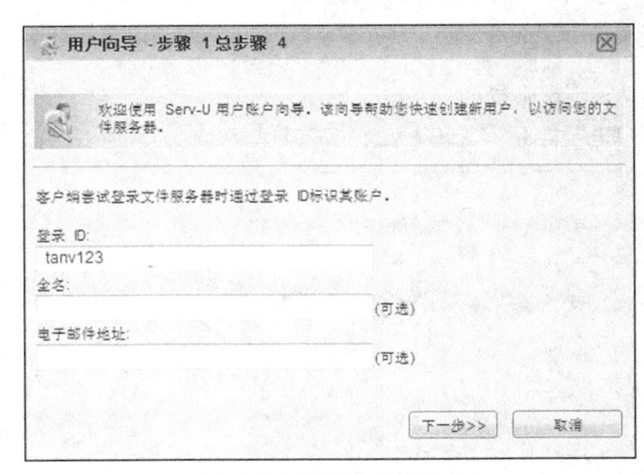

图7-83 设置用户登录 ID

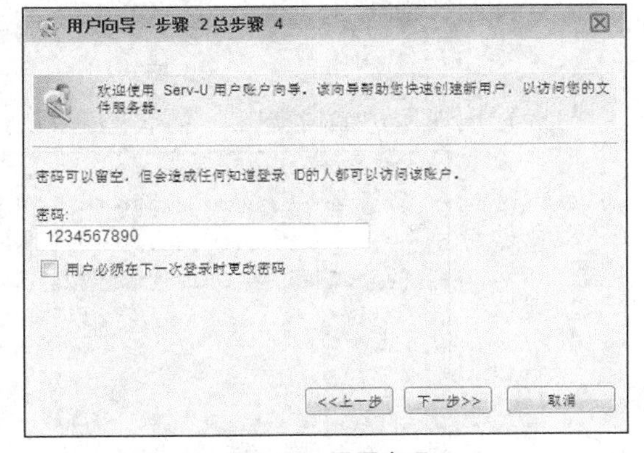

图7-84 设置密码

（10） 单击下一步>>按钮，出现选择文件位置，单击按钮选择文件位置，本例选择“E：/music”如图 7-85 所示。

（11） 单击下一步>>按钮，出现设置访问权限对话框，在【访问权限】下拉列表中选择“只读访问”选项，然后单击完成按钮，如图 7-86 所示。

（12） 完成用户向导，用户可以访问 FTP 服务器了。选择一个用户，在该选项上面单击右键（本例是 tanv123 用户），在弹出的快捷菜单选择【编辑】命令，弹出【Serv-U 管理控制台】窗口，如图 7-87 所示。

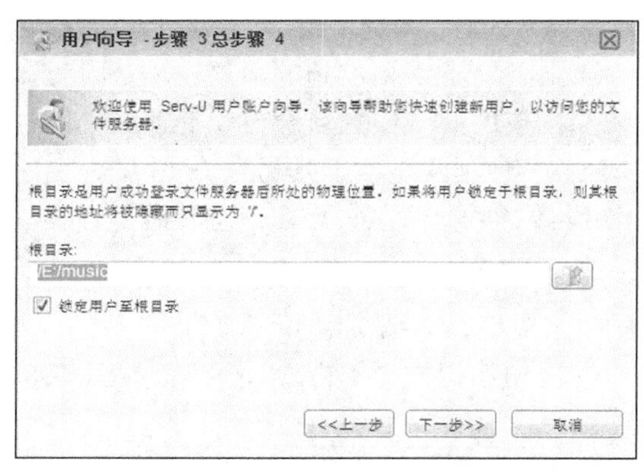

图7-85 设置文件位置

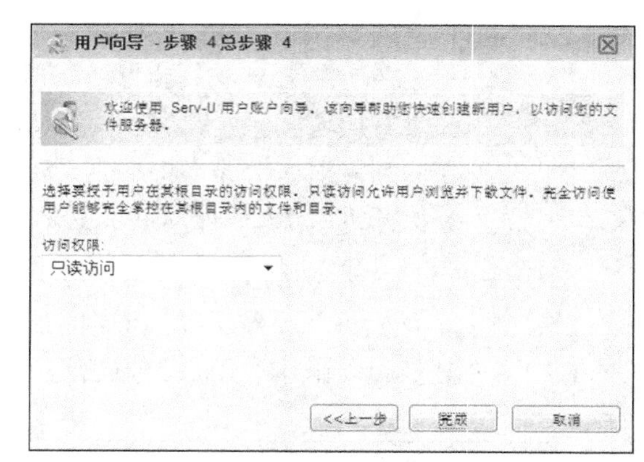

图7-86 完成域向导

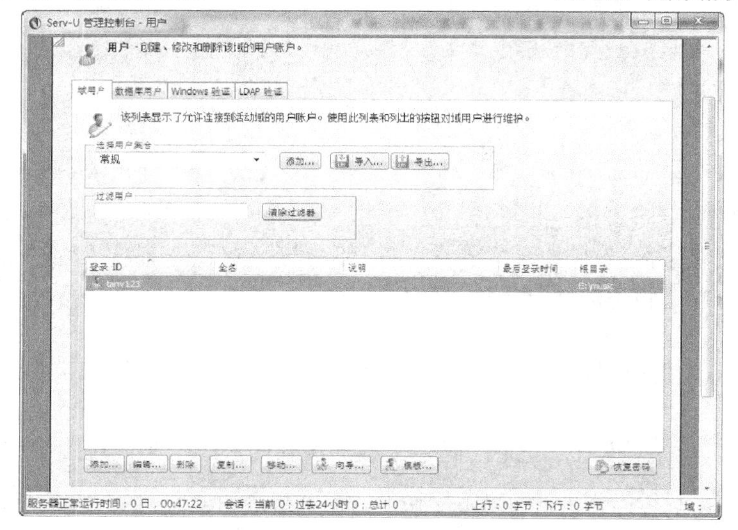

图7-87 Serv-U 管理控制台

（13）出现用户编辑窗口，选择【目录访问】选项卡，如图 7-88 所示。

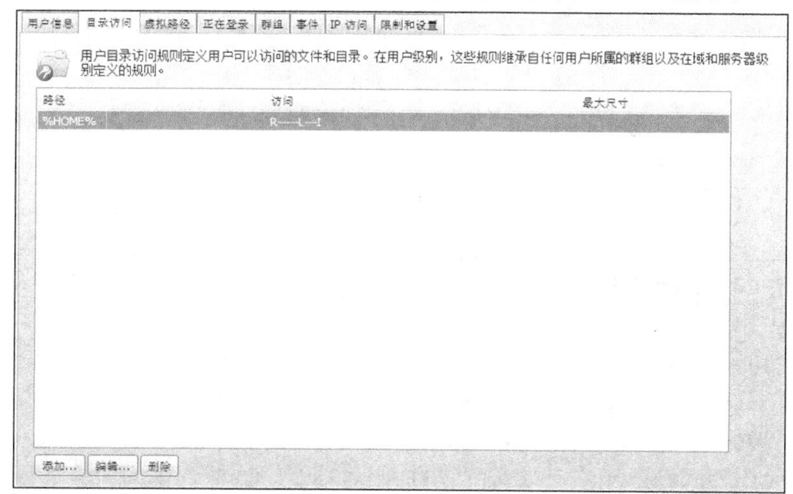

图7-88 用户编辑窗口

（14）在目录窗口选择一条编辑的目录，在左下角单击编辑...按钮，弹出【目录访问规则】对话框，如图 7-89 所示。

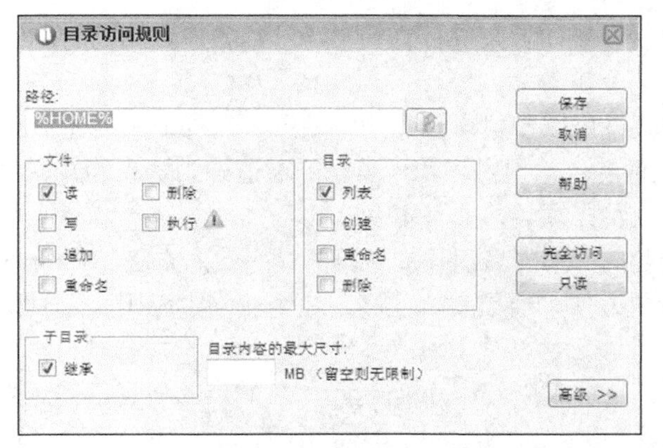

图7-89 【目录访问规则】对话框

知识链接

【目录访问规则】对话框有很多复选框，利用这些复选框可以规定用户对文件和目录的操作权限。对这些选项的说明如下。

（1）文件操作权限

❖ 【读】：用户拥有下载文件的权限。

❖ 【写】：用户拥有上传文件的权限。

❖ 【删除】：用户拥有删除文件的权限。不要轻易赋予用户删除文件的权限，否则将严重威胁到服务器中文件的安全。

❖ 【执行】：用户拥有执行文件的权限。不要轻易赋予用户执行文件的权限，否则将严重威胁到服务器的安全。比如，不怀好意的用户先上传木马程序，然后执行它，这将会给服务器带来灾难。

（2）目录操作权限

❖ 【列表】：允许用户查看主目录下的文件。一般设置匿名账号只拥有列表的权限，这样所有人都可以浏览服务器共享的文件，如果不能立即下载所需信息，请联系管理员。一些论坛就采用这样的做法，要想下载需用虚拟钱币购买账号。

❖ 【创建】：创建文件夹的权限，一般给拥有上传权限的用户配置这个权限。

❖ 【删除】：删除目录和删除文件都是危险的，不推荐轻易给用户删除权限。

用户管理还有许多功能，如磁盘配额等，限于篇幅，这里不再赘述，感兴趣的读者可以查阅相关的参考书。

知识提示

对于匿名用户的登录，为保证站点的安全性，建议将访问路径设置为“只读”。以免主机资源因访问用户使用不当而造成丢失或破坏。

小结

我们经常接触的 Internet 是由无数的 LAN 和 WAN 共同组成的，Internet 仅是提供了它们之间的连接，但并没有专门的人进行管理（除了维护连接和制定使用标准外）。在 Internet 上面并没有国界种族之分。

通过 Web 站点架设可以创建自己的网络站点，在 Internet 上找到自己的一席之地；而 FTP 站点架设则为文件的传输提供了属于自己的通道，为资源的共享带来便利。这两个项目也是网络维护和操作人员必须具备的基本功。

虚拟专用网是企业内部跨区域组建局域网的最有效的方法。VPN 服务器设置简单，操作灵活，客户端系统设置方便，通信安全性高，在企业网中应用广泛，是大中型企业跨区域连网的优选组网方法。

应用软件 Serv-U 是当前个人计算机设置 FTP 站点的便利工具，为小型局域网内的信息传输提供了方便。

习题

一、填空题

1. Web 站点又叫作 Web 服务器，主要提供信息__________服务。
2. 当前两种比较流行的 Web 服务器分别是__________和__________。
3. FTP 是网络中计算机之间用来进行_________传输的协议。
4. VPN 采用_________技术以及加密、身份认证等方法，在公共网上构建企业网络。
5. Serv-U 可以用来构建_________服务器。

二、简答题

1. 简要说明创建 Web 站点的一般流程。
2. 简要说明设置 Web 站点属性的基本内容。
3. 简要说明创建 FTP 站点的一般流程。
4. 简要说明设置 FTP 站点属性的基本内容。
5. 什么是虚拟专用网？说明其特点和用途。

PART 8

项目八 网络安全及管理

用户将计算机连接到 Internet 以后，随之也带来了网络安全问题。为了确保网络以最佳状态运行，必须有效地防止各种非法数据访问和数据破坏。而威胁网络安全的主要因素则来自计算机病毒和黑客，一旦危害网络安全的事故发生，将导致计算机性能下降，甚至用户会失去对网络的控制权。本项目将介绍网络安全和管理的基础知识以及保护网络安全的基本方法。

知识技能目标

- 了解网络安全的相关知识。
- 掌握网络管理员应具备的基本知识。
- 掌握典型网络管理软件的使用方法。
- 明确防火墙的用途。
- 掌握病毒防护和系统安全防护的基本知识。

任务一　认识网络安全

网络运行和维护过程中，网络管理员不仅要确保网络提供正常的服务，还要采取各种措施保证网络可靠、安全、稳定和高效地运行。

1.　网络性能分析

网络在使用过程中，由于网络流量以及用户请求使用资源的随机性都会或多或少地影响网络的性能。在网络维护中应该周期性地收集、分析网络中各种资源的使用效率，及时发现影响网络性能的瓶颈因素，并及时提出合理的应对措施。

表 8-1 所示为网络中瓶颈产生的位置及其处理方案。

表 8-1　网络瓶颈及其处理

瓶颈位置	处理方案
CPU	① 选择高速度、高性能的 CPU ② 使用多处理器，同时运行多个线程

续表

瓶颈位置	处理方案
内存	① 如果是偶然因素导致的瓶颈，可以停止引发该因素的进程，待网络空闲时再运行该进程 ② 如果是经常性的瓶颈，则考虑增加物理内存 ③ 减少用户数量或同时登录的用户数
网卡	更换性能或速度更高级别的网卡
其他因素	分别予以考虑，首先看系统本身是否可以解决，然后再通过添加或升级硬件的方式来解决

2. 网络安全的概念

网络安全是指网络系统的硬件、软件以及系统中的数据受到应有的保护，不会因为偶然或恶意攻击而遭到破坏、更改和泄露，系统能连续、可靠、正常地运行，网络服务不中断。

网络安全是一个涉及计算机科学、网络技术、通信技术、密码技术、信息安全技术、应用数学、数论、信息论等多种学科的边缘学科。

网络安全应包括物理安全、人员安全、符合瞬时电磁脉冲辐射标准（TEMPEST）、信息安全、操作安全、通信安全、计算机安全、工业安全等，如图 8-1 所示。

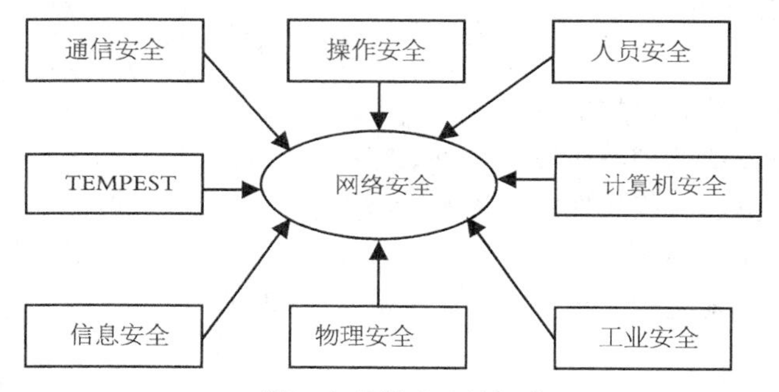

图8-1 网络安全的组成

网络安全的目标如图 8-2 所示。

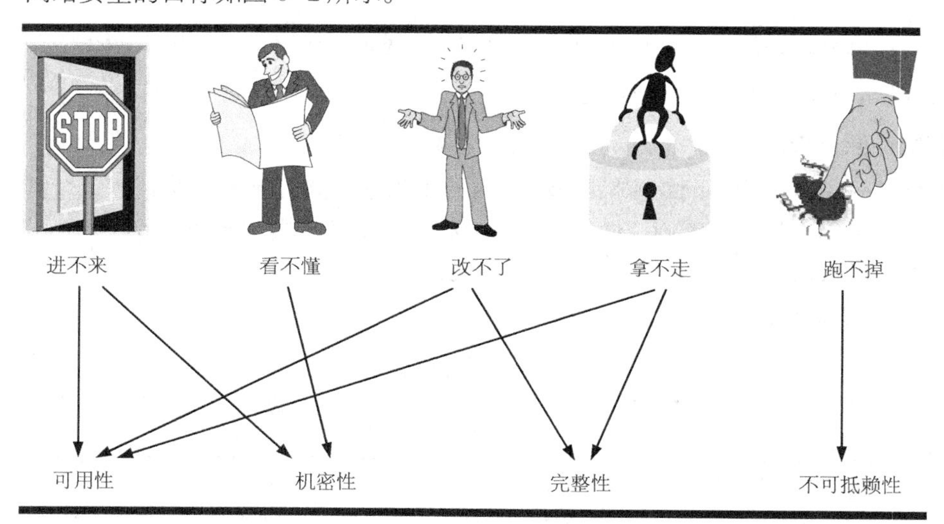

图8-2 网络安全的目标

网络如果受到病毒和黑客的攻击，轻则速度变慢，影响正常运行，重则网络口令被窃取，系统被摧毁，数据库中的数据被盗或丢失，这些将会给网络的正常运行带了相当大的损失。

3. 网络安全的特征

网络安全主要包括 4 个方面的特征，如表 8-2 所示。

表 8-2 网络安全的特征

特征	说明
保密性	计算机中的信息不泄露给非授权用户、实体或过程，不被其所利用
完整性	计算机中的数据未经授权不能改变，信息在存储或传输过程中保持不被修改、不被破坏、不丢失
可用性	数据可被授权实体访问并按照需求使用
可控性	对信息的传播及内容具有控制能力

4. 网络安全模型

图 8-3 所示为网络安全模型。信息需要从一方通过某种网络传送到另一方，在传送过程中居主体地位的双方必须合作起来进行交换。通过通信协议（如 TCP/IP）在两个主体之间可以建立一条逻辑信息通道。

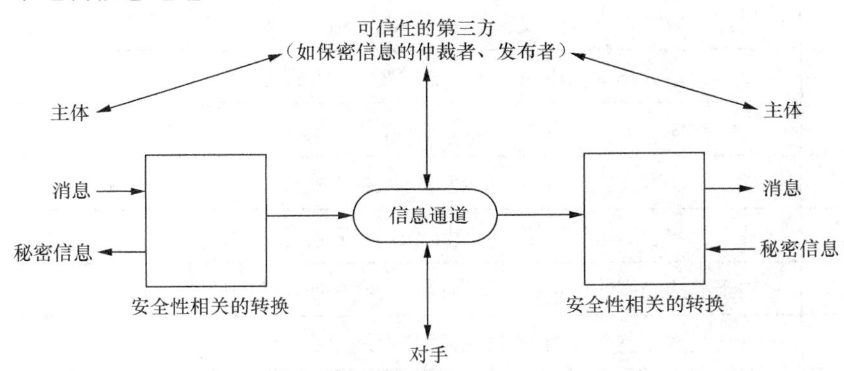

图8-3 网络安全模型

为防止信息的机密性、可靠性等被破坏，需要保护传送的信息。保证安全性的所有机制都包括以下两部分。

- 对被传送的信息进行与安全相关的转换。图 8-3 中包含了消息的加密和以消息内容为基础的补充代码。加密消息使对手无法阅读，补充代码可以用来验证发送方的身份。
- 两个主体共享不希望被别人得知的保密信息。例如，使用密钥连接，在发送前对信息进行转换，在接收后再转换过来。

为了实现安全传送，可能需要可信任的第三方。例如，第三方可能会负责向两个主体分别发送保密信息，而向其他对手保密；或者需要第三方就两个主体间传送信息可靠性的争端进行仲裁。

5. 网络安全面临的威胁和攻击

网络安全威胁是指某个人、物、事件或概念对某一资源的机密性、完整性、可用性或合法性所造成的危害。某种攻击就是某种威胁的具体实现。

安全威胁可分为故意的（如黑客渗透）和偶然的（如信息被发往错误的地址）两类。故意威胁又可进一步分为被动和主动两类。表 8-3 所示为一些典型的网络安全威胁及其具体描述。

表 8-3　典型的网络安全威胁

威胁	描述
授权侵犯	为某一特定的授权使用一个系统的人却将该系统用作其他未授权的目的
旁路控制	攻击者发掘系统的缺陷或安全脆弱性
拒绝服务	对信息或其他资源的合法访问被无条件地拒绝，或推迟与时间密切相关的操作
窃听	信息从被监视的通信过程中泄露出去
电磁/射频截获	信息从电子或机电设备所发出的无线射频或其他电磁场辐射中被提取出来
非法使用	资源被某个未授权的人或者以未授权的方式使用
人员疏忽	一个授权的人为了金钱、利益或由于粗心将信息泄露给一个未授权的人
信息泄露	信息被泄露或暴露给某个未授权的实体
完整性破坏	通过对数据进行未授权的创建、修改或破坏，使数据的一致性受到损害
截获/修改	某一通信数据项在传输过程中被改变、删除或替代
假冒	一个实体（人或系统）伪装成另一个不同的实体
媒体清理	信息被从废弃的或打印过的媒体中获得
物理侵入	一个入侵者通过绕过物理控制而获得对系统的访问
重放	出于非法的目的而重新发送所截获的合法通信数据项的复制
否认	参与某次通信交换的一方，事后错误地否认曾经发生过此次交换
资源耗尽	某一资源（如访问端口）被故意超负荷地使用，导致其他用户的服务被中断
服务欺骗	某一伪系统或系统部件欺骗合法的用户，或系统自愿地放弃敏感信息
窃取	某一安全攸关的物品，如令牌或身份卡被盗
通信量分析	通过对通信量的观察（有、无、数量、方向、频率）而造成信息被泄露给未授权的实体
陷门	将某一“特征”设立于某个系统或系统部件之中，使得在提供特定的输入数据时，允许安全策略被违反
特洛伊木马	含有察觉不出或无害程序段的软件，当它被运行时，会损害用户的安全

安全威胁还可以分为基本的安全威胁、主要的可实现的威胁和潜在威胁。基本的安全威胁包括信息泄露或丢失、破坏数据完整性、拒绝服务攻击和非授权访问；主要的可实现的威胁又分为渗入威胁和植入威胁，渗入威胁如假冒、旁路控制、授权侵犯，植入威胁如特洛伊木马、陷门；潜在威胁如窃听、通信量分析、人员疏忽、媒体清理等。

对于计算机或网络安全性的攻击，最好通过在提供信息时查看计算机系统的功能来记录其特性。图 8-4 所示为信息正常流动和受到各种类型攻击的情况。

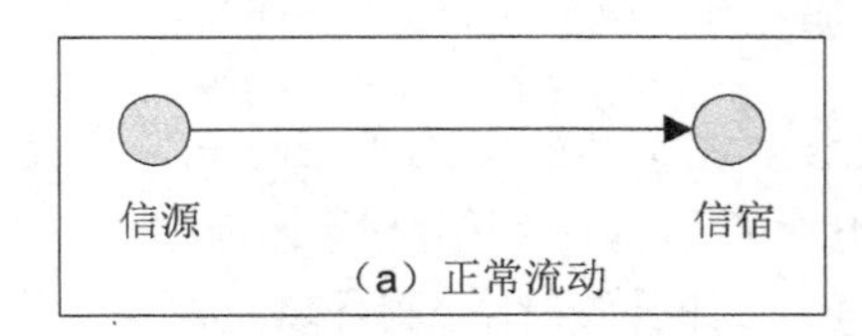

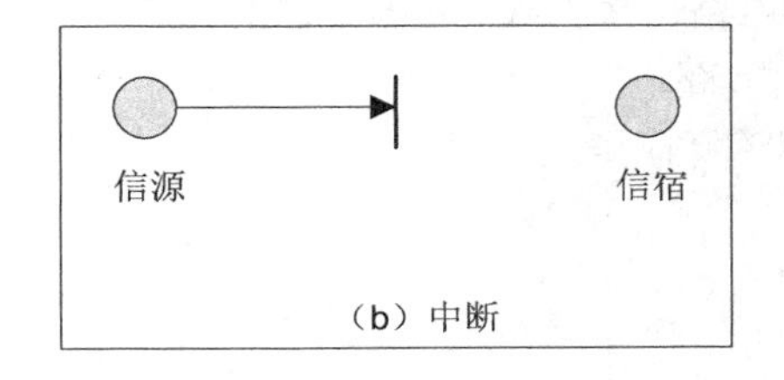

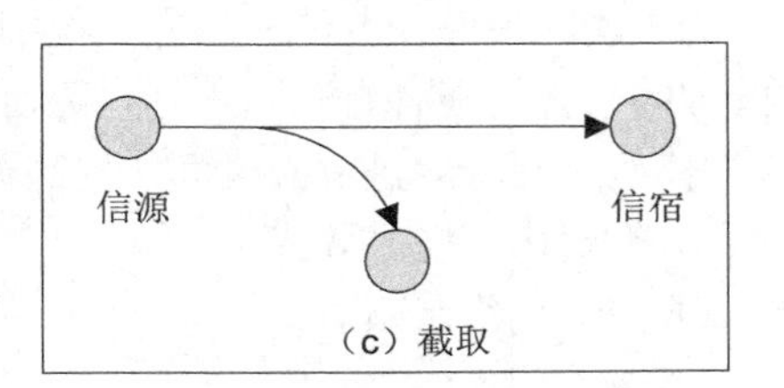

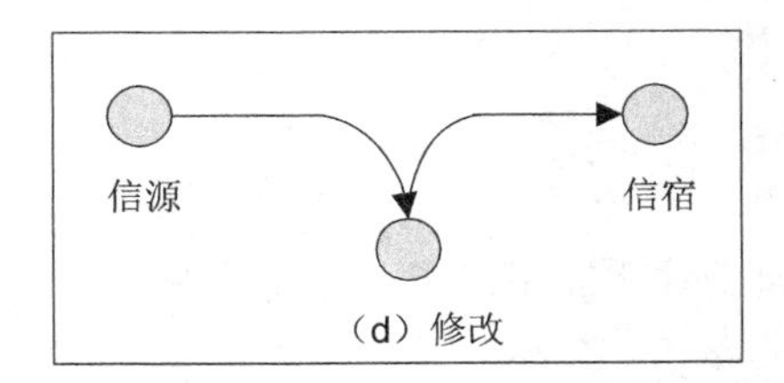

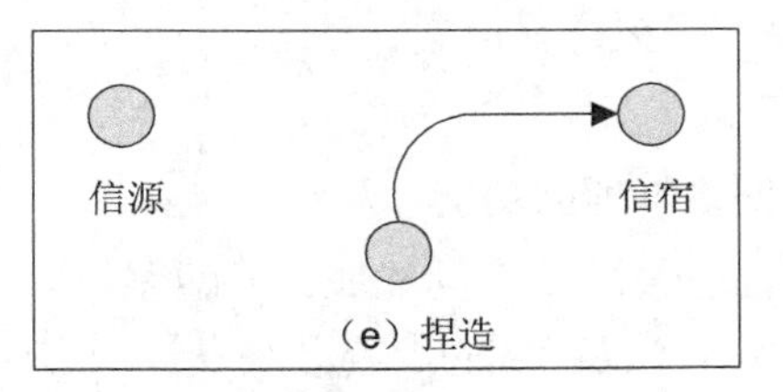

图8-4 安全攻击

视野拓展

攻击类型

❖ 中断：指系统资源遭到破坏或变得不能使用。这是对可用性的攻击。例如，对一些硬件进行破坏、切断通信线路或禁用文件管理系统。

❖ 截取：指未授权的实体得到了资源的访问权。这是对保密性的攻击。未授权实体可能是一个人、一个程序或一台计算机。例如，为了捕获网络数据的窃听行为，以及在未授权的情况下复制文件或程序的行为。

❖ 修改：指未授权的实体不仅得到了访问权，而且还篡改了资源。这是对完整性的攻击。例如，在数据文件中改变数值，改动程序使它按不同的方式运行，修改在网络中传送的消息内容等。

❖ 捏造：指未授权的实体向系统中插入伪造的对象。这是对真实性的攻击。例如，向网络中插入欺骗性的消息，或者向文件中插入额外的记录。

任务二　认识网络管理

网络管理指监督、组织和控制网络通信服务以及信息处理所必需的各种活动的总称。其目标是确保计算机网络的持续正常运行，并在计算机网络运行出现异常时能及时响应和排除故障。本任务将介绍网络管理的基础知识和网络管理软件的使用实例。

（一）掌握网络管理的基础知识

下面着重介绍网络管理的目标、功能以及网络管理员的职责。

1. 网络管理的目标

网络管理的目标是最大限度地增加网络的可用时间，提高网络设备的利用率、网络性能、服务质量和安全性，简化多厂商混合网络环境下的管理和控制网络运行的成本，并提供网络的长期规划。通过提供单一的网络操作控制环境，网络管理可以在多厂商混合网络环境下管理所有的子网和设备，以统一的方式控制网络，排除故障和配置网络设备。

网络管理的目标可能各有不同，其主要目标如下。

- 减少停机时间，改进响应时间，提高设备利用率。
- 减少运行费用，提高效率。
- 减少或消除网络瓶颈。
- 适应新技术。
- 使网络更容易使用。
- 确保网络安全。

2. 网络管理的功能

网络管理包括 5 个功能域，即配置管理、故障管理、性能管理、计费管理和安全管理。下面介绍这 5 个功能域的内容以及设计和实现的方法。

（1）配置管理。

配置管理的目标是掌握和控制网络和系统的配置信息以及网络内各设备的状态和连接关系。现代网络设备是由硬件和设备驱动程序组成的，合理配置设备参数可以更好地发挥设备的作用，获得优良的整体性能。

配置管理的内容主要包括以下几项。

- 网络资源的配置及其活动状态的监视。
- 网络资源之间关系的监视和控制。
- 新资源的加入，旧资源的释放。
- 定义新的管理对象。
- 识别管理对象。
- 管理各个对象之间的关系。
- 改变管理对象的参数。

配置管理提供的网络元素清单不仅用于跟踪网络设备，还可以记录与厂商联系的信息、租用线路数目或网络备件数量。图 8-5 所示为利用网络设备清单为网络管理者提供各种报告的实例，如利用该清单建立一个当前运行在网络设备上的操作系统的各种版本的报告。

（2） 故障管理。

故障就是出现大量或者严重错误需要修复的异常情况。故障管理是对计算机网络中的问题或故障进行定位的过程。

故障管理的目标是自动监测网络硬件和软件中的故障并通知用户，以便网络能有效地运行。当网络出现故障时，要进行故障的确认、记录、定位，并尽可能排除这些故障。

故障都有一个形成、发展和消亡的过程，可以用故障选项卡对故障的整个生命周期进行跟踪。故障选项卡就是一个监视网络问题的前端进程，它对每个可能形成故障的网络问题、甚至偶然事件都赋予唯一的编号，自始至终对其进行监视，并且在必要时调用有关的系统管理功能解决问题。

以故障选项卡为中心，结合问题输入系统、报告和显示系统、解决问题的系统，以及数据库管理系统，形成从发现问题、记录故障到解决问题的完整过程链，这样组成的故障管理系统如图 8-6 所示。

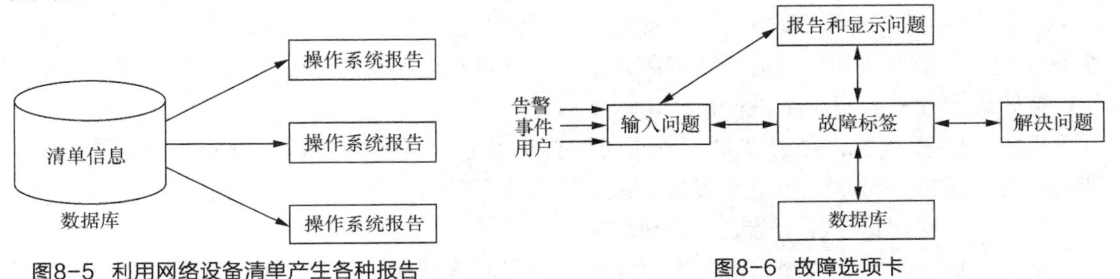

图8-5 利用网络设备清单产生各种报告

图8-6 故障选项卡

（3） 性能管理。

性能管理功能允许网络管理者查看网络运行的好坏。性能管理的目标是衡量和呈现网络特性的各个方面，使网络的性能维持在一个可以接受的水平上。性能管理使网络管理人员能够监视网络运行的关键参数，如吞吐率、利用率、错误率、响应时间、网络的一般可用度等，此外，性能管理能够指出网络中哪些性能可以改善以及如何改善。

（4） 计费管理。

计费管理的目标是跟踪个人和团体用户对网络资源的使用情况，对其收取合理的费用。这一方面可以促使用户合理地使用网络资源，维持网络正常的运行和发展；另一方面，管理者也可以根据情况更好地为用户提供所需的资源。

（5） 安全管理。

安全管理的目标是按照一定的策略控制对网络资源的访问，以保证网络不被侵害，并保证重要的信息不被未授权的用户访问。

安全管理是对网络资源以及重要信息的访问进行约束和控制。它包括验证用户的访问权限和优先级，监测和记录未授权用户企图进行的非法操作。安全管理的许多操作都与实现密切相关，依赖于设备的类型和所支持的安全等级。安全管理中涉及的安全机制有身份验证、加密、密钥管理、授权等。

3. 网络管理员的职责

为了保证网络的正常运转，通常需要一个或多个被称为网络管理员的计算机专家负责网络的安装、维护、故障检修等工作。网络管理的过程就是自动地或通过管理员的手工劳动，进行数据的收集、分析和处理，然后提交给管理员，用于网络中的操作。

（1） 在实现一个计算机网络的过程中，网络管理员担负的责任和要完成的任务包括规划、建设、维护、扩展、优化和故障检修。

（2） 在制定网络建设规划时，网络管理员需要调查用户的需求，以确定网络的总体布局。规划设计可能包括在现有网络中添加新的设备以提供对新的网络或应用的访问，提供冗余，以防止某条线路的故障而导致的隔离或增加网络连接的带宽。

（3） 根据网络规划，管理员可以决定建设网络需要哪些软件、硬件和通信线路，是选择局域网还是广域网等。

（4） 建立网络之后，网络管理员的任务就是对网络进行维护。例如，可能会改变运行在设备上的软件，更新网络设备，修复网络故障等。

（5） 用户对需求的改变可能会影响整个网络计划，这就需要网络管理员进行网络的扩展。因为对已有网络进行扩展比重新设计和完全建立一个新的网络更为可取，所以需要管理员应用适当的网络连接方案来实现这些改变。

（6） 考虑到一个典型的网络具有数百个不同的设备，每个设备都有其各自的特点，要想使它们一起协调工作，只有通过仔细地规划，才能保证网络处于良好的运行状态，这就需要网络管理员对计算机网络进行优化。

例如，一种新的产品或技术的发布可能会导致新旧设备的更换，以提高网络的服务性能。管理员需要仔细地配置这个设备，只有知道设备的哪些参数需要设置，哪些是与目前的情况无关的，管理员才能获得最优的网络性能。

通过上面的工作，网络管理员可以使网络故障减少到最小。不过，无论网络管理得多么好，不可预见的事件总是会发生的，网络故障的检修就是网络管理员必不可少的任务之一。

（二） 网管软件使用实例

经常使用 Windows 操作系统的用户一定都注意过系统任务栏的右下角处有一个经常闪动的小图标，默认情况下，它的主要任务就是指示本机与网络是否有数据传输，同时也显示一些类似于 IP 地址这样的简单网络参数。

双击该图标，弹出【内网 状态】对话框，这里有两个不同的选项卡。对于普通用户来说，图 8-7 所示【内网 状态】对话框中所提供的信息已经足够了，但对于平时经常对网络进行排除故障的专业工程师来说，还显得远远不够。

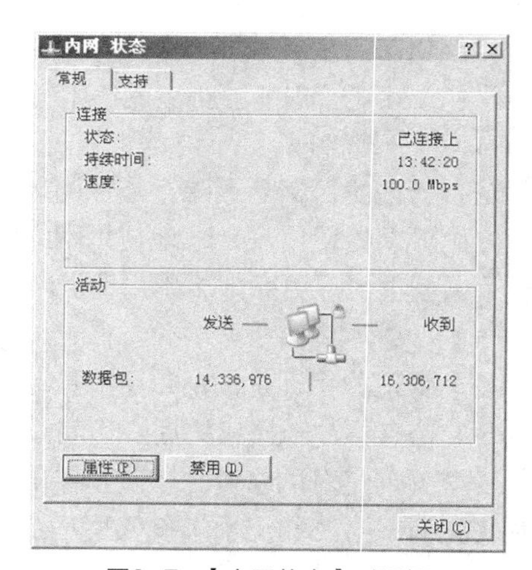

图8-7 【内网状态】对话框

1. Nstat 的用途

Nstat 是一个完全免费的软件，其全称是 Network statistics，适用于 Windows XP/2000/2003 等操作系统。下载后的 Nstat 应该是一个小的压缩包，双击将其打开后，它就可以开始工作了。图 8-8 所示为正在工作的 Nstat 图标和原来的“网络状态”图标，二者在外观上比较相似。

图8-8 Nstat 图标

2. Nstat 的应用

双击 Nstat 图标，弹出【Adapter 状态】对话框，该对话框中包括【常规】、【支持】、【详细资料】、【网络】、【网络使用】和【连接】6 个选项卡。

（1）【常规】选项卡。

双击 Nstat 图标，弹出【Adapter 状态】对话框，系统默认显示的是【常规】选项卡，如图 8-9 所示。

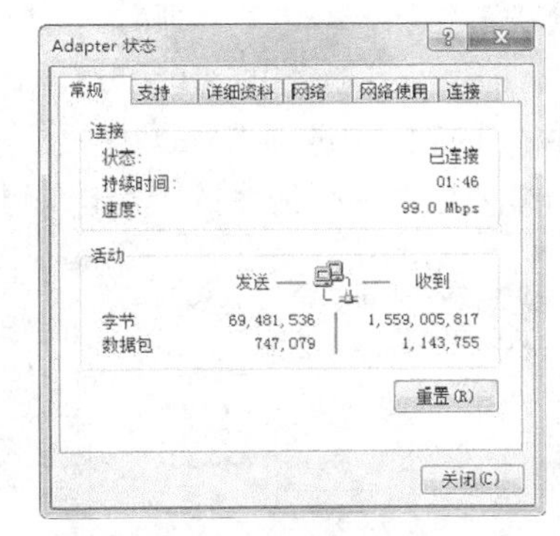

图8-9 【常规】选项卡

和图 8-7 相比，【常规】选项卡基本上保留了【内网 状态】对话框中的内容，也只是显示了连接时间、连接速率、收发字节数等这样一些最基本的信息。

（2）【支持】选项卡。

【支持】选项卡如图 8-10 所示。单击详细资料(D)...按钮，弹出【网络连接详细信息】对话框，如图 8-11 所示。

图8-10 【支持】选项卡

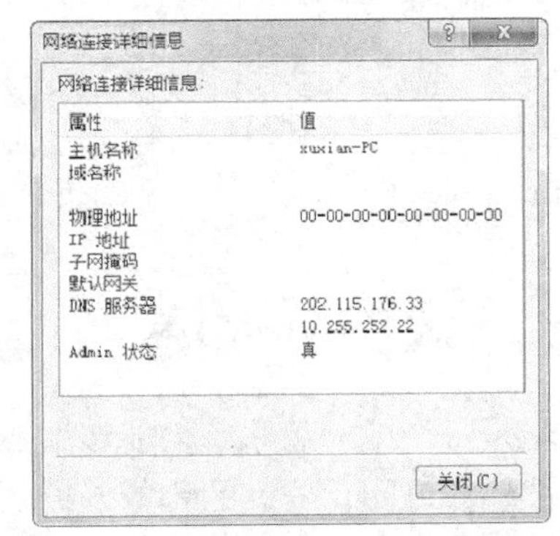

图8-11 【网络连接详细信息】对话框

从【网络连接详细信息】对话框中，可以看到本机的很多重要网络参数，如主机名、MAC 地址（软件显示为【物理地址】）、DNS 服务器、默认网关等，查询的时候非常方便。

另外，在图 8-10 中还包含一个附加选项按钮，单击该按钮，可以手动编辑 ARP 表，再也不用到命令行窗口去输入命令了。

（3）【详细资料】选项卡。

通过【详细资料】选项卡，可以清楚地知道整个 TCP/IP 的活动情况。这些参数对于普通的计算机用户来说可能用处不大，但对经常检测网络故障的专业工程师来说有很大的价值，【详细资料】选项卡如图 8-12 所示。

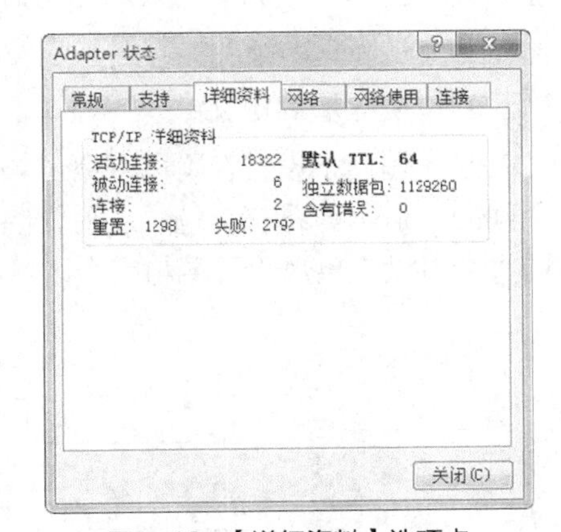

图8-12 【详细资料】选项卡

（4）【网络】选项卡。

【网络】选项卡如图 8-13 所示。虽然【网络】选项卡中并没有什么特有的功能，但把大量的网络功能安排在【网络】选项卡中，的确能让用户使用起来更加方便。

（5）【网络使用】选项卡。

选择【网络使用】选项卡，可以看到一个漂亮的曲线图，如图 8-14 所示。

在【网络使用】选项卡中，将上行和下行的流量以图形的形式表示出来，并且还能由用户自行设置上行、下行曲线的标识颜色。它的默认流量单位是 kbit/s，同时它也能自动计算设备的当前速率、平均速率和最大速率，这种一目了然的记录方式显然更利于网络工程师的诊断工作。

（6）　【连接】选项卡。

【连接】选项卡如图 8-15 所示，其中显示出了本机所有已开放端口的工作情况。这是网络工程师用得最多的一个选项卡。

图8-13　【网络】选项卡

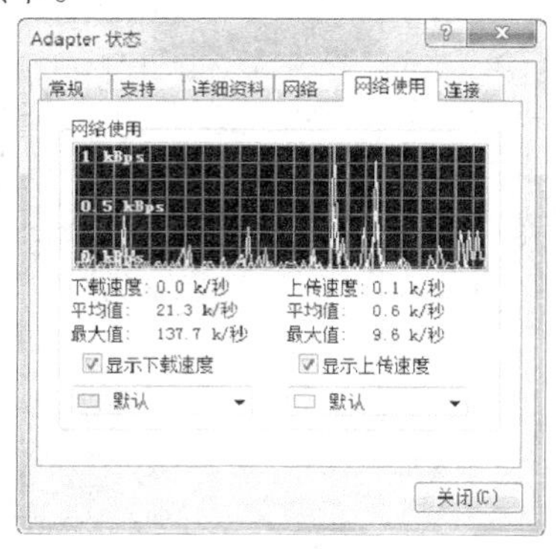

图8-14　【网络使用】选项卡

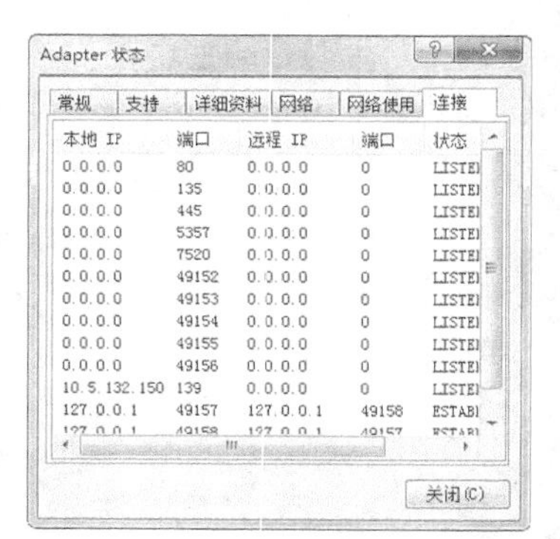

图8-15　【连接】选项卡

任务三　认识防火墙

防火墙是一个或一组系统，能够增强机构内部网络的安全性。该系统可以设定哪些内部服务可以被外界访问，外界的哪些人可以访问内部的哪些服务，以及哪些外部服务可以被内部人员访问。所有来自和去往 Internet 的信息都必须经过防火墙的检查。防火墙只允许授权的数据通过，并且本身必须能够免于渗透。

（一）　理解防火墙的定义

防火墙是不同网络或网络安全域之间信息的唯一出入口，能根据企业的安全政策控制（允许、拒绝、监测）出入网络的信息流，且本身具有较强的抗攻击能力，是网络提供信息安全服务，实现网络和信息安全的基础设施。

1.　防火墙的定义

防火墙用于设置在不同网络（如可信任的企业内部网和不可信的公共网）或网络安全域之间的一道防御系统，是一系列软件、硬件等部件的组合，其工作示意图如图 8-16 所示。防火墙可以隔离风险区域与安全区域的连接，同时不会妨碍人们对风险区域的访问。

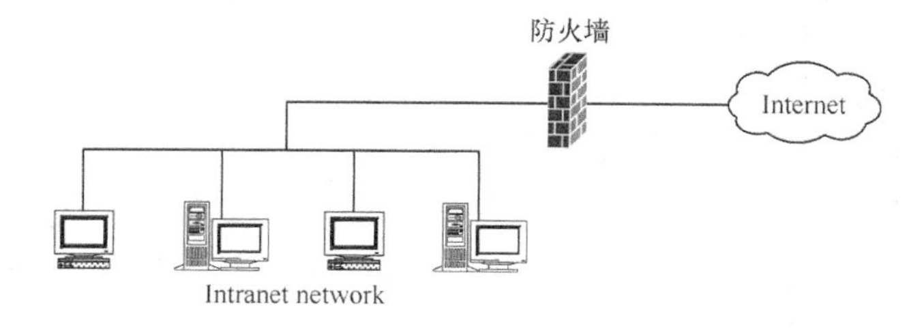

图8-16　防火墙示意图

在逻辑上，防火墙是一个分离器，一个限制器，也是一个分析器，它有效地监控了内部网和 Internet 之间的任何活动，保证了内部网络的安全。防火墙能极大地提高一个内部网络的安全性，并通过过滤不安全的服务而降低风险。

2. 防火墙的功能

由于只有经过精心选择的应用协议才能通过防火墙，所以网络环境变得更安全。例如，防火墙可以禁止诸如众所周知的不安全的 NFS（Network File System，网络文件系统）协议进出受保护网络，这样，外部的攻击者就不可能利用这些脆弱的协议来攻击内部网络。防火墙同时可以保护网络免受基于路由的攻击，如 IP 选项中的源路由攻击和 ICMP（Internet Control Message Protocol，网际控制报文协议）重定向中的重定向路径。

防火墙的主要功能如表 8-4 所示。

表 8-4 防火墙的主要功能

功能	说明
保护端口信息	保护并隐藏用户计算机在 Internet 上的端口信息，使得黑客无法扫描到计算机端口，从而无法进入计算机发起攻击
过滤后门程序	过滤掉木马程序等后门程序
保护个人资料	保护计算机中的个人资料不被泄露，当有不明程序企图改动或复制资料时，防火墙会加以阻止，并提醒计算机用户
提供安全状况报告	提供计算机的安全状况报告，以便及时调整安全防范措施

3. 防火墙的设计目标

防火墙的设计目标如下。

- 进出内部网的通信量必须通过防火墙。可以通过物理方法阻塞除防火墙外的访问途径来做到这一点，可以对防火墙进行各种配置达到这一目的。
- 只有那些在内部网安全策略中定义了的合法的通信量才能够进出防火墙。可以使用各种不同的防火墙来实现各种不同的安全策略。
- 防火墙自身应该能够防止渗透。这就需要使用安装了安全操作系统的可信计算机系统。

（二） 软硬件防火墙的具体应用

如前所述，防火墙是网络安全的一道闸门，所有与计算机的连接都必须通过防火墙来实现，这样使计算机具有很强的屏蔽网络攻击以及抗病毒干扰的能力。常用的防火墙有 Norton、天网、Zonealarm 等，下面详细介绍天网防火墙的设置和使用方法。

【例 8-1】 天网防火墙的设置和使用方法。

【操作步骤】

STEP 1 天网防火墙的安装非常简单，不做详细介绍。安装后弹出【天网防火墙设置向导】对话框，单击 下一步 按钮，如图 8-17 所示，选择使用的安全级别，一般选中【中】单选按钮即可。

当计算机没有接入任何网络时，可以选择安全级别为“低”，此时防火墙采用普通级别保护计算机；当计算机连入局域网时，可以选择安全级别为“中”，此时防火墙允许网络资源共享并根据需要开放网络端口；当计算机接入 Internet 时，可以选择安全级别为“高”，此时防火墙将关闭网络资源共享和不常用的端口。

STEP 2 单击 下一步 按钮，进入【局域网信息设置】向导页，如果是在局域网中使用，可以选中【我的电脑在局域网中使用】复选框，然后输入局域网中的地址，如图 8-18 所示。

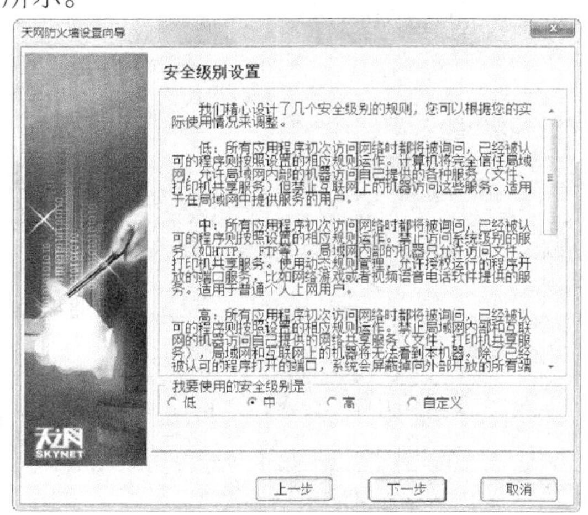

图8-17 【天网防火墙设置向导】对话框

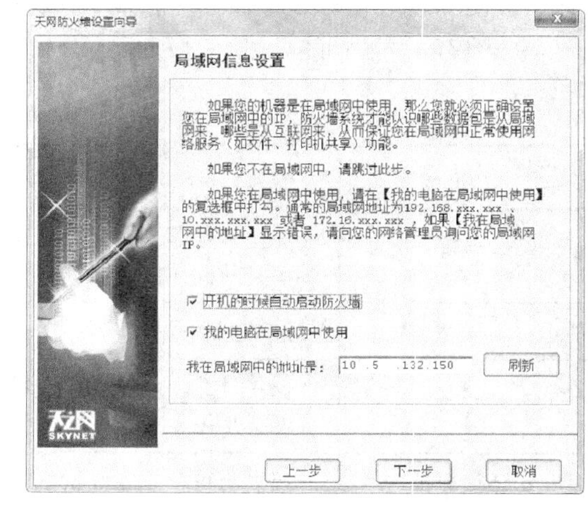

图8-18 【局域网信息设置】向导页

STEP 3 单击 下一步 按钮，进入【常用应用程序设置】向导页，选择允许访问网络的系统文件，最好采用默认设置，如图 8-19 所示。

STEP 4 单击两次 下一步 按钮，再单击 完成(E) > 按钮，防火墙自动安装完成，而且自动地缩为一个小图标，单击该图标会弹出如图 8-20 所示的天网防火墙个人版主界面。

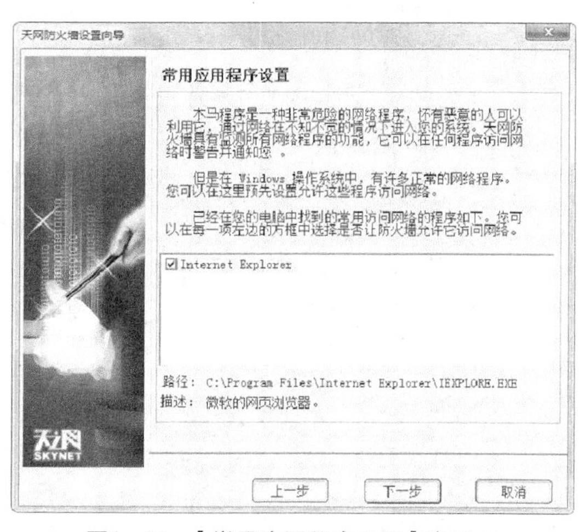

图8-19 【常用应用程序设置】向导页

图8-20 天网防火墙主界面

STEP 5 单击程序主界面左侧最上面的图标，进入应用程序访问网络权限设置界面，如图 8-21 所示。

STEP 6　选中程序列表右侧的相应选项，可以设置该应用程序禁止使用 TCP 或者 UDP 传输，以及设置端口过滤，让应用程序只能通过固定的几个通信端口或者一个通信端口接收和传输数据。完成这些设置后，可以选择不符合设置的条件时，系统将【询问】或者【禁止操作】，如图 8-22 所示。

STEP 7　自定义 IP 规则设置。

IP 规则是对整个系统网络数据包监控而设置的。利用自定义 IP 规则，用户可针对个人的不同网络状态，设置自己的 IP 安全规则，使防御手段更周到、更实用，如图 8-23 所示。

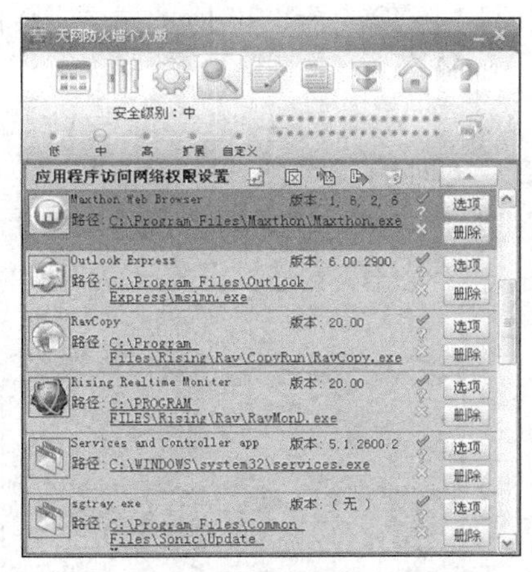

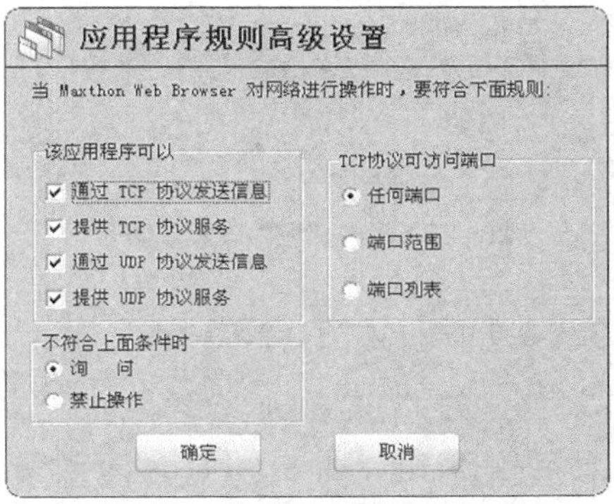

图8-21　应用程序访问网络权限设置界面

图8-22　【应用程序规则高级设置】对话框

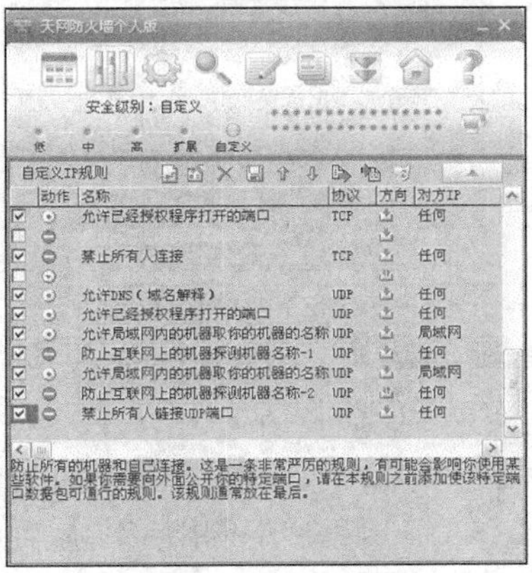

图8-23　自定义 IP 规则设置

由于天网防火墙本身的默认设置规则相当好，用户一般不需要进行任何 IP 规则的修改，就可以直接使用。

知识链接

自定义 IP 规则一般有下面几种选项。

❖　防御 ICMP 攻击：选择此项，则别人无法用 ping 的任何方法来确定用户的存在，但是不影响用户去 ping 别人。

❖　防御 IGMP 攻击：IGMP 是用于组播的一种协议，对 Windows 用户来说没有什么用途，但是现在也被用来作为蓝屏工具的一种方法，建议选择此项。

❖　TCP 数据包监视：通过这条规则，可以监视机器与外部之间的所有 TCP 连接请求。

❖　禁止互联网机器使用我的共享资源：开启该规则后，别人无法访问用户的共享资源，包括获取用户的机器名称。

❖　禁止所有的人连接低端端口或者允许以及授权的程序打开端口等。

功能还有很多，在这里不一一说明。

STEP 8　系统设置。

（1） 在如图 8-20 所示程序主界面中，单击图标，进入天网防火墙的系统设置界面，如图 8-24 所示。

（2） 在【启动】栏中选中【开机后自动启动防火墙】复选框，天网防火墙将在操作系统启动的时候自动启动。

（3） 在【管理权限设置】选项卡中，选中【允许所有的应用程序访问网络，并在规则中记录这些程序】复选框，那么所有的应用程序对网络的访问都默认通行而不拦截，如图 8-25 所示。

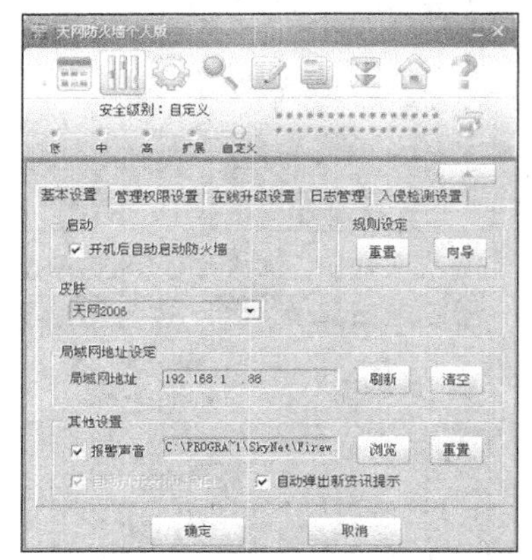

图8-24 系统设置界面

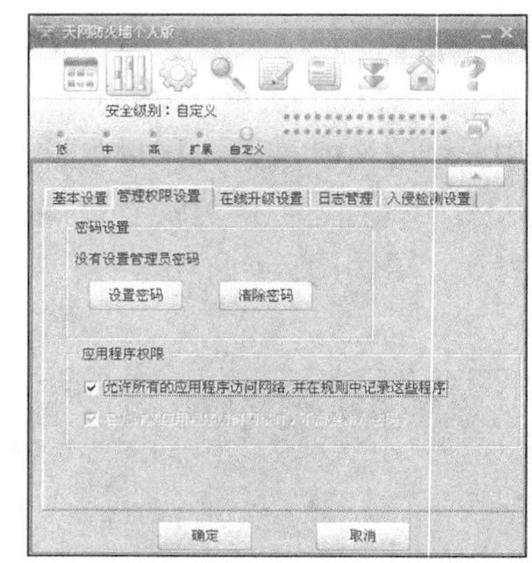

图8-25 【管理权限设置】选项卡

STEP 9 网络访问监控功能。

单击主界面中的图标，可以进入应用程序网络状态界面，如图 8-26 所示。

知识提示

天网防火墙不但可以控制应用程序访问网络的权限，而且可以监视该应用程序访问网络所用到的数据传输通信协议端口等。通过天网防火墙个人版提供的应用程序网络状态功能，用户能够监视到所有开放端口连接的应用程序及它们使用的数据传输通信协议，任何不明程序的数据传输通信协议端口，如特洛伊木马等，都可以在应用程序网络状态下一目了然。

STEP 10 日志记录。

单击主界面中的图标，将进入日志界面，如图 8-27 所示。当然，并非所有被拦截的数据都意味着有人攻击，有些正常的数据包由于用户设置防火墙 IP 规则的问题，也会被防火墙拦截。

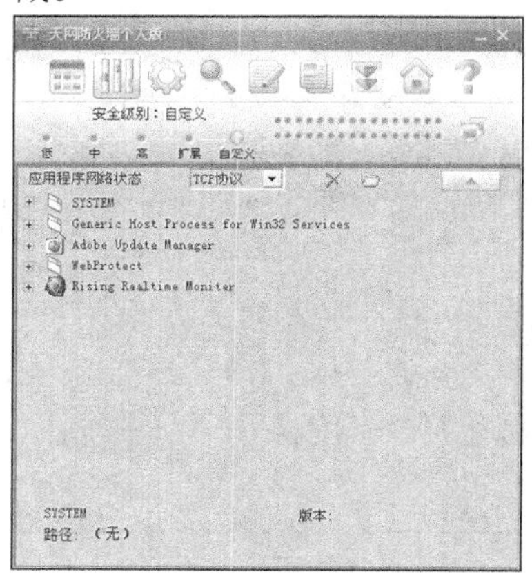

图8-26 应用程序网络状态界面

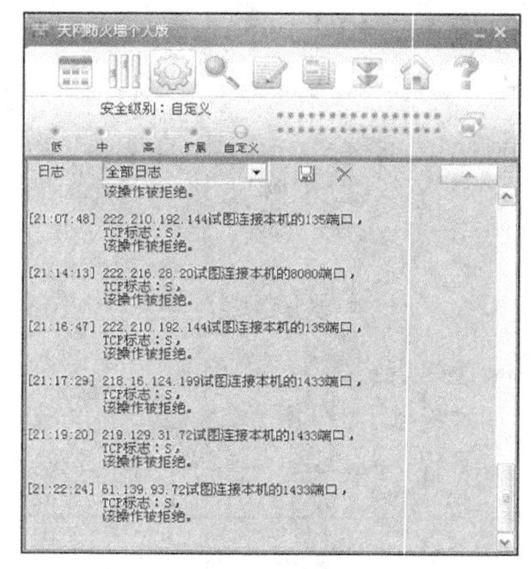

图8-27 日志界面

知识提示

天网防火墙会把所有不符合规则的数据传输包拦截并且记录，如果选择了监视 TCP 和 UDP 数据传输封包，那么用户发送和接收的每个数据传输封包也将被记录下来。

任务四　掌握网络安全防护技巧

网络为我们打开一扇通向外界的窗口，通过网络我们足不出户就可以同“地球村”中的每一个“村民”交流，同时分享网络资源。但同时网络也为各种病毒、黑客等不速之客入侵计算机提供了便捷的通道，为了确保网络环境的畅通，必须随时对其进行优化与维护。

（一） 使用 360 杀毒软件查杀病毒

360 杀毒方式比较灵活，用户可以根据当前的工作环境自行选择。“快速扫描”查杀病毒迅速，但是不够彻底；“全盘扫描”查杀彻底，但是耗时长；“指定位置扫描”可以对特定分区和存储单位进行查杀工作，可以有针对性地查杀病毒。

STEP 1 认识 360 杀毒软件。

在桌面上单击快捷图标启动 360 杀毒软件，主要界面元素如下。

（1） 单击主窗口左上方按钮，可以打开【360 多重防御系统】界面，对系统进行保护，如图 8-28 所示。

（2） 在主窗口中部有 3 种扫描方式，分别是【全盘扫描】、【快速扫描】和【功能大全】，如图 8-29 所示。3 种扫描方式的对比如表 8-5 所示。

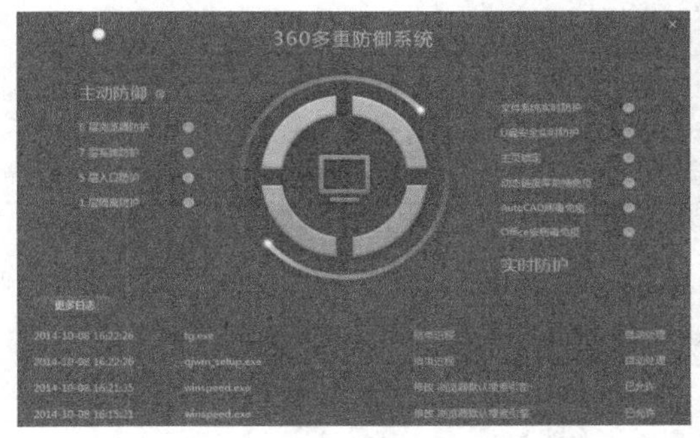

图8-28 【360 多重防御系统】界面

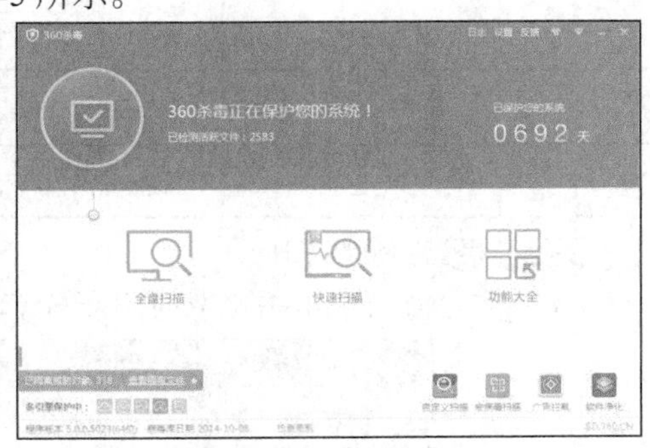

图8-29 360 杀毒界面

表 8-5 3 种扫描方式的对比

按钮	选项	含义
	全盘扫描	全盘扫描比快速扫描更彻底，但是耗费的时间较长，占用系统资源较多
	快速扫描	使用最快的速度对计算机进行扫描，迅速查杀病毒和威胁文件，节约扫描时间，一般用在时间不是很宽裕的情况下扫描硬盘
	功能大全	可以对系统的优化、安全、急救进行维护

（3） 在主窗口左下方单击查看隔离文件选项，可以查看被清除的文件，也可以恢复或者删除这些文件，如图 8-30 所示。

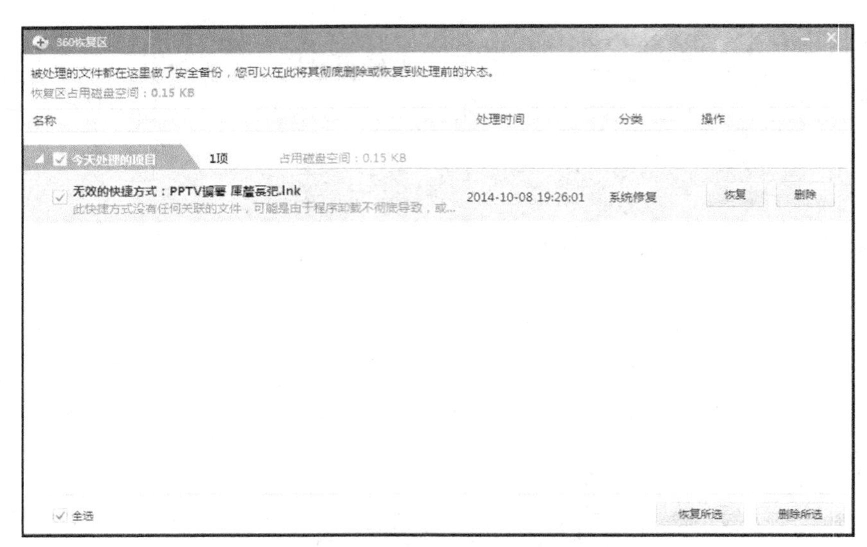

图8-30 【360 恢复区】对话框

（4） 在主窗口右下方有 4 个选项，分别是【自定义扫描】、【宏病毒扫描】、【广告拦截】和【软件净化】，其用途如表 8-6 所示。

表 8-6 4 个选项的用途

按钮	选项	作用
	自定义扫描	扫描指定的目录和文件
	宏病毒扫描	查杀 Office 文件中的宏病毒
	广告拦截	强力拦截一些广告的弹窗
	软件净化	杜绝捆绑软件，减轻电脑负荷

STEP 2 全盘扫描。

（1） 在主窗口中单击按钮开始全盘扫描硬盘，如图 8-31 所示。

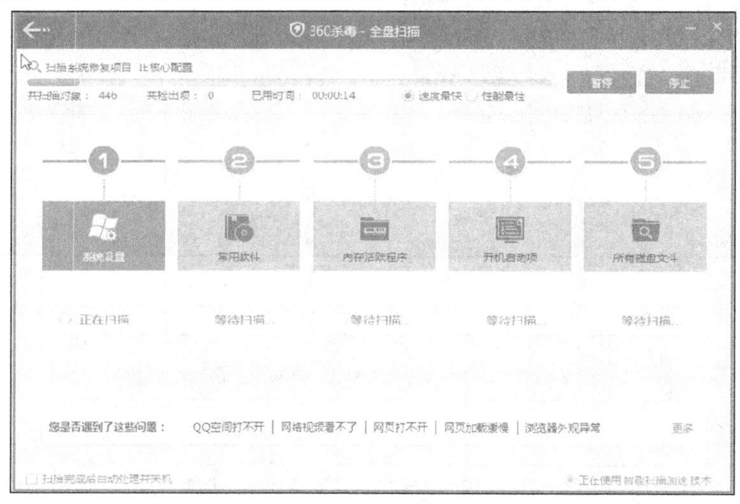

图8-31 【全盘扫描】界面

（2）　扫描结束后显示扫描到的病毒和威胁程序，选中需要处理的选项，单击立即处理按钮进行处理，如图 8-32 所示。

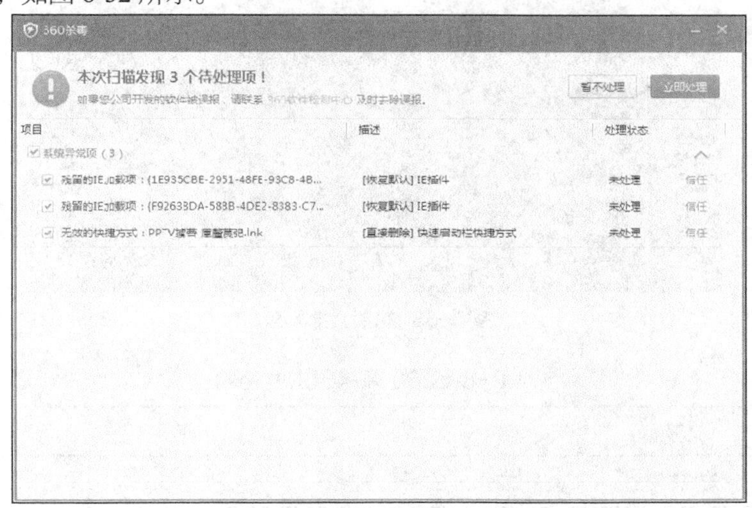

图8-32　显示扫描结果

【知识链接】——病毒、威胁和木马

在扫描结果中，通常包含病毒、威胁、木马等恶意程序，其特点如表 8-7 所示。

表 8-7　病毒、威胁和木马的特点

恶意程序	解释
病毒	一种已经可以产生破坏性后果的恶意程序，必须严加防范
威胁	虽然不会立即产生破坏性影响，但是这些程序会篡改计算机设置，使系统产生漏洞，从而危害网络安全
木马	一种利用计算机系统漏洞侵入计算机后窃取文件的恶意程序。木马程序伪装成应用程序安装在计算机上（这个过程称为木马种植）后，可以窃取计算机用户上的文件、重要的账户密码等信息

知识提示　如果选中【扫描完成后关闭计算机】复选框，则在处理完威胁对象后系统自动关机。

STEP 3　快速扫描。

快速扫描可以使用最快的速度对计算机进行扫描，迅速查杀病毒和威胁文件，节约扫描时间，一般用在时间不是很宽裕的情况下扫描硬盘。

（1）　在图 8-29 所示界面中单击按钮开始快速扫描硬盘，扫描结束后显示扫描到的病毒和威胁程序。

（2）　扫描完成后，按照与全盘扫描相同的方法处理威胁文件。

STEP 4　应用【功能大全】。

在窗口上单击【功能大全】按钮打开功能大全页面，如图 8-33 所示，各功能的具体用途如表 8-8 所示。

图8-33 功能大全界面

表 8-8 360 杀毒的主要功能

分类	选项	作用
系统安全	自定义扫描	扫描指定的目录和文件
	宏病毒扫描	查杀 Office 文件中的宏病毒
	电脑救援	通过搜索电脑问题解决方案修复电脑
	安全沙箱	自动识别可疑程序并把它放入隔离环境安全运行
	防黑加固	加固系统，防止被黑客袭击
	手机助手	通过 USB 等连接手机，用电脑管理手机
	网购先赔	当用户进行网购时进行保护
系统优化	广告拦截	强力拦截一些广告的弹窗
	软件净化	杜绝捆绑软件，减轻电脑负荷
	上网加速	快速解决上网时卡、慢的问题
	文件堡垒	保护重要文件，以防被意外删除
	文件粉碎机	强力删除无法正常删除的文件
	垃圾清理	清理没有用的数据，优化电脑
	进程追踪器	追踪进程对 CPU、网络流量的占用情况
	杀毒搬家	帮您将 360 杀毒移动到任意硬盘分区，释放磁盘压力而不影响其功能
系统急救	杀毒急救盘	用于紧急情况下系统启动或者修复
	系统急救箱	紧急修复严重异常的系统问题
	断网急救箱	紧急修复网络异常情况
	系统重装	快速安全地进行系统重装
	修复杀毒	下载最新版本，对 360 杀毒软件进行修复

（二）使用 360 安全卫士维护系统

360 安全卫士能为网络中的计算机提供全方位系统安全保障，可以查杀流行木马、清理系统插件、在线杀毒、系统实时保护、修复系统漏洞等，同时还具有系统全面诊断、清理使用痕迹等特定辅助功能。

STEP 1 启动 360 安全卫士。

在【开始】菜单中选择【所有程序】/【360 安全卫士】/【360 安全卫士】命令，启动 360 安全卫士，其界面如图 8-34 所示。

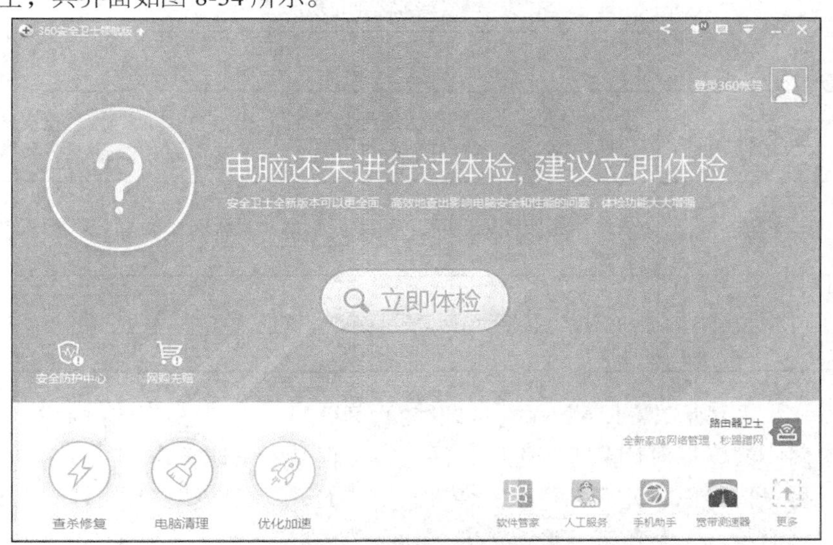

图8-34 360 安全卫士软件界面

STEP 2 电脑体检。

（1） 单击立即体检按钮，可以对计算机进行体检。通过体检可以快速给计算机进行“身体检查”，判断计算机是否健康，是否需要“求医问药”。

（2） 体检结束后，单击一键修复按钮修复电脑，如图 8-35 所示。

图8-35 体检结果

知识提示

系统给出计算机的健康度评分，满分 100 分，如果在 60 分以下，说明你的计算机已经不健康了。单击【重新体检】链接可以重新启动体检操作。

STEP 3 木马查杀。

查杀木马的主要方式有 3 种，具体用法如表 8-9 所示。

表 8-9　查杀木马的方法

按钮	名称	含义
	快速扫描	快速扫描可以使用最快的速度对计算机进行扫描，迅速查杀病毒和威胁文件，节约扫描时间，一般用在时间不是很宽裕的情况下扫描硬盘
	全盘扫描	全盘扫描比快速扫描更彻底，但是耗费的时间较长，占用系统资源较多
	自定义扫描	扫描指定的硬盘分区或可移动存储设备

知识提示

木马是具有隐藏性的、自发性的可被用来进行恶意行为的程序。木马虽然不会直接对计算机产生破坏性危害，但是木马通常作为一种工具被操纵者用来控制你的计算机，不但会篡改用户的计算机系统文件，还会导致重要信息泄露，因此必须严加防范。

（1） 在图 8-34 所示界面左下角单击【查杀修复】选项，打开如图 8-36 所示软件界面。

图8-36　查杀木马

（2） 单击【快速扫描】可以快速查杀木马，查杀过程如图 8-37 所示。

图8-37 查杀木马过程

（3） 操作完毕后，显示查杀结果，选中需要处理的选项前的复选框处理查杀到的木马，如图 8-38 所示。如果查杀结果没有发现木马及其他安全威胁，单击返回按钮返回查杀界面。

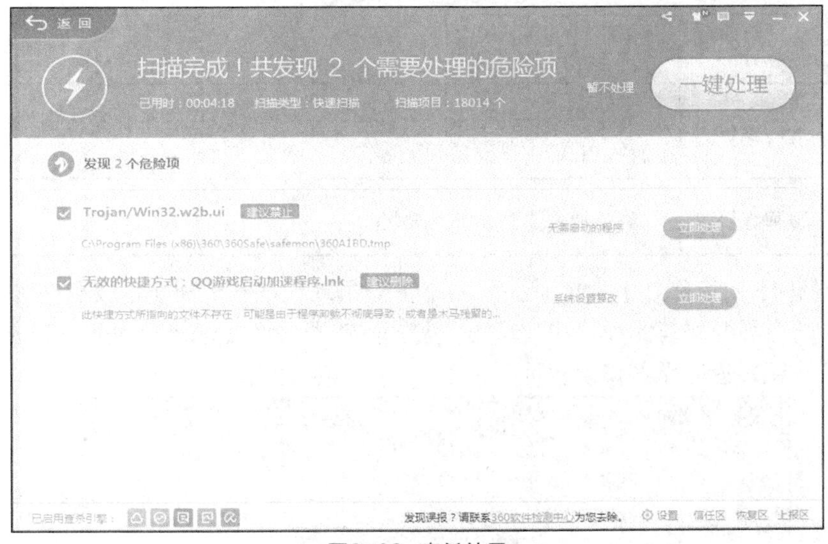

图8-38 查杀结果

（4） 处理完木马程序后，系统弹出如图 8-39 所示对话框提示重新启动计算机，为了防止木马反复感染，推荐单击好的，立刻重启按钮重启计算机。

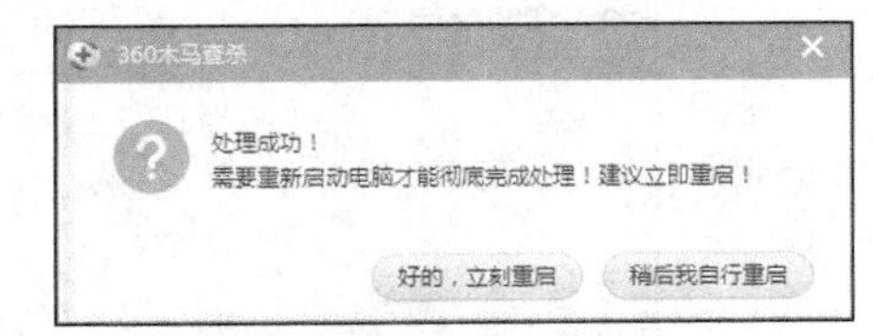

图8-39 重启系统

与查杀病毒相似，还可以在图 8-36 所示界面中单击【全盘扫描】和【自定义扫描】选项，分别实现对整个磁盘上的文件进行彻底扫描及扫描指定位置的文件。

STEP 4 系统修复。

（1） 在图 8-34 所示界面左下角单击【查杀修复】选项进入系统修复界面，在右下方有【常规修复】和【漏洞修复】两个选项，如图 8-40 所示。常用的修复方法如表 8-10 所示。

图8-40 系统修复

表 8-10 常用的修复方法

按钮	名称	含义
	常规修复	在操作系统使用一段时间后，一些其他程序在操作系统中增加如插件、控件、右键弹出菜单改变等内容，对此进行修复
	漏洞修复	修复操作系统本身的缺陷

（2） 单击【常规修复】选项，360 安全卫士自动扫描计算机上的文件，扫描结果如图 8-41 所示。选中需要修复的项目后，单击立即修复按钮即可修复存在的问题。完成后单击左上角的收起按钮，返回系统修复界面。

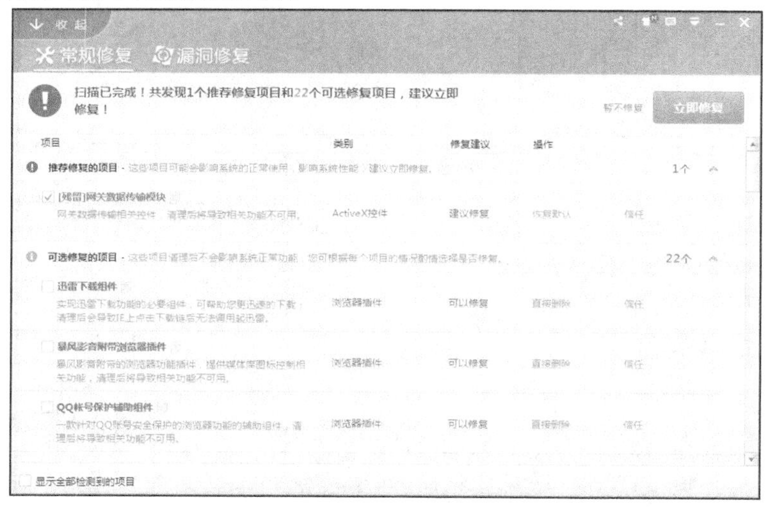

图8-41 【常规修复】扫描结果

（3） 单击【漏洞修复】选项，360 安全卫士自动扫描计算机上的漏洞，扫描结果如图 8-42 所示。选中需要修复的项目后，单击立即修复按钮即可修复存在的问题。完成后单击左上角的收起按钮，再单击返回按钮，返回主界面。

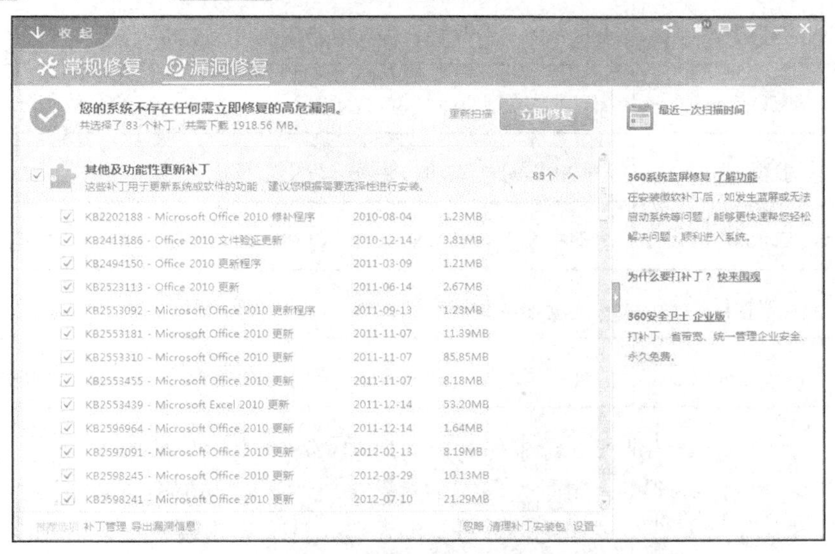

图8-42 【漏洞修复】扫描结果

漏洞是指系统软件存在的缺陷，攻击者能够在未授权的情况下利用这些漏洞访问或破坏系统。系统漏洞是病毒木马传播最重要的通道，如果系统中存在漏洞，就要及时修补，其中一个最常用的方法就是及时安装修补程序，这种程序我们称之为系统补丁。

STEP 5 电脑清理。

（1） 在主界面单击【电脑清理】选项进入电脑清理界面，如图 8-43 所示。其中包括 6 项清理操作，具体用法如表 8-11 所示。

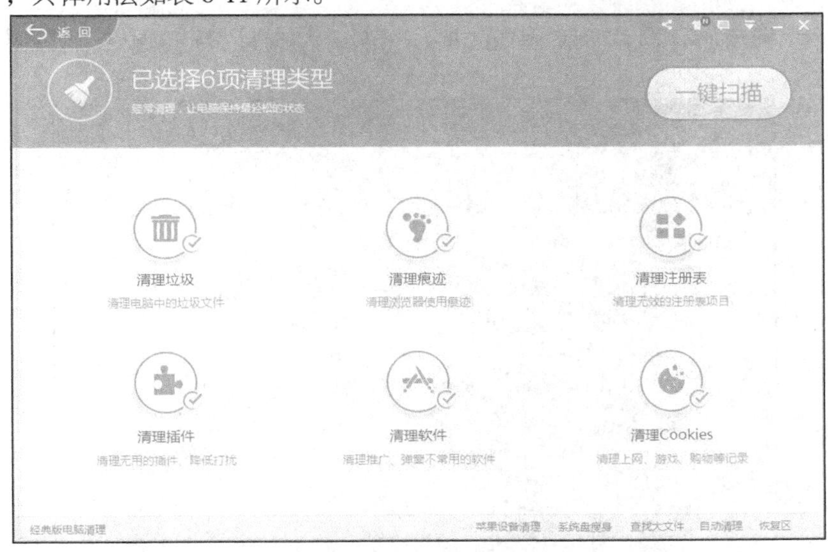

图8-43 电脑清理

表 8-11　常用的电脑清理操作

按钮	名称	含义
	清理垃圾	全面清除电脑垃圾，提升电脑磁盘可用空间
	清理痕迹	清理浏览器上网、观看视频等留下的痕迹，保护隐私安全
	清理注册表	清除无效注册表项，系统运行更加稳定流畅
	清理插件	清理电脑上各类插件，减少打扰，提高浏览器和系统的运行速度
	清理软件	瞬间清理各种推广、弹窗、广告、不常用软件，节省磁盘空间
	清理 Cookies	清理网页浏览、邮箱登录、搜索引擎等产生的 cookie，避免泄漏隐私

垃圾文件是指系统工作时产生的剩余数据文件，虽然每个垃圾文件所占系统资源并不多，少量垃圾文件对计算机的影响也较小，但如果长时间不清理，垃圾文件会越来越多，过多的垃圾文件会影响系统的运行速度。因此建议用户定期清理垃圾文件，避免累积。目前，除了手动人工清除垃圾文件外，常用软件来辅助完成清理工作。

插件是一种小型程序，可以附加在其他软件上使用。在 IE 浏览器中安装相关的插件后，IE 浏览器能够直接调用这些插件程序来处理特定类型的文件，如附着 IE 浏览器上的【Google 工具栏】等。插件太多时可能会导致 IE 故障，因此可以根据需要对插件进行清理。

（2） 单击确认要清理的类型（默认为选中状态，再次单击为取消选中），然后单击如图 8-43 所示的界面右侧的一键扫描按钮。

（3） 扫描完成后，选择需要清理的选项，单击界面右边的一键清理按钮清理垃圾，如图 8-44 所示。

图8-44　一键清理扫描到的垃圾文件

（4） 清理完成后，将弹出相关界面，可以看到本次清理的内容，如图 8-45 所示。再次返回软件主界面。

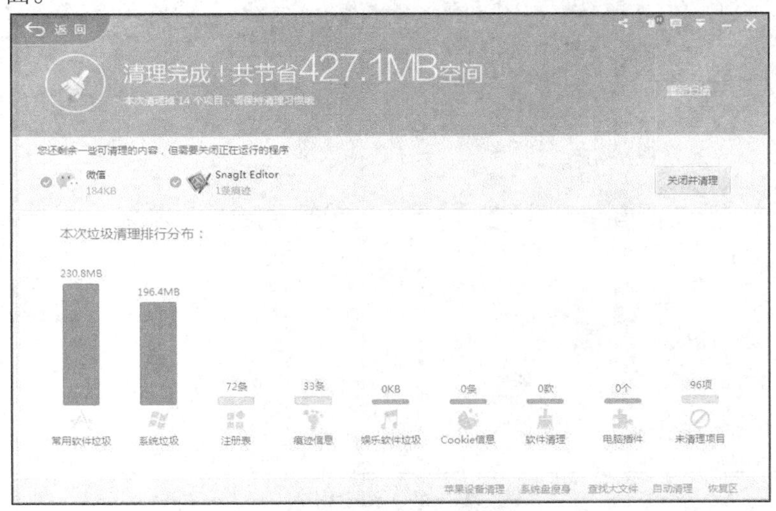

图8-45 电脑清理完成

STEP 6 优化加速。

（1） 在主界面左下角单击【优化加速】选项进入【优化加速】界面，如图 8-46 所示。其中包括 4 个独立的选项，其用途如表 8-12 所示。

图8-46 优化加速项目

表 8-12 常用的优化加速方法

选项	含义
开机加速	对影响开机速度的程序进行统计，用户可以清楚地看到各程序软件所用的开机时间
系统加速	优化系统和内存设置，提高系统运行速度
网络加速	优化网络配置，提高网络运行速度
硬盘加速	通过优化硬盘传输效率、整理磁盘碎片等办法，提高电脑速度

（2） 选中需要加速的项目后，单击 开始扫描 按钮开始扫描，扫描结果如图 8-47 所示。

图8-47 系统优化

（3） 选中需要优化的选项，然后单击 立即优化 按钮进行系统优化。完成后返回主界面。

STEP 7 人工服务。

对于电脑上出现的一些特别的问题，一时无法解决的，可以通过【人工服务】选项进行解决。

（1） 在主界面右下方单击【人工服务】按钮 ，打开【360 人工服务（360 同城帮）】窗口，如图 8-48 所示。

图8-48 360 人工服务

（2） 在【360 人工服务（360 同城帮）】窗口中，可以直接搜索问题，也可以选择问题，然后按照给出的方案解决问题。

STEP 8 软件管家。

在主界面右下方单击【软件管家】按钮 ，打开【360 软件管家】窗口，可以直接搜索软件，也可以通过窗口左边的分类选择软件，如图 8-49 所示。在这里可以对当软件进行安装、卸载和升级操作。

图8-49 360 软件管家

STEP 9 开启实时保护。

（1） 主界面中部左侧【安全防护中心】按钮，打开【360 安全防护中心】窗口。

（2） 窗口中列出了防护中心监控的项目，移动鼠标指针到每个选项上，右边会出现【关闭】图标，单击即可关闭此选项的防护，如图 8-50 所示。

图8-50 360 安全防护中心

STEP 10 软件升级。

（1） 在图 8-49 所示的【360 软件管家】窗口中，单击 软件升级 按钮，切换到【软件升级】页面，将显示目前可以升级的软件列表。

（2） 单击要升级软件后的 升级 按钮或 一键升级 按钮，即可完成升级操作，如图 8-51 所示。根据软件的具体情况不同，将弹出各种提示信息，用户可以根据具体情况选择继续升级还是取消升级。

图8-51 软件升级

STEP 11 软件卸载。

（1） 在图 8-49 所示的【360 软件管家】窗口中，单击 软件卸载 按钮，进入【软件卸载】页面，将显示当前计算机中安装的所有软件列表。

（2） 在界面左侧的分组框中选中项目可以按照类别筛选软件，单击软件后的 卸载 按钮即可卸载软件，如图 8-52 所示。

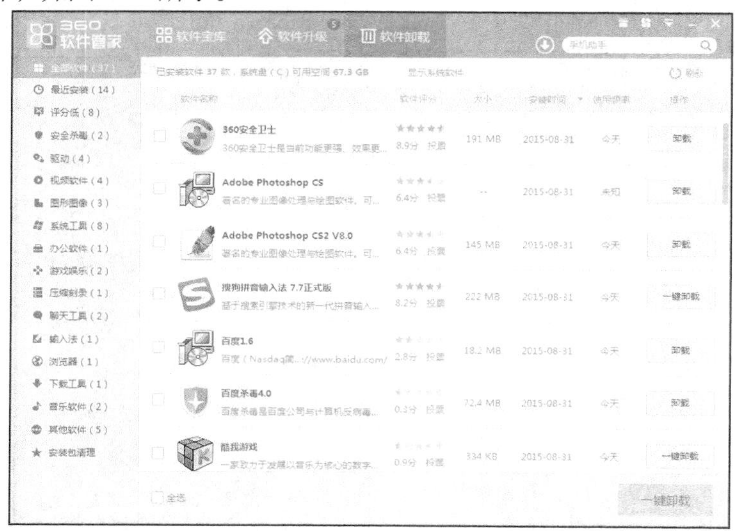

图8-52 卸载软件

实训 上网信息全程监控

为了防止单位员工在上班期间访问一些与工作无关的网站，或者避免他们将单位内部的机密信息通过电子邮件向外泄密，有时需要对每一位员工的上网信息进行全程监控。项目实训就围绕这个问题展开：给定一个 C 类网络，网络地址是 202.112.10.0，将其进一步划分为 5 个子网。

【实训要求】

通过这个案例，了解如何监控上网信息。

【操作步骤】

为了确保监控的隐蔽性，建议使用“Any@Web”工具，该工具启动后，能够全天候地对局域网中所有工作站的上网情况进行监控，在任何时候打开目标工作站，都可以查看该工作站上网后所访问的所有信息，包括访问了什么样的网页，接受了什么内容的电子邮件，对外发送了哪些机密内容等。下面介绍其具体的使用方法。

STEP 1 软件安装。

将 Any@Web 工具安装到用来监控各个工作站使用互联网资源的一台计算机中，该计算机可以是局域网中的服务器，或者是一台普通的工作站。

STEP 2 软件设置。

选择【Any@Web for Windows】/【Capture Engine Manager】命令，在随后出现的设置窗口中，选中该计算机中与集线器或交换机相连的那块网卡，同时选择【启动 Any@Web 记录引擎】命令，这样，Any@Web 工具才会自动对局域网中的其他工作站进行监控。

完成上面的准备工作后，局域网中任何工作站上网所浏览到的资源，都会被 Any@Web 工具监控并记录下来，在任何需要的时候，可以随意查看各个工作站浏览过的具体内容。例如，如果需要检查某一工作站是否向外发送了单位机密信息，可以按如下步骤操作。

STEP 3 依次选择【开始】/【Any@Web for Windows】/【Any@Web Viewer】命令，然后依次展开图 8-53 所示界面中的【信息库】/【本地网络】选项。

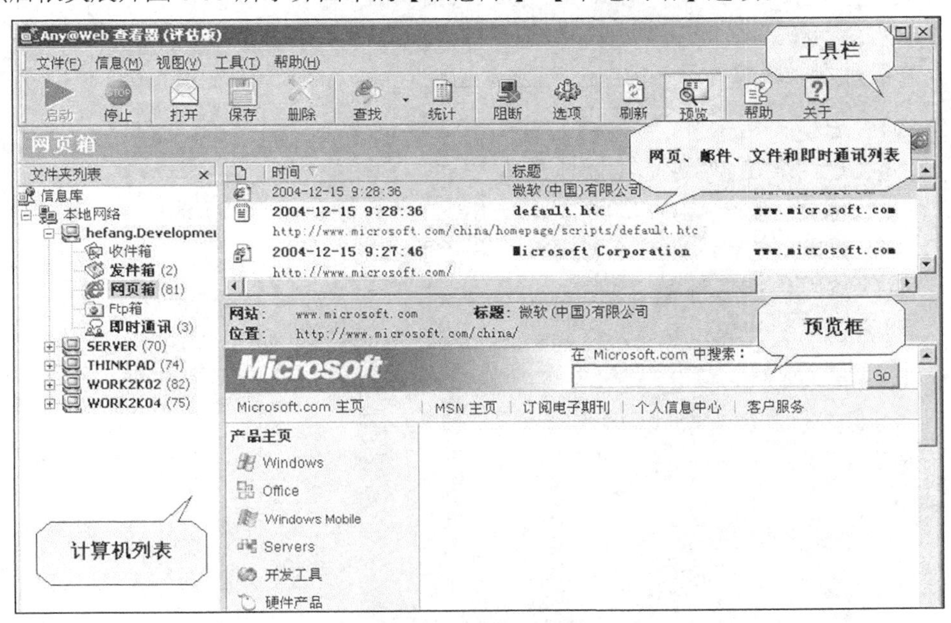

图8-53 Any@Web 查看器

STEP 4 找到目标工作站，并将其展开，然后单击该工作站下面的【发件箱】选项。

STEP 5 在对应的右边子窗口中，就能轻松查看到该目标工作站最近对外发送了多少邮件，并且选中某一封邮件后，还能查看到该邮件中的具体内容，根据内容就能判断出该工作站有没有把单位的机密信息泄漏出去。

小结

将计算机连入 Internet 后，随之而来的就是网络安全问题。威胁网络安全的主要因素来自计算机病毒和黑客。计算机病毒是一种具有破坏性的可执行程序，能够破坏计算机中的重要资料，占据大量内存空间，使用户计算机性能下降。而黑客可以利用网络漏洞非法进入网络，甚至掌握网络的控制权，危害极大。

本项目首先从网络安全的概念出发，介绍了网络安全的基础知识和网络所面临的威胁，然后介绍了网络管理的基础知识以及网络管理的实际案例，最后学习了防火墙的基本知识，特别是介绍了天网防火墙的设置过程。通过本项目的学习，读者应该逐步建立起计算机网络安全和管理的基本意识，为今后的深入学习打下坚实的基础。

习题

一、填空题

1. 网络安全是指网络系统的__________、__________以及系统中的__________受到应有的保护而不被破坏。

2. 网络管理指_________、__________和_________网络通信服务以及信息处理所必需的各种活动的总称。

3. _________是不同网络或网络安全域之间信息的唯一出入口。

4. 病毒是一种已经可以产生破坏性后果的_________。

5. 漏洞是指系统软件存在的_______________。

二、简答题

1. 什么是网络安全？它包括哪些具体内容？
2. 什么是网络安全威胁和网络安全攻击？二者有什么区别和联系？
3. 什么是网络管理？为什么要进行网络管理？
4. 防火墙有什么作用？
5. 结合自己的理解和经历，谈谈如何实现网络的安全性。

PART 9

项目九 网络的维护与使用技巧

为了保障网络运转正常，网络维护就显得尤其重要。由于网络协议和网络设备的复杂性，网络故障比个人计算机的故障要复杂很多。网络故障的定位和排除，既需要掌握丰富的网络知识和长期的经验积累，也需要一系列的软件和硬件工具。因此，网络管理员应该积极学习最新的网络知识，学会使用各种诊断工具，以便维持网络的正常工作状态。

知识技能目标

- 了解系统安全维护的基本内容。
- 了解用户网络安全设置的方法。
- 掌握事件查看器的作用和使用方法。
- 了解注册表的有关知识及常用设置方法。
- 掌握常用的系统管理和维护技巧。
- 掌握常用的网络操作命令的用法。

任务一 操作系统的安全与维护

进入 21 世纪以来，计算机性能得到了数量级的提高，遍及世界各个角落的计算机通过网路互连。随之而来并日益严峻的问题是计算机信息的安全问题。人们在这方面所做的研究与计算机性能和应用的飞速发展不相适应。

在计算机网络和系统安全问题中，常有的攻击手段和方式有以下几种。

- 利用系统管理的漏洞直接进入系统。
- 利用操作系统和应用系统的漏洞进行攻击。
- 进行网络窃听，获取用户信息及更改网络数据。
- 伪造用户身份窃取信息。
- 传输并释放病毒。
- 使用 Java/ActiveX 控件来对系统进行恶意控制。
- 摧毁网络节点。
- 消耗主机资源致使主机瘫痪和死机。

Windows Server 2012 是国内比较流行的网络操作系统，但还是有很多的漏洞，还需要进一步进行细致的配置。网络管理员安全、有效地配置操作系统是网络安全的前提。

（一） Guest 和 Administrator 账户的重命名及禁用设置

安装 Windows 操作系统后，为了安全起见，必须重新设置某些组件。对服务器端操作系统而言，安全问题配置不好，极容易遭到攻击，造成系统故障甚至整个网络瘫痪。

【例 9-1】 设置 Guest 账户和 Administrator 账户。

【基础知识】

- Guest 账户：该账户即来宾账户，它可以访问计算机，但权限受到系统限制。关闭 Guest 账户可以避免黑客使用匿名的方式登录系统。
- Administrator 账户：该账户是系统默认的管理员账户，拥有最高的系统权限。黑客入侵的常用手段之一就是试图获得 Administrator 账户的密码，然后侵入系统进行恶意修改。修改 Administrator 账户则可以有效避免上述事件的发生。
- Guest 账户和 Administrator 账户是系统安装之后默认的两个账户，在 Windows Server 2000/2003/2012 中，Guest 账户被设为禁用，但在 Windows XP 系统中，该账户被激活，而 Administrator 账户则都被设为管理员账户。因此，在重装系统之后，不管是什么系统，建议读者对其进行修改，特别是服务器端系统，更要注意这一点。

【操作步骤】

STEP 1 关闭 Guest 账户。

（1） 选择【开始】/【控制面板】/【用户账户和家庭安全】/【添加或删除用户账户】（Windows XP 系统为【开始】/【控制面板】/【性能和维护】/【管理工具】/【计算机管理】）命令，打开【管理账户】窗口，在列表中依次展开【管理员账户】/【标准账户】/【来宾账户】选项，选择【Guest】选项，如图 9-1 所示。

（2） 用鼠标右键单击【Guest】选项，弹出如图 9-2 所示的【更改来宾选项】窗口，单击【关闭来宾账户】选项，单击 取消 按钮。

图9-1 Guest 账户

图9-2 停用 Guest 账户

（3） 设置完毕后，再次查看【管理账户】，就会发现【Guest】账户下面出现了【来宾账户没有启用】的文字，表明该账号已被停用。

STEP 2 修改 Administrator 账户。

（1） 选择【开始】/【控制面板】/【用户账户和家庭安全】/【添加或删除用户账户】

（Windows XP 系统为【开始】/【控制面板】/【性能和维护】/【管理工具】/【本地安全设置】）命令，打开【管理账户】窗口，在列表中依次展开【管理员账户】/【标准账户】/【来宾账户】选项，如图 9-3 所示。

（2） 在列表中选择【管理员】选项，然后双击该选项，在弹出的窗口中选择想要修改的选项进行更改即可，如图 9-4 所示。

图9-3　本地安全设置

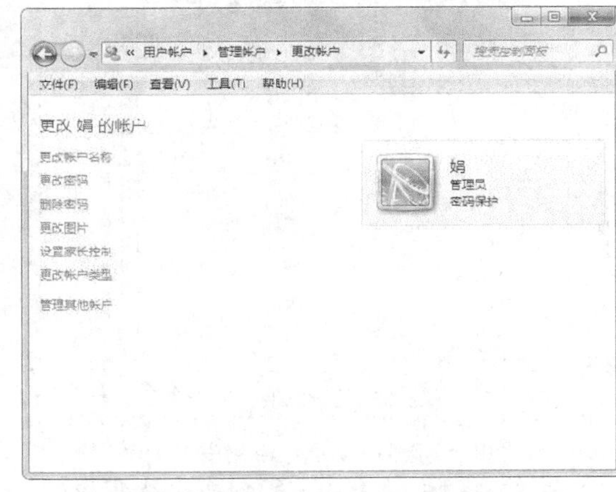

图9-4　修改 Administrator 名称

【本地安全设置】中还有许多其他的安全设置策略，此处不一一细讲，感兴趣的读者可参考有关资料。

（二） 用户安全设置

用户安全是对于客户端计算机而言的，在局域网内个人计算机也需要进行保护，特别是在企业内的某些涉密部门，更要注意防范资料被盗或被恶意更改。

【例 9-2】 防止恶意攻击。

【操作步骤】

STEP 1 仿照操作一中的方法，在【计算机管理】窗口中，设置禁止使用【Guest】账户，或者给【Guest】账户设置复杂的密码，密码最好是包含特殊字符和英文字母的长字符串。

STEP 2 在【组】策略中设置相应的权限，以便经常检查系统的用户。将那些已经不再使用的用户账号删除。

STEP 3 创建两个管理员账号，一个账号用于收信以及处理一些日常事务，另一个账号只在需要的时候使用，并且改变【Administrator】账号的名称，伪装管理员名称，以防止别人多次尝试密码。

STEP 4 创建陷阱用户，即创建一个名称为【Administrator】的本地用户，把它的权限设置成最低，并且加上一个长度超过 8 位的超级复杂密码，这样可以增加密码破解的难度，借此发现想要入侵的人员的企图。

STEP 5 删除共享权限为【Everyone】的组或用户名称。任何时候都不要把共享文件的用户设置成【Everyone】组，如图 9-5 所示。选择【Everyone】图标，并将其删除。

STEP 6 选择【开始】/【运行】命令，输入“secpol.msc”，打开【本地安全策略】窗口，在左侧列表中依次展开【账户策略】/【账户锁定策略】选项。分别设置【重置账户锁定计数器】为“30 分钟之后”,【账户锁定时间】为“30 分钟”,【账户锁定阈值】为“3次”。当然，也可以根据需要对这些值进行相应设置，设置后的结果如图 9-6 所示。

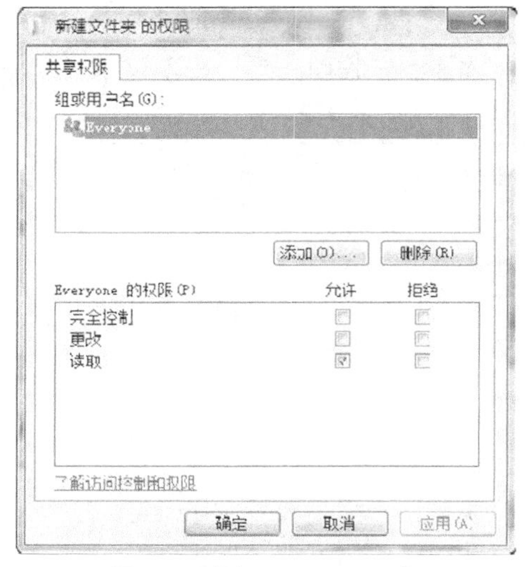

图9-5 删除 Everyone 用户

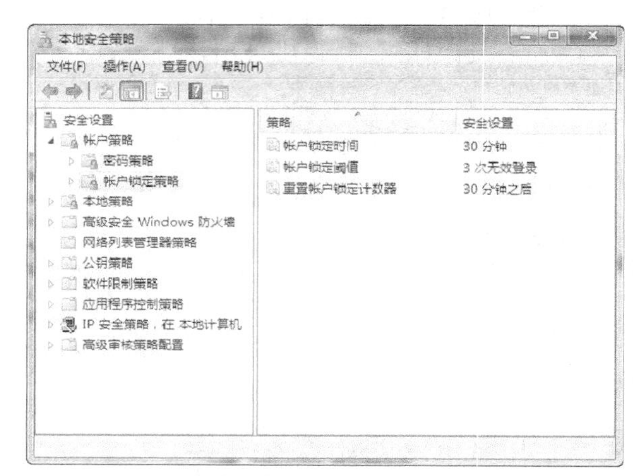

图9-6 设置账户锁定策略

STEP 7 不让系统显示上次登录的用户名。默认情况下，登录对话框中会显示上次登录的用户名，这使得其他人可以很容易地得到系统的一些用户名，从而进行密码猜测。

（1） 选择【开始】/【运行】命令，输入“secpol.msc”，打开【本地安全策略】窗口，在左侧列表中依次展开【本地策略】/【安全选项】选项，如图 9-7 所示。

（2） 在右侧找到【交互式登录：不显示最后的用户名】选项，然后双击该选项，弹出【交互式登录：不显示最后的用户名 属性】窗口，选中【已启用】单选按钮，然后单击 确定 按钮，如图 9-8 所示。

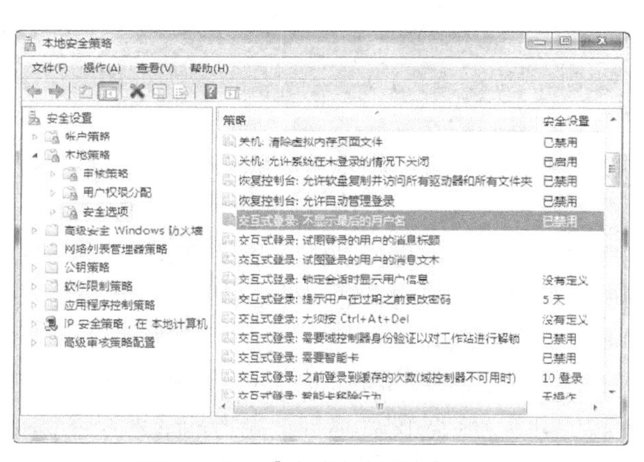

图9-7 打开【本地安全策略】窗口

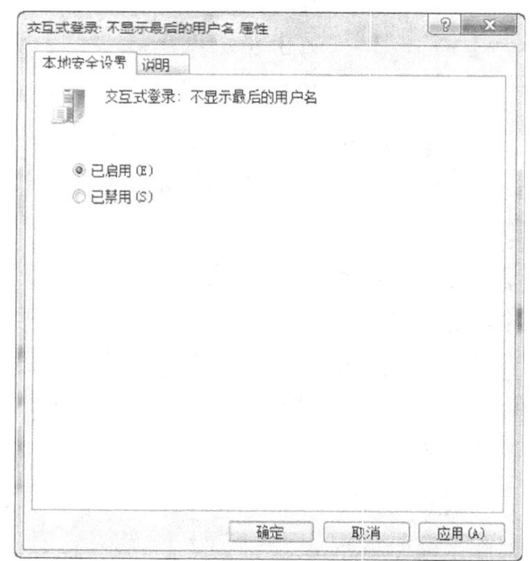

图9-8 启用不显示最后用户名

在中小型企业内部，需要进行安全配置的多为客户端计算机，因此，掌握本操作中所讲述的安全配置方法是非常重要的，这对于防范黑客攻击和防止某些恶意破坏本机内部资料的病毒都有很好的制约作用。

（三） 系统安全设置

系统安全设置主要针对系统密码策略、网络端口、IIS 等方面的配置，有效设置这些项目可以很好地防止病毒入侵和黑客的攻击。

【例 9-3】 系统安全设置。

【基础知识】

IIS 安全性：IIS 是 Windows 的组件中漏洞最多的一个，平均两三个月就要出一个漏洞，Windows 的 IIS 组件的默认安装同样十分不合理，所以 IIS 的安全配置是要重点考虑的。

【操作步骤】

STEP 1 密码设置。

密码尽量由比较复杂的字符组成。

（1） 设置屏幕保护密码以防止内部人员破坏服务器。在桌面的空白区域单击鼠标右键，从弹出的快捷菜单中选择【属性】/【屏幕保护程序】/【在恢复时使用密码保护】命令即可。

（2） 如果条件允许，用智能卡来代替复杂的密码。

（3） 选择【开始】/【运行】命令，输入“secpol.msc”，打开【本地安全策略】窗口，依次展开【账户策略】/【密码策略】选项，修改密码设置：设置密码长度的最小值为 6 个字符，设置强制密码历史为 5 个记住的密码（为“0”表示没有密码），设置密码最长使用期限为 42 天，如图 9-9 所示。

STEP 2 端口设置。

（1） 选择【控制面板】/【系统和安全】/【Windows 防火墙】/【高级设置】选项，打开 Windows 防火墙【高级安全】窗口，并在右侧单击【新建规则】选项，如图 9-10 所示。

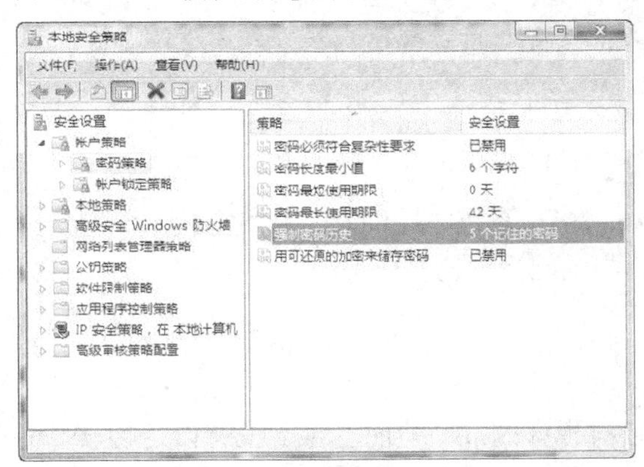

图9-9 配置密码策略

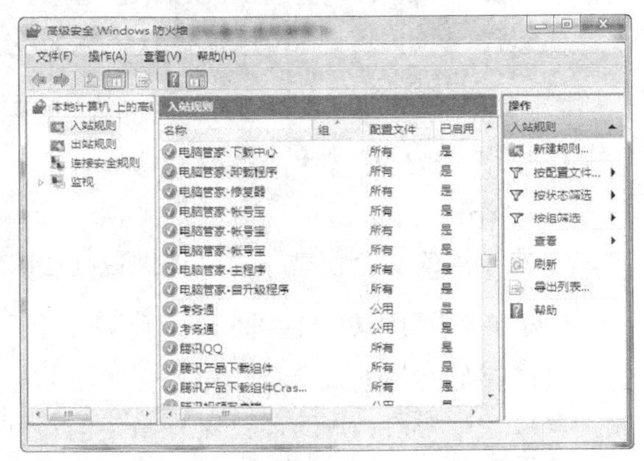

图9-10 进入 Windows 防火墙

（2） 出现【新建入站规则向导】对话框，在规则类型选择【端口】单选按钮，如图 9-11 所示。然后单击 下一步(N) > 按钮，选择协议及输入端口，如图 9-12 所示。然后单击 下一步(N) > 按钮，选择阻止和运行，单击 下一步(N) > 按钮，选择作用范围，完成一条入站规则创建。

下面修改注册表来禁止建立空链接。防止任何用户都可通过空链接连上服务器，从而列举出账号。

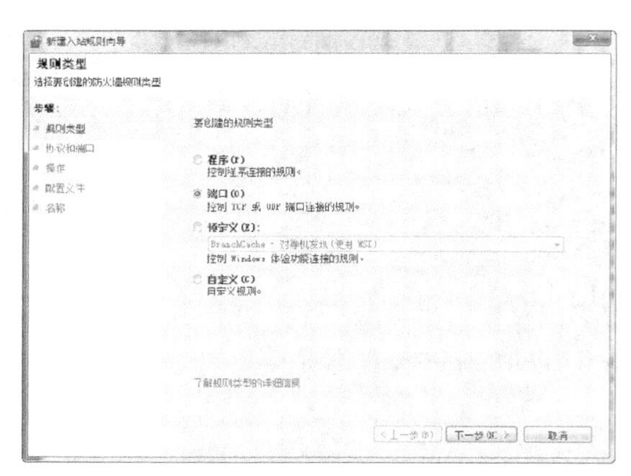

图9-11　选择规则类型

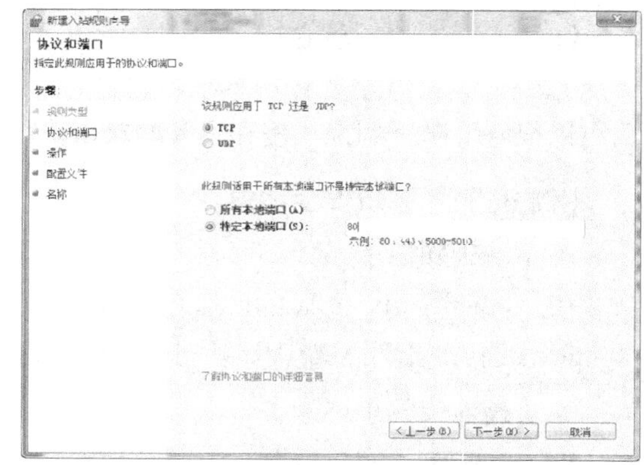

图9-12　输入端口

（3）　选择【开始】/【运行】命令，在弹出的【运行】对话框中输入“regedit”，打开【注册表编辑器】窗口，依次展开【Local Machine\System\CurrentControlSet\Control\Lsa】选项，将右侧的【restrictanonymous】值设置为“1”。

STEP 3　IIS 设置。

（1）　把 C 盘中的 Inetpub 目录彻底删除，在 D 盘创建一个 Inetpub 文件夹。

（2）　将 IIS 安装时默认的 scripts 等虚拟目录全部删除，如果需要什么权限的目录可以自建，需要什么权限设置什么权限（特别注意权限和执行程序的“写”权限，没有绝对的必要千万不要开通）。

重装系统后一定要记得对系统进行安全配置，否则登录网络后会很容易被攻击。对于服务器操作系统，首先要设置管理员和密码，安全性尽量设置得高一些，如用户名复杂些、密码长些等。对于客户端系统，应注意对 Inetpub 目录的删除，在浏览网页或下载资料时病毒很容易进入该文件夹而无法删除。

（四）IP 安全性设置

IP 安全性（Internet Protocol Security）是 Windows 系统中提供的一种安全技术，它是一种基于点到点的安全模型，可以提供更高层次的局域网数据的安全保障。

【例 9-4】 IP 安全性设置。

【基础知识】

- IP 过滤器：用来阻挡某些特定的对网络有损害的 IP 地址。对于没有设定的 IP 地址，Windows 自带的 IP 过滤器功能已十分强大，但网络上还有相关的过滤器软件，较常用的是 Lussnig's IP Filter。
- IP 安全属性的每一个组成部分都称为安全策略，而 IP 过滤器又是安全策略中的重要组成部分，因此，设置 IP 过滤器对于保护网络数据的传输有着极为重要的作用。

【操作步骤】

STEP 1　添加 IP 安全策略管理。

（1）　选择【开始】/【运行】命令，在弹出的【运行】对话框中输入“mmc”，单击 确定 按钮，打开【控制台 1】窗口，如图 9-13 所示。

（2） 选择【文件】/【添加/删除管理单元】命令，弹出【添加/删除管理单元】对话框，在左侧选择【IP 安全策略管理】选项，单击 添加(A) > 按钮，在弹出的【选择计算机域】窗口选择待管理的计算机，然后单击 确定 按钮，如图 9-14 所示。

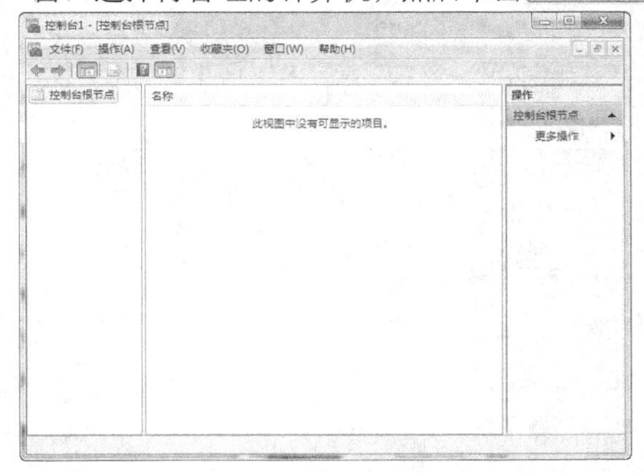

图9-13 【控制台 1】窗口

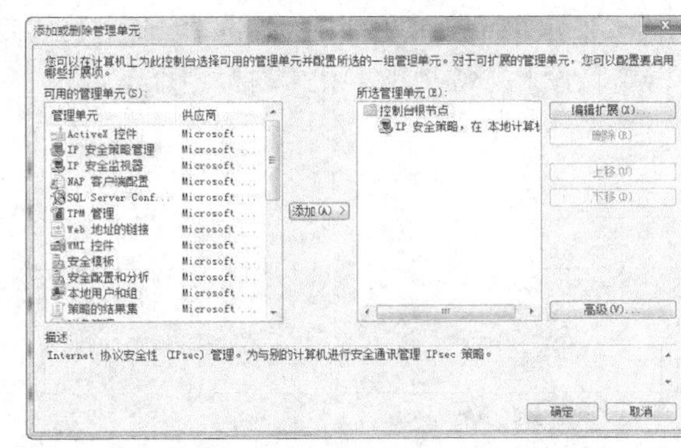

图9-14 添加“IP 安全策略管理”单元

STEP 2 设置 IP 过滤器。

STEP 3 添加新 IP 过滤器。

（1） 打开【控制台 1】窗口（见图 9-13），展开【控制台根节点】列表下的【IP 安全策略】选项，单击鼠标右键，在弹出的快捷菜单中选择【管理 IP 筛选器列表和筛选器操作】命令，弹出【管理 IP 筛选器列表和筛选器操作】对话框，如图 9-15 所示。

（2） 打开【管理 IP 筛选器列表】选项卡，单击 添加(D)... 按钮，在弹出的对话框中进行相关设置，在【名称】文本框中输入新创建的 IP 过滤器的名称（如“218.194.59.205”），如图 9-16 所示。

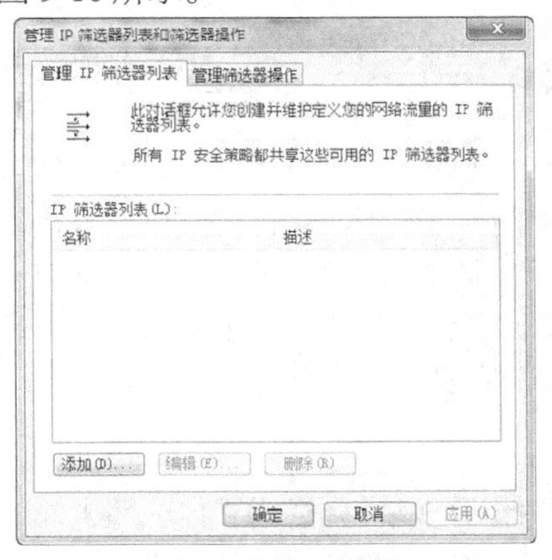

图9-15 管理 IP 筛选器

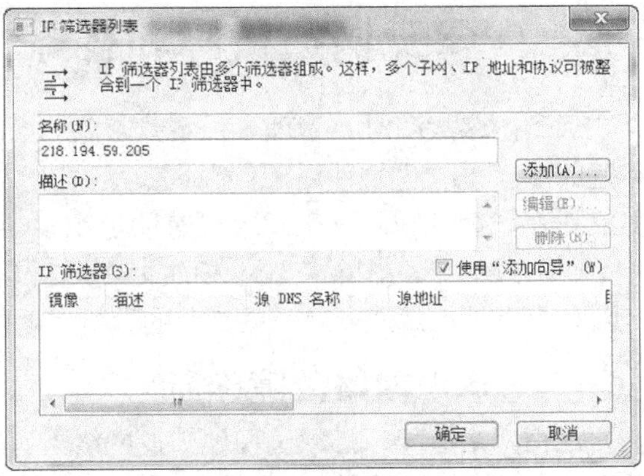

图9-16 设置新 IP

（3） 单击 添加(D)... 按钮，弹出【IP 筛选器向导】对话框，在【源地址】下拉列表中选择“一个特定的 IP 地址或子网”选项，在【IP 地址】文本框中输入服务器的 IP 地址和子网掩码，如图 9-17 所示。

（4） 单击 下一步(N) > 按钮，在弹出的对话框中按要求输入目标地址，此处输入本地计算机的 IP 地址即可。

（5） 单击 下一步(N) > 按钮，在弹出的【IP 协议类型】对话框中，选择协议类型为 TCP，单击 下一步(N) > 按钮，完成确认操作。

STEP 4 编辑已有的 IP 过滤器。

（1） 打开【控制台 1】窗口（见图 9-13），选择【控制台根节点】列表下的【管理 IP 筛选器表和筛选操作】选项，弹出【管理 IP 筛选器表和筛选操作】对话框（见图 9-15）。

（2） 单击 编辑(E)... 按钮，弹出【IP 筛选器列表】对话框。单击该对话框右侧的 编辑(E)... 按钮，弹出【IP 筛选器 属性】对话框，如图 9-18 所示。在【寻址】选项卡中可以重新设置【源地址】和【目标地址】。

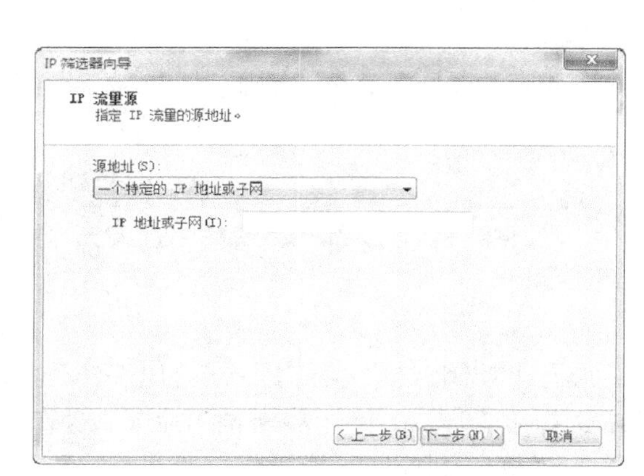

图9-17 设置源 IP 地址

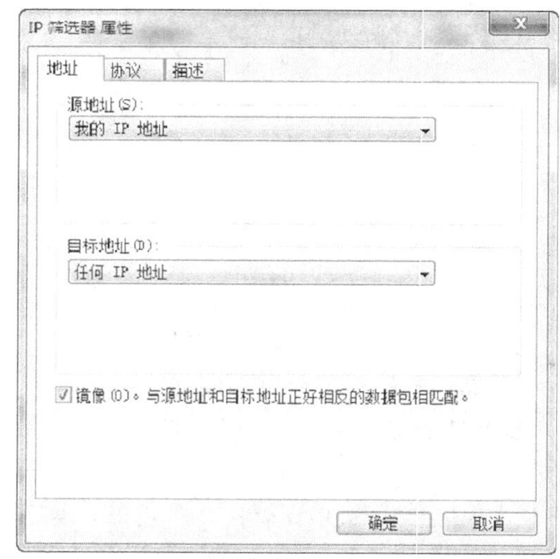

图9-18 设置筛选器属性

（3） 打开图 9-15 所示对话框中的【管理筛选器操作】选项卡，在文本列表框中选择需要编辑的选项，如【所有 IP 通讯量】选项，单击 编辑(E)... 按钮，对其进行相关内容的设置。

任务二 常见网络故障和排除方法

在遇到网络故障时，管理人员不能着急，而应该冷静下来，仔细分析故障原因，通常解决问题的顺序是“先软件后硬件”。在动手排除故障之前，先准备好笔和一个记事本，将故障现象认真仔细地记录下来（这样有助于积累经验和日后同类故障的排除）。在观察和记录时一定要注意细节，排除大型网络的故障是这样，排除十几台计算机的小型网络故障也是这样，因为，有时正是通过对一些细节的分析，才使得整个问题变得明朗化。

（一） 认识网络故障诊断

要识别网络故障，必须确切地知道网络上到底出了什么问题。知道出了什么问题并能够及时识别，是成功排除故障的关键。为了与故障现象进行对比，管理员必须知道系统在正常情况下是怎样工作的。

1. 网络故障产生的原因

由于网络协议和网络设备的复杂性，经常导致各种网络故障，概括起来，产生网络故障的主要原因有以下几点。

- 计算机操作系统的网络配置不正确。
- 网络通信协议的设置不正确。

- 网卡的安装和驱动程序不正确。
- 网络传输介质出现问题。
- 网络交换设备出现故障。
- 计算机病毒对网络的损害。
- 人为操作导致网络故障。

网络故障类型多样，可以从不同角度进行划分。

（1） 根据故障性质分类。

根据故障性质，可将网络故障分为物理故障和逻辑故障两种类型。

- 物理故障：主要包括设备或线路损坏、插头松动、线路受到严重电磁干扰等。
- 逻辑故障：主要指因为网络设备的配置原因而导致的网络异常或故障。一些重要的进程或端口被关闭，以及系统负载过高（CPU 利用率太高、内存剩余量太少等）也将导致逻辑故障。

（2） 根据故障对象分类。

根据故障对象不同，可将网络故障分为以下 3 类。

- 线路故障：由于线路不通畅引发的故障。这种情况下首先检查线路流量是否存在，然后用 ping 命令检查线路远端的路由器端口是否有响应。
- 路由器故障：路由器故障通常使用 MIB 变量浏览器收集路由器的路由表、端口流量数据、CPU 温度、负载、内存余量等数据，然后判断路由器是否存在故障。路由器发生故障时，需要对路由器进行升级、扩大内存，或重新规划网络拓扑结构。
- 计算机故障：常见的计算机故障是计算机配置不当，如 IP 地址与其他计算机冲突等。另外，计算机遭受攻击或破坏引发的安全故障也是计算机故障的常见形式。

2. 排除网路故障的思路

网络建成后，网络故障诊断成为网络管理中的重要技术工作。

（1） 网路故障诊断的任务。

网络故障诊断应该实现以下目标。

- 确定故障点，恢复网络的正常运行。
- 发现网络规划和配置中需要改进的地方，改善和优化网络性能。
- 观察网络的运行状况，及时预测网络通信质量。

（2） 识别网络故障的方法。

当网络出现故障时，网络管理员可以亲自操作出错的程序，并注意观察屏幕上的出错信息。例如，在使用 Web 浏览器进行浏览时，无论输入哪个网址都返回“该页无法显示”之类的信息。在排除故障前，可以按图 9-19 所示步骤进行分析。

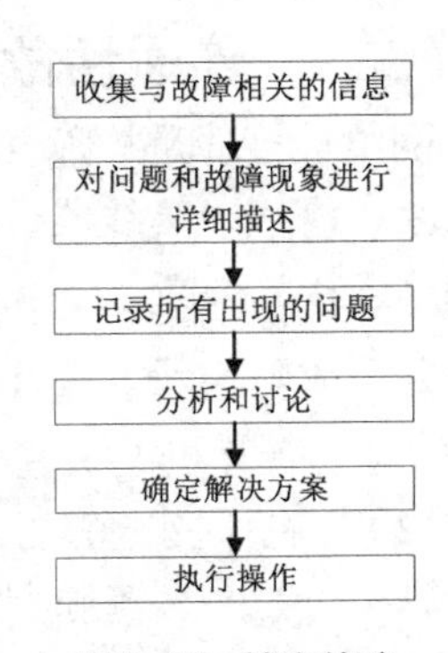

图9-19 检查故障

识别故障现象时，可以向操作者询问以下几个问题。

- 当被记录的故障现象发生时，正在运行什么进程（即操作者正在对计算机进行什么操作）？
- 这个进程以前运行过吗?
- 以前这个进程的运行是否成功?

- 这个进程最后一次成功运行是什么时候？
- 从那时起，哪些发生了改变？

（3） 排除网络故障的步骤。

发生网络故障后，可以按照以下步骤确定故障点，查找问题根源，排除故障。

① 首先确定故障的具体现象，然后确定造成这种故障现象原因的类型。例如，主机不响应客户请求服务，可能的原因包括主机配置问题、接口卡故障或路由器配置故障等。

② 向用户和网络管理员收集有关故障的基本信息，广泛地从网络管理系统、协议分析跟踪、路由器诊断命令的输出报告以及软件说明书中收集有用信息。

③ 根据收集的信息分析故障原因。首先排除某些故障原因，再设法逐一排除其他故障原因，尽快制定出有效的故障诊断计划。

④ 根据最后确定的可能故障原因，制定诊断计划。

⑤ 执行诊断计划，按照计划测试和观察故障，直至故障症状消失。

（4） 故障诊断方法。

作为网络管理员，应当考虑导致无法正常运行的原因可能有哪些，如网卡硬件故障、网络连接故障、网络设备（如集线器、交换机）故障、TCP/IP 设置不当等。诊断时，不要急于下结论，可以根据出错的可能性把这些原因按优先级别进行排序，然后再逐个排除。

处理网络故障的方法多种多样，比较方便的有参考实例法、硬件替换法、错误测试法等。

① 参考实例法。参考实例法是指参考附近有类似连接的计算机或设备，然后对比这些设备的配置和连接情况，查找问题的根源，最后解决问题。其操作步骤如图 9-20 所示。

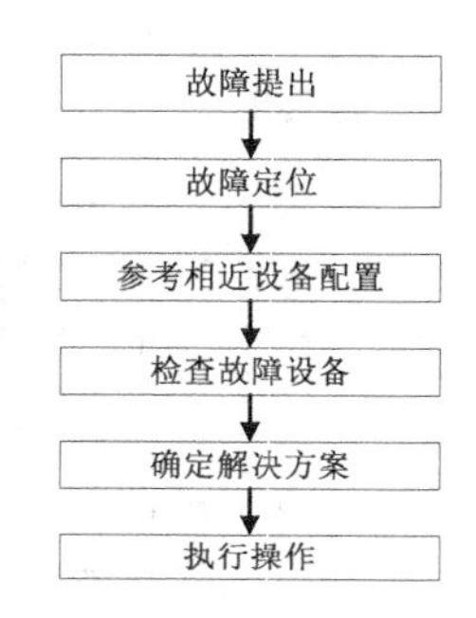

图9-20 参考实例法检测故障

② 硬件替换法。硬件替换法是用正常设备替换有故障的设备，如果测试正常，则表明被替换的设备有问题。要注意一次替换的设备不能太多，且精密设备不适合用这种方法。

③ 错误测试法。错误测试法指网络管理员凭经验对出现故障的设备进行测试，最后找到症结所在。

故障的原因虽然多种多样，但总的来讲不外乎就是硬件问题和软件问题，说得再确切一些，就是网络连接问题、配置文件选项问题及网络协议问题。

（二） 连通性故障及排除方法

网络连接性是故障发生后首先应当考虑的原因。连通性的问题通常涉及网卡、跳线、信息插座、网线、集线器、调制解调器等设备和通信介质。其中，任何一个设备的损坏都会导致网络连接的中断。

1. 故障表现

（1） 计算机无法登录到服务器。计算机无法通过局域网接入 Internet。

（2） 在【网上邻居】中只能看到本地计算机，而看不到其他计算机，从而无法使用其他计算机上的共享资源和共享打印机。

（3） 计算机在网络内无法访问其他计算机上的资源。网络中的部分计算机运行速度异常缓慢。

2．故障原因

（1）网卡未安装，或未安装正确，或与其他设备有冲突。

（2）网卡硬件故障。

（3）网络协议未安装，或设置不正确。

（4）网线、跳线或信息插座故障。

（5）集线器或交换机电源未打开，集线器或交换机硬件故障。

【例 9-5】连通性故障诊断。

【操作步骤】

STEP 1 当出现一种网络应用故障时，首先查看能否登录比较简单的网页，如百度搜索界面“www.baidu.com”。查看周围计算机是否有同样问题，如果没有，则主要问题在本机。

STEP 2 使用 ping 命令测试本机是否连通，选择【开始】/【运行】命令，在弹出的【运行】对话框中输入本机的 IP 地址，如图 9-21 所示。查看是否能 ping 通，若 ping 通则说明并非连通性故障。

STEP 3 通过 LED 灯判断网卡的故障。首先查看网卡的指示灯是否正常，正常情况下，在不传送数据时，网卡的指示灯闪烁较慢，传送数据时，闪烁较快。无论是不亮，还是长亮不灭，都表明有故障存在。如果网卡的指示灯不正常，需关掉计算机更换网卡。

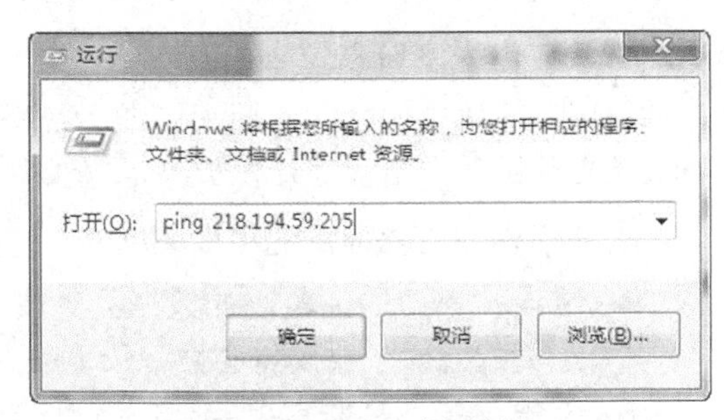

图9-21　ping 本机地址

STEP 4 查看网卡驱动程序是否存在问题，若存在问题，则需要重新安装网卡驱动程序。

STEP 5 在确认网卡和协议都正确的情况下，网络还是不通，可初步断定是集线器（或交换机）和双绞线的问题。为了进一步进行确认，可再换一台计算机用同样的方法进行判断。如果其他计算机与本机连接正常，则故障一定是在先前的那台计算机和集线器（或交换机）的接口上。

STEP 6 如果集线器（或交换机）没有问题，则检查计算机到集线器（或交换机）的那一段双绞线和所安装的网卡是否有故障。判断双绞线是否有问题可以通过“双绞线测试仪”或用两块万用表分别由两个人在双绞线的两端测试。主要测试双绞线的 1、2 和 3、6 共 4 条线（其中 1、2 线用于发送，3、6 线用于接收）。如果发现有一根不通就要重新制作。

通过上面的故障分析，就可以判断故障出在网卡、双绞线或集线器上。

当网络出现故障时，通过上述步骤，基本上可以排除是哪一方面的问题，如果仍然不能解决，则考虑是否是协议故障或中毒等原因，再进行其他方面的检查。

（三）认识事件查看器

无论是普通计算机用户，还是专业计算机系统管理员，在操作计算机的时候都会遇到某些系统错误。很多人经常为无法找到出错原因、解决不了故障问题感到困扰。

1. 事件查看器的用途

使用 Windows 内置的事件查看器，加上适当的网络资源，可以很好地解决大部分的系统问题。Microsoft 公司在以 Windows NT 为内核的操作系统中集成有事件查看器，这些操作系统包括 Windows 2000\NT\XP\2003 等。事件查看器可以完成许多工作，如审核系统事件和记录系统日志、安全日志、应用程序日志等。

事件查看器内包含所有的系统日志信息，计算机所有的操作在事件查看器中都可以查找到其历史纪录。

2. 系统日志

系统日志包含系统组件记录的事件。例如，管理器预先确定了由系统组件记录的事件类型，在启动过程将加载的驱动程序或其他系统组件的失败情况记录在系统日志中。

3. 安全日志

安全日志用于记录安全事件，如有效的和无效的登录尝试以及与创建、打开或删除文件等资源所使用的相关联的事件。管理器可以指定在安全日志中记录什么事件。例如，如果用户已启用登录审核，登录系统的尝试将记录在安全日志里。

4. 应用程序日志

应用程序日志包含由应用程序或系统程序记录的事件。例如，数据库程序可在应用日志中记录文件错误。由程序开发员决定记录哪一个事件。

5. 事件查看器显示的事件类型

- 错误：重要的问题，如数据丢失或功能丧失。例如，如果在启动过程中某个服务加载失败，这个错误将会被记录下来。
- 警告：并不是非常重要，但有可能说明将来潜在问题的事件。例如，当磁盘空间不足时，将会记录警告。
- 信息：描述了应用程序、驱动程序或服务成功操作的事件。例如，当网络驱动程序加载成功时，将会记录一个信息事件。
- 成功审核：成功审核安全访问尝试。例如，用户登录系统成功会被作为成功审核事件记录下来。
- 失败审核：失败审核安全登录尝试。例如，如果用户试图访问网络驱动器并失败了，则该尝试将会作为失败审核事件记录下来。

【例 9-6】 使用事件查看器。

【操作步骤】

STEP 1 查看事件日志。

（1） 选择【开始】/【运行】命令，在弹出的【运行】对话框中输入“eventvwr.msc”，单击 确定 按钮，打开【事件查看器】窗口，在左侧的树形窗格中列出了事件的方式，右侧窗格中列出的是对应事件方式的所有日志信息，包括事件的类型、日期、时间、来源、分类、事件、用户和计算机，如图 9-22 所示。

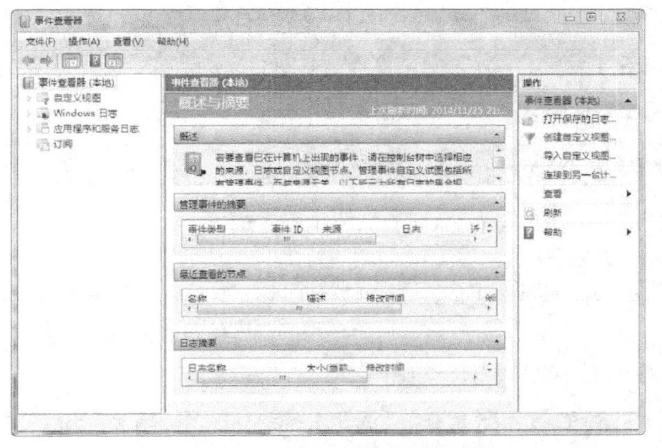

图9-22 【事件查看器】窗口

（2） 在【事件查看器】窗口左侧的树形窗格中展开【Windows 日志】项，单击某个事件的方式后，在右侧的窗格中将显示日志，如图 9-23 所示。在任一日志上单击鼠标右键，从弹出的快捷菜单中选择【事件属性】命令，打开日志属性对话框，如图 9-24 所示。

（3） 在日志属性对话框的【常规】选项卡中，对事件发生的起因和解决方法进行了分析，为用户提供一个解决方案，如果要查看前后事件日志的属性，可以在图 9-24 中单击⬆或者⬇按钮。

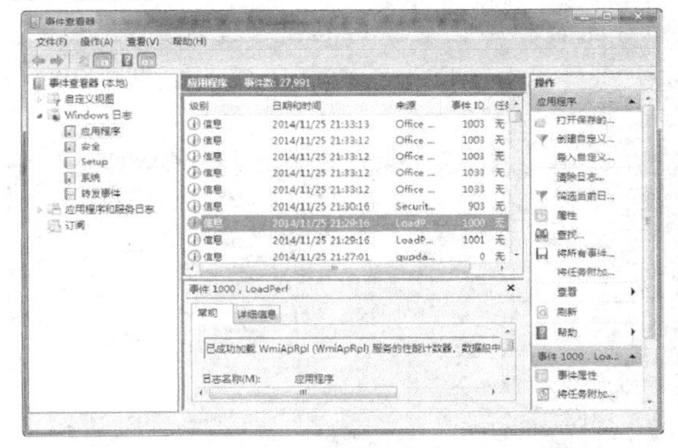

图9-23 查看应用程序日志

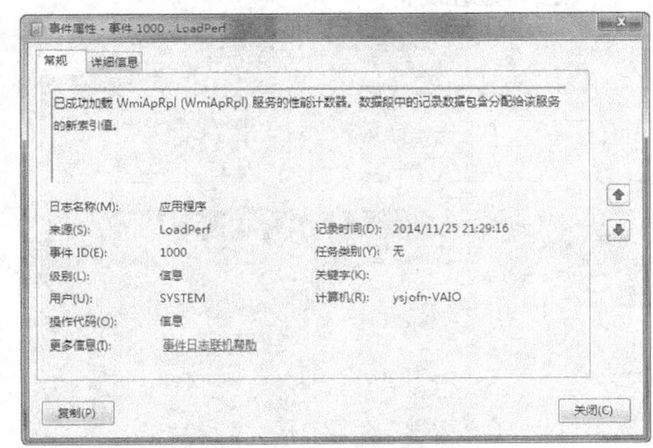

图9-24 错误日志详细信息

STEP 2 清除事件日志。

（1） 打开【事件查看器】窗口，在左侧的树形窗格中用鼠标右键单击所要清除的事件日志（如【系统】日志），在弹出的快捷菜单中选择【清除日志】命令，如图 9-25 所示。

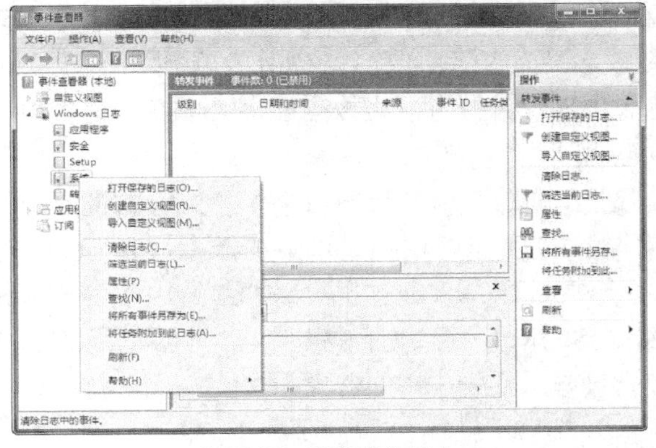

图9-25 清除事件日志

（2） 选择该命令后，系统弹出提示用户是否要保存事件日志的对话框，单击 清除(C) 按钮继续即可，如图 9-26 所示。清除所选的程序事件日志后，在该类型的日志中就会显示为“此视图中没有可显示的项目”。

图9-26 选择是否保存事件日志

STEP 3 保存事件日志文件。

（1） 打开【事件查看器】，在左侧的树形窗格中，用鼠标右键单击所要保存的事件日志（如【安全】日志），在弹出的快捷菜单中选择【将所有事件另存为】命令，弹出【另存为】对话框，如图 9-27 所示。

（2） 在【另存为】对话框中，输入所要保存事件日志的文件名，单击 保存(S) 按钮将日志保存为指定的文件。建议用户将文件名设置为“时间+日志”格式类型，如在 2014 年 12 月 11 日备份系统日志，则将备份的系统日志文件命名为“2014-12-11.evtx”，以便于今后查看服务器的运行情况。

STEP 4 设置事件日志属性。

（1） 打开【事件查看器】窗口，在左侧的树形窗格中，用鼠标右键单击所要设置属性的事件日志（如【系统】事件日志），在弹出的快捷菜单中选择【属性】命令，如图 9-28 所示，弹出【日志系统 属性】对话框。

图9-27 保存日志文件

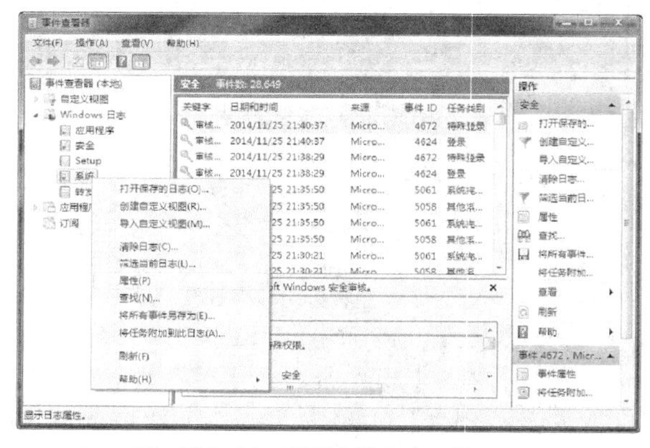

图9-28 设置事件日志属性

（2） 在【日志系统 属性】对话框的【常规】选项卡中，默认的系统日志文件大小为 20480KB，日志文件达到上限时，服务器将按需要覆盖事件，这里可以将覆盖的时间设置为一个指定事件，如图 9-29 所示。

（3） 在【事件查看器】窗口左侧树形窗口中，用鼠标右键单击所要设置属性的事件日志（如【系统】事件日志），在弹出的快捷菜单中选择【筛选当前日志】命令，弹出【筛选当前日志】对话框，如图 9-30 所示，在这里可以取消选中【信息】和【关键】复选框，这样 Windows 系统在正常启动的情况下，就不做事件日志记录，只对警告事件或者出错的事件做事件日志记录，以节省日志文件所占用的资源。

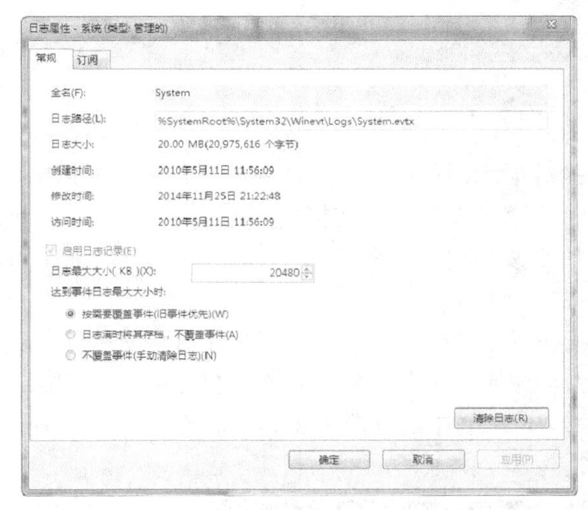

图9-29　设置日志保存时间

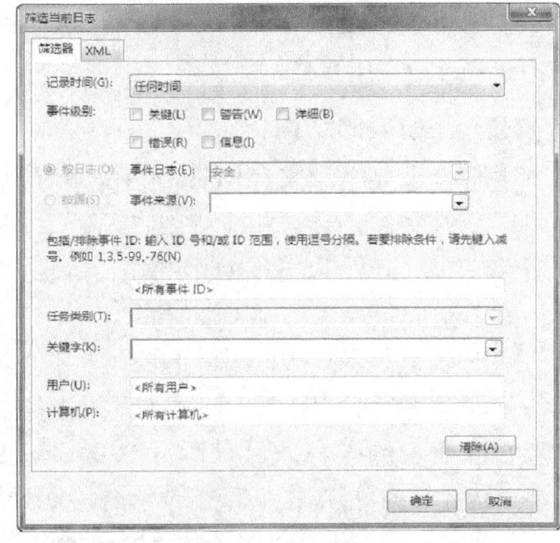

图9-30　【筛选器】选项卡

任务三　使用注册表

Windows 注册表是帮助 Windows 操作系统控制硬件、软件、用户环境和 Windows 界面的一套数据文件，注册表数据库包含在 Windows 目录下的 “system.dat” 和 “user.dat” 这两个文件里。

通过 Windows 目录下的 “regedit.exe” 程序可以存取注册表数据库。在 Windows 的更早版本（在 Windows 98 以前）中，这些功能是靠 “win.ini” “system.ini” 和其他与应用程序有关联的 “.ini” 文件来实现的。

（一） 认识注册表

注册表最初被设计为一个与应用程序的数据文件相关的参考文件，最后扩展为在 32 位操作系统和应用程序下能够实现全面管理功能的文件。

1. 注册表的用途

在 Windows 操作系统家族中，“system.ini” 和 “win.ini” 这两个文件包含了操作系统所有的控制功能和应用程序的信息，“system.ini” 管理计算机硬件，“win.ini” 管理桌面和应用程序。所有的硬件驱动程序、字体设置和重要的系统参数会保存在 “.ini” 文件中。

注册表是一套控制操作系统外表和如何响应外来事件工作的文件。这些 “事件” 的范围从直接存取一个硬件设备到接口如何响应、特定用户到应用程序如何运行等操作。

注册表是 Windows 程序员建造的一个复杂的信息数据库，它是多层次的。在不同的系统上，注册表的结构基本相同。计算机配置和默认用户设置的注册表数据在 Windows NT 中被保存在以下的文件中。

- DEFAULT；
- SAM；
- SECURITY；
- SOFTWARE；

- SYSTEM；
- NTUSER.DAT。

2. **注册表的结构**

注册表是一个用来存储计算机配置信息的数据库，里面包含操作系统不断引用的信息，如用户配置文件，计算机上安装的程序，每个程序可以创建的文档类型、文件夹和程序图标的属性设置，硬件，正在使用的端口等。注册表按层次结构来组织，由主项、子项、配置单元和值项组成。

注册表是按照子树及其项、子项和值项进行组织的分层结构。安装在每台计算机上的设备、服务和程序不同，一台计算机上的注册表内容可能与另一台计算机上的大不相同。要查看注册表的内容，可以运行 Windows Server 2012 中的注册表编辑器软件 Regedit.exe。图 9-31 所示为注册表编辑器显示的注册表结构。

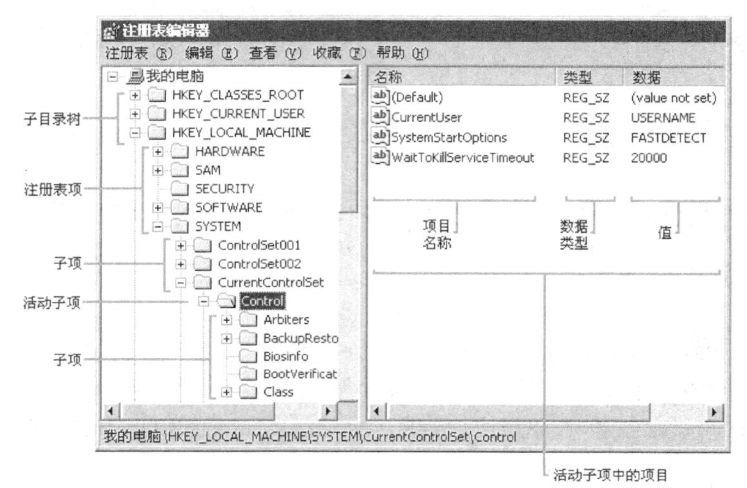

图9-31　注册表结构

从图 9-31 中可以看出，注册表项可以有子项，同样，子项也可以包含子项。尽管注册表中大多数信息都存储在磁盘上，而且一般是永久存在的，但是，存储在 violatile keys 中的一些信息在操作系统每次启动时将被覆盖。

（二） 注册表应用实例

注册表的功能非常多，几乎可以控制整个计算机系统，下面主要讲述几个应用比较频繁的注册表设置操作，其他功能可查阅有关资料。

【例 9-7】 使用注册表。

【操作步骤】

STEP 1 使用注册表删除多余的.dll 文件。

（1） 选择【开始】/【运行】命令，在弹出的【运行】对话框中输入“regedit”，如图 9-32 所示，单击 确定 按钮，打开【注册表编辑器】窗口。依次展开【HKEY_LOCAL_MACHINE\SOFTWARE\Microsoft\Windows\CurrentVersion\SharedDlls】选项。

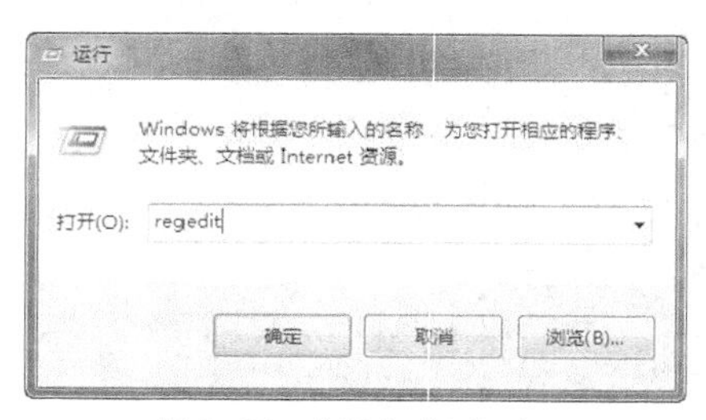

图9-32 【运行】对话框

（2） 选择注册表列表中右侧的所有文件，单击鼠标右键，从弹出的快捷菜单中选择【删除】命令，即可将多余的.dll 文件删除。

STEP 2 停止开机自动运行软件。

打开【注册表编辑器】窗口，依次展开【HKEY_LOCAL_MACHINE\SOFTWARE\Microsoft\Windows\CurrentVersion\run】选项，在右侧的列表中选择开机时不需要运行的软件，然后将其删除即可。

STEP 3 还原 IE 默认的浏览页面。

（1） 依次展开【HKEY_LOCAL_MACHINE/SOFTWARE\Microsoft\Internet Explorer\Main】选项，在右侧的窗格中找到【Start Page】选项，双击鼠标将键值改为“about：blank”即可。

（2） 依次展开【HKEY_CURRENT_USER\Software\Microsoft\InternetExplorer\ Main】选项，按照上述步骤进行设置即可。

（3） 依次展开【HKEY_LOCAL_MACHINE\SOFTWARE\Microsoft\Windows\Current Version\Run】选项，将其下的【registry.exe】选项删除（如果没有，则可以不予理睬），并删除自运行程序 C:\Program Files\registry.exe，最后从 IE 选项中重新设置起始页。重新启动计算机。

STEP 4 去掉桌面快捷方式的小箭头。

（1） 打开【注册表编辑器】窗口，依次展开【HKEY_CLASSES_ROOT\lnkfile】选项。

（2） 找到一个名为【IsShortcut】的子项，它表示在桌面的.LNK 快捷方式图标上将出现一个小箭头。用鼠标右键单击该项，从弹出的快捷菜单中选择【删除】命令，将该项删除（如果今后还要将其还原，要记住该名称）。在窗口右侧单击鼠标右键，从弹出的快捷菜单中选择【新建】/【字符串值】命令，将新建项的名称改为“IsShortcut”即可。

（3） 对指向 MS-DOS 程序的快捷方式（即.PIF）图标上的小箭头，还需展开【HKEY_CLASSES_ROOT\piffile】选项，然后执行步骤（2）中的操作。

（4） 重新启动计算机，查看是否修改成功，如不成功可再执行一次如上的操作。

STEP 5 注册表的备份与还原。

打开【注册表编辑器】窗口，选择【文件】/【导出】命令，在弹出的【导出注册表文件】对话框中，输入要备份注册表的文件名及其保存位置，单击 保存(S) 按钮即可。需恢复注册表时，选择【文件】/【导入】命令，将以前保存过的注册表文件导入进来即可，如图 9-33 所示。

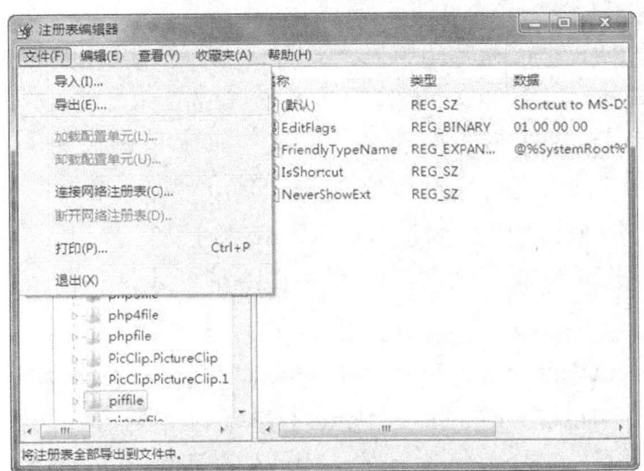

图9-33 注册表的导入与导出

平时最常用的操作是删除冗余的 dll 文件和禁止自动启动软件的注册表设置，但是，注册表作为系统的备份文件，它包含了几乎所有应用程序的记录。更为重要的是，注册表保存的信息中含有许多系统启动时必要的参数，一旦出现问题将导致系统崩溃等严重后果。此外，由于注册表里含有许多无法通过操作系统本身进行操作的系统参数，因此，在没有确定资料证明修改准确的情况下，建议读者不要随意去修改注册表值。

【例 9-8】 **使用注册表隐藏文件或文件夹。**

【操作步骤】

STEP 1 普通文件的隐藏方法。

（1） 选择要隐藏的文件（如选择 E 盘 test 文件夹），用鼠标右键单击该文件，在弹出的快捷菜单中选择【属性】命令，弹出属性对话框。在【常规】选项卡的【属性】选项组中选中【隐藏】复选框，如图 9-34 所示。单击 确定 按钮完成操作。

（2） 打开我的电脑上的本地磁盘 F，在打开的【F:\】窗口中选择菜单栏中的【工具】/【文件夹选项】命令。

（3） 在弹出的【文件夹选项】对话框中切换到【查看】选项卡，在【高级设置】列表框中，展开【隐藏文件和文件夹】选项，选中【不显示隐藏的文件和文件夹】单选按钮，如图 9-35 所示，单击 确定 按钮完成操作。

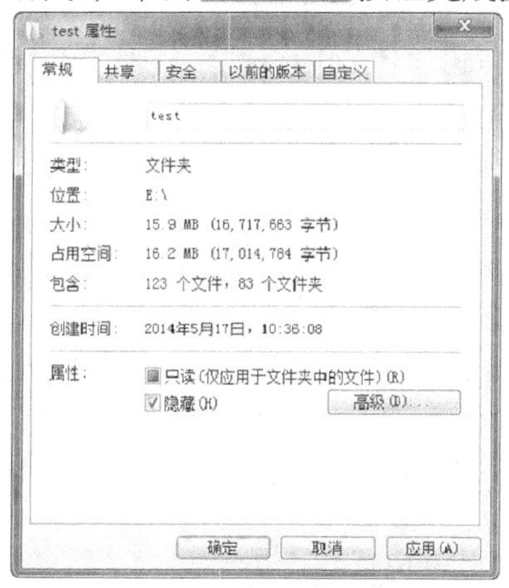

图9-34 设置文件夹为隐藏

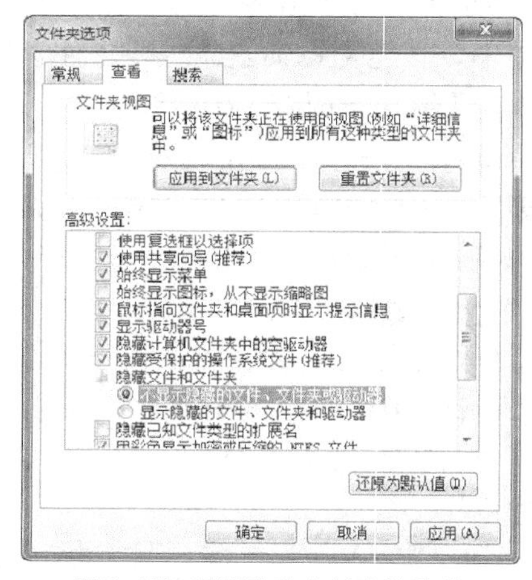

图9-35 设置隐藏文件夹为隐藏

（4） 回到 E 盘目录，就会看到 test 文件夹已经被隐藏起来。要显示该文件夹，只需在【文件夹选项】对话框中选中【显示所有文件和文件夹】单选按钮即可。

STEP 2 使用注册表进行文件或文件夹的高度隐藏。

（1） 在执行完上述操作之后，通过步骤（4）仍可以查看到所有隐藏的文件，而通过设置注册表项，则可以将设置为隐藏的文件或文件夹不能显示。

（2） 打开【注册表编辑器】窗口，依次展开【HKEY_LOCAL_MACHIN\ESoftware\Microsoft\Windows\CurrentVersion\explorer\Advanced\Folder\Hidden\SHOWALL】选项。

（3） 在右边的窗口中双击【CheckedValue】选项，如图 9-36 所示，将它的键值修改为“0”，如图 9-37 所示。如果没有该键值，可以自己新建一个名为“CheckedValue”的

“DWORD 值”，方法是在注册表编辑器右侧空白区域单击鼠标右键，在弹出的快捷菜单中选择【DWORD 值】命令即可。然后将其值修改为“0”。最后退出【注册表编辑器】窗口，重新启动计算机。

图9-36 选择【CheckedValue】选项

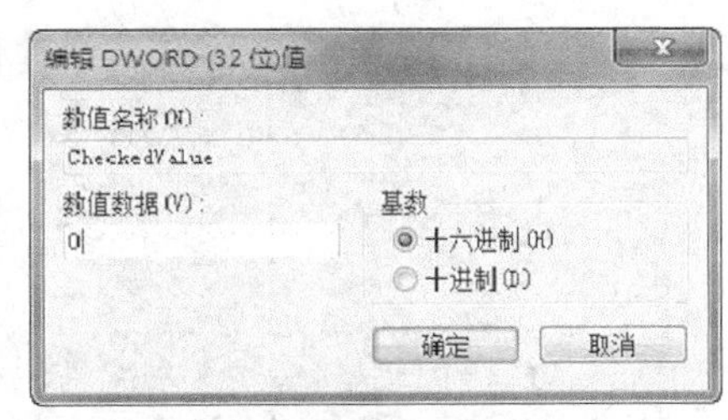

图9-37 设置键值

（4） 修改完毕后重新查看被隐藏的文件或文件夹，观察是否能够找到它。如果执行步骤 1 中的操作（4）仍看不到隐藏的文件，则说明设置正确。

一定要注意，通过注册表隐藏的文件或文件夹永远不能再显示了，只有将注册表改回原来的键值才能显示。因此，除非特殊需要，建议不要用更改注册表的方法来隐藏文件或文件夹，一旦进行了这样的操作，必须记住文件夹的存放位置，否则将很难找到它。另外，要查找所隐藏的文件，也可以通过选择【开始】/【搜索程序和文件】命令进行查找，但前提是必须知道文件或文件夹的准确名称。

任务四 系统的管理和维护

目前系统维护软件有很多种，主要有病毒防护软件、系统修复与测试软件、系统维护软件等。病毒防护软件主要有瑞星、诺顿、金山毒霸、360 杀毒等品牌。有些木马病毒变化多端，且变种很多，不容易删除，万一感染这类病毒，可以到网上搜索相关的解决办法。

（一） U 盘病毒的防护——禁用自动播放

U 盘病毒是当前网络中非常流行的病毒之一，U 盘病毒会在系统中每个磁盘目录下创建 autorun.inf 病毒文件，用户双击盘符时就立即激活病毒。U 盘病毒能通过 U 盘传播，危害极大，不但影响用户的计算机系统，而且会造成大规模的病毒扩散，如果没有设置关闭 U 盘自动播放功能，则很容易感染或者传播病毒。

【例 9-9】 U 盘病毒的防护。

【操作步骤】

STEP 1 选择【开始】/【运行】命令，弹出【运行】对话框，在对话框中输入“gpedit.msc”，如图 9-38 所示。

STEP 2 单击 确定 按钮，打开【本地组策略编辑器】窗口，在左侧窗格中依次展开【“本地计算机”策略】/【计算机配置】/【管理模板】/【所有设置】选项，在右侧窗格中显示如图 9-39 所示界面，选择右侧【设置】下拉列表中的【关闭自动播放】选项，此时在左边可看到对该选项的描述。

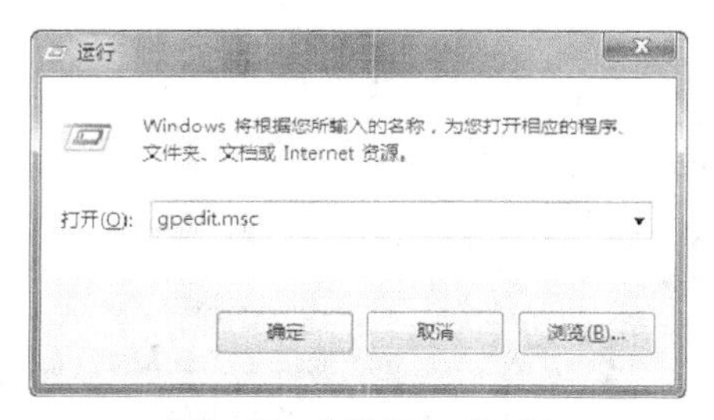

图9-38 【运行】对话框

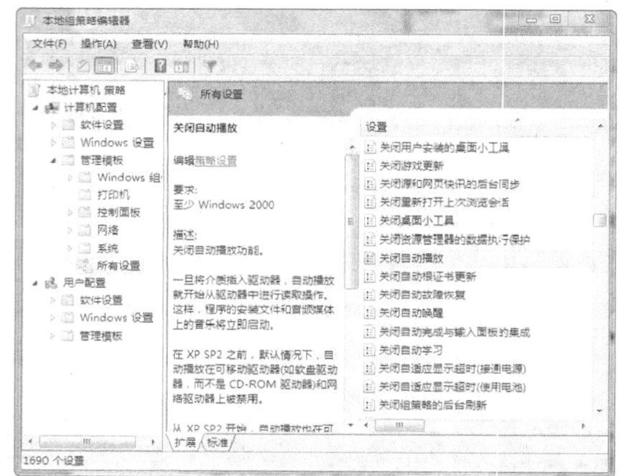

图9-39 【本地组策略编辑器】窗口

STEP 3 双击【关闭自动播放】选项，弹出【关闭自动播放】对话框，如图 9-40 所示。

STEP 4 选中【已启用】单选按钮，在【关闭自动播放】的下拉列表框中选择【所有驱动器】选项，如图 9-41 所示，单击 确定 按钮。

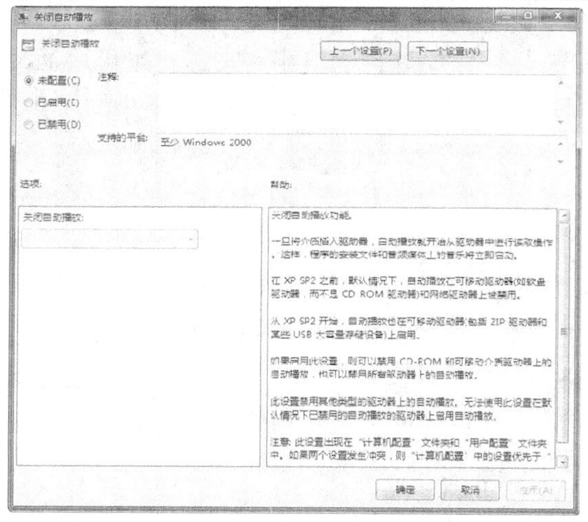

图9-40 【关闭自动播放】对话框

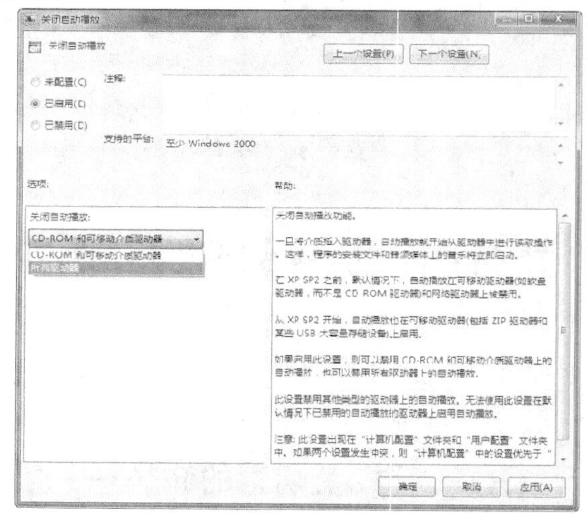

图9-41 选中所有驱动器

（二） 使用系统维护软件——优化大师

Windows 优化大师是一款功能强大的系统辅助软件，它提供了全面、有效、简便、安全的系统检测、系统优化、系统清理、系统维护 4 大功能模块及数个附加的工具软件。Windows 优化大师能够有效地帮助用户了解自己的计算机软硬件信息，简化操作系统设置步骤，提升计算机运行效率，清理系统运行时产生的垃圾，修复系统故障及安全漏洞，维护系统的正常运转。

本任务将以 Windows 优化大师 V7.99 版本为例对其如下功能进行讲解。

1. 系统检测

计算机用户若要了解系统的软、硬件情况和系统的性能，如 CPU 速度、内存速度、显卡速度等，Windows 优化大师系统信息检测功能可提供详细报告，让用户完全了解自己的计算机。下面将介绍使用 Windows 优化大师检测系统信息的方法与技巧。

（1） 启动 Windows 优化大师 V7.99 版本，单击开始选项，选择首页，可以快速地对计算机进行优化和清理，如图 9-42 所示。

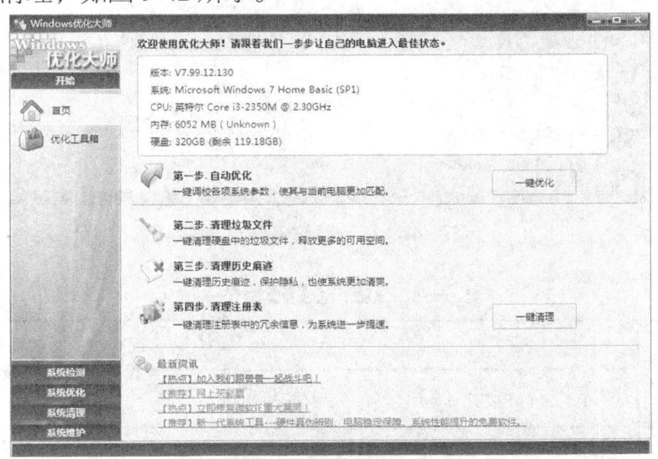

图9-42 快速优化和清理

> **知识提示** 系统的优化、维护和清理常常让初学者头痛，即便是使用各种系统工具，也常常感到无从下手。为了简便、有效地使用 Windows 优化大师，让计算机系统始终保持良好的状态，可以单击其首页上的【一键优化】按钮和【一键清理】按钮，快速完成。

（2） 单击开始选项，选择优化工具箱，打开 Windows 优化大师工具箱界面，如图 9-43 所示。

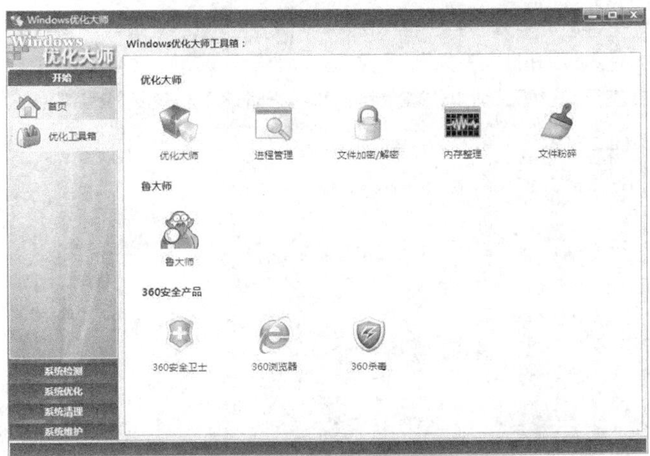

图9-43 Windows 优化大师工具箱界面

（3） 单击系统检测选项，将展开系统信息卷展栏，有 3 个选项按钮，如图 9-44 所示，其用法如表 9-1 所示。

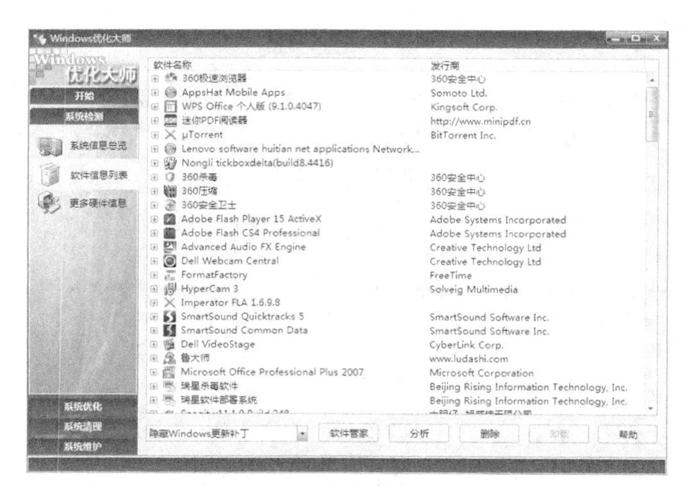

图9-44　展开系统信息卷展栏

表 9-1　系统检测项目的用途

按钮	功能
系统信息总览	显示该计算机系统和设备的总体情况
软件信息列表	显示计算机上的软件资源信息
更多硬件信息	显示计算机上的主要硬件信息

2.　系统优化

Windows 系统的磁盘缓存对系统的运行起着至关重要的作用，对其合理的设置也相当重要。由于设置输入/输出缓存要涉及内存容量及日常运行任务的多少，因而一直以来操作都比较烦琐。下面将介绍如何通过 Windows 优化大师简单地完成对磁盘缓存/内存以及文件等系统的优化。

（1）　选择系统优化模块。

启动 Windows 优化大师，进入主界面。单击【系统优化】选项，展开卷展栏，如图 9-45 所示，主要优化项目的用法如表 9-2 所示。

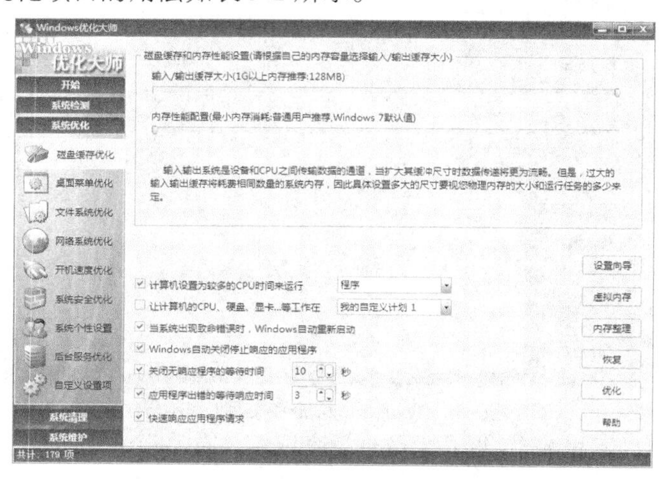

图9-45　展开系统优化卷展栏

表 9-2 系统优化项目的用途

按钮	功能
磁盘缓存优化	优化磁盘缓存，提高系统运行速度
桌面菜单优化	优化桌面菜单，使之有序整洁
文件系统优化	优化文件系统，便于文件管理和文件操作
网络系统优化	优化网络系统，提升网络速度
开机速度优化	优化开机速度，缩短开机时间
系统安全优化	优化系统安全，防止系统遭受侵害
系统个性设置	进行系统个性化配置，满足用户需求
后台服务优化	优化系统后台服务的项目
自定义设置项	自定义其他优化项目

（2） 设置【设置磁盘缓存优化】参数。

① 左右移动【磁盘缓存和内存性能设置】选项下的滑块，可以完成对磁盘缓存和内存性能的设置，选中或取消选中窗口下方的复选框可完成对磁盘缓存的进一步优化，如图 9-46 所示。

在磁盘缓存优化的设置中，将【计算机设置为较多的 CPU 时间来运行】选项设置为“应用程序”，可以提高程序运行的效率。

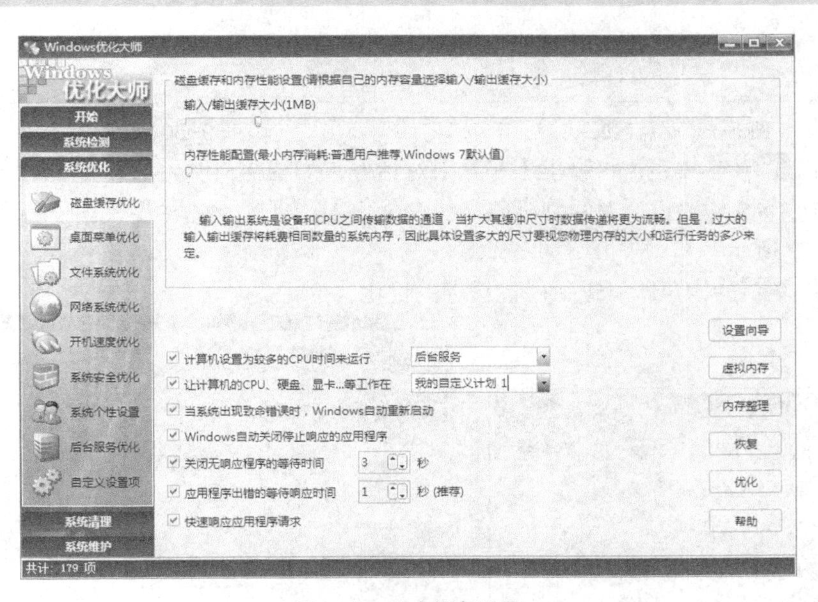

图9-46 磁盘缓存设置

② 单击 设置向导 按钮，打开【磁盘缓存设置向导】对话框，如图 9-47 所示。

③ 单击 下一步 按钮，开始磁盘缓存设置，进入选择计算机类型界面，如图 9-48 所示。根据用户的实际情况选择计算机类型，这里选中【Windows 标准用户】单选按钮。

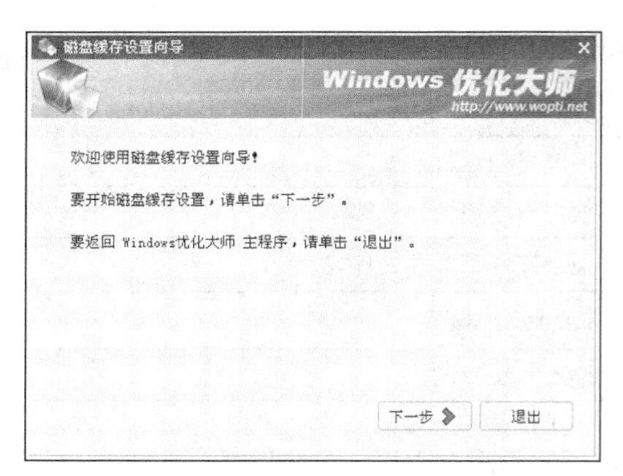

图9-47 【磁盘缓存设置向导】对话框

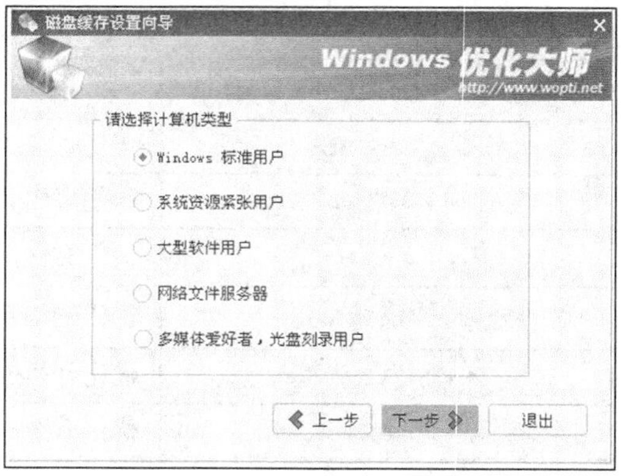

图9-48 选择计算机类型

④ 单击 下一步 按钮，进入优化建议界面，如图 9-49 所示。

⑤ 单击 下一步 按钮，完成磁盘优化设置向导，如图 9-50 所示。用户可以根据需要选中【是的，立刻执行优化】复选框，部分设置需要重新启动计算机后才能生效。

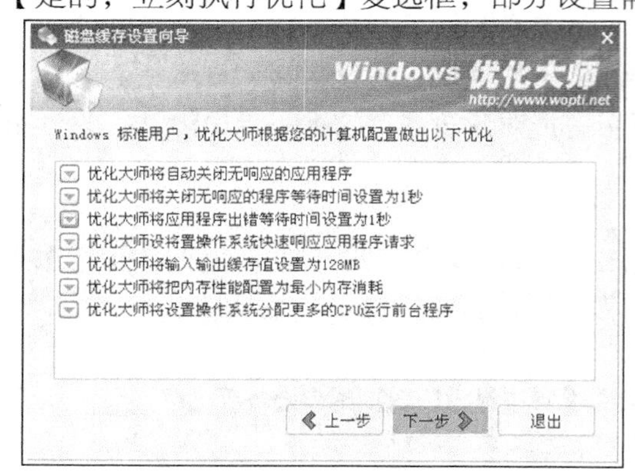

图9-49 优化建议

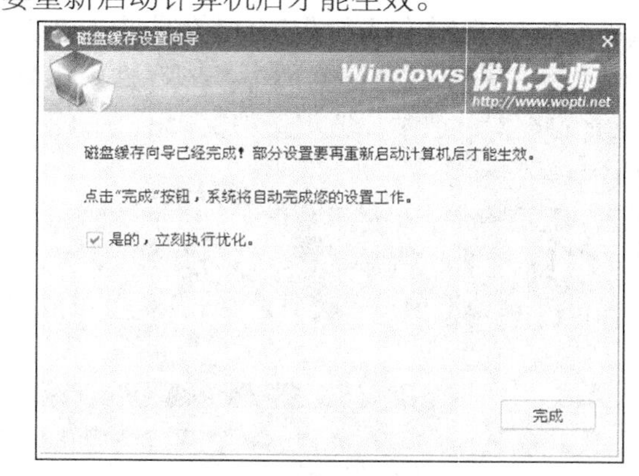

图9-50 完成设置向导

⑥ 单击 完成 按钮，将弹出【提示】对话框，如图 9-51 所示。

⑦ 单击 确定 按钮，返回到【磁盘缓存优化】选项卡，此时相关优化参数已经设置完成，如图 9-52 所示。

⑧ 单击 优化 按钮即可进行磁盘缓存的优化。

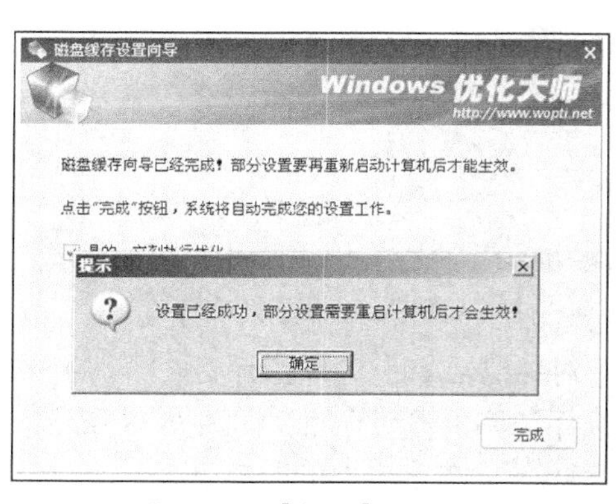

图9-51 【提示】对话框

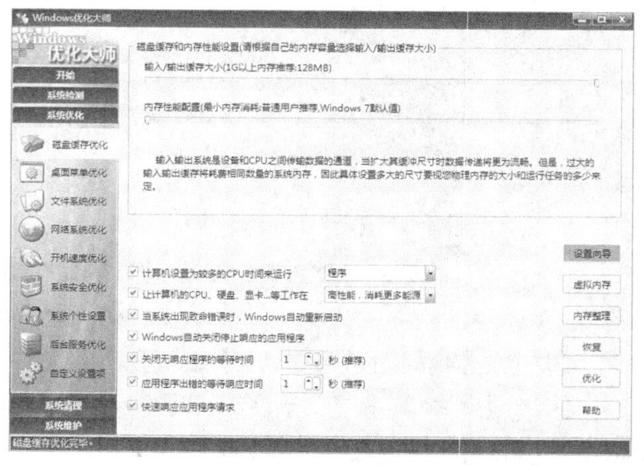

图9-52 优化参数设置完成

（3） 设置【开机速度优化】参数。

① Windows 优化大师主界面上单击【系统优化】模块下的 开机速度优化 选项，打开【开机速度优化】选项卡，如图 9-53 所示。

图9-53 【开机速度优化】选项卡

② 左右移动【启动信息停留时间】选项下的滑块可以缩短或延长启动信息的停留时间，在【启动项】栏中可以选中开机时自动运行的项目，如图 9-54 所示。

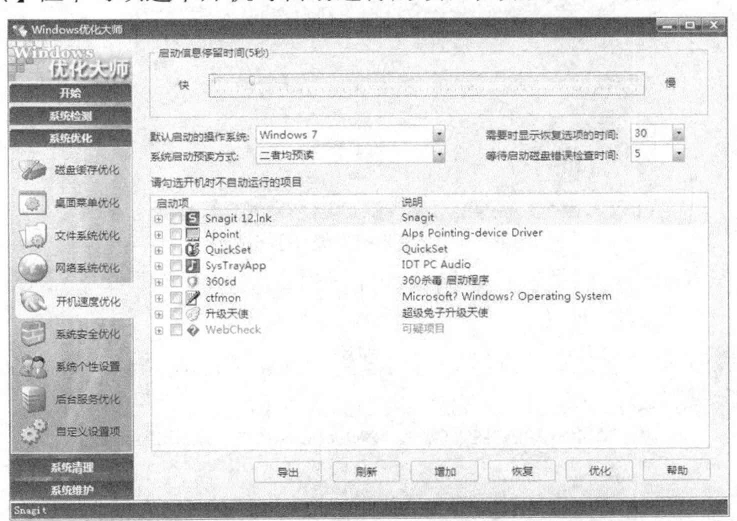

图9-54 开机速度优化设置

③ 设置完成后，单击 优化 按钮，即可对开机速度进行优化。

3. 系统清理

注册表中的冗余信息不仅影响其本身的存取效率，还会导致系统整体性能的降低。因此，Windows 用户有必要定期清理注册表。另外，为以防不测，注册表的备份也是很必要的。下面将具体介绍使用 Windows 优化大师完成注册表的优化和备份的技巧与方法。

（1） 启动 Windows 优化大师，进入主界面。展开【系统清理】卷展栏（见图 9-55），主要清理项目用法如表 9-3 所示。

表 9-3　主要系统清理项目的用法

按钮	功能
注册信息清理	清理注册表，为注册表瘦身
磁盘文件管理	管理磁盘文件，便于文件的存取
冗余DLL 清理	清理系统中多余的 DLL 文件，提升系统运行速度
ActiveX 清理	清理系统中的 ActiveX 控件，提升系统运行速度
软件智能卸载	对系统软件进行智能化卸载操作
历史痕迹清理	清理系统中的操作痕迹和历史记录信息
安装补丁清理	清理系统中软件补丁

（2） 清理注册表信息。

① 单击 Windows 优化大师主界面上的【系统清理】模块下的 注册信息清理 按钮，打开【注册信息清理】选项卡，如图 9-55 所示。

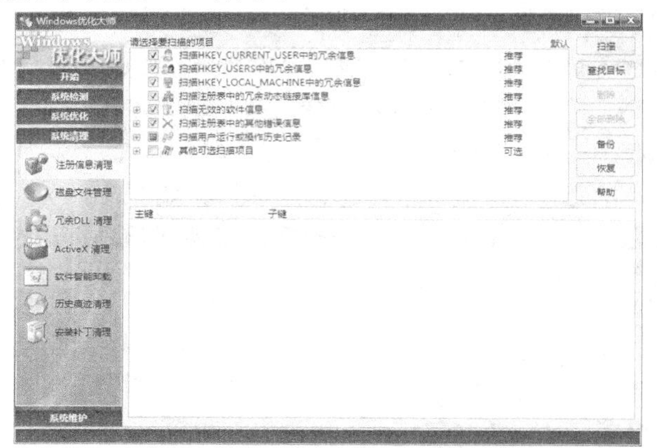

图9-55 【注册信息清理】选项卡

② 在窗口上方的列表框中选择要删除的注册表信息，完成后单击 扫描 按钮，在注册表中扫描符合选中项目的注册表信息。

③ 扫描完成后，在窗口的下方显示出扫描到的冗余注册表信息，如图 9-56 所示。单击 删除 按钮或 全部删除 按钮将部分或全部删除扫描到的信息。

图9-56 扫描到的冗余注册表信息

(3) 备份注册表信息。

① 在【注册信息清理】选项卡中单击 备份 按钮，Windows 优化大师将自动为用户备份注册表信息，如图 9-57 所示。

图9-57 备份注册表

② 备份完成后，会在窗口的左下角显示“注册表备份成功”字样，如图 9-58 所示。

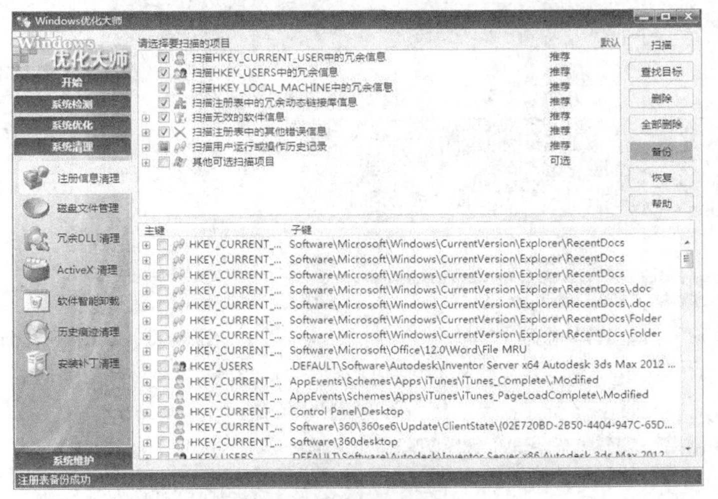

图9-58 注册表备份成功

4. 系统维护

系统使用时间长了，就会产生磁盘碎片，过多的碎片不仅会导致系统性能降低，而且可能造成存储文件的丢失，严重时甚至缩短硬盘寿命，所以用户有必要定期对磁盘碎片进行分析和整理。Windows 优化大师作为一款系统维护工具，向 Windows 2000/XP/2003/7 用户提供了磁盘碎片的分析和整理功能，帮助用户轻松了解自己硬盘上的文件碎片并进行整理。下面将介绍利用 Windows 优化大师整理磁盘碎片的方法。

(1) 启动 Windows 优化大师。

启动 Windows 优化大师，进入主界面。展开【系统维护】卷展栏，系统维护的主要内容如表 9-4 所示。

表 9-4　系统维护的主要内容

按钮	功能
系统磁盘医生	对系统磁盘进行故障检测盒诊断
磁盘碎片整理	对磁盘碎片进行整理
其它设置选项	对其他设置选项进行配置
系统维护日志	查看系统维护日志
360 杀毒	对系统进行杀毒操作

（2）　磁盘碎片整理。

单击 Windows 优化大师主界面上【系统维护】模块下 磁盘碎片整理 选项，打开【磁盘碎片整理】选项卡，如图 9-59 所示。

① 选中要整理的盘，然后单击右边的 分析 按钮，Windows 优化大师将自己分析所选中的盘，分析完成后单击【查看报告】对话框，对话框中给出 Windows 优化大师的建议、磁盘状态等相关信息，如图 9-60 所示。

图9-59　【磁盘碎片整理】选项卡

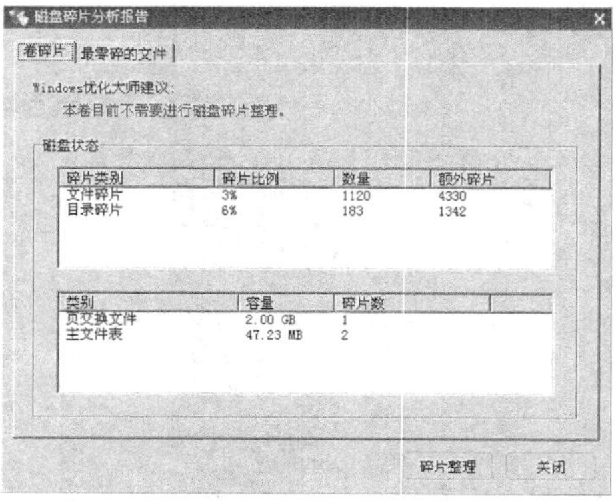

图9-60　【磁盘碎片分析报告】对话框

② 单击 碎片整理 按钮，进入磁盘碎片整理状态，如图 9-61 所示。

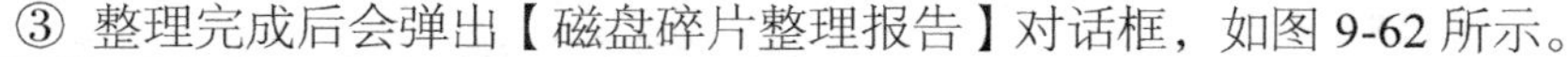

③ 整理完成后会弹出【磁盘碎片整理报告】对话框，如图 9-62 所示。

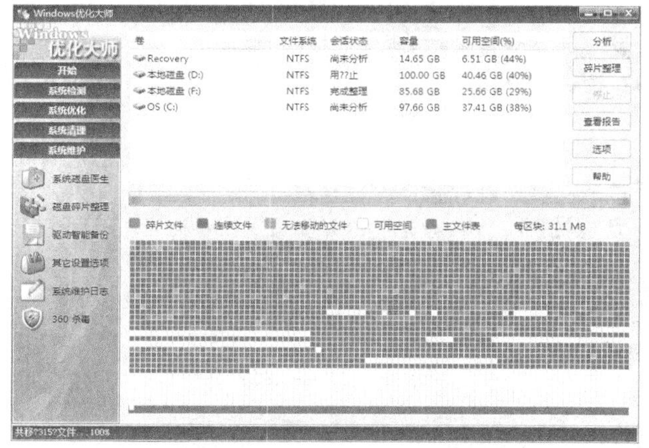

图9-61　碎片整理状态

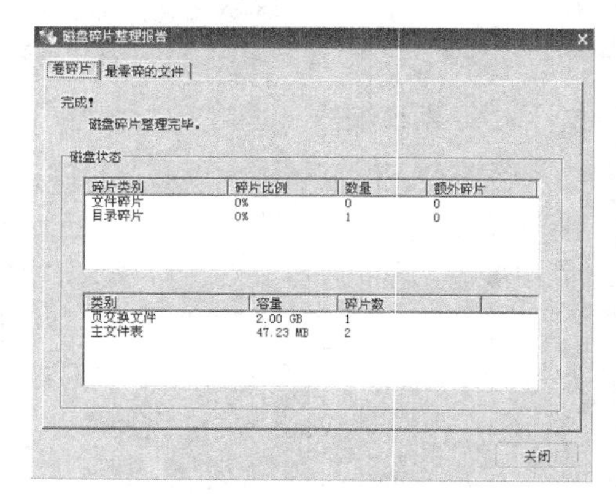

图9-62　【磁盘碎片整理报告】对话框

④ 单击 关闭 按钮，返回【磁盘碎片整理】选项卡。

（三） 使用系统维护工具——任务管理器

任务管理器是系统中一个非常实用的软件，主要用来显示或管理正在运行的任务等，其中最有用的就是实现强制关机、结束程序、查找陌生进程等功能。

从以下两种方法中选择一种启动任务管理器。

- 按 Ctrl+Alt+Delete 组合键。
- 在任务栏的空白处单击鼠标右键，在弹出的快捷菜单中选择【任务管理器】命令，打开【Windows 任务管理器】窗口，如图 9-63 所示。

STEP 1 使用【应用程序】选项卡。

打开【任务管理器】窗口之后，默认显示的是【应用程序】选项卡。该选项卡中的内容是当前计算机中正在运行的程序，如果某一个程序由于运行错误出现死机等现象，可选择该程序，单击 结束进程(E) 按钮将其强行结束。

STEP 2 使用【进程】选项卡。

该选项卡中显示了当前正在运行的进程，是查看有无病毒和木马程序最简便、最快捷的方法。图 9-64 所示为【进程】选项卡中的内容。

图9-63 【Windows 任务管理器】窗口

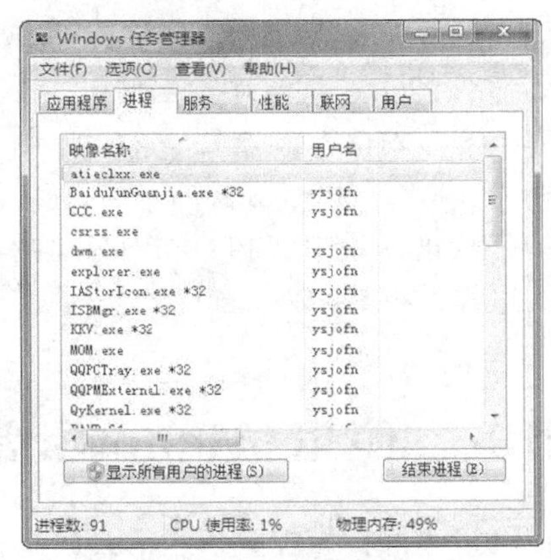

图9-64 进程管理

知识提示

通常要注意的进程是：名字古怪的进程，如 a123b.exe 等；冒充系统进程的，如 svch0st.exe，中间的是数字 0 而不是字母 o；占用系统资源大的。如果对某个进程有疑问，可以在搜索引擎上搜索一下该进程的名字，就能得知是否属于恶意进程了。

【知识链接】

在图 9-64 中选择一个进程，可以执行的操作如下。

❖ 结束进程：结束当前选择的进程。

❖ 结束进程树：通常一个应用程序运行后，还可能调用其他的进程来执行操作，这一组进程就形成了一个进程树（进程树可能是多级的，并非只有一个层次的子进程）。当结束一个进程树后，即表示同时结束了其所属的所有子进程。所以当用户无法结束某一进程时，可以尝试结束进程树。

❖ 设置优先级：用户同时运行了几个程序，如看电影、扫描病毒、聊天、画图等，如果画面出现停顿现象，就可以采用设置优先级的方法，在进程列表中找到播放器的对应进程，然后选择设置优先级，把播放器的优先级设置为【高】。

图 9-64 中有几个重要的系统进程说明如下。

- ❖ csrss.exe：子系统服务器进程。
- ❖ smss.exe：会话管理子系统。
- ❖ winlogon.exe：管理用户登录。
- ❖ services.exe：包含很多系统服务。
- ❖ lsass.exe：管理 IP 安全策略以及启动。
- ❖ svchost.exe 包含很多系统服务。
- ❖ explorer.exe 资源管理器。

也可以单击 用户名 按钮，将非系统进程靠前显示，这样就非常容易区分系统进程（用户名为 SYSTEM）和用户进程（用户名为 Administrator），所有用户进程都可以结束。

STEP 3 使用【性能】选项卡。

【性能】选项卡用于显示计算机资源的使用情况。当计算机反应非常慢或者网速非常慢时，可查看【性能】选项卡中的各项记录，如 CPU 占用率、虚拟内存等，如图 9-65 所示。当 CPU 占用率为 100%或 PF 使用过高，可在【进程】选项卡中寻找进程项中 CPU 和内存这两项使用比较高的进程，将其结束。

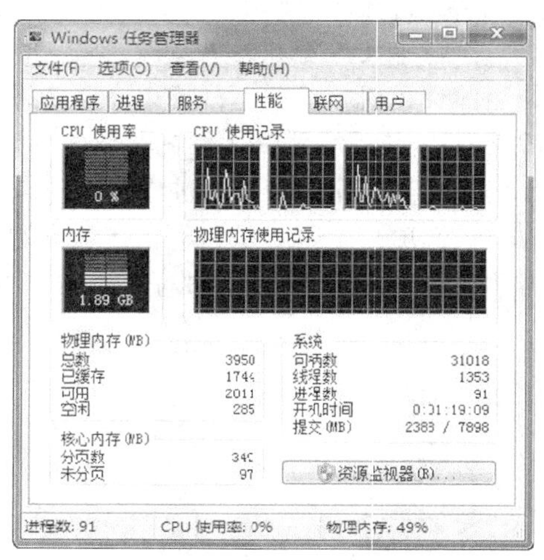

图9-65 性能管理

任务五 使用 Windows 常用网络命令

在网络运行和维护中，经常会遇到一些莫名其妙的问题，如网速突然变慢、网络无法连通、网络通信异常等。除硬件故障之外，软件故障也是影响网络运行的主要因素之一。检查网络故障的常用方法就是掌握几种常用的网络命令，以此来检查网络的性能。常用网络命令有 ping、ipconfig、router、netstat、winipcfig、arp 等。

（一） 使用 netstat 命令

netstat 命令用于显示与 IP、TCP、UDP 和 ICMP 相关的统计数据，一般用于检验本机各端口的网络连接情况。该命令的选项及相应功能介绍如下。

- netstat –s：按照各个协议分别显示其统计数据。如果应用程序（如 Web 浏览器）运行速度比较慢，或者不能显示 Web 页数据，可以用本选项来查看一下所显示的信息，如图 9-66 所示。

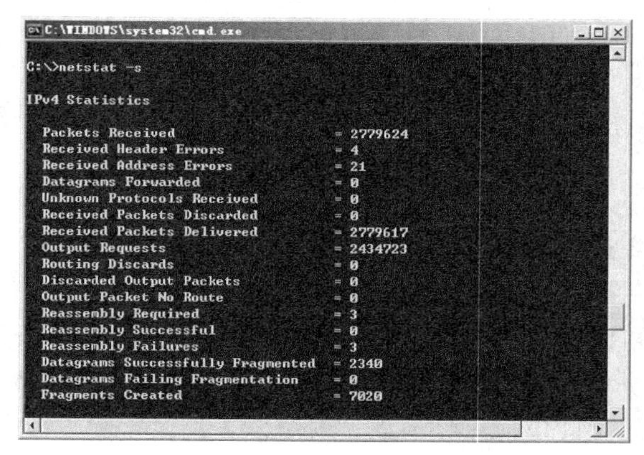

图9-66 netstat –s 命令显示信息

- netstat -n：该命令显示所有已建立的有效连接，即当前状态下和所有外界网络相连的状态信息，如图 9-67 所示。通过该命令可以迅速地查到对方的 IP 地址，如对方使用 QQ 与本机建立了连接，对方发来了一条信息，立刻运行该命令，即可以查出对方的 IP 地址。

```
C:\WINDOWS\system32\cmd.exe

C:\>netstat -n

Active Connections

  Proto  Local Address          Foreign Address        State
  TCP    202.115.2.205:1478     220.181.28.226:443     ESTABLISHED
  TCP    202.115.2.205:3407     60.28.15.169:80        CLOSE_WAIT
  TCP    202.115.2.205:3503     58.211.72.231:80       ESTABLISHED
  TCP    202.115.2.205:4797     58.211.72.241:80       ESTABLISHED
  TCP    202.115.2.205:4829     58.211.72.217:80       ESTABLISHED
  TCP    202.115.2.205:4830     58.211.72.217:80       ESTABLISHED
  TCP    202.115.2.205:4836     209.131.36.158:80      TIME_WAIT
  TCP    202.115.2.205:4844     202.115.14.62:8080     CLOSE_WAIT
  TCP    202.115.2.205:4845     202.115.14.62:8080     CLOSE_WAIT
  TCP    202.115.2.205:4846     58.211.72.217:80       ESTABLISHED
  TCP    202.115.2.205:4847     58.211.72.217:80       ESTABLISHED
  TCP    202.115.2.205:4850     58.211.72.217:80       ESTABLISHED
  TCP    202.115.2.205:4854     58.211.72.217:80       ESTABLISHED
  TCP    202.115.2.205:4856     58.211.72.217:80       ESTABLISHED
  TCP    202.115.2.205:4857     58.211.72.217:80       ESTABLISHED
  TCP    202.115.2.205:4858     58.211.72.217:80       ESTABLISHED
  TCP    202.115.2.205:4860     58.211.72.217:80       ESTABLISHED
```

图9-67　netstat -n 命令显示信息

- netstat -r：显示关于路由表的信息以及当前有效的连接，如图 9-68 所示。

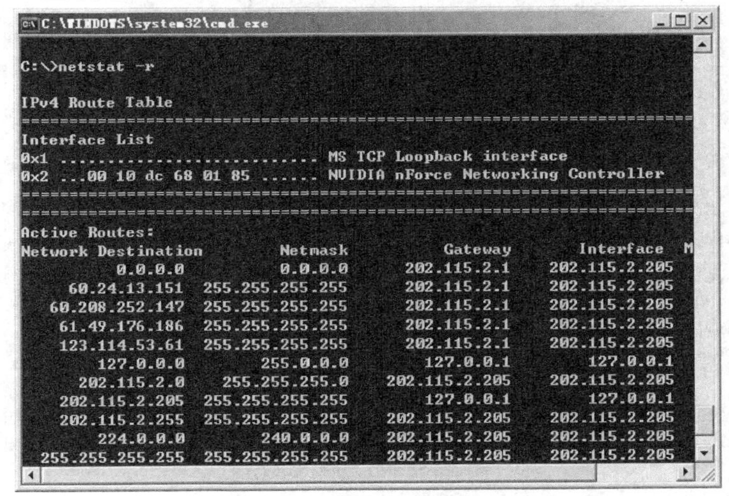

图9-68　netstat -r 命令显示信息

（二）使用 ipconfig 命令

ipconfig 命令用于显示当前 TCP/IP 配置的设置值，这些信息一般用来检验人工配置的 TCP/IP 设置是否正确。如果计算机和所在的局域网使用了动态主机配置协议（Dynamic Host Configuration Protocol，DHCP），ipconfig 也可以帮助了解计算机当前的 IP 地址、子网掩码和默认网关。ipconfig 命令实际上是进行测试和故障分析的必要项目。该命令的选项及相应功能介绍如下。

- ipconfig：不带任何参数选项，它为每个已经配置了的接口显示 IP 地址、子网掩码和默认网关值，如图 9-69 所示。

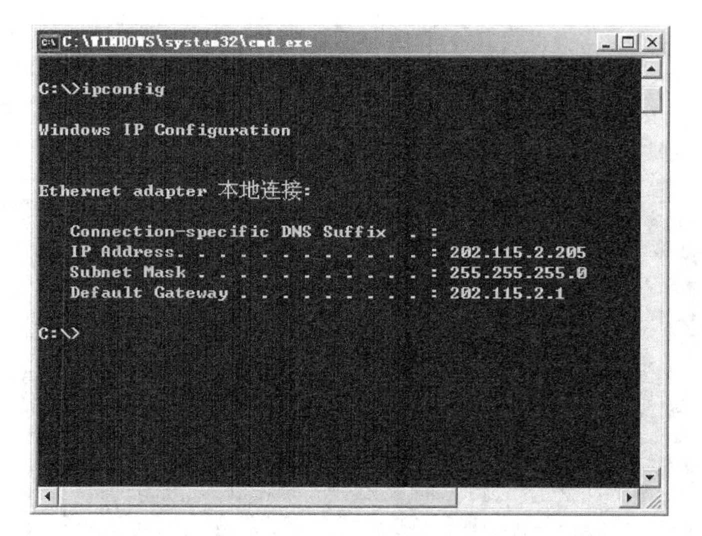

图9-69 ipconfig 命令显示信息

- ipconfig/all：为 DNS 和 WINS 服务器显示它已配置且所要使用的附加信息（如 IP 地址等），并且显示内置于本地网卡中的物理地址（MAC）。如果 IP 地址是从 DHCP 服务器租用的，将显示 DHCP 服务器的 IP 地址和租用地址预计失效的日期。执行 ipconfig /all 命令后显示的信息如图 9-70 所示。

```
C:\WINDOWS\system32\cmd.exe
C:\>ipconfig /all

Windows IP Configuration

   Host Name . . . . . . . . . . . . : uestc-jyr7ofjd7
   Primary Dns Suffix  . . . . . . . :
   Node Type . . . . . . . . . . . . : Hybrid
   IP Routing Enabled. . . . . . . . : No
   WINS Proxy Enabled. . . . . . . . : No

Ethernet adapter 本地连接:

   Connection-specific DNS Suffix  . :
   Description . . . . . . . . . . . : NVIDIA nForce Networking Controller
   Physical Address. . . . . . . . . : 00-10-DC-68-01-85
   DHCP Enabled. . . . . . . . . . . : No
   IP Address. . . . . . . . . . . . : 202.115.2.205
   Subnet Mask . . . . . . . . . . . : 255.255.255.0
   Default Gateway . . . . . . . . . : 202.115.2.1
   DNS Servers . . . . . . . . . . . : 202.112.14.151
                                       202.112.14.161

C:\>_
```

图9-70 ipconfig /all 命令显示信息

（三） 使用 router 命令

当网络上拥有两个或多个路由器时，可能需要某些远程 IP 地址通过某个特定的路由器来传递信息，而其他的远程 IP 则通过另一个路由器来传递。大多数路由器使用专门的路由协议来交换和动态更新路由器之间的路由表。但在有些情况下，必须人工将项目添加到路由器和主机上的路由表中。route 命令就是用来显示人工添加和修改路由表项目的。该命令的选项及相应功能介绍如下。

- route print：本命令用于显示路由表中的当前项目，在单路由器网段上的输出结果如图 9-71 所示。由于用 IP 地址配置了网卡，因此，所有的这些项目都是自动添加的。

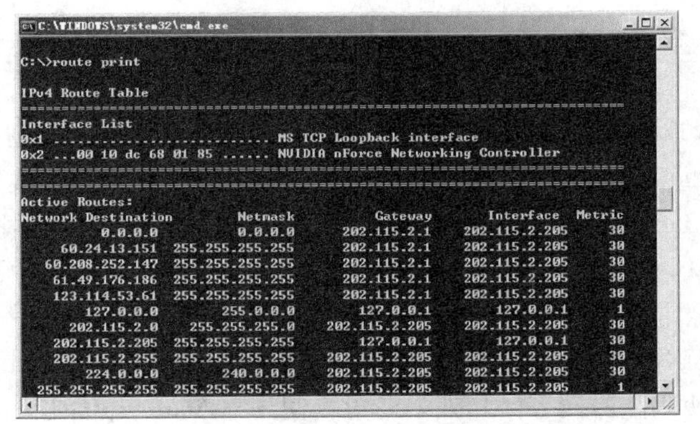

图9-71 route print 命令显示信息

- route add：使用本命令，可以将路由项目添加给路由表。例如，如果要设定一个到目的网络 202.115.2.235 的路由，其间要经过 5 个路由器网段，首先要经过本地网络上的一个路由器，IP 地址为 202.115.2.205，子网掩码为 255.255.255.0，则应该输入以下命令：

```
route add 202.115.2.235 mask 255.255.255.0 202.115.2.205 metric 5
```

实训一 设置 Guest 和 Administrator 账户

【实训要求】

- 了解 Guest 和 Administrator 账户的概念。
- 掌握禁用 Guest 账户的方法。
- 掌握重设 Administrator 账户的方法。

【操作步骤】

STEP 1 通过计算机设置关闭 Guest 账户。

STEP 2 重命名 Administrator 账户。

STEP 3 新建一个 Guest 级别（用户级）账户，将其命名为 Administrator。

实训二 检测本机的网络连通性

【实训要求】

- 了解 ping 和 ipconfig 命令的功能。
- 掌握 ping 命令的操作方法。
- 掌握 ipconfig 命令的操作方法。

【操作步骤】

STEP 1 执行 ping 命令，查看本机的 TCP/IP 是否正常。

STEP 2 ping 本机 IP 地址，查看设置是否正常。

STEP 3 执行 ipconfig 命令，查看网络是否正常。

小结

由于网络设备和网络协议的复杂性，网络在工作过程中可能会出现各种故障，此时必须排除故障，维持系统正常的工作状态。网络故障包括物理故障和逻辑故障两大类，前者主要发生在硬件及其连接上，后者则发生在软件配置上。在确定排除网络故障方案前，应该首先确定故障的类型。从可能发生故障的物理对象来看，有线路故障、路由器故障、计算机故障等，找准故障发生位置是顺利排除网络故障的基础。

在排除网络故障时，借助必要的工具可以大大提高工作效率。例如，使用 ping 命令，使用事件查看器，使用注册表等。此外，还可以使用 Windows 优化大师、超级兔子等工具软件。作为网络管理人员，应该熟练掌握这些工具的用法，并在实践中加以应用。本项目简要介绍了注册表的有关知识，如果读者需要深入地了解注册表，可以参考相关书籍。

习题

一、填空题

1. 系统安全设置主要针对于系统__________、___________、____________等方面的配置。

2. IP 过滤器用来阻挡某些特定的对网络有损害的_________________。

3. 在遇到网络故障时，网络管理人员应该仔细分析故障原因，通常解决问题的顺序是__________________________。

4. 处理网络故障的方法多种多样，比较方便的有______________、_______________、______________等。

5. 注册表按层次结构来组织，由________、________、配置单元和值项组成。

二、简答题

1. 简述 IP 安全性设置的各项操作方法。
2. 简述排除网络故障的各项操作方法。
3. 概述事件查看器显示的事件类型的内容。
4. 简述注册表的结构。
5. 列举常用的系统维护软件及其用途。

PART 10

项目十
组建计算机网络实例

计算机网络将分布在不同地理位置上的具有独立工作能力的计算机、终端及其附属设备用通信设备和通信线路连接起来，以实现计算机资源共享。为了让读者了解完整的网络组建过程，本项目将通过校园网、网吧和公司 3 种组网实例来说明组建网络的步骤和技术要领。

知识技能目标

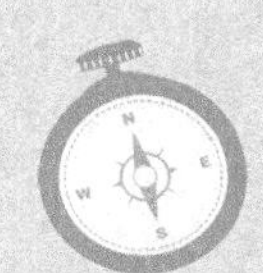

- 了解网络组建网络的方案设计要领。
- 掌握根据实际需求选择网络类型的方法。
- 能根据需求拟定出完整的网络设计方案。
- 明确校园网、网吧和公司等不同网络的组网要领。

任务一　组建校园网

随着 IT 技术的飞速发展，校园网已经成为全国仅次于电信网络的第二大互联网，是现代教育背景下必要的基本设施。从各大高校到中小学，都组建了各种规模的校园网。

从整体上看，校园网不仅是一个大型的网络通信平台，集成多种应用，而且具有强大的资源管理和安全防范机制的综合服务体系。校园网的应用范围有多媒体教学、远程教育、Internet 接入、办公自动化、校园 IP 电话、图书查询管理、科研网络等。校园网为师生和科研人员提供了丰富的资源，提高了教学、科研和管理水平，真正把现代化管理、教育技术融入学校的日常教育与办公管理中。

随着网络远程教育的逐步发展和实施，建立良好、稳定而可靠的通信网络线路也越来越重要。各个高校、中小学需要不断增强校园网络中心的硬件基础设施，以适应未来网络发展的需要。与此同时，加强相应软件的开发与维护，以保证校园网络的同步协调发展。

进行校园网设计的步骤如下。

（1） 进行需求分析，根据学校的性质、特点和目标，对学校的信息化环境进行准确的描述，明确系统建设的需求和条件。

（2） 在应用需求分析的基础上，确定学校网络架构类型，网络拓扑结构和功能，确定系统建设的具体目标，包括网络设施、站点设置、开发应用和管理等方面的目标。

（3） 根据应用需求、建设目标和学校主要建筑分布特点，进行具体的系统分析和设计，从整体细化到局部。

（4） 制定在技术选型、布线设计、设备选择、软件配置等方面的标准和要求。

（5） 规划安排校园网建设的实施步骤，进行具体布线施工。

一个典型的校园网如图 10-1 所示。

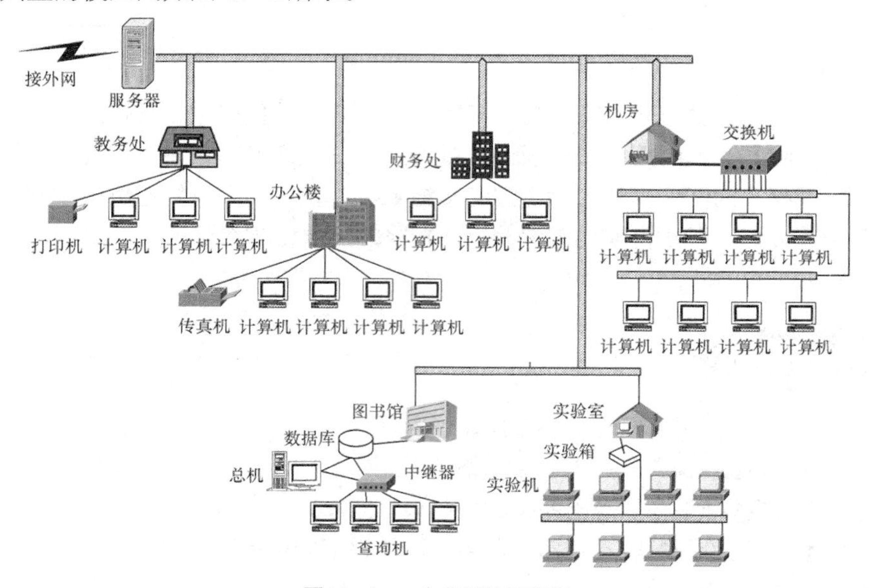

图10-1 一个典型的校园网

（一） 需求分析

本操作以某校园网建设为例，从施工前的需求分析开始，详细说明校园网的组网工程如何分步骤实施。

1. 环境需求

该学校网络节点覆盖整个校园，用户数目、分布和站点地理环境如表 10-1 所示。

表 10-1 校园网环境需求

地点	节点数目	用户数目	位置
网络信息中心	6	50	距离信息中心 0m
各院系楼	20	上百用户	各院系距离信息中心 100～400m 不等
各教学楼	30	50 以上	各教学楼距离信息中心 100～400m 不等
图书馆	12	60	距离信息中心 200m
学生宿舍	较多	上千用户	各学生宿舍距离信息中心 300～600m 不等
教师宿舍	较多	上百用户	各教师宿舍距离信息中心 500～700m 不等
食堂	5	15	各食堂距离信息中心 200～400m 不等
实验室机房	12	上百用户	距离信息中心 150m

在学生教师宿舍、图书馆、机房这几个地点信息流量大，要考虑网络速度问题，不要出现拥塞，在办公地点注意稳定性和安全性。具体地理分布如图 10-2 所示，校园比较大，建筑楼群多、布局比较分散。

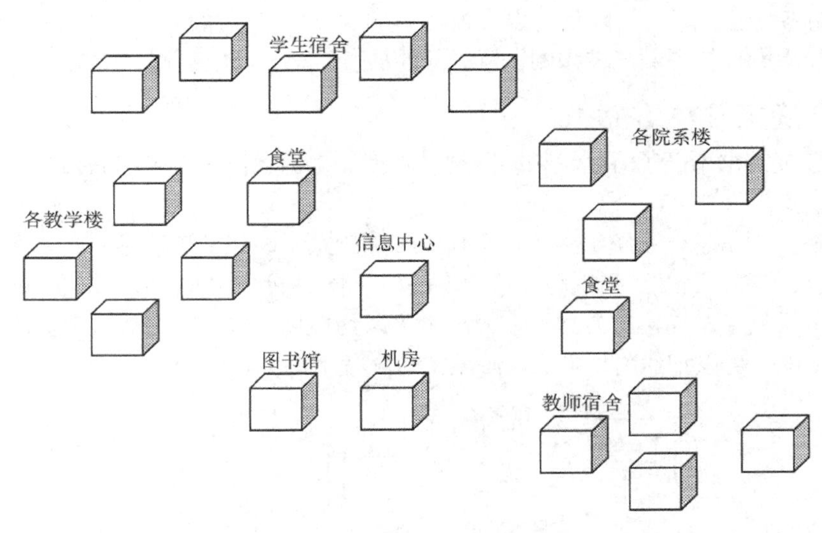

图10-2 校园建筑地理布局

2. 设备需求

其主干网络采用光纤通信介质，覆盖教学区和学生区的主要建筑物。由于校园网分布范围较广，在中心交换机到二级交换机之间，线缆以多模光纤为主；如果距离超过多模光纤的极限，则需要采用单模光纤作为传输介质。

该校园网规模较大，应该用管理型的主交换机；同时二级交换机也很重要，一端连接主交换机，一端连接网络的各个节点；此外需要服务器和众多的 PC。

3. 网络功能

校园网络应用范围广，传输的数据应包括图像、语音、文本等多媒体数据类型。保证 1000Mbit/s 主干网带宽，以及 100Mbit/s 带宽接入各个信息点。校园网信息共享很多，比如各个 FTP 站点。

4. 成本分析

成本分析要包括网络干线敷设、硬件设备、软件、施工，以及以后的网络维护费用、维持网络运行费用和必要配件的费用等，还要考虑网络的升级花费等。

5. 建设目标

该校园网的建设目标是达到一个满足数字、语音、图形图像等多媒体信息，以及综合科研信息传输和处理需要的综合数字网。

（1） 教学环境：为师生提供教学演播环境和交互式学习环境，以提高教学质量，促进学生自主学习，改革课堂教学模式。比如，学生可以在自己的计算机屏幕上看到教师的计算机屏幕内容，教师的所有操作都将同步显示在学生的屏幕上，完成常规教学的演示功能。

（2） 数据库：储备大量的多媒体课件、教学相关内容，支持百兆以上数据文件的管理、检索、存储等。

（3） 教学科研管理：支持教学活动信息查询、统计、汇总等功能，分析信息，给管理人员提供翔实的资料，方便制定教学工作计划。

（4） 办公自动化：提高办公效率，节约成本，实现办公自动化。

（5） 网络互连：建立校园信息发布窗口，如学校主页、教师主页、电子信箱、学生网站等，实现校园网—校园网和校园网—互联网的信息共享和高效互连。

（二） 确定总体方案

首先，通过需求可以了解到该校园网规模较大。根据规模决定组网的拓扑结构、传输设备、路由协议等。

其次，设计网络总体系统结构。整个信息传输的主干线包括了信息中心、教学楼、院系楼、学生/教师宿舍、图书馆和机房，它们组成主干网，如图 10-3 所示。主干网的可靠性必须要高，所以采用了全连接的方式，在故障时可以切换到另一条冗余线路上。比如，学生宿舍的主干网断网，可以把线路切换成从院系楼转到学生宿舍。

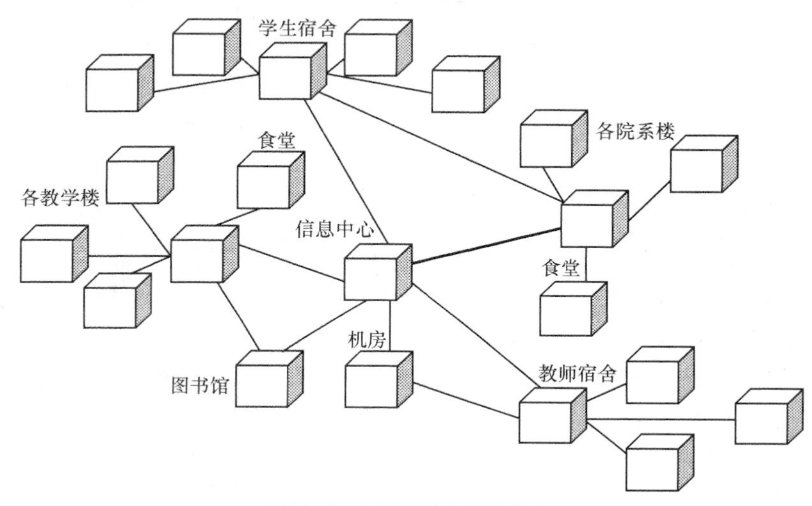

图10-3 校园网总体网络结构

网络拓扑结构可以划分为 3 层。

1. 第 1 层：网络中心节点

网络中心节点即信息中心。网络中心布置了校园网的核心设备，如路由器、交换机、服务器等，并预留了将来与本部以外的几个园区的通信接口。

2. 第 2 层：建筑群的主干节点

校园网按地域设置了几条干线光缆，从网络中心辐射到几个主要建筑群，并在第 2 层主干节点处端接。在主干网节点上安装交换机，它向上与网络中心的主干交换机相连，向下与各楼层的集线器相连。校园网主干带宽全部为 100Mbit/s，并考虑到向 ATM 或吉比特以太网升级。

3. 第 3 层：建筑物楼内的集线器

第 3 层节点主要是指直接与服务器、工作站或 PC 连接的局域网设备。

从综合布线的角度看，校园网的楼群主干子系统之间可采用光缆连接，可提供吉比特的带宽，有很高的可扩展性。垂直子系统则位于校内建筑物的竖井内，可采用多模光缆或大对数双绞线。

各个子系统内部楼栋之间，可采用多设备间的方法。分为中心设备间和楼层设备间部分，中心设备间是整个局域网的控制中心，配备通信的各种网络设备（交换机、路由器、视频服务器等），中心交换机通过地下直埋的光缆与中心设备间的交换设备相连，中心设备间与楼层设备间相连。各个设备间放置布线的线架和网络设备，端接楼内各层的主干线缆，中心设备间端接连到网络中心的光缆。

（三） 具体设计方案

具体设计方案主要包括以下工作。

1. 校园网划分

（1） 主干网。

校园主干网采用具有 3 层交换功能的吉比特以太网，满足校园用户的各种要求。主干网由 6 台主干 1000Mbit/s 交换机和多模光纤组成，网络中心由一台高性能吉比特交换机与教学楼、院系楼、学生/教师宿舍、图书馆和机房 6 个地点的 6 台交换机以全连接的方式连接为主干网，如图 10-4 所示。

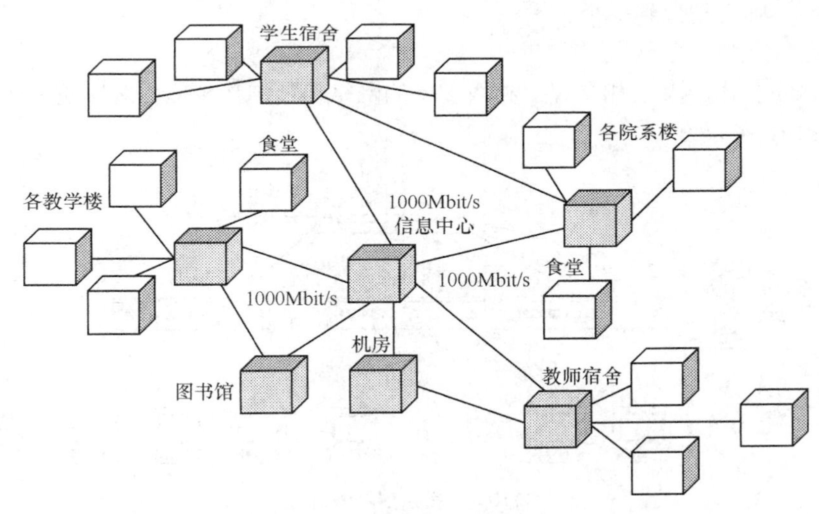

图10-4 校园网主干网

吉比特以太网除了提供高带宽以外，也支持以太网的服务类型和服务质量保证相关协议，如 IEEE 802.1P、IEEE 802.1Q、IEEE 802.3X、IEEE 802.3AB 和资源预留协议（RSVP）等关键协议。

（2） 网络中心。

网络中心作为整个网络的枢纽，它承担了全网楼层之间网络的全部通信业务量，负责整个网络的运行、管理和维护工作，它的安全可靠关系到整个网络的可靠性和可用性。网络中心机房通过光缆分别与子网相连，主干交换机通过路由器与 ISDN 或微波通信线路相连，构成 Internet 出口。

网络中心的核心设施——吉比特以太网交换机可以采用 Sisco 或者 3Com 等品牌的吉比特交换机。关键的设备和连接线路采用备份方式，保证网络系统所需的高可靠性和可用性。

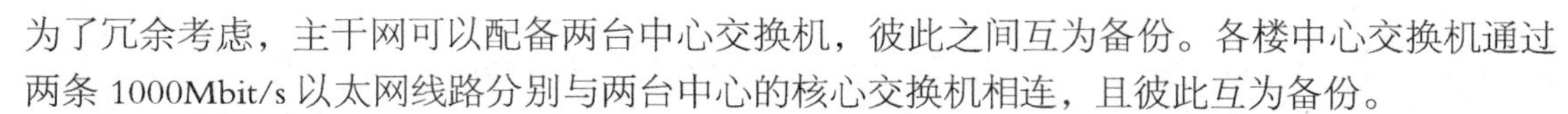
为了冗余考虑，主干网可以配备两台中心交换机，彼此之间互为备份。各楼中心交换机通过两条 1000Mbit/s 以太网线路分别与两台中心的核心交换机相连，且彼此互为备份。

（3） 教学楼。

教学楼主要为教学用，除了配备用户终端外，还应包括教学用的服务器、终端 PC 等，如图 10-5 所示，采用一个主交换机通过吉比特口与主干光缆连接，百兆口连接其他信息口，采用级联方式扩展交换机的连接数目。

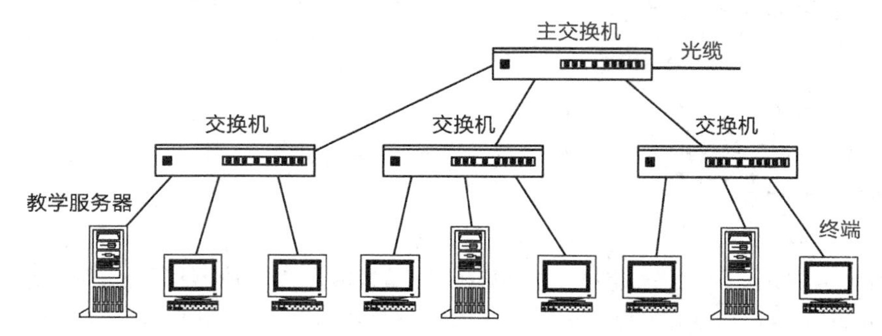

图10-5 教学楼网络结构

食堂节点的用户都相对较少，食堂根据地理位置分别属于教学楼和院系楼子系统。如果学校食堂集中，则可划分到一个子系统。

（4） 院系楼。

院系楼网络多用于办公和会议，和教学楼的网络拓扑结构相似，终端还需要增加打印机服务器，如图 10-6 所示。

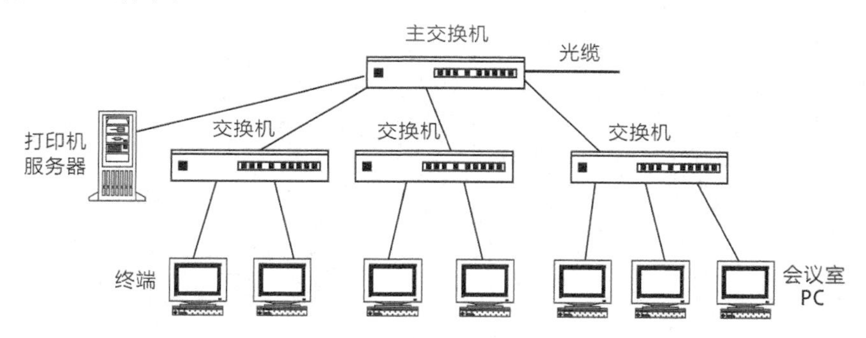

图10-6 院系楼网络结构

（5） 教师宿舍。

1000Mbit/s 光纤直接接入到宿舍主设备间，各宿舍的设备间通过 100Mbit/s 交换机连接到主设备间，各个宿舍连接到各栋楼或各层楼的交换机，如图 10-7 所示。

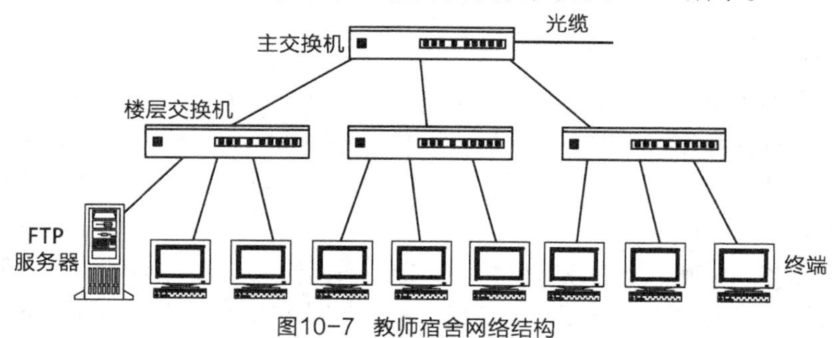

图10-7 教师宿舍网络结构

（6） 学生宿舍

1000Mbit/s 光纤直接接入到宿舍主设备间，各宿舍的设备间通过 100Mbit/s 交换机连接到主设备间，各个宿舍的设备连接到各栋楼或各层楼的交换机，如图 10-8 所示。

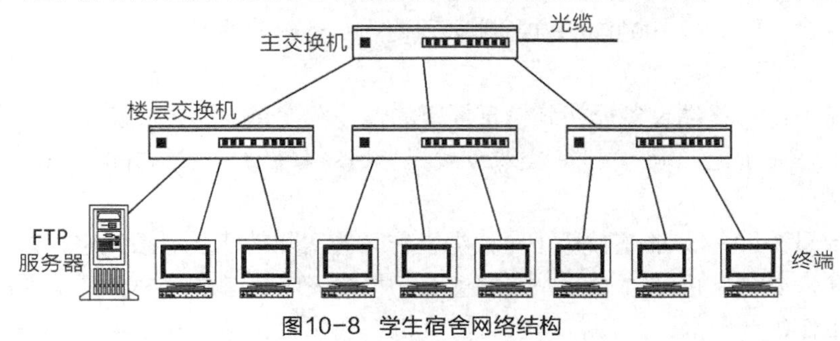

图10-8 学生宿舍网络结构

2. 综合布线

综合布线系统是一套开放式的布线系统，可以支持几乎所有的数据、语音设备及各种通信协议，同时，由于综合布线充分考虑了通信技术的发展，设计时有足够的技术储备，能充分满足用户长期的需求，应用范围十分广泛。

由于综合布线具有高度的灵活性，当局域网变化时不需重新布线，只要在配线间作适当布线调整即可满足需求。校园网布线采用综合布线方式，根据结构化综合布线，网络由设备间子系统、建筑群子系统、水平组网子系统、垂直组网子系统和工作区子系统组成。

（1） 设备间子系统。

设备间子系统由设备室的电缆、连接器和相关支持硬件组成，把各种公用系统设备互相连接起来。本校园网采用多设备间子系统，包括网络中心机房、教学楼、院系楼、教师宿舍、学生宿舍设备间子系统。

网络中心机房设备间配线架、交换机安装在标准机柜中，光纤连接到机柜的光纤连接器上。

教学楼、院系楼、教师宿舍、学生宿舍等设备间子系统配备标准机柜，柜中安装光纤连接器、配线架和交换机等，通过水平干线线缆连接到相应网络机柜的配线架上，通过跳线与交换机连接。

（2） 建筑群子系统。

建筑群子系统是实现建筑之间的相互连接，提供楼群之间通信设施所需的硬件。连接网络中心和各个设备间子系统的室外电缆组成了校园网建筑群子系统。有线通信线缆中，建筑群子系统多采用 62.5/125μm 多模光纤，其最大传输距离为 2km，满足校园网内的距离需求，并把光纤埋入到地下管道中。

（3） 水平组网子系统。

水平子系统主要是实现信息插座和管理子系统，即中间配线架间的连接。水平子系统指定的拓扑结构为星型拓扑。选择水平子系统的线缆要根据建筑物内具体信息点的类型、容量、带宽和传输速率来确定。水平组网子系统包括光纤主干线和各个楼层间的组网。室外主干的光纤电缆采用多模光纤，按照图 10-3 所示的校园网主干网来敷设。室内采用超 5 类非屏蔽双绞线。

（4） 垂直组网子系统。

垂直组网子系统提供建筑物主干电缆的路由，是实现主配线架与中间配线架、计算机、控制中心与各设备间子系统间的连接。垂直组网在各栋楼中从配线架通过楼道上的桥架连接到设备间。注意，要支持 1000Base-TX 则必须使用 6 类双绞线。

（5） 工作区子系统。

工作区子系统由终端设备连接到信息插座的连线和信息插座组成。室内房间的一系列设备包括标准 RJ-45 插座、网卡、5e 类双绞线等。另外需要统一线缆标准，EIA/TIA 568A 或 EIA/TIA 568B。

信息点数量（RJ-45 插座数量）应根据工作区的实际功能及需求确定，并预留适当数量的冗余。例如，办公室可配置 2～3 个信息点，此外还应该考虑该办公区是否需要配置专用信息点用于工作组服务器、网络打印机、传真机、视频会议等。对于宿舍，一个房间通常配备 1~2 个信息点。

（四） 网络施工

结构化布线有着严格的规定和一系列规范化标准，如国际商务建筑布线标准（TIA/EIA 568A 与 TIA/EIA 568B）、综合布线系统电气特性通用测试方法（国家通信行业标准 YD/T1013—1999）、建筑与建筑物综合布线系统工程设计规范等。这些标准对结构化布线系统的各个环节都作了明确的定义，规定了其设计要求和技术指标。施工时要严格按照规范化标准来进行施工。

1. 施工计划表

根据前面对系统的设计确定施工计划，制定施工计划表如表 10-2 所示。

表 10-2 施工计划表

施工时间	施工任务	负责人	施工地点	联系方式	测试时间	备注

2. 材料

布线实施设计中的选材用料对建设成本有直接的影响，我们需要的主要材料如下。

（1） 多模光纤。

（2） 5e 类双绞线，在布线实施时应该尽可能考虑选用防火标准高的线缆。

（3） 各种信息插座，RJ-45 等。

（4） 电源。

（5） 塑料槽板。

（6） PVC 管。

（7） 供电导线。

（8） 配线架。

（9） 集线器、交换机等设备。

3. 施工配合

结构化布线工程是一项综合性工程，布线施工涉及多方面因素，常常与建筑物的室内装修工程同时进行。布线施工应该注意各方面的协调，争取尽早进场，布线用的材料要及时到位，布线施工部门与室内装修部门要及时沟通，使布线实施始终在协调的环境下进行。

4. 铺设线缆和管道

建筑物外的光纤和电缆铺设方式基本相同。光缆应以在地下电信管道中铺设为主，以实现地下化和隐蔽化。铺设过程会采用挖沟、钻洞，使用小型挖掘机等。建筑物内部采用暗铺管路或线槽内布设，一般不采用明铺。在布线施工进行管道预埋时一定要留够余地。要注意选用口径合理的管道，在转弯较多的情况下尽量留出空隙，充分考虑后续工序的施工难度。

5. 搭建配线架

配线架（见图 10-9）在布线系统中起着非常重要的中间枢纽作用，它是网络设备和用户计算机互相连接所不可缺少的部件。配线架是一种机架固定的面板（通常为 19in（48.26cm）宽），内含连接硬件，用于电缆组与设备之间的接插连接。所以配线架是用于终结双绞线缆，为双绞线与其他设备（如集线器、交换机等）的连接提供接口，使综合布线系统变得更加易于管理。

图10-9 配线架

配线架端口可按需要选择，主要有 24 口和 48 口两种形式。集线设备或其他配线架的 RJ-45 端口连接到配线架前面板，而后面板用于连接从信息插座或其他配线架延伸过来的双绞线。配线架所使用的用途也有区别，作为主配线架的用于建筑物或建筑群的配线，作为中间配线架的用于楼层的配线。中间配线架起桥梁作用，在水平子系统中的一端为信息插座，另一端为中间配线架，同时在垂直主干子系统中的一端为中间配线架，另一端为主配线架。

知识提示

布线系统的配线规则可以是 568A 或 568B，目前最常见的是 568B。配线架的布线面板安装要求采用下走线方式时，架底的位置应与电缆上线孔相对应；各列垂直倾斜误差应不大于 3mm，底座水平误差每平方米应不大于 2mm；接线端各种标记应齐全；交接箱或暗线箱宜设在墙体内。安装机架、配线设备接地应符合设计要求，并保持良好的电器连接。

6. 测试验收

布线施工完成后，就要进行测试验收。要布线系统是否达到标准，除了测试所有的线路是否能够正常工作、所有设备工作是否正常外，还必须使用专门的网络测试仪器进行全面测试。常用的测试仪器为专用数字化电缆测试仪，可测试的内容包括线缆的长度、接线图、信号衰减和近端串扰等。参考标准有建筑及建筑群结构化布线系统工程验收规范、综合布线系统电气特性通用测试方法（国家通信行业标准 YD/T1013—1999）等。

任务二 组建网吧网络

网络布线系统是支持网吧设备连接到 Internet 的纽带。结构化布线系统和网络设备共同组成网吧系统。网吧的经营方式决定了网吧必须拥有高速、稳定的网络系统。网络的接入速度和稳定性是网吧关注的主要问题。现在的网吧都逐步从小规模向大规模、高档次发展。

网吧的结构化布线是一种小规模的综合布线设计，这种布线有很广泛的市场。下面将用一个中型网吧的结构化布线案例来介绍布线需要考虑和注意的地方。中型网吧的综合布线工程分成以下 3 个大的步骤：总体方案确定、组网设备选择、布线设计和施工。

（一） 确定总体方案

总体方案的确定包括需求分析、网络连接技术选择、接入方式选择和组网模式选择 4 个小步骤，下面分别阐述。

1. 需求分析

在网吧综合布线设计中，首先需要确定网吧的需求，包括网络传输的速度（局域网和 Internet）、网吧规模、未来升级需求以及布线成本等。在本实例中，中型网吧对网络环境的要求是网络访问的快速和稳定，对网络设备的要求是满足功能的前提下保证质量。因此，如何降低中型网吧的组网成本，提高网络访问性能，简化管理维护，才是构建中型网吧结构化网络的关键问题。

2. 网络连接技术选择

中型网吧在组网技术上选择的仍然是当今使用最广、技术比较成熟的以太网，网络拓扑结构为星型结构。采用这种网络技术在速度上可以得到很好的保障。另外，针对中型网吧的特殊要求，建议采用吉比特端口百兆到桌面的方式。

3. 接入方式选择

中型网吧比较常见的接入方式有两种，即 ADSL 宽带接入和光纤接入方式。ADSL 宽带接入方式资费较低，网络稳定性也比较强，但是速度不是很快，扩展性不好；光纤接入速度很快，不容易受到干扰，是一种理想的宽带接入方式，但是费用高。

4. 组网模式选择

网络组网可以选择有线和无线两种方式，但是有线网络在稳定性上更有保障，而且费用更低，是中型网吧组网模式的理想选择。中型网吧有线网络的组建采用的基本模式也跟小型网吧类似——采用“路由器+主交换机+交换机”的模式。其网络拓扑结构是典型的星型结构。网络连接示意图如图 10-10 所示。

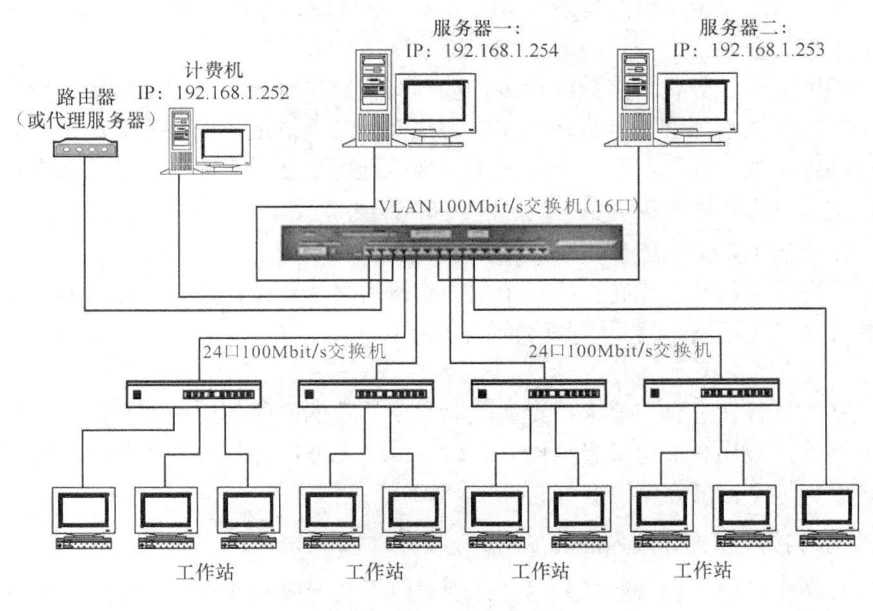

图10-10 网络连接示意图

(二) 组网设备选择

网络设备的选择首先要确定网吧采用什么样的组网方案，然后根据方案来确定路由器、交换机、网卡等网络连接设备。

1. 确定组网方案

中型网吧的客户端可以采用 PXE 无盘方式，这样能够节省购买硬盘的费用；但是现在网吧需要有大量的数据存储，包括游戏、音乐、电影等，因此建议还是采用有硬盘的 PC；网络主干为 1000Mbit/s Internet 接入和 100Mbit/s 的客户机端口接入模式，选用吉比特交换机连接服务器，再用普通型 24 口交换机把所有客户机连接起来，服务器采用双吉比特网卡接入吉比特交换机上，这样可以大大地提升网络的速度，消除网络中存在的速度瓶颈。两种宽带设备连接方式如下。

(1) ADSL 接入方式：Internet——ADSL Modem——宽带路由器——防火墙——吉比特交换机（中心交换机）——第一种吉比特网卡——服务器；第二种百兆交换机（接交换机）——客户机。

(2) 光纤接入方式：Internet——光纤收发器——光纤宽带路由器——防火墙——吉比特交换机（中心交换机）——第一种吉比特网卡——服务器；第二种百兆交换机（接交换机）——客户机。

2. 设备选择分析

(1) 路由器选择。

路由器在中型网吧的网络布线方案中非常重要，它的稳定性和可靠性直接影响到整个网吧的网络访问的速度和稳定。在 ADSL 接入方式中，可以采用两条线路接入的双 WAN 口宽带路由器，以弥补网速的不足。同时接入两条线路，不但可以很好地提升网络速度，而且也可以提高可靠性，当一条线路出现问题时可以自动切换到另外一条线路使用。光纤接入方面，带有光纤接口的宽带路由器是最基本的选择。这里建议选择专用的光纤路由器。

（2） 交换机选择。

由于中型网吧的计算机节点数比较多，数据交换量也比较大，因此需要选择高性能的两层吉比特交换机让网吧能够正常运转。在中心交换机的选择上，应该尽量选择吞吐量达到线速（或接近线速）的交换机产品，同时要求交换机延迟也要尽可能低，处理数据包的响应能力要好、稳定、可靠、能够保证长时间、满负荷的连续工作。

（3） 吉比特网卡选择。

系统要求在服务器和吉比特交换机上采用吉比特网卡连接，对于吉比特网卡的选择，建议选择一些知名度比较高、售后服务比较好的品牌。

（4） 接入设备选择。

接入设备的选择由总体方案来确定，也就是由用户的网络传输速度来确定。对于高速或大规模的网络连接应用一般选择光纤接入。Modem（ADSL 宽带接入）和光纤收发器（光纤接入）都是由当地电信部分免费提供的。

3. ADSL 接入和光纤接入的具体组合方案

下面介绍两个具体的设备选择方案，分别对应于光纤接入方式和 ADSL 接入方式。

（1） 双线接入的 ADSL 稳定型网络。

本套方案有 TP-LINK TL-R4000+双 WAN 口宽带路由器、TP-Link TL-SL3210P 吉比特网管交换机、TP-LINK TL-SF1024 24 口交换机、TP-LINK TG-3269 吉比特网卡。

TP-LINK TL-R4000+（见图 10-11）双 WAN 口宽带路由器采用 Intel IXP 网络专用处理器，主频高达 533MHz，多 CPU 分布式处理，性能优越；采用 6 层 PCB 设计方式，内置高冗余电源模块；提供双 WAN 口，可直接连接两条进线，成倍增长出口带宽。能连接不同 ISP；具有动态全自动负载均衡策略，无须人工干预，就可同时起到备份和负载均衡的作用；发生故障时会将流量自动重新分配。支持带宽控制、定时、按需拨号、上网权限管理、病毒自动隔离、IEEE 802.1X、UPnP、DDNS、系统安全日志等高级功能。

图10-11 TP-LINK TL-R4000+

知识提示

在这个方案中，选择 ADSL 双线接入，在稳定性和资费上都比较有优势，而且所采用的双线接入可以选择不同的网络运营商。目前比较流行的是网通和电信各拉一条线，这样一来，在提高整个网络稳定可靠性的同时也起到更好的备援作用。

（2） 光纤接入方案。

在这套方案中，产品组合为侠诺 FVR9208S 双 WAN 口路由器、D-Link DGS-1216T 16 口吉比特智能交换机、华为 3COM S1024 24 口交换机、3COM 3C996B-TX 吉比特光纤服务器网卡。

QNO 侠诺 FVR9208S（见图 10-12）是一款双 WAN 口宽频多功能路由器采用 Intel IXP425 533MHz 高效能四核心处理器，32MB 内存和 16MB 闪存，提供两个 WAN 口，8 个 LAN 口，实际带机量为 300 台以上，支持 Cable Modem、ADSL 以及光纤接入等接入方式。

图10-12 侠诺 FVR9208S 双 WAN 口路由器

比较适合网吧/小区可实际带机的计算机数不足、线路不稳定、网络慢等需求。该路由器功能包括支持带宽管理、负载均衡、策略路由；自动添加 MAC 地址；超强远程管理；支持端口镜像；内置强大防火墙功能，能有效防止 ARP 攻击、蠕虫及黑客攻击。

侠诺 FVR9208S 双 WAN 口路由器和 D-Link 智能型吉比特交换机既可以很好地满足原定的方案，也可以为网吧日后扩展留有余地。产品组合比较适合中型网吧。

（三） 布线设计和施工

布线设计和施工的主要内容如下。

1. 网络布线设计

网络布线必须根据网吧的结构来设计。这个网吧使用的是路由器——主交换机——交换机——客户机的网络模式，使用超 5 类双绞线布线。因此在网络布线时应该注意以下两点。

（1） 双绞线点对点的最长通信距离是 100m，实际只有 95m。所以要先测量好点与点之间的实际距离。

（2） 交换机通常需要级联，而级联的最大数目不超过 5 个。也就是说双绞线借助交换机的级联可以延长传输距离，但理论上最长不能超过 500m。

2. 布线施工的流程

本次工程中布线施工的大概流程是确定网络设备位置、双绞线布线和布线测试 3 个步骤。

（1） 确定网络设备位置。

网吧交换机位置一般要安放在各个节点的中间位置，这样既可以节约网线的使用量，也可以将网络的传输距离减少到最短，从而提高网络传输质量。但是也不能刻意的追求网线最短，而需要考虑网吧本身布局和网络维护管理方便的要求。在网吧内单独划出一块位置安装网络接入设备和网络管理设备等。

（2） 双绞线布线。

双绞线放在提前铺设的 PVC 管中，双绞线经过的地方不能有强磁场、大功率的电器（如空调、电磁炉等）和电源线等，否则会因为电磁干扰降低网络传输质量。根据网络布线标准，使用目前超 5 类双绞线最广泛的 568B 接法。一般情况下选择中档品牌水晶头，切记不能因为节省资金而选择低档的劣质货。劣质水晶头长时间使用后，里面的金属卡片和网线容易接触不良，造成网络传输质量差。

知识提示

因为双绞线都有一定的使用寿命，加上客观自然条件的影响，双绞线损坏是正常的事情。因此进行网络布线时，对于从主交换机到二级交换机之间的连线，至少要布放 1～2 根备份线路。交换机到 PC 之间可以根据网吧实际机器数量放置一定的备用线。

网络布线时，每一条双绞线都要求做一个编号，双绞线两端要做相同的编号。对于比较长的双绞线，每隔一定距离就要做一个编号，如每隔 10m 就在网线上做一个编号，这样方便以后的维护。

双绞线两端需要留出 2～3m 富余长度，水晶头故障后，还可以剪去前端的网线继续使用这根双绞线。

（3） 布线测试。

网线布设完毕、水晶头安装在两端后，应立即用网络测试仪测试线路是否可以正常工作。如果不行，一般是水晶头和网线连接不好，需要重新做水晶头。

网络设备安装完毕后，加电进行测试。先测试所有的网络设备包括网线能否正常工作；然后测试点与点之间的网络传输速度；最后测试一点对多点的网络传输速度。

测试外部网络和内部网络的互连互通性能，主要包括下载上传速度测试、网络游戏顺畅度测试、在线电影流畅度测试等。

【知识链接】

光纤接入具有速度快、障碍率低、抗干扰性强等优点。虽然资费上比 ADSL 接入方式要高得多，但是它可以很好地解决速度瓶颈问题，而且因为光纤的速度快，它具有很好的扩展性，可以随时增加一定量的客户机，而不影响网络的平均速度。

【案例小结】

网络组建方面，两个完全方案都能满足稳定和可靠这两个基本需求；资费方面，ADSL 要比光纤便宜，但由于方案一选择的是 ADSL 双线接入，资费有所增加，方案二也可以选择双光纤接入，但对于中型网吧机量来说，单线接入是可以应付的。

因为通常的中型网吧只有一层或者两层，因此在考虑综合布线时，只需要进行水平布线和工作区布线设计，设备间、控制间、配线间都不需要特别考虑。进行布线设计时，只需要将交换机、集线器和服务器放置在网吧合理的位置即可。布线施工时需要注意根据网吧的环境和经费来选择施工方案。常见的布线方案都是使用的 PVC 管来铺设，但是高档的网吧也可以选择金属槽地面埋入的方式。

（四） 500 台机以上大型网吧设计方案

随着网络布线技术的发展和网吧市场竞争的加剧，大型高档网吧越来越多。网吧机器数量上的增加直接导致了布线复杂度的成倍增加，这不仅要求布线设计能够满足上网的要求，而且需要充分考虑速度，效率，成本和可靠性等多方面的要求。对于 500 台以上机器的网吧，网络布线质量的好坏直接决定了网吧的生存能力。

1. 网络层次设计

500 台以上的网吧，可以分为 3 个层次来设计，分别是接入层、汇聚层和交换层。

2. 接入层

接入层考虑选用什么接入设备。对于 500 台的机器来说，选择一个合理的接入设备是最关键的，而且要根据接入设备选择合适的带宽。我们可以简单计算一下网络带宽来决定网络接入设备的总带宽，每台机器最大的网络流量 100KB 计算，500 台机器是 50 000KB 左右，加上 30%的网络损耗，网络总带宽应该为 65 000KB，因此，网络接入层应该选择为 100Mbit/s 光纤接入。

在软路由方面，可以用 Smoothwall、Icpop、Route Os、Linux 等软件。

3. 汇聚层

汇聚层是整个局域网的核心部分，由于网吧内部机器数量巨大，数据交换量也特别大，所以在选择汇聚层设备的时候，一定要选择一款合适的汇聚层网络设备。500 台机器的网吧，可以选择吉比特的三层交换设备，支持 VLAN 功能。虽然不需要划分 VLAN，但是，如果网络设计不能达到客户的要求，那么划分 VLAN 就是必选之路；三层交换的带宽不能低于 16Gbit/s，而且要支持 MAC 地址学习功能，MAC 地址表不能小于 32KB；汇聚层网络设备最好支持网络管理功能，方便日后的管理和维护；汇聚层网络设备的端口数量最好要比设计要求的端口数量多出一些，方便以后网络升级和改造。

虽然接入层选择的是百兆网络设备，但是网吧中，相当大一部分数据流量不必经过接入层，因此在选择接入层的网络设备时，没有必要与汇聚层网络设备同步。

4. 交换层

交换层是整个网络中的中间层，连接着汇聚层和网络节点，是决定整体网络传输质量的很重要的一个环节。随着百兆网络设备的普及，交换层的网络设备肯定首选 100Mbit/s。交换层设备选择需要满足下列要求：支持 100Mbit/s 传输带宽；背板传输不能低于 6Gbit/s；支持 MAC 地址学习功能；MAC 地址表不能小于 8KB。

5. 综合布线设计

布线是连接网络接入层、汇聚层、交换层和网络节点的重要环节。在布线时，最好使用专门的通道，如铺设 PVC 管或者地面开设金属槽，而且不要与电源线、空调线等具有辐射的线路混合布线，以降低干扰。

网络设备最好放在节点的中央位置，这样做，不是为了节约综合布线的成本，而是为了提高网络的整体性能，提高网络传输质量。由于双绞线的传输距离是 100m，在 95m 才能获得最佳的网络传输质量。在做网络布线时，最好能够设计一个设备间，放置网络设备。

接入层与汇聚层之间的双绞线可以选择超 5 类屏蔽双绞线，以使网络性能得到最大的提升。汇聚层与交换层之间的双绞线是网络数据传输量最大的一个层次，同样采用超 5 类屏蔽双绞线。交换层与网络节点之间可以采用普通的超 5 类非屏蔽双绞线。

在布线的时候，要注意以下几点：一是在布线时，每条线一定要做好相应的编号，方便日后的维护；二是每层之间最好保留 2～3 条备用线，用于网线损坏时做备用；三是制作网线的时候，一定要按照标准的接线方法，以获得最高的传输速度。

6. IP 地址的选择

由于 C 类 IP 地址决定了一个网络段中只能容纳 253 台机器，对于 253 台以上的机器，如何设计网络结构与使用哪一类 IP 地址有很大的关系。对于 500 台机器的网吧，推荐使用 B 类 IP 地址，而不使用 C 类 IP 地址做多个网关来实现网络的互连。网络汇聚层设备虽然具备 VLAN 功能，但由于网络数量流量大，如果使用多个网关并划分 VLAN 来实现网络的互连，将会加重汇聚层网络设备的负担，影响整个网络的数据传输。

7. 网络节点设备的选择

网卡和水晶头属于网络中的网络节点设备，是容易被忽视的地方。好的网卡和水晶头可以极大减少网络出现问题的机会。选择网卡的时候，100Mbit/s 网卡是最低的选择，而且一定要选择一款质量过关的网卡，这样才能与网络布局配套。水晶头在设计网络时往往是不被重视的，质量差的水晶头经常会与网线接触不良，大大降低网络传输速度。因此一般要求选择品牌水晶头。

【知识链接】

在设计大型的网络方案时，最好有一份施工文档，记录网线的编号，网络设备的编号和放置位置，方便日后的维护和升级改造。

【案例小结】

本案例介绍了如何组建大型网吧，如何选择设备，如何设计大型网吧的网络层次。大型网吧布线主要考虑的是水平布线，通常的网络拓扑结构为星型网络。每台上网的机器都连接到为其分配的交换机接口上面，多个交换机又连接到主交换机上，最后主交换机通过集线器和 Internet 连接，组成一个复杂的星型网络。

（五） 网吧电源布线方案

网吧目前所提供的服务，例如信息浏览、网络游戏、在线电影等，都与网络传输质量有关。因此，网络质量的好坏直接决定了网吧的生存能力。所以，如何规划一个优质的网络环境，是网吧经营者必须考虑的一个要点。其中网吧的综合布线占了很大的因素，综合布线主要有两大部分：电源布线和网络布线。这里主要介绍如何设计网吧的电源线。

网吧电源布线工程可以分成设计、施工、验收 3 个大的方面。

1. 电源布线设计

（1） 确定网吧主要的用电设备。

对网吧来说，空调已经成为一种标准配置，一般使用大功率柜式空调，每台功率一般在 3500～4500W。

一般电源布线的人员可能会因为单台计算机功率不大而忽视计算机电源线设置，以为计算机使用的电源线随便拉一条就行。其实，网吧内总负载最大的还是计算机，因为其数量巨大，在不配备音箱的情况下，计算机功率一般在 250W 左右，机器数量增多，功率就明显增大。

（2） 为用电设备设计专用的电源线。

在设计电源布线系统时必需给空调配备专用的电源线路。

网吧计算机使用的电源线不应该是逐一串联的模式，因为这样会使前端电源线的负载过大。网吧计算机电源线应该是分组布线。每隔 1.5m 左右接入一只 10A 三芯国标插座（即墙上嵌入的独立插座）作为一个点，再将上述多孔插座接入；在 1.5m 的范围内，将会有 4～5 台计算机使用这一个插座接入电源；然后，可视实际情况把计算机按 10 台或 16 台为一组，每组由一个空气开关控制。

知识提示

根据主干的负载合理选择电源线的型号。一般来说，主干线路使用铜芯线，下面的分支线路可以使用铝芯线。在经费充足的情况下，网吧电源系统的所有线路最好全部采用 GB 的铜芯线。同时，根据电源的负载选择不同规格的电源线。

对于有专业机柜的网吧，建议对路由器等价值较高的网络设备增加 UPS 后备电源，以保护网络设备的安全。

2. 具体施工

（1） 先为电源线铺设线槽。

为了网吧环境的美观和电源线的安全，不宜将电源线布置在明处，因为这样容易遭到物理破坏或侵蚀。电源线可以放置在 PVC 管道或专用的电源线通道中，且单独走一个管道或者 PVC 槽。最好使用金属槽，同时将金属槽良好接地，这样能够屏蔽强电系统对弱电信号的干扰。对于一些不易进行二次施工的管道，请务必布设备用线槽。

（2） 电源线的铺设。

电源布线应该与房间装修同步进行，对于比较重要的主干电源线路，最好在布线施工时多布设一条线路做备份线路。因为电源系统设置好后不容易更改，因此，建议选择电源主干和分支线路的规格时，在目前负载功率的基础上，上浮 50%左右的数值，以满足未来网吧机器升级时的供电需求。布设电源线时做上一些标记，例如每个空气开关控制哪条线路等。

3. 电源线的验收

电源线系统的检测和验收必须在布线管道被封闭前，因为这样才方便测试和维修。电源系统的检测主要有以下几个步骤。

（1） 测试所有设备工作是否正常。网吧电源布线工作结束后，请测试所有的线路是否能够正常工作，空气开关能否正常工作。

（2） 全负载运行测试。运行第一步测试后，把网吧内的设备分批次打开，并逐步使网吧所有电气设备运行。全负载运行的时间最好超过 24 小时，这样才能检验电源布线系统的真正性能。在全负载运行过程中，如果出现空气开关自动跳闸或者保险丝被烧断，请务必仔细检查原因。

（3） 网吧超负荷运行。经过全负载运行测试后，可以进行短时间的超负荷运行。这项运行的目的是检测电源系统的质量和抗压性能。超负荷运行的时间可以在 10 小时左右，也可根据实际情况确定测试时间，具体超负荷的容限需要强电工程师根据网吧负载来确定。

【知识链接】

在网吧电源布线的整个过程中必须高度重视一些小问题，因为一些微小失误可能会造成无法估计的损失。

① 地线的安装：在计算机的三相电源插头中，负责接地的那一芯是没有电源线的，也就是说缺乏有效的接地措施。但是，网吧内计算机和一些网络设备在正常工作时，外壳都可能产生静电。如果没有有效的接地措施，静电积累到一定程度可能会烧坏硬件或者击伤人。因此，在网吧电源布线时必须安装地线。

② 避雷措施：在很多技术人员眼中，避雷似乎与网吧毫不相关。但是，如果网吧没有良好的避雷措施，遇到雷击时，可能会烧毁网吧内所有的设备。

③ 备份线路：对于网吧电源系统的主干线路或一些不方便检修的线路，一定要布设备份线路，如果主线路损坏，立即更换成备份线路。特别是对于正在营业中的网吧，布设备份线路是提高网吧自身竞争力的一大举措。

④ 高质量的配线间：对于百台机以上的网吧，为了管理和维护的方便，最好在设计电源系统时准备一个独立的空间安装空气开关、UPS 及其他的网吧电源设备。

⑤ 在使用三相四线制供电系统的网吧中，设计电源系统时，要保证 3 根火线的负载不要相差太大，差值以 500W 左右最佳。

网吧电源系统的布线，最好找专业的电工技师或者专业的综合布线人员来做，并且要做好布线的档案记录工作，每一条电源线的负责范围、走向如何等都要记录在文档中，以方便日后维护。

（六） 网吧双光纤接入路由器方案

随着近几年网吧向着正规化、大规模发展，对 Internet 接入带宽的需求也越来越大。传统的双绞线和 ADSL 接入由于提供的数据传输率较慢，造成网吧内的网络性能低下，严重制约了网吧规模的发展，采用新的接入方式已迫在眉睫。

光纤比传统的 ADSL 接入方式提供更大的网络传输速率。现在的单模光纤最高能提供 1000Mbit/s 的数据传输率，因此光纤成为大中型网吧新的接入方式已是大势所趋。当然，光纤不仅提供更高的数据传输率和更大的带宽，它还有数据传输距离长，抗干扰能力强，可靠性高等优点。

1. 方案分析

双光纤接入方案是在单光纤接入情况下还不能满足网吧用户时增加一路光纤接入，是提升网络性能的一种方案。双光纤接入的核心在于两路光纤如何连接到路由器。

从双光纤接入到路由器可以看出，路由器必须具有两个 WAN 口或具有更多的 WAN 口，从成本上考虑，双 WAN 口路由器更适合网吧用户。而双 WAN 口路由器提供的两个 WAN 口一般都不能直接连接光纤，因此，从硬件上来看，双光纤接入就必须考虑到两路光纤与路由器上的两个 WAN 口如何连接。

从目前网吧用户的实际情况来看，第一种连接方式值得网吧用户参考。

（1） 采用光纤收发器实现光纤与双 WAN 口路由器的连接。这种方式最大的特点是投入成本低，也是最适合网吧用户的一种方式。在选择光纤收发器时，性能当然重要，不过更需要注意的是接入光纤介质的类型。如果是单模光纤，那么就要用到单模光纤收发器；如果是多模光纤，则要用多模光纤收发器。

（2） 直接采用双 WAN 口路由器提供的光纤模块的连接，但这种光纤模块需要另外花钱购买，成本也比光纤收发器高，如果从成本方面考虑，一般不推荐这种方式给网吧用户。但是这种方式比第一种方式拥有更好的稳定性和兼容性。

在前面提到的两种方案中，选择了第一种方式。图 10-13 所示是采用光纤收发器实现的双光纤接入路由器网络拓扑结构图，当光纤接入到网吧网络中时，首先连接到光纤收发器的光纤接口上，然后通过光纤收发器提供的另外一个 RJ-45 接口用双绞线连接到双 WAN 口路由器上，这时候光纤提供的光信号经过光纤收发器转换为电信号输入到双绞线中，通过双绞线输入到双 WAN 口路由器中的一个 WAN 口上，从而实现数据的传输。另一线路也是如此。当双光纤与双 WAN 口路由器连接成功后，双光纤接入路由器的方案基本上也就成功了，当然网吧内的其他设备也需要安装。

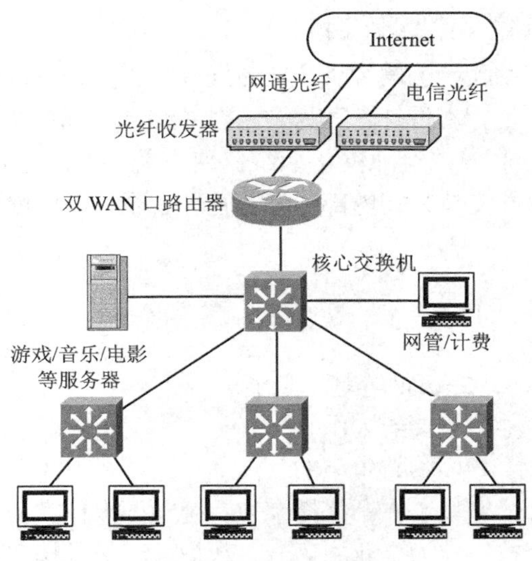

图10-13 双光纤接入图

2. 优势分析

双光纤接入的优点如下。

（1） 双光纤接入能够提供更大的带宽，提升网吧网络的性能，这一点是毋庸质疑的。

（2） 双光纤接入还能提升网络出口的总带宽，增强网吧网络内用户访问外网的速度，这对网吧用户特别重要。

（3） 在双光纤接入情况下，光纤线路选择的多样化保证了网络的稳定性以及能使网络多功能化。在接入到局域网的线路中，可以选择不同的线路，如电信，网通等。当一条线路出现故障时，另外一条线路可以代替出现故障的线路，保证网络的稳定运行。而电信和网通等不同的 ISP 厂商又有不同的服务，因此在双光纤接入时，又可以使局域网的功能变得更加丰富。

① 网吧有 20 台机器，使用 ADSL 接入，组网模式是集线器—交换机—客户机，请根据前面的需求画出网吧的拓扑结构图。

② 中型网吧布线设计。网吧有 200 台机器，机房只有一层，使用 ADSL 接入，使用超 5 类布线标准，为节约成本使用 PVC 管铺设，请根据条件写出一份布线设计方案以及简单的施工方案。

③ 请列举大型网吧和中型网吧在布线时有哪些不同的地方，以及如何解决的。

任务三　企业内部网络

企业公司组网，除了要从企业本身的实际需求出发，根据组网经费的多少来务实地规划与设计网络，还要在采购好网络设备和服务器等设备后，对机房、办公地点进行合理的网络布局与布线。企业组网是为了实现性能先进、可靠性高的网络系统，起到企业运作、宣传的良好平台作用。本任务从简到详，通过 3 个不同的例子来展示企业内部布线。

（一） 某中小型企业网络设计

中小企业已经成为推动我国国民经济和社会发展的重要力量，计算机网络系统在企业中充当着不可缺少的重要角色，本设计方案为中小企业综合布线系统工程设计方案，工程的总体目标是建立一套安全、高效的企业网络系统，使系统达到配置灵活、易于管理、易于维护、易于扩充的目的，并能支持公司内部的经营管理、企业集团网络建设，与合作伙伴进行信息交流的平台。

1. 网络需求

（1） 内部信息发布。

（2） 共享上网，Web，E-mail 等基本功能。

（3） 电话、图像、数据的综合应用。

（4） 低成本、高可靠和可扩展的网络。

本案例中，某企业办公室集中在一栋楼宇中，公司要求在大楼内建设一个高性能的计算机网络。采用结构化综合布线，为企业的语音、数据、图像及楼宇自动化控制信号等的传输提供一套综合介质通路，具有很好的实用性、灵活性和扩展性。

2. 综合布线设计

因为办公室在一栋大楼内，所以在采用综合布线中，不考虑建筑群子系统。综合布线分为水平子系统、垂直干线子系统、设备间子系统和工作区子系统。需要的设备包括传输介质、线路管理硬件、连接器、插座、插头、适配器、传输电子线路、电器保护设备和支持硬件。

（1）水平子系统。

水平子系统连接工作区和管理区子系统，它是整个布线系统的一部分，将干线子系统线路延伸到用户工作区，水平布线子系统总是处在一个楼层上，并端接在信息插座上。

线缆铺设从每一个工作区的信息插座开始，经水平布置一直到管理区的内侧配线架。水平布线线缆均沿大楼的地面或吊顶布线，最大的水平线缆长度应不超过 90m。

（2）垂直干线子系统。

垂直干线子系统由连接设备间与各层信息模块的干线构成。其任务是将各楼层模块的信息传递到设备间并送至最终接口。垂直干线的设计必须满足用户当前的需求，同时又能适合用户今后的要求。本方案中我们采用超 5 类网线，支持数据信息的传输，采用 5 类 4 对非屏蔽双绞线缆，支持语音信息的传输。

垂直干线子系统的作用是将数据信号与语音信号从设备室间系统传输到各楼层信息模块。系统由垂直干线及相关支撑硬件组成，提供了设备间总配线架与各楼信息模块之间的干线路由。

（3）设备间子系统。

设备间子系统是整个布线系统的中心单元，设备间子系统（主配线间）由设备间中的电缆、主配线架和相关支撑硬件组成，它把公共系统设备的各种不同设备相互连接起来，把中央主配线架与各种不同设备相互连接起来，如网络设备和监控设备等与主配线架之间的连接。该子系统连接公共系统设备，通过垂直干线分别对各楼信息模块进行配线管理。

（4）工作区子系统。

工作区子系统中的设备连接到信息插座上，其连接方式也很简单，若办公室只有一台计算机，则直接用网线连接到信息插座；若有多台计算机，则可以采用集线器/交换机的方法连接，再通过集线器/交换机连接到信息插座。

此布线系统采用的信息点编号规则为：每个编号唯一地标识一个信息点，与一个 RJ45 插孔对应，也与一条水平电缆对应。

3. 文档

在布线施工中，文档记录必不可少，列举几种重要文档如下。

（1） 布线系统各层平面图：记录信息点的分布位置，槽道的路线，方便以后网络维护时查询。

（2） 布线系统图：记录各级配线架、水平电缆、垂直电缆的连接关系，水平子系统、配线架和主干电缆的器件数量、种类等。

（3） 信息点房间号表：贴在主配线箱上的列表，标明信息点所在的房间号，查找方便。

（4） 配线架电缆卡接位置图：记录配线架各位置上卡接的电缆所对应的信息点编号，此图与配线架标签上的标号是一致的。

（5） 信息点跳线路径表：这是布线系统中要经常更新的文档，每次跳线修改活动都要仔细记录在此表上，此表更新不及时必将导致布线系统的混乱。如果已造成了混乱则要进行全面的测试，重新生成此文档。

（6） 布线系统维护记录：用来记录所有的维护操作，以备查对，应养成照实详细记录维护活动的习惯，出现问题时此记录将非常有助于查对失误的操作，以追踪和修改错误。

（二） 某园区企业网络设计

网络为企业提供了一个良好的交流平台，不仅实现公司信息化、高效办公和员工沟通，还可以建立企业对外交流的平台。某公司园区有 3 栋办公楼，需要实现公司近百台计算机的相互连接。为适应迅速的技术变化，我们对建筑物进行结构化布线，建筑物综合布线网络，需要满足用户的近期和长期工作需求，达到较高智能化和现代化的水平，建立一个具备开放性、扩充性、经济性及安全性的网络系统。

1. 需求分析

根据环境需求布置信息点，布置情况如表 10-3 所示。

表 10-3 信息点布局

办公楼	主办公楼	主办公楼	办公楼 1	办公楼 1	办公楼 2	办公楼 2	办公楼 2
楼层	1 层	2 层	2 层	3 层	1 层	2 层	3 层
使用	办公	办公	销售部	销售部	采购部	技术部	技术部
信息点	12	18	12	9	15	16	13
合计	95						

本方案旨在建立一个具有很强的开放性、灵活性、扩展性、可靠性和长远效益的网络。设计的布线系统的造价相对经济合理，方便维护管理以及布线的美观和谐等因素。适应未来 5～10 年的技术发展，实现数据通信、语音通信和图像传输，能满足灵活应用的要求，同时具有高可靠性。支持 100MHz 的数据传输，可支持以太网、ATM、FDDI、ISDN 等网络应用。

2. 设计方案

公司园区采用星型布线拓扑结构，水平和垂直电缆系统均采用星型拓扑，如图 10-14 所示。楼与楼之间通过光纤连接，数据干线采用符合国际标准 ISO/IEC 11801 标准及 TIA/EIA 568 标准的超 5 类产品，支持高带宽的高速网络应用。

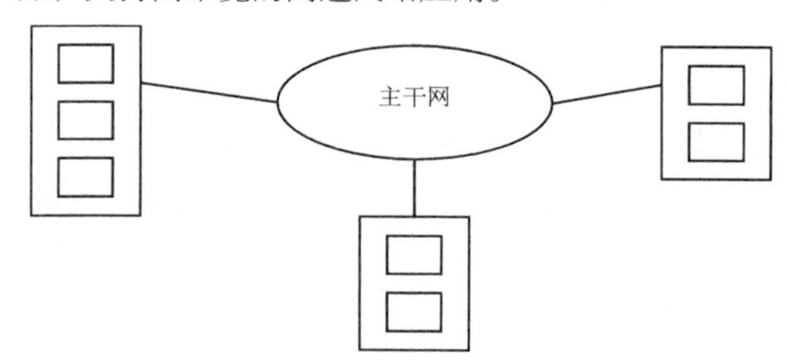

图10-14 公司园区拓扑结构

本方案按干线（建筑群内）子系统、水平子系统、工作区子系统和管理子系统 4 个部分进行设计。

- 工作区子系统常用设备是服务器、工作站、终端、打印机、电话、传真机等。
- 水平子系统实现工作区子系统和管理子系统之间的连接。
- 管理子系统实现配线管理。通常存放计算机网络通信设备。
- 干线子系统实现计算机设备和各种管理子系统之间的连接。
- 计算机中央机房设在主办公楼的第一层，机房设备按需要设定。本方案在机房内设置两台服务器、一台交换机、一台路由器。通过中央机房的交换机和集线器连接公司园区其他所有工作站。
- 主配线架位于各楼第一层中央机房，兼作配线间，在其他楼层均不设配线架。线缆的连接方式是由各信息点直接连接到一层的主配线架。

3. 布线施工

项目施工包括以下几个方面。

- 现场勘测。
- 工程的设计、计划与施工。
- 电缆铺设。
- 安装配线架。
- 安装分布在各楼层的信息插座及附件。
- 电缆端接及测试。
- 电缆标记、信息插座编号。
- 提供布线系统工程文件档案。

（1） 光缆铺设。

干线布线采用 2 条 6 芯室外光缆，一条连接主办公室和办公楼 1，一条连接办公楼 2。光纤可以架空铺设也可以采用埋入地下的方式。若架空铺设，铺设前用钢丝绳沿光缆铺设线路固定好，再用金属挂钩固定。

配线间装配标准机柜，放置有光纤盒，通过光纤跳线连接到交换机或集线器上，如图 10-15 所示。

（2） 工作区子系统。

工作站子系统包括信息插座、与终端连接的线缆，终端线为两端均为 8 芯的 RJ45 标准插头的直通双绞线，用于连接各种不同的用户设备。电缆选择满足 EIA/TIA 标准的超 5 类 4 芯非屏蔽双绞线，线槽采用 PVC 线槽。

每个信息插座旁边要求有 1～2 个单相电源插座以供计算机设备使用，信息插座与电源插座的位置如图 10-16 所示，间距不得小于 20cm。信息插座的位置一般是在离地 30cm 处。

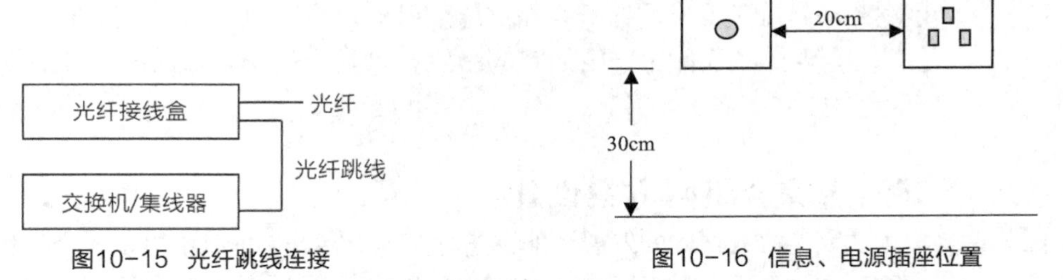

图10-15 光纤跳线连接

图10-16 信息、电源插座位置

（3） 水平子系统。

水平子系统线路铺设从各配线架到工作站各信息插座。采用达到了国际 EIA/TIA 标准的超 5 类 4 芯非屏蔽双绞线，支持 100Mbit/s 高速数据传输应用，既满足现在的需要，也满足不断发展变化的要求。

水平子系统连接配线间和信息出口。水平布线的距离不应超过 100m。信息插座到终端设备的连线距离长度不超过 20m。为了使大量的水平电缆走线整齐有序，便于后期维护，也为了使数据在高速传输中不受外界干扰，应采用封闭金属管从弱电竖井将数据线路引向各个信息点的房间，再由预埋在墙内的不同规格的塑料套管，将线路引到墙上的信息插座内。

因公司的建筑结构已建筑成型，水平布线系统的走线方式应是从各楼层的信息点沿墙内铺设管线，外面用塑料线槽固定，汇总延伸到配线间机房即可。也可根据情况选用不同规格的由金属材料构成的管槽（如镀锌铁槽）。采用金属线槽可以减少数据信息在传输中的损耗和干扰，线槽可能经过天花板吊顶、墙面内和地板，注意尽量减少弯曲，同时金属管道需要接地。线缆通过线槽到达各个房间。

为保证线缆的转弯半径，槽管须配以相应的分支组件，以提供线槽弯曲自如。另外，封闭金属管或覆线槽应离强电线路，以避免干扰。

（4） 管理子系统。

管理子系统由各办公楼的配线间及主机房的主配线间所构成。配线间是连接水平系统和垂直子系统的中枢，也是各楼层配线间之间连接的必要媒介。

主配线间根据需要在机柜里安装若干个各种规格的标准化、模块化的 RJ45 配线架，以实现水平、垂直主干线电缆的端接及分配。由各种规格的高性能的插接式跳接线实现布线系统与各种网络、通信设备的连接，并提供方便的线路管理能力。同时，机柜里还可以安装网络设备。

考虑到以后的网络管理和维护，所有跳接线和配线架均使用标识或色码，标出网络或终端设备的属性、各种信息插座的编号等，使管理人员能方便地进行系统的线路跟踪管理。

（5） 干线（建筑物内）子系统。

干线的水平通道部分的作用是提供垂直干线从各个设备间到其所在楼层的弱电井的通道。这部分也应采用走吊顶的槽型电缆桥架的方案。所有的线槽由金属材料构成，用金属的线槽来安放电缆，可起到机械保护作用，同时还提供了一个防火、密封、紧固的空间，可使电缆安全地延伸到目的地。

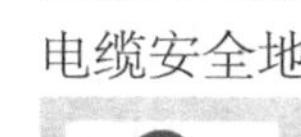
知识提示

干线垂直子系统由一连串通过弱电竖井对应的接线间组成。垂直部分的作用是提供弱电竖井内的垂直电缆的通道。此部分采用预留电缆井方式。使用封闭的金属管槽为垂直干线提供屏蔽保护。预留的电缆井的大小，按标准的算法，至少必须保留一定的空间余量，以确保在今后系统扩充时不再需要安装新的管线。

（三） 某酒店综合组网方案设计

随着信息技术和网络接入技术的发展，能够随时随地上网查询信息不再是一个梦想。作为服务业的酒店也需要在信息服务方面适应网络时代的需求。综合布线是提高酒店的信息服务水平的必由之路。酒店综合布线是一个复杂的系统工程，本案例介绍如何实现酒店信息化。整个方案设计分成 4 步，分别是系统需求定义、系统总体规划、子系统设计、施工方案设计。

1. 系统需求分析

本设计方案为某会展中心及酒店综合布线系统工程设计方案，拓扑图如图 10-17 所示。此综合布线系统设计为超 5 类系统，并结合不同的功能区采用不同的配置标准。

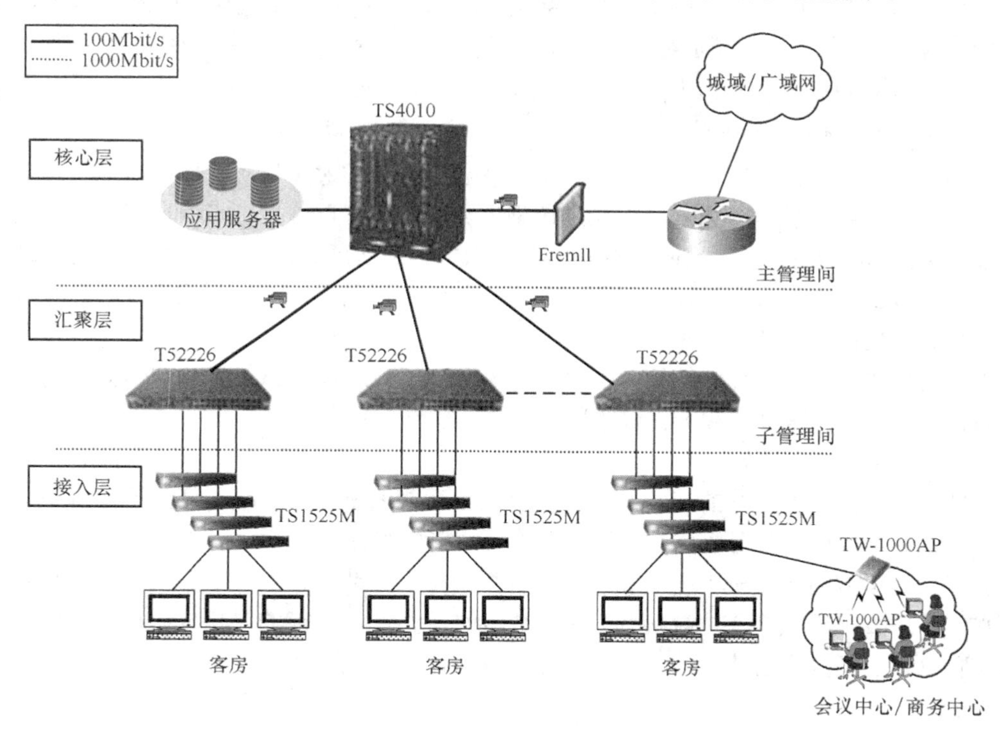

图10-17 酒店网络拓扑图

- 本工程包括酒店、会展中心、外围 3 部分。
- 酒店的主体 5 层，局部 3 层，最高 6 层，酒店 1 层设有餐厅、酒吧、咖啡屋、健身房及客房，2 层设有入口、大堂、行政区、商务区及客房，3、4、5、6 层为客房，酒店共有客房 340 间。

- 会展中心的主体 3 层，首层设有 700 个座位的多功能会议厅、14 个会议室及其他辅助用房，2 层为主会议厅，3 层为总控室、新闻中心、同声传译中心及办公室。
- 外围部分主要包括高尔夫会所、洗衣房、室外景观区等。整个酒店总计信息点 3131 个点，其中数据点（包括 AP 点）1621 个点，语音点 1490 个点，光口点 20 个点。

工程的目标是建立一套先进、完善的布线系统，为语音、数据、多媒体等应用提供接入方式，使系统达到配置灵活、易于管理维护、易于扩充的目的。

2．系统总体规划

（1）设计范围。

本设计方案负责中心机房（主设备间）至大楼子配线间以及大楼子设备间至工作区之间的电缆线布放安装及附属设备的安装。具体包括室内多模光缆、5 类 UTP 电缆、超 5 类 UTP 电缆的敷设安装，子设备间机架及相关缆线终端设备的安装设计。

（2）设计原则。

① 适用性：能支持各种数据通信、多媒体技术以及信息管理系统等，并且能适应现代和未来技术的发展。

② 灵活性：能满足楼内各种通信设备的功能要求，即在不同楼层里搭建特定的通信子网；在大楼任意的信息点上能够连接不同类型的设备（例如计算机、电话机、传真机等）。

③ 可扩展性：实施后的结构化布线系统是可扩展的，以便能适应 21 世纪网络发展的需要，如吉比特以太网、ATM 等。

④ 模块化结构：所有的接插件都是积木式的标准件，以方便日后管理和扩充。可以使在投入运行后的维护工作中备品备件储备少，故障检查定位快。

⑤ 节省原则：在满足应用要求的前提下，尽可能地降低造价。

（3）设计分工。

综合布线与设备单项的分工为：中心机房内是以 MDF 架、ODF 架为界，配线架以外的缆线布放由本工程负责；子设备间内是以设备机架为界，机架及机架以外的缆线布放及布线工程相关缆线的终端模块单元安装由本工程负责；除此之外的由设备单项负责。

① 电源系统：子设备间网络机柜内的网络设备所需的交流电（带保护地）由建设单位负责提供至网络机柜的电源插座。

② 接地系统：子设备间内接地网的制作安装（含接地铜排）由建设单位负责。

③ 铁件安装：子设备间室内抗震加固和走线架的安装设计由本设计负责。

（4）系统结构设计。

本方案为典型的星型结构，由中心机房（设在酒店 1 层）到各子设备间布放主干电缆和光缆，由各子设备间到各个信息端口布放水平电缆或光缆。

中心机房设在酒店 1 层，酒店和会展中心共有 20 个子配线间，由水平、垂直主干公共槽架连通，公共槽架已由中远公司负责安装。康乐中心各 AP 点距最近的子配线间水平距离超过 90m，因此在康乐中心某处设一子配线间，负责该区域所有信息点。

3．子系统的设计

（1）工作区子系统的设计。

整个布线区域一共设置数据点 1621 个、语音点 1490 个、光口点 20 个，具体配置与标准套房结构一致，每套房共有 6 个通信口（1 个传真、1 个数据、1 个 VOD、3 个语音），豪华套房每套房设 9 个通信口（1 个传真、3 个数据、1 个 VOD、4 个语音），会展中心特殊用房主要指多功能会议厅、主会议厅及新闻中心等对通信的要求较高的场所。总统套房、行政套房、一般套房各数据信息点均由两条电缆引入，面板选用双口面板，光口信息点（4 芯）每处设两个双口光纤面板，办公区均选用双口面板。

本工程采用电缆+光纤+无限局域网的方式来保证其通信的高效可靠和灵活性。本系统设计要求为高速传输，因此在数据点、语音点上全部采用普天超 5 类非屏蔽信息模块，使用国标防尘墙上型插座面板，每个信息插座可根据需要设为数据点和语音点，并具有防尘弹簧盖板，同时能够标识出插口的类型（数据或语音），可支持 155Mbit/s 高速信息传输。

不同型号的终端设备及计算机通过 RJ45 标准跳线可方便地连接到数据信息插座上；连接电话机的 RJ11 连接线亦能插在语音信息口上。信息口底盒（预埋盒）采用我国标准的 86 型 PVC 底盒，由管槽安装单项工程负责。

（2） 水平子系统的设计。

水平子系统要求的分支线槽、PVC 管、信息底盒由管槽单项工程负责安装。为了满足高速率数据传输，语音传输选用普天 5 类非屏蔽 4 对双绞线，数据传输选用普天超 5 类非屏蔽 4 对双绞线。

（3） 管理子系统和配线间的设计。

管理子系统连接水平电缆和垂直干线，是综合布线系统中关键的一环。本设计方案中，针对数据水平电缆采用普天 24 口快接式配线架（有安装板和 RJ45 插座模块组合而成）；针对语音水平和垂直主干电缆采用普天 25 回线高频模块作配线架；数据主干光缆的端接采用普天抽屉式 12 端口光纤分线盒。

本工程所选用的机柜均为 2m 标准机柜（40U），机柜内设备位置安排原则为：最上面为 24 口 Patch−Panel 安装板，以下依次为管理线盘、250 回线背装架、管理线盘、12 口光纤分线盒、管理线盘、光收发器、交换机、电源设备。子配线间机柜配置原则为：收容 5 类线数量超过 200 条则增加一台机柜。

（4） 垂直干线子系统的设计。

垂直干线子系统由连接设备间与各层管理间的干线构成。垂直干线的设计必须满足用户当前的需求，同时又能适合今后网络发展和用户需求更改的要求。为此，采用普天 6 芯多模室内光缆，支持数据信息的传输。采用普天 5 类 25 对非屏蔽电缆，支持语音信息的传输，在特殊情况下可变通作数据主干使用。

4. 施工方案要求

（1） 电缆槽架的施工。

电缆槽架应充分接地。电缆槽架内应有间隔小于 400mm 的电缆支架。与其他弱电系统混合使用时，中间应有隔离金属板，以减少电磁干扰。电缆槽架之间、槽架与分支线槽、分支线槽之间、分支线槽与暗管之间的接口均应平滑无台阶。

（2） 设备安装。

机架、机柜的位置应符合设计要求，安装完毕后的垂直偏差应不大于 3mm，要求安装牢固，并做抗震加固，且应良好接地。

（3） 线缆铺设的施工要求。

缆线的布放要求自然平直，不能产生扭绞、打圈和接头等现象。线缆不应布放到易受外力的挤压和拉伤的地方，两端应贴有标签，标明编号，标签应选用不易损坏的材料。子配线间、设备间电缆预留长度为 0.5～1.0m，工作区为 5～10cm（终接前应为 30cm），光缆的预留长度应为 3m。4 对双绞线的弯曲半径应不小于电缆外径的 4 倍。主干对绞电缆的弯曲半径应不小于电缆外径的 10 倍。光缆的弯曲半径应不小于光缆外径的 15 倍。缆线中间不允许有接头，否则影响信号传输性能。

缆线终接前须核对缆线标识是否正确。缆线终接处必须接触良好而且牢固可靠。双绞线与插接件连接应认准线号、线位色标，不应颠倒和错接。终接时，每对双绞线应保持双绞状态，扭绞松开长度不应大于 13mm。双绞线与 8 位模块式通用插座连接时，必须按色标和线对顺序进行卡接，连接方式统一采用 T568A 方式。光纤在设备间采用熔接方式终接成端，在信息口侧采用磨接方式终接，终接时和终接后应保证光纤（光缆）的弯曲半径符合安装工艺要求。

【案例小结】

酒店布线是综合布线的典型应用。本案例介绍了如何设计 6 个布线子系统，在设计中要以实用、灵活、可靠为原则，同时还需要考虑到酒店未来的发展，布线施工时尤其需要注意的是美观原则。

实训　为学校任意一栋办公楼完成网络布线设计与施工

本实训要求为学校任意一栋办公楼完成网络布线设计与施工。

1. 综合布线工程设计

【设计要求】

- 设计要符合《GB 50311-2007 综合布线系统工程设计规范》。
- 按照超 5 类系统，满足当前网络办公、管理和教学需要，以最低成本完成该项目。
- 设计完成后提交的书面打印文档。

【设计内容】

（1） 完成网络信息点点数统计表。

要求使用 Excel 软件编制，信息点设置合理，表格设计合理、数量正确、项目名称准确、签字和日期完整、采用 A4 幅面打印 1 份。

（2） 设计和绘制该网络综合布线系统图。

要求使用 Visio 或者 Auto CAD 软件，图面布局合理、图形正确、符号标记清楚、连接关系合理、说明完整、标题栏合理（包括项目名称、签字和日期），采用 A4 幅面打印 1 份。

（3） 完成该网络综合布线系统施工图。

采用使用 AutoCAD 软件绘制，要求设备间、管理间、工作区信息点位置选择合理，器材规格和数量配置合理；垂直子系统、水平子系统布线路由合理，器材选择正确；文字说明清楚、正确；标题栏完整。

（4） 编制该网络综合布线系统端口对应表。

编制该网络综合布线系统端口对应表。要求项目名称准确，表格设计合理，信息点编号正确，签字和日期完整，采用 A4 幅面打印 1 份。

每个信息点编号必须唯一，编号有顺序和规律，只能使用数字，方便施工和维护。

2. 网络配线端接

（1） 网络跳线制作和测试。

① 完成 4 根网络跳线制作，包括 1 根 568B 线序，长度为 400mm；1 根 568A 线序，长度为 500 mm；2 根 568A-568B 线序，长度为 600mm。

② 完成后进行线序和通断测试。

（2） 完成基本测试链路端接。

完成 2 组基本测试链路的布线和模块端接，要求：

① 每组包括 2 根跳线和端接 4 次，其中 RJ-45 头端接 3 次，RJ-45 模块端接 1 次。

② 线序和端接正确、电气连通、每根跳线的长度和剥线长度合适，并剪掉牵引线。

（3） 完成复杂测试链路端接。

完成 2 组复杂测试链路的布线和模块端接，要求：

① 每组包括 3 根跳线和端接 6 次，其中包括 110 型 5 对连接块端接 2 次，RJ-45 头端接 3 次，RJ-45 模块端接 1 次。

② 线序和端接正确、电气连通、每根跳线的长度和剥线长度合适，并剪掉牵引线。

（4） 完成基本网络配线端接。

完成 2 组基本网络配线的布线和模块端接，要求：

① 每组包括 2 根跳线和端接 4 次，其中 110 型 5 对连接块端接 2 次，RJ-45 头端接 1 次，RJ-45 模块端接 1 次。

② 线序和端接正确、电气连通、每根跳线的长度和剥线长度合适，并剪掉牵引线。

3. 布线安装

根据项目实际情况完成水平子系统、垂直子系统的线槽、线管的安装和布线。

习题

1. 简要说明进行校园网设计的主要步骤。
2. 组建网络时需要选购哪些材料，各有何用途？
3. 确定总体方案时需要考虑哪些问题？
4. 中小型企业网络设计时，需要注意哪些问题？
5. 根据所学知识，自己拟定一个网络设计方案。